普通高等教育"十一五"国家级规化教材

ARM嵌入式技术原理与应用

陈 赜 主编

汪成义 钟小磊 编著

北京航空航天大学出版社

内容简介

本书以ARM9为基础，详细介绍以S3C2410器件为核心组成的嵌入式系统的硬件电路的原理与开发方法。主要内容包括：嵌入式系统的基本概念与开发流程，ARM微处理器与嵌入式系统硬件电路的原理，存储映射及嵌入式软件开发技术，ARM指令、程序设计以及开发工具的使用方法，Linux基础知识，BootLoader的原理，ViVi与U-Boot的移植与使用，Linux 2.4和2.6内核移植，Busybox工具以及根文件系统制作的方法，设备驱动程序的结构与开发实例，Linux网络编程基础知识与嵌入式Web服务器建立方法，基于Qt/E的嵌入式GUI设计方法等。

本书可作为高等院校计算机类、电类、机电类等专业本科生和研究生的教材，也可作为电子系统设计工程技术人员学习嵌入式技术的参考书。

图书在版编目(CIP)数据

ARM嵌入式技术原理与应用 / 陈赜主编. -- 北京 :
北京航空航天大学出版社，2011.1

ISBN 978-7-5124-0217-1

Ⅰ. ①A… Ⅱ. ①陈… Ⅲ. ①微处理器，ARM—系统设计 Ⅳ. ①TP332

中国版本图书馆CIP数据核字(2010)第180240号

ARM嵌入式技术原理与应用

陈　赜　主编

汪成义　钟小磊　编著

责任编辑　李宗华　李开先　刘秉和

*

北京航空航天大学出版社出版发行

北京市海淀区学院路37号(邮编100191)　http://www.buaapress.com.cn

发行部电话：(010)82317024　传真：(010)82328026

读者信箱：bhpress@263.net　邮购电话：(010)82316936

北京时代华都印刷有限公司印装　各地书店经销

*

开本：787×960　1/16　印张：28.5　字数：638千字

2011年1月第1版　2018年7月第7次印刷　印数：16 501～18 500册

ISBN 978-7-5124-0217-1　定价：46.00元

前 言

嵌入式系统作为一个热门领域，涵盖了微电子技术、电子信息技术、计算机软件和硬件等多项技术领域的应用。到目前为止，中国嵌入式系统的主要客户分布在电信、医疗、汽车、安全、工业控制和消费类等行业，而且它的应用领域还在不断拓展。随着计算机技术、网络技术和微电子技术的深入发展，嵌入式系统的应用无处不在。

嵌入式硬件成本的急剧下降，带动了嵌入式软件市场的快速成长，中国嵌入式软硬件市场发展迅速。

随着数字时代的到来，现代社会也在发生着根本的变革，从 18 世纪的工业产业时代已经逐步过渡到现在的信息产业时代(即 IT 时代)。现在一个产品的经济价值不仅仅反映在一个有形的产品当中，而更多的是反映在产品的软成本上。在一个嵌入式设备或产品中，硬件的成本所占的份额越来越少，而起关键作用的是软件的设计。

嵌入式系统的开发需要应用到多种开发技术，其中最主要的是硬件与软件设计技术。

作者 2005 年出版了《ARM 嵌入式技术实践教程》[9]与《ARM9 嵌入式技术及 Linux 高级实践教程》[10]两本教材，在近五年的使用过程中，其他兄弟院校的老师们给我们提了许多宝贵意见，在此对他们的支持表示衷心的感谢！

为了感谢读者的支持，我们嵌入式应用研究团队一直致力于嵌入式技术应用与教学的研究工作，总希望把最新的研究成果编写成书稿奉献给读者，更重要的是考虑整个嵌入式技术教学的课程体系与编写的质量，所以，这本教材一直拖到现在才出版，深感抱歉！

这几年来，我们与中国电子学会以及其他兄弟单位多次主办了全国高校教师与学生嵌入式技术的培训，反响很好。本教材就是根据嵌入式技术培训的实际教学内容提炼而成书的。它具有很强的操作性，与该教材配套的实践指导书有《ARM 嵌入式技术实践》和《嵌入式 Linux 开发实践》两本讲义。

本教材的主要特点是，主要内容来源于实践，强调理论与实践相结合，整个实验代码与项目都在我们自主研制的开发板上完成。全书分为 13 章，主要内容如下：

第1章概要地介绍嵌入式系统及其基本概念、应用领域、发展趋势和开发流程。

第2章介绍ARM微处理器的工作状态、工作模式、存储器系统、寄存器组织和异常中断。

第3～5章介绍ARM指令系统、ADS下的伪操作和宏指令、GNU下的伪操作和宏指令、ARM ATPCS、ARM程序设计、嵌入式系统开发的硬件与软件环境、ADS与AXD开发工具的使用方法、ARM的启动过程分析、嵌入式系统中的存储映射以及嵌入式软件开发技术。

第6章介绍S3C2410X的功能，以及由该芯片组成的嵌入式系统的硬件电路的原理。

第7～8章概要地介绍Linux基础知识与使用方法、嵌入式Linux系统的开发流程及开发环境的构建、Shell脚本与Makefile的应用。

第9～11章介绍BootLoader的概念、种类及作用，ViVi和U-Boot的启动过程、工作原理、移植与使用方法，Linux 2.4和2.6内核配置、编译的方法，根文件系统的概念，Busybox工具以及根文件系统制作的方法。

第12章介绍设备驱动程序的概念、分类，处理器与设备间数据交换方法，以及驱动程序结构、驱动开发实例。

第13章介绍网络通信协议、Linux网络编程基础知识、嵌入式Web服务器建立方法，最后介绍基于Qt/E的嵌入式GUI设计方法，并给出一个完整的开发实例。

本书由华中科技大学工程实训中心陈赜主编。参加编写的还有湖北经济学院电子工程系汪成义老师，华中科技大学工程实训中心嵌入式应用研究团队钟小磊。另外，黄莹、陈皓宇参加了书稿的文字整理与录入工作，钟小磊、徐峰、邓广生、刘冰川、高丰、汤亮等参加了本书的部分实验代码的编写调试与验证工作，在此，对他们的工作表示衷心的感谢！

在本书出版之际，感谢华中科技大学国家电工电子教学基地与工程实训中心的老师们的支持和帮助。尤其要感谢工程实训中心汪春华主任，是他给予了作者无微不至的关怀！感谢华中科技大学工程实训中心嵌入式应用研究团队为此付出努力的全体队员，感谢中国电子学会嵌入式专家委员会的支持，也感谢北京博创兴业科技有限公司和武汉创维特信息技术有限公司对作者的帮助与支持。本书还参考了许多同行专家的专著和文章，是他们的无私奉献帮助作者完成了书稿，在此也表示深深的谢意！

本书难免有不成熟乃至错误的地方，恳请读者谅解和指正！

本教材配有教学课件。需要用于教学的教师，请与北京航空航天大学出版社联系。北京航空航天大学出版社联系方式如下：

通信地址：北京市海淀区学院路37号北京航空航天大学出版社市场部（邮编：100191）

电话/传真：010-82317027　　E-mail：bhkejian@126.com

作　者

2010年7月于华工园

目　录

第1章
嵌入式系统简介

本章概要地介绍了嵌入式系统基本概念和开发流程、嵌入式系统的应用领域、嵌入式操作系统的基本概念以及未来嵌入式系统的发展趋势。

教学目标

本课程是"微机原理"、"微机接口技术"、"C语言设计"等课程的后续课程，它是一门面向应用的、具有很强的实践性与综合性的课程。分理论与实验两部分，共140学时。第1部分ARM体系结构与编程理论教学，建议30学时左右，实验使用《ARM嵌入式技术实践》教材相配合，课内实验40学时。第2部分为Linux部分，理论30学时，实验使用《嵌入式Linux开发实践》相配合，课内实验40学时。通过本课程的学习，使学生掌握ARM的系统结构、指令系统、程序设计方法、系统扩展方法、应用及开发技术、嵌入式操作系统基础、嵌入式操作系统管理、调度、交叉编译技术以及嵌入式系统应用设计等知识。本课程的知识可为学生今后学习计算机控制技术课程以及从事嵌入式系统研究与开发打下坚实的基础。

教学建议

本章教学学时建议：2学时。

嵌入式系统基本概念：1学时；

嵌入式系统的应用领域：0.5学时；

未来嵌入式系统的发展趋势：0.5学时。

要求深刻理解嵌入式系统的基本概念：嵌入式系统、嵌入式系统的特点、嵌入式系统的分类，了解嵌入式系统的应用领域、嵌入式系统的现状和发展趋势以及目前常用的几种嵌入式操作系统。

1.1 嵌入式系统

嵌入式技术的快速发展不仅使之成为当前微电子技术与计算机技术中的一个重要分支，同时也使计算机的分类从以前的巨型机、大型机、小型机、微机之分变为了通用计算机和嵌入式系统之分。嵌入式的应用更是涉及金融、航天、电信、网络、信息家电、医疗、工业控制、军事等各个领域，以致一些学者断言嵌入式技术将成为后 PC 时代的主宰。

1.1.1　嵌入式系统概念

如果以公元 2000 年作为科学技术史上的一个分水岭，那么公元 2000 年之前可以称之为 PC(Personal Computer)时代；而公元 2000 年之后则被称为后 PC(Post - Personal Computer)时代。在 PC 时代，人类从最早的电子计算机、大型计算机等原始科技开始发展，直到今日的 WinTel(Windows&Intel)世界，世界范围内的各电子厂商以微软(Microsoft)和英特尔(Intel)公司的系统标准为设计制造的平台，投入大量人力、财力资源，致力于对 PC 系统的升级改进。但在后 PC 时代，这一格局都将发生改变。

嵌入式技术将是后 PC 时代的技术主力，伴随着 20 世纪 90 年代末计算机网络技术的成熟发展，到 21 世纪，人类已经进入到了所谓的后 PC 时代。在这一阶段，人们开始考虑如何将客户终端设备变得更加智能化、数字化，从而使得改进后的客户终端设备更轻巧便利、易于控制或具有某些特定的功能。为了实现人们在后 PC 时代对客户终端设备提出的新要求，嵌入式技术提供了一种灵活、高效和高性价比的解决方案。嵌入式技术成为当前微电子技术与计算机技术中的一个重要分支。

随着信息技术与网络技术的高速发展，嵌入式技术的应用越来越广，正在逐渐改变着传统的工业生产和服务方式。

根据 IEEE(国际电气和电子工程师协会)的定义：嵌入式系统是“用于控制、监视或者辅助操作机器和设备的装置”(原文为 Devices used to control, monitor, or assist the operation of equipment, machinery or plants)。

简单地讲，嵌入式系统就是嵌入到对象体中的专用计算机系统。它的三要素是嵌入、专用、计算机。嵌入性是指嵌入到对象体系中，有对象环境要求；专用性是指软、硬件按对象要求进行裁剪；计算机是指实现对象的智能化功能且以微处理器为核心的系统。

广义地讲，一个嵌入式系统就是一个具有特定功能或用途的计算机软硬件集合体。即以应用为中心，以计算机技术为基础，软件硬件可裁剪，适应应用系统对功能、可靠性、成本、体积、功耗严格要求的专用计算机系统。

由上面的定义可知，嵌入式系统是一种用于控制、监测或协助特定机器和设备正常运转的计算机。它通常由 3 部分组成：嵌入式微处理器、相关的硬件支持设备以及嵌入式软件系统。嵌入式系统发展的最高形式——片上系统(SoC 即 System on Chip)。

嵌入式系统的特性：

(1) 只执行特定功能；

(2) 以微控制器、外围器件为中心，系统构成可大可小；

(3) 有严格的时序性和稳定性要求；

(4) 自动操作循环，等待中断控制；

(5) 程序被烧写在存储芯片中。

嵌入式系统这一概念实际上很久以前就已经存在了。早在 20 世纪 60 年代，它就被用于对电话交换进行控制，当时被称为"存储式过程控制系统"(Stored Program Control System)。真正意义上的嵌入式系统是在 70 年代出现的，发展至今已经有 30 多年的历史，它大致经历了以下 4 个发展阶段：

第一阶段：以单芯片为核心的可编程控制器系统，同时具有检测、伺服、指示设备相配合的功能。1971 年 Intel 公司首先开发出了第 1 片 4 位微处理器 4004，主要用于家用电器、计算器、高级玩具中。4004 的问世标志着嵌入式系统的诞生。

这一类型的系统大部分用于专业性极强的工业控制系统中，一般没有操作系统支持，通过汇编语言对系统进行直接控制。

系统的主要特点是：结构和功能相对单一、效率较低、存储容量较小、几乎没有用户接口。由于这种嵌入式系统使用简单、价格低，所以，过去在工业领域中应用较为普遍；但是，它们已经远远不能适应高效的、需要大容量存储介质的现代化工业控制和后 PC 时代新兴的信息家电等领域的应用要求。

第二阶段：以嵌入式中央处理器为基础，以简单操作系统为核心的嵌入式系统。

系统的主要特点是：CPU 种类繁多、通用性较弱、系统开销小、操作系统只具有低度的兼容性和扩展性、应用软件较为专业、用户界面不够友好。这种嵌入式系统的主要任务是用来控制系统负载，以及监控应用程序的运行。

第三阶段：以嵌入式操作系统为标志的嵌入式系统。

系统的主要特点是：嵌入式操作系统能够运行于各种不同类型的处理器之上、操作系统内核精小、效率高、模块化程度高、具有文件和目录管理、支持多任务处理、支持网络操作、具有图形窗口和用户界面等功能、具有大量的应用程序接口、开发程序简单、并且嵌入式应用软件丰富。然而，在通用性、兼容性和扩展性方面仍不理想。

第四阶段：以基于网络操作为标志的嵌入式系统，这是一个正在迅速发展的阶段。随着网络在人们生活中的地位日益重要，越来越多的应用需要采用支持网络功能的嵌入式系统，所以在嵌入式系统中使用网络操作系统将成为今后的发展趋势。

随着现代社会与经济的快速发展，嵌入式技术在当今的应用也越来越广泛，其主要原因是由现代社会与经济发展的大环境决定的，第一是 Intelnet 网的普及，第二是 GPS 广泛应用，第三是电信网的普及，第四是无线网络的应用如 ZigBee 技术等，这些都为嵌入式设备在智能化、数字化、信息网络化上提供了强力保证。

1.1.2　嵌入式系统的分类

根据嵌入式系统的发展阶段以及嵌入式系统的特点，其分类可以从硬件范畴和软件范畴两个方面进行分类。

1. 按表现形式即硬件范畴分类

芯片级嵌入式系统：在处理器芯片中含有程序或算法。

模块级嵌入式系统：在系统中含有某个核心模块。

系统级嵌入式系统：它包含完整系统并有嵌入软件的全部内容。

2. 按实时性即软件范畴的要求分类

按照实时性，可分为实时系统和非实时系统。

一般来说，实时系统是指能及时响应外部发生的随机事件，并以足够快的速度完成对事件处理的计算机应用系统。实时系统的特点是，如果逻辑和时序出现偏差，将会引起严重后果的系统。实时系统又分为两种类型：软实时系统和硬实时系统。软实时系统主要用于消费类产品，而硬实时系统主要用于工业和军工系统。

非实时系统用于对外部响应要求不太严格的产品中，如PDA等。

1.1.3 嵌入式处理器介绍

长期以来，微处理器沿着两条路线在发展：一条是通用微处理器的发展，另一条是嵌入式微处理器的发展。嵌入式微处理器是嵌入式系统中的核心部件。

通用微处理器功能强大，主频最高达3 GHz，应用程序完全在操作系统上运行，相应的设备也多，要求海量存储设备，如硬盘等。通用微处理器发展的主要历程是：

(1) 4位：Intel公司的4004、4040等；

(2) 8位：Intel公司的8008、8080，Motorola公司的6800系列，Zilog公司Z80系列，NS公司的NSC800系列等；

(3) 16位：Intel公司的8086、80286，Thompson公司68200等；

(4) 32位：NS公司的32000，Intel公司的80386、80486等；

(5) 64位：Intel公司Pentium Ⅱ、Ⅲ、Ⅳ，Apple公司的PowerPC G5等。

嵌入式微处理器根据不同的应用场合和要求，种类较多，主要经历了以下的发展历程：

(1) 4位：TI公司的TMS1000，NS公司的COP系列等；

(2) 8位：Intel公司的8048/49/50、8051/52，Motorola公司的6800系列，Zilog公司Z8系列，Atmel公司的89C51/52、89C1051/2051，Microchip公司的PIC系列等；

(3) 16位：Intel公司的8096/97，Thompson公司的68200等；

(4) 32位：ARM公司的ARM7、ARM9、ARM10等；

(5) 64位：ARM公司的ARM11，MIPS公司的R2000、R3000等。

按照功能和用途划分，嵌入式微处理器可以进一步细分为：嵌入式微控制器、嵌入式微处理器、嵌入式数字信号处理器、片上系统SoC和片上可编程系统SoPC等几种类型。

1. 微控制器 MCU

MCU(Micro Control Unit)典型的代表是8位单片机，目前它在嵌入式设备中仍然有着极其广泛的应用。

单片机芯片内部集成了ROM/EPROM、RAM、总线逻辑、定时/计数器、看门狗、I/O、串行口、脉宽调制输出、A/D、D/A、Flash、EEPROM等各种必要功能和外设。

由于MCU具有低廉的价格、优良的功能，所以拥有的品种和数量最多，比较有代表性的MCU包括8051、MCS-251、MCS-96/196/296、P51XA、C166/167、68K系列以及有支持I^2C、CAN总线、LCD及众多专用MCU和兼容系列。

近年来Atmel公司推出的AVR单片机，由于其集成了FPGA等器件，所以具有很高的性价比，势必将推动单片机获得更快的发展。

MCU处理能力非常有限，微控制器MCU的总线宽度一般为4位、8位或16位，处理速度有限，一般在几个MIPS(百万条指令数每秒)，进行一些复杂的应用很困难，运行操作系统就更难。但它仍然是目前嵌入式工业的主流产品。

2. 嵌入式微处理器 MPU

MPU(Micro Processor Unit)是由通用计算机中的CPU演变而来的，如80386～80387。它们与通用计算机处理器不同的是，在实际嵌入式应用中，只保留和嵌入式应用紧密相关的功能硬件，去除其他的冗余功能部分，这样就以最低的功耗和资源实现嵌入式应用的特殊要求。

嵌入式微处理器和工业控制计算机相比，具有体积小、质量轻、成本低、可靠性高的优点。目前主要的嵌入式处理器类型有Am186/88、386EX、SC-400、PowerPC、68000(Motorola公司)、MIPS(MIPS公司)、ARM(ARM公司)、StrongARM(Intel公司)等。

典型的嵌入式微处理器是ARM/StrongARM。

ARM 32位处理器是可精简的计算机系统，价格很低，逐渐转入单芯片应用解决方案。上可跑操作系统，下可做实时控制使用。

3. 数字信号处理 DSP

DSP(Digital Signal Processor)是专门用于信号处理方面的处理器，其在系统结构和指令算法方面进行了特殊设计，在数字滤波、FFT、频谱分析等各种仪器上DSP获得了大规模的应用。

DSP的理论算法在20世纪70年代就已经出现，但是由于专门的DSP处理器还未出现，所以这种理论算法只能通过MPU等由分立元件实现。1982年世界上诞生了首枚DSP芯片，在语音合成和编码解码器中得到了广泛应用。DSP的运算速度进一步提高，应用领域也从上述范围扩大到了通信和计算机方面。

目前获得最为广泛应用的嵌入式DSP处理器是TI公司的TMS320C2000/C5000/C6000系列，另外其他公司的DSP也有各自的应用范围。

DSP是运算密集处理器，一般用在快速执行算法，做控制不是它的应用优势。为了追求高执行效率，不适合运行操作系统，核心代码使用汇编。

4. 片上系统 SoC

片上系统 SoC(System on Chip)是 IC 设计的发展趋势。采用 SoC 设计技术，可以大幅度地提高系统的可靠性，减小系统的面积，降低功耗和系统成本，极大地提高了系统的性能价格比。SoC 芯片已经成为提高移动通信、网络、信息家电、高速计算、多媒体应用及军用电子系统性能的核心器件。

5. 片上可编程系统 SoPC

使用 FPGA 作为物理载体进行芯片设计的技术称为可编程片上系统技术，即 SoPC(System on Programmable Chip)。可编程片上系统 SoPC 是一种特殊的嵌入式系统，基于 SoPC 的嵌入式系统设计把 SoC 设计和当前最流行的嵌入式系统结合起来，使之具有广泛的应用前景。其主要特点是：

首先它是片上系统，即由单个芯片完成整个系统的主要逻辑功能。其次，它是可编程系统，具有灵活的设计方式，可裁剪、可扩充、可升级，并具备软硬件在系统可编程的功能。

与基于 AISC 的 SoC 相比，SoPC 具有更多的特性与吸引力：

(1) 开发软件成本低；

(2) 硬件实现风险低；

(3) 产品上市效率高；

(4) 系统结构可重构及硬件可升级；

(5) 设计者易学易用、高附加值、产品设计成本低。

1.1.4 嵌入式系统组成

嵌入式系统组成粗略划分为 4 部分：嵌入式处理器、外围设备、嵌入式操作系统(可选)和嵌入式应用软件。

如果再稍细一点划分可以分为 6 部分：嵌入式处理器、外围设备、驱动程序、嵌入式操作系统、应用接口和嵌入式应用软件。

如图 1-1 所示为一个嵌入式系统的基本结构框图，图 1-2 与图 1-1 相比，该结构图要更加详细。

基于 ARM 内核的一个典型的嵌入式系统组成结构图如图 1-2 所示，主要由硬件与软件两大部分组成。

硬件部分由基于 ARM 内核的微处理器(内含外围接口电路)、电源电路、内存储器、看门狗及复位电路、人机交互和其他输入/输出接口电路组成。

软件部分由驱动层、OS 层和应用层 3 部分组成。

嵌入式系统硬件设计完成后，主要工作就是软件设计。而软件设计首先是开发工具的选用，使用不同工具时，必须要考虑该工具的一些特性和扩展。比如编写汇编代码，ADS 的语法格式就与 GNU GCC 的有很大差别，特别是在一些伪指令的地方。

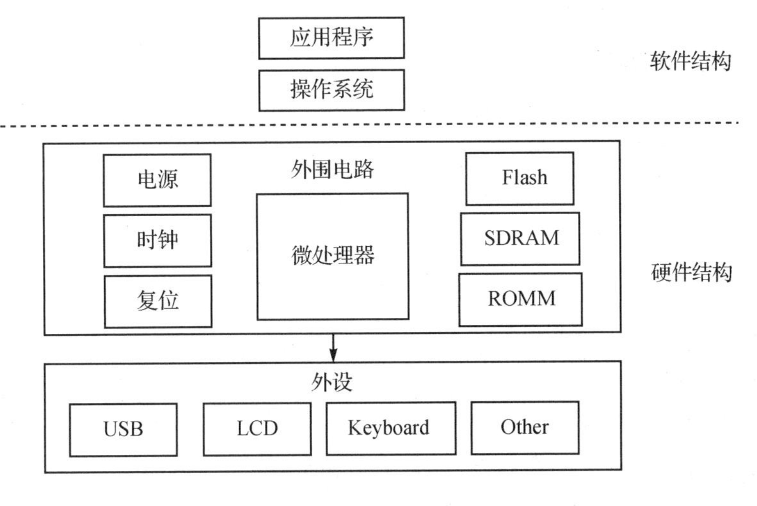

图 1－1　嵌入式系统的基本结构框图 1

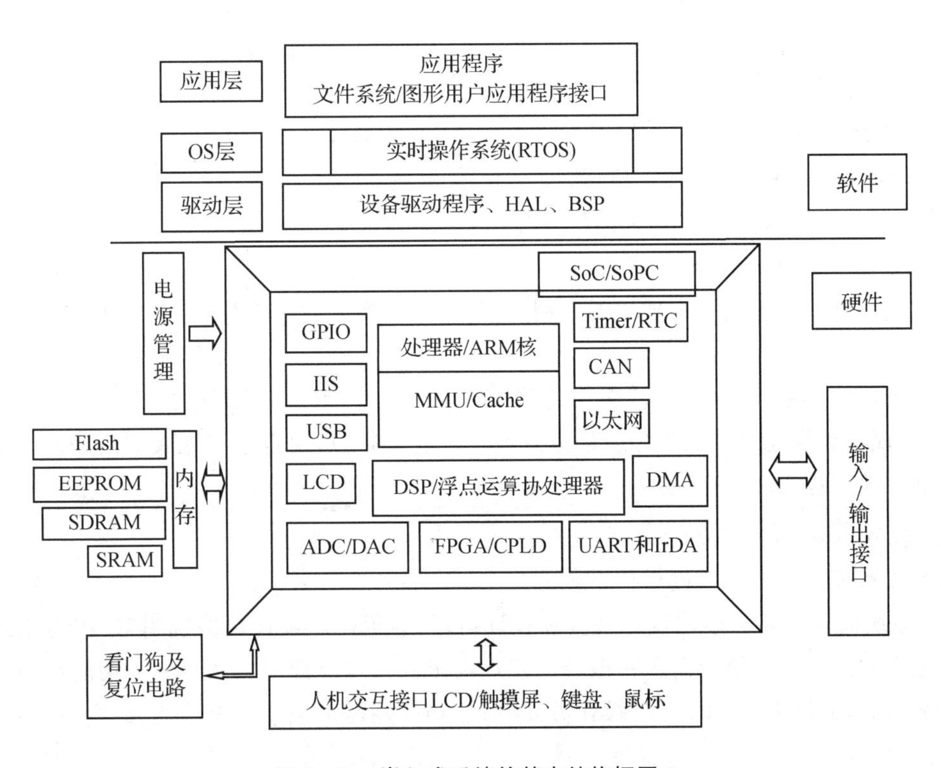

图 1－2　嵌入式系统的基本结构框图 2

1.1.5 嵌入式系统开发

1. 嵌入式系统的设计要求

嵌入式系统设计开发不同于桌面系统，它不仅受制于功能而且还受制于具体的应用环境，所以嵌入式系统的设计具有一些特殊的要求：

(1) 接口方便，操作容易；

(2) 稳定可靠，维护简便；

(3) 功耗管理，降低成本；

(4) 功能实用，便于升级；

(5) 并发处理，及时响应。

2. 嵌入式系统开发特点

嵌入式系统需要软硬件综合开发，二者密切相关。

嵌入式系统可以是面向某一个领域、某一行业、某一个用户的具体产品，不具有通用性，不能独立发展。对功耗、体积、成本、可靠性、速度、处理能力等有严格要求。

嵌入式系统软件、硬件(处理器、系统等)生命周期都比较长，有继承性。具有实时性，高质量、高可靠，程序固化。

嵌入式系统需要软硬件开发工具和系统软件，主要工具如下：

(1) 硬件工具：计算机、开发板、信号发生器、示波器等；

(2) 软件工具：编辑、编译、调试软件等；

(3) 系统软件：OS、数据库等。

嵌入式系统一般不是一个独立的应用产品，是某种产品的一部分，相应方面的应用需要专家的参与。

嵌入式系统分散而不可垄断，嵌入式系统领域的芯片、操作系统、软件，充满了竞争、发展和机遇，呈现一种百花齐放的景象。嵌入式系统的这一特点，决定了嵌入式应用开发方法不同于传统的软件工程方法。

3. 嵌入式系统设计过程

嵌入式系统设计的一般过程如下：

(1) 系统需求分析。确定设计任务和设计目标，并提炼出设计规格说明书，作为正式设计指导和验收的标准。系统的需求一般分功能性需求和非功能性需求两方面。功能性需求是系统的基本功能，如输入/输出信号、操作方式等；非功能性需求包括系统性能、成本、功耗、体积、质量等因素。

(2) 体系结构设计。描述系统如何实现所述的功能和非功能需求，包括对硬件、软件和执行装置的功能划分，以及系统的软件、硬件选型等。一个好的体系结构是设计成功与否的关键。

(3) 硬件/软件设计。基于体系结构，对系统的软件和硬件进行详细设计。为了缩短产品开发周期，设计往往是并行的。一般嵌入式系统设计的工作大部分都集中在软件设计上，采用面向对象技术、软件组件技术、模块化设计是现代软件工程经常采用的方法。

(4) 系统集成。把系统的软件、硬件和执行装置集成在一起，进行调试，发现并改进单元设计过程中的错误。

(5) 系统测试。对设计好的系统进行测试，看其是否满足规格说明书中给定的功能要求。

针对系统的不同的复杂程度，目前有一些常用的系统设计方法，如瀑布设计方法，自顶向下的设计方法，自下向上的设计方法，螺旋设计方法，逐步细化设计方法和并行设计方法等，根据设计对象复杂程度的不同，可以灵活地选择不同的系统设计方法。

如图 1-3 所示，说明了一个嵌入式系统开发的主要流程。

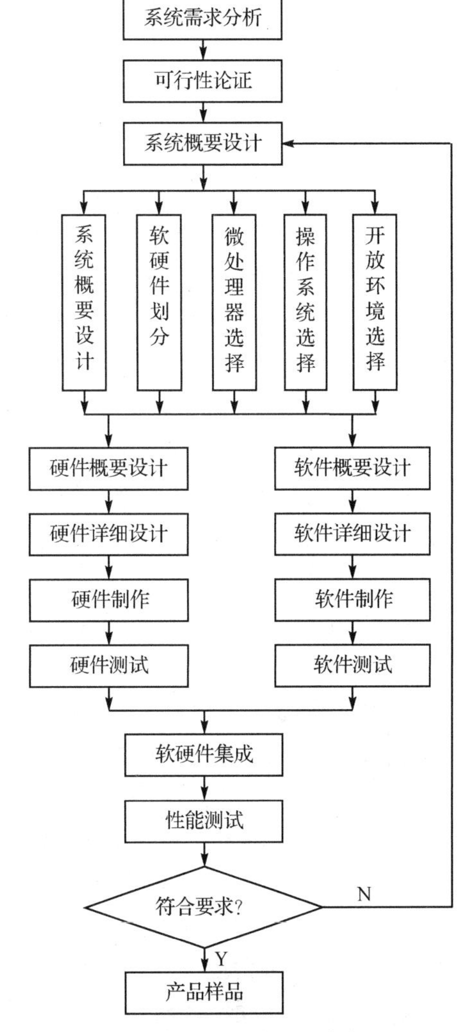

图 1-3　嵌入式系统开发的主要流程

1.2　嵌入式系统的应用领域

嵌入式系统作为一个热门领域，涵盖了微电子技术、电子信息技术、计算机软件和硬件等多项技术领域的应用。到目前为止，中国嵌入式系统的主要客户分布在电信、医疗、汽车、安全、工业控制和消费类等行业。嵌入式系统的主要应用领域如图 1-4 所示。

(1) 工控设备。工业设备是机电产品中最大一类。过去在工业过程控制、数控机床、电力系统、电网安全、电网设备监测、石油化工系统等方面，大部分低端型设备主要采用是 8 位单片机。

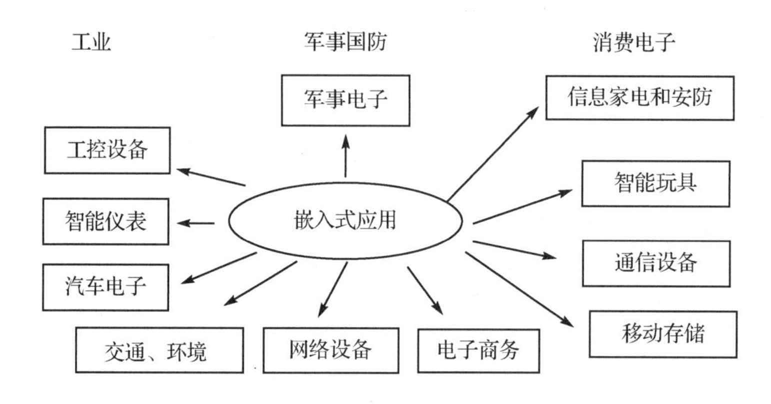

图 1-4 嵌入式系统的应用领域

随着技术发展，目前许多设备除了进行实时控制外，还须将设备的运行状态，传感器的信息等在显示屏上实时显示。

(2) 信息家电和安防。信息家电将成为嵌入式系统最大的应用领域。只有按钮、开关的电器显然已经不能满足人们的日常需求。具有用户界面，能远程控制，智能管理的电器是未来的发展趋势，如冰箱、空调等的网络化、智能化等。近年来，安防界影响最大的就是嵌入式系统，安防产品进入嵌入化发展阶段。从传统的门禁、CCTV 摄像头、录像机，逐渐过渡到以嵌入式系统为基础的网络化设备，如网络摄像头、硬盘录像机、网络数据采集器等，随之而来对嵌入式系统开发人才的需求也迅猛增长。

(3) 消费类电子。嵌入式系统需求最殷切的是消费电子行业。电信行业传统上就是嵌入式人才的需求大户。由于 3G 持续升温，这方面的人才也呈现出供不应求的势头。智能玩具、手持通讯、存储设备的核心等方面都将用到嵌入式技术。

(4) 交通管理和环境监测。交通管理在车辆导航、流量控制、信息监测与汽车服务等方面也将用到嵌入式技术，目前 GPS(全球定位系统)设备已经从尖端产品进入到了普通百姓的家庭。

水文资料的实时监测，防洪体系及水土质量的监测、堤坝安全、地震监测网、实时气象信息网、水源和空气污染监测等方面，嵌入式技术的应用越来越广泛。

(5) 智能仪器。网络分析仪、示波器和医疗仪器等智能仪器设备中也大量用到嵌入式技术。如：医疗电子应用技术及设备、医疗影像设备、医疗微波治疗与诊断设备、医疗监护设备和便携式电子医疗设备等。

(6) 汽车电子。专家预测，汽车电子产品占汽车成本的比例将达到 50%，全球市场销售额在 1～2 年将超过 1 000 亿美元。汽车电子的关键技术包括：软件技术、高性能强实时的嵌入式操作系统、汽车电控、汽车网络、以及汽车电器的嵌入式软件平台及关键技术。

(7) 军事国防武器。导弹瞄准、雷达识别和电子对抗设备等军事国防武器的仪器中也大量用到嵌入式技术。

(8) 社会发展方面。在社会发展方面，嵌入式技术的应用越来越广泛。嵌入式 Internet 应用如图 1-5 所示。

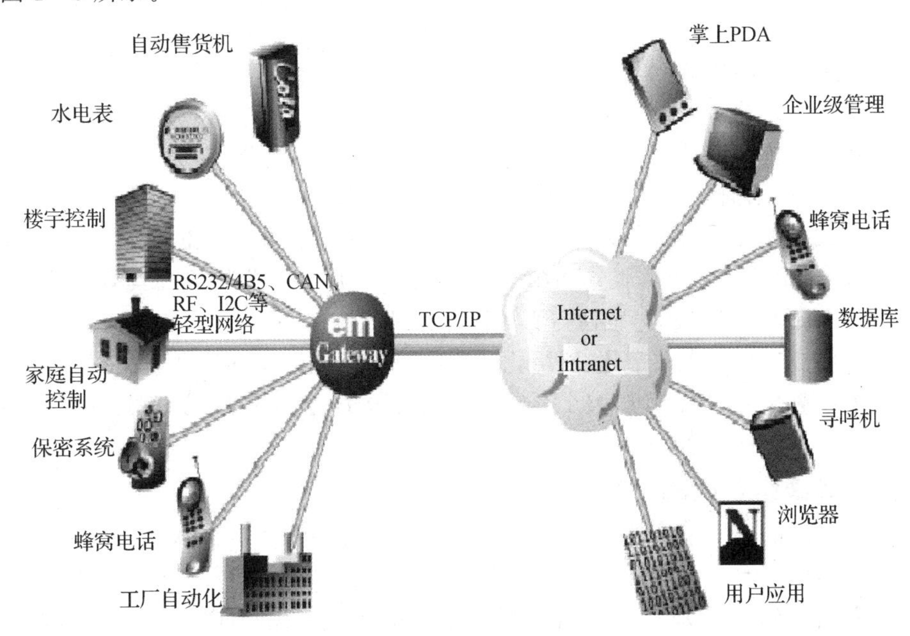

图 1-5　嵌入式 Internet 应用

1.3　嵌入式操作系统

1.3.1　操作系统

操作系统是软硬件资源的控制中心，它以尽量合理有效的方法组织多个用户共享计算机的各种资源。目的是提供一台功能强大的虚拟机，给用户一个方便、有效、安全的工作环境。

操作系统的分类：

(1) 顺序执行系统。系统内只含有一个程序，独占 CPU 的运行时间，按语句顺序执行该程序，直至执行完毕，另一程序才能启动运行。如 DOS 操作系统。

(2) 分时操作系统。系统内同时可以有多个程序运行，把 CPU 的时间按顺序分成若干片，每个时间片内执行不同的程序。如 UNIX 等。

(3) 实时操作系统。系统内有多个程序运行，每个程序有不同的优先级，只有最高优先级的任务才能占有 CPU 的控制权。

1.3.2 嵌入式操作系统简介

嵌入式操作系统是支持嵌入式系统的操作系统，它是嵌入式应用软件的基础和开发平台。嵌入式操作系统的出现，解决了嵌入式软件开发标准化的难题。

嵌入式操作系统具有操作系统的最基本的功能：进程调度、内存管理、设备管理、文件管理、中断管理、系统功能接口(API调用，如网络功能)、设备驱动等。

嵌入式操作系统的特点：系统可裁剪、可配置，系统具有实时性，系统稳定、可靠。

嵌入式操作系统一般具有实时特点。实时是一个相对的概念，它也是评估嵌入式操作系统的一个指标，需要根据具体需求选择合适的操作系统。

实时嵌入式操作系统的种类繁多，大体上可分为两种：商用型和免费型。前者功能稳定、可靠，有完善的技术支持和售后服务，但往往价格昂贵。后者在价格方面具有优势，目前免费型的主要有Linux和μC/OS，稳定性与服务性存在挑战。

嵌入式系统越来越追求数字化、网络化和智能化。因此原来在某些设备或领域中占主导地位的软件系统越来越难以为继，整个系统必须是开放的、提供标准的API，并且能够方便地与众多第三方的软硬件沟通。

1. 嵌入式操作系统的分类

从嵌入式系统的应用来分类，嵌入式操作系统分为低端设备的嵌入式操作系统和高端设备的嵌入式操作系统。前者主要用于各种工业控制系统、计算机外设、民用消费品如微波炉、洗衣机、冰箱等；比如μC/OS等。后者主要用于信息化家电、掌上电脑、机顶盒、WAP手机、路由器等设备上；如WinCE、Linux等。

从实时性来分类，嵌入式操作系统分为实时操作系统和非实时操作系统。

实时系统的定义是能够对外部事件做出及时响应的系统。响应时间要有保证。对外部事件的响应包括：

(1) 事件发生时要识别出来；

(2) 在给定时间约束内必须输出结果。

硬实时系统是对系统响应时间有严格的要求，如果系统响应时间不能满足，就会引起系统崩溃或致命的错误。

软实时系统是对系统响应时间有要求，但是如果系统响应时间不能满足，它并不会导致系统出现致命的错误或崩溃，只是降低系统的吞吐量。

2. 常用嵌入式操作系统介绍

1) VxWorks

VxWorks操作系统是WindRiver(美国风河系统)公司于1983年设计开发的一种嵌入式实时操作系统(RTOS)，它具有良好的持续发展能力、高性能的内核以及友好的用户开发环境，在嵌入式实时操作系统领域牢牢地占据着一席之地。

VxWorks所具有的显著特点是：可靠性、实时性和可裁剪性。

它支持多种处理器，如x86、i960、Sun Sparc、Motorola MC68xxx、MIPS、PowerPC等。

2）Windows Embedded

Windows CE是微软针对个人计算机以外的计算机产品所研发的嵌入式操作系统，而CE则为Customer Embedded的缩写。该操作系统是一种针对小容量、移动式、智能化、32位、连接设备的模块化实时嵌入式操作系统。针对掌上设备、无线设备的动态应用程序和服务提供了一种功能丰富的操作系统平台。但Windows CE的嵌入不够实时，它属于软实时操作系统，目前也开始应用在中文手机的研究开发之中。

由于该操作系统与Windows有相似的背景，而且界面也比较统一，因此也得到了大家比较好的认可。该操作系统的基本内核需要至少200 KB的ROM。

3）嵌入式Linux

Linux操作系统源于一位芬兰大学生——Linus Torvalds的课余作品。当时，Linus Torvalds正在学习计算机科学家Andrew S. Tanenbaum开发的Minix操作系统，但发现Minix的功能很不完善，于是就编写了一个保护模式下的操作系统，这就是Linux的原型。

最开始，Linux被定位于黑客用的操作系统，并被放至FTP服务器上供人们自由下载。

Linux是开放源码的，不存在黑箱技术，遍布全球的众多Linux爱好者又是Linux开发的强大技术后盾。

Linux的内核小、功能强大、运行稳定、系统健壮、效率高，易于定制裁剪，在价格上极具竞争力。Linux不仅支持x86 CPU，还可以支持其他数十种CPU芯片。

4）嵌入式实时内核μC/OS

μC/OS与Linux一样，是一款公开源代码的免费实时内核，已在各个领域得到了广泛的应用。μC/OS的特点如下：

(1) 具有RTOS的基本性能；

(2) 代码尺寸小，结构简明；

(3) 易学、易移植。

μC/OS提供完整的嵌入式实时内核的源代码，并对该代码作详尽的解释。而商业上的实时操作系统软件不但价格昂贵，而且其中很多都是所谓黑盒子，即不提供源代码。

源代码的绝大部分是用C语言写的，经过简单的编译，就能在PC机上运行。用汇编语言写的部分只有200行左右，该实时内核可以方便地移植到几乎所有的嵌入式应用类CPU上。移植范例的源代码可以从因特网上下载。

从早期的实时内核μC/OS，到新版本的μC/OS-II，μC/OS-II读做“micro COS2”，意为“微控制器操作系统版本2”。世界上已有数千人在各个领域使用μC/OS，例如，照相机行业、医疗器械、音响设施、发动机控制、网络设备、高速公路电话系统、自动提款机、工业机器人等。很多高等院校将μC/OS用于实时系统教学。

5）其他嵌入式操作系统

（1）Palm OS

Palm OS 是一款 32 位的嵌入式操作系统，它的操作界面采用触控式，差不多所有的控制选项都排列在屏幕上，使用触控笔便可进行所有操作。作为一套极具开放性的系统，开发商向用户免费提供 Palm 操作系统的开发工具，允许用户利用该工具在 Palm 操作系统的基础上编写、修改相关软件，使支持 Palm 的应用程序丰富多彩、应有尽有。

Palm 操作系统最明显的优势还在于其本身是一套专门为掌上电脑编写的操作系统，在编写时充分考虑到了掌上电脑内存相对较小的情况，所以 Palm 操作系统本身所占的内存极小，基于 Palm 操作系统编写的应用程序所占的空间也很小，通常只有几十 KB，所以基于 Palm 操作系统的掌上电脑虽然只有几兆内存却可以运行众多的应用程序。

（2）QNX

QNX 是唯一可以将实时 POSIX 环境外加一个完全的窗口系统安装在 1 MB 以下的闪储或只读存储器上的操作系统。

作为真正的微内核，QNX 具有完全的可伸缩性，可以在从消费电子产品到工业控制系统的很宽广的领域使用它。甚至其嵌入式窗口系统 Photon microGUI 也是基于微内核结构，因此很容易在任何目标系统上完成一个在尺寸和功能上平衡的图形界面。

QNX 的操作系统服务通过一组可选的协作进程实现，每个进程运行在它们自己的 MMU 的保护的地址空间。通过高性能的进程间消息传递通讯机制可以访问文件系统、设备 I/O 等这些服务。这些服务的模块化给予了 QNX 高度的可伸缩性。

QNX 比 TCP/IP 或其他的传统性的网络服务提供更高的网络透明度。实际上，QNX 将整个 LAN 改变为单一逻辑机器。通过使用网络透明的消息传递可以访问所有的系统资源。可以很轻松地增加和减少系统资源和网点。开发者可在桌面上调试或控制远程的系统。

1.4 嵌入式系统的发展趋势

随着信息技术以及互联网的飞速发展，互联网的普及以及 3C（Compute、Consumer、Communication）技术的快速融合、半导体技术的改善、使用者的需求、信息服务应用生活化等方面对嵌入式系统的设计提出了越来越高的要求。嵌入式设计已经成为工业现代化、智能化的必经之路，嵌入式产品已经深入到各行各业。嵌入式接入设备是数字化时代的一大主流产品，嵌入式软件已经成为数字化产品的核心。嵌入式软件大量应用于家用市场、工业市场、商业市场、通讯市场和国防市场。近几年来，信息电器迅速发展，也为嵌入式软件的发展起到推波助澜的作用。彩电、DCD、手机、MP3/MP4、掌上电脑、汽车等都是潜在的信息电器。

1. 嵌入式应用软件开发和操作系统

随着因特网技术的成熟、带宽的提高，ICP（Internet Content Provider，即互联网内容提供商)和 ASP(Application Service Provider,即应用服务提供商)在网上提供的信息内容日趋丰富、应用项目多种多样,像手机、电话座机及电冰箱、微波炉等嵌入式电子设备的功能不再单一,电气结构也更为复杂。为了满足应用功能的升级,设计师们一方面采用更强大的嵌入式处理器增强处理能力,另一方面采用实时多任务编程技术和交叉开发工具技术来控制功能复杂性,简化应用程序的设计,保障软件质量和缩短开发周期。

目前,国外商品化的嵌入式实时操作系统已进入我国市场,如 WindRiver、Microsoft、QNX 和 Nucleus 等产品,还有我国自主开发的嵌入式系统软件产品如科银(CoreTek)公司的嵌入式软件开发平台。此外,中科院也推出了 Hopen 嵌入式操作系统。

由于嵌入式系统关乎民生,涉及工业、农业、商业、国防以及政务等社会生活的方方面面,因此,我们决不能受制于人,嵌入式软件必将成为我国软件产业未来发展的一个主要方向。

2. 技术的渗透性和融合性

为适应嵌入式分布处理结构和应用上网需求,面向 21 世纪的嵌入式系统要求配备标准的一种或多种网络通信接口。针对外部联网要求,嵌入设备必须配有通信接口,相应需要 TCP/IP 协议簇软件支持;由于家用电器相互关联(如防盗报警、灯光能源控制、影视设备和信息终端交换信息)及实验现场仪器的协调工作等要求,新一代嵌入式设备还需具备 IEEE1394、USB、CAN、Bluetooth 或 IrDA 通信接口,同时也需要提供相应的通信组网协议软件和物理层驱动软件。为了支持应用软件的特定编程模式,如 Web 或无线 Web 编程模式,还需要相应的浏览器,如 HTML(Hypertext Markup Language,超文本链接标记语言),WML(Wireless Markup Language,无线标记语言)等。

崭新的数字世界、多彩的嵌入式应用使目前的各分散系统可以互相渗透和融合,组成为一个集成系统。如图 1-6 所示为分散独立应用系统,图 1-7 所示为集成应用系统。

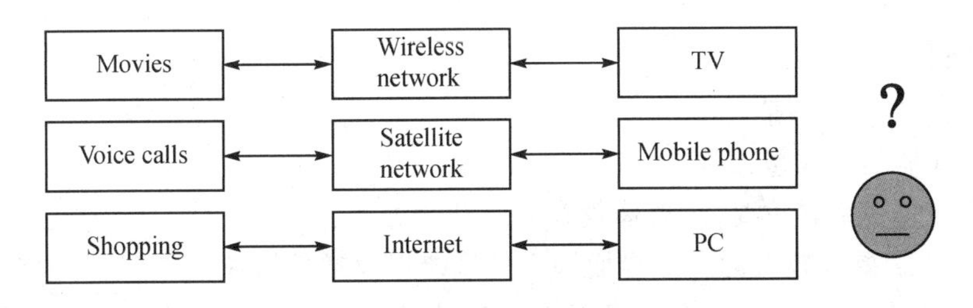

图 1-6 分散独立应用系统

3. 设备的关联性

目前的因特网技术据有关部门的统计只联接了不到 10%的计算装置,大量的嵌入式设备急需网络连接来提升其服务能力和应用价值。同时,以人为本的普适计算技术正在推动新一轮的信息技术的革命。计算无所不在,嵌入式设备将以各种形态分布在人类的生存环境中,提供更加人性化、自然化的服务。互联网的“深度”联网和普适计算“纵向”普及所带来的计算挑

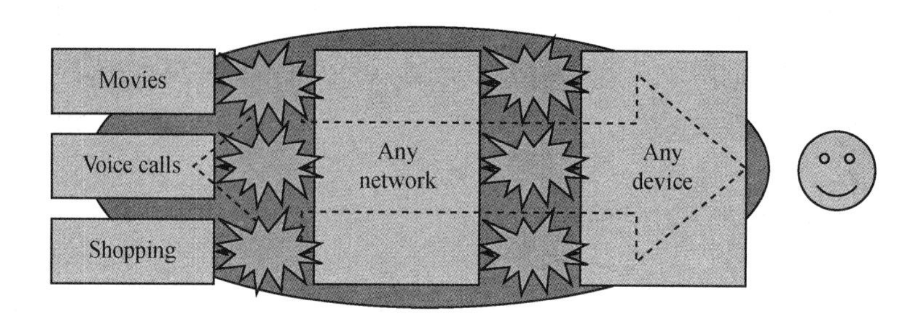

图1-7　集成应用系统

战,将推动嵌入式软件技术向"纵深"发展,催生了新型嵌入式软件技术。

未来人们将可以在任何时间、任何地点、使用任何设备(指PC机以外的嵌入式设备)通过上网获取信息。让越来越多的设备具备联网功能和计算功能已是趋势所在,而"Always Connected"的观念也逐渐深入人心。如图1-8所示是未来上网获取信息示意图。

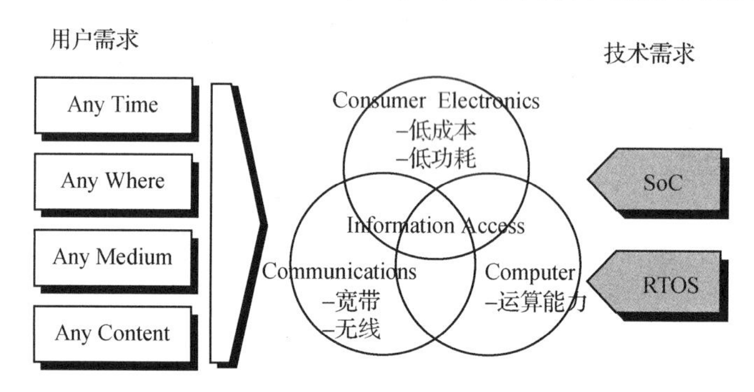

图1-8　未来上网获取信息示意图

4. 设计趋势

嵌入式系统设计趋势是:

(1) 对处理器的要求越来越高。

(2) 软件变得复杂和重要,主要体现在以下几个方面:

① 操作系统:要有较好的图形界面和文件系统以及通信协议;

② 复杂算法:人工智能、安全和多媒体等应用方面的算法,高级编程语言得到应用空间;

③ 设计复杂度急剧增加:硬件是目前的2～3倍,软件是目前的10倍。

(3) 32位结构体系已经开始成为嵌入式应用的最主流,ARM正在成为多个应用领域的标准CPU。

随着嵌入式系统应用的不断深入和产业化程度的不断提升,新的应用环境和产业化需求对嵌入式系统软件提出了更加严格的要求。在新需求的推动下,嵌入式操作系统内核不仅需要具有微型化、高实时性等基本特征,还将向高可靠性、自适应性、构件组件化方向发展;支撑开发环境将更加集成化、自动化、人性化;系统软件对无线通信和能源管理的功能支持将日益重要。

练习与思考题

1. 什么是嵌入式系统?
2. 比较嵌入式系统与通用PC机的区别。
3. 嵌入式系统有哪些部分组成?其主要功能是什么?
4. 嵌入式系统有哪些特点?
5. 嵌入式系统是怎样分类的?
6. 详细说明什么是MPU、MCU、SoC和SoPC?
7. 什么是硬实时操作系统,什么是软实时操作系统?
8. 什么叫后PC时代?
9. 简述嵌入式系统的应用前景。

第 2 章

ARM 体系结构及编程模型

本章介绍 ARM 技术的应用领域、ARM 微处理器系列、ARM 微处理器的工作状态和工作模式及其存储器系统和寄存器组织，最后介绍 ARM 体系的异常中断。

教学建议

本章教学学时建议：4 学时。

ARM 技术的应用领域及特点：0.5 学时；

ARM 微处理器的系列、工作状态、工作模式：1 学时；

存储器系统和寄存器组织和异常中断：2.5 学时。

要求了解 ARM 技术的应用领域，熟悉 ARM 微处理器系列的基本类型和主要特点，理解 ARM 微处理器的工作状态和工作模式，掌握 ARM 微处理器的存储器系统和寄存器组织以及异常中断的应用。

2.1 ARM 微处理器的特点

2.1.1 ARM 概述

ARM(Advanced RISC Machines)既可以认为是一个公司的名字，也可以认为是对一类微处理器的通称，还可以认为是一种技术的名字。

1991 年 ARM 公司成立于英国剑桥，该公司专门从事基于 RISC 技术芯片设计开发，作为知识产权供应商，本身不直接从事芯片生产，靠转让设计许可由合作公司生产各具特色的芯片。世界各大半导体生产商从 ARM 公司购买其设计的 ARM 微处理器核，根据各自不同的应用领域，加入适当的外围电路，从而形成自己的 ARM 微处理器芯片(如 Samsung S3C2410、Motorola i. MXL9328 等处理器都采用 ARM9 内核)进入市场，这就是 ARM 公司的 Chipless 模式。

由于全世界有几十家大的半导体公司(包括 Intel、Samsung、Motorola、Philips 等)使用 ARM 公司的授权，因此既使得 ARM 技术获得更多的第三方工具、制造、软件的支持，又使整个系统成本降低，使产品更容易进入市场被消费者所接受，更具有竞争力。到目前为止，ARM 微处理器及技术的应用已经广泛深入到国民经济的各个领域。如工业控制领域、消费娱乐电子领域、网络应用领域等许多不同的应用领域。ARM 公司已成为移动通信、手持设备、多媒体数字消费嵌入式解决方案的 RISC 标准。

目前嵌入式处理器除 ARM 外，常见的还有 PowerPC、MIPS、Motorola 68K、ColdFire 等嵌入式处理器，但 ARM 占据了绝对主流。

2.1.2　ARM 体系结构的特点

ARM 体系结构设计的总体思想是在不牺牲性能的同时，尽量简化处理器，同时从体系结构的层面上灵活支持处理器扩展。这种简化和开放的思路使得 ARM 处理器采用了很简单的结构来实现。目前，ARM32 位体系结构被公认为业界领先的 32 位嵌入式 RISC 微处理器核，所有 ARM 处理器都共享这一体系结构。

ARM 采用 RISC 结构，在简化处理器结构，减少复杂功能指令的同时，提高了处理器的速度。

ARM 体系结构考虑到处理器与存储器打交道的指令执行时间远远大于在寄存器内操作的指令执行时间，RISC 型处理器采用了 Load/Store（加载/存储）结构，即只有 Load/Store 指令可与存储器打交道，其余指令都不允许进行存储器操作。同时，为了进一步提高指令和数据的存取速度，RISC 型处理器增加了指令高速缓冲（I－Cache）和数据高速缓冲（D－Cache）及多处理器结构，使指令的操作尽可能在寄存器之间进行。

ARM 体系结构支持多处理器状态模式。ARM 微处理器具有如下特点：

1. 低功耗、低成本、高性能

（1）采用 RISC 指令集；

（2）使用大量的寄存器；

（3）支持 ARM/Thumb 指令；

（4）3/5 级流水线。

2. 采用 RISC 体系结构

（1）固定长度的指令格式，指令归整、简单、基本寻址方式有 2～3 种；

（2）使用单周期指令，便于流水线操作执行；

（3）大量使用寄存器，数据处理指令只对寄存器进行操作，只有加载/存储指令可以访问存储器，以提高指令的执行效率。

3. 大量使用寄存器

ARM 处理器共有 37 个寄存器，均为 32 位。它们被分为若干个组，这些寄存器包括：

（1）31 个通用寄存器；

（2）6 个状态寄存器，用于标识 CPU 的工作状态及程序的运行状态，均为 32 位。

4. 高效的指令系统

(1) ARM微处理器支持两种指令集：ARM指令集和Thumb指令集；

(2) ARM指令为32位的长度，Thumb指令为16位长度。Thumb指令集为ARM指令集的功能子集，但与等价的ARM代码相比较，可节省30%～40%以上的存储空间，同时具备32位代码的所有优点。

5. 其他技术

(1) ARM体系结构还采用了一些特别的技术，在保证高性能的前提下尽量缩小芯片的面积，并降低功耗。

(2) 所有的指令都可根据前面的执行结果决定是否被执行，从而提高指令的执行效率：

① 可用加载/存储指令批量传输数据，以提高数据的传输效率；

② 可在一条数据处理指令中同时完成逻辑处理和移位处理；

③ 在循环处理中使用地址的自动增减来提高运行效率。

2.2 ARM微处理器系列介绍

ARM微处理器包括下面几个系列：ARM7系列、ARM9系列、ARM9E系列、ARM10E系列、ARM11系列、SecurCore系列、Intel的XScale、ARM Cortex系列等。其中，ARM7、ARM9、ARM9E、ARM10和ARM11为5个通用处理器系列，每一个系列提供一套相对独特的性能来满足不同应用领域的需求；SecurCore系列专门为安全要求较高的应用而设计；ARM Cortex系列为各种不同性能要求的应用提供了一整套完整的优化解决方案。

2.2.1 ARM7系列

ARM7系列是为低功耗的32位RISC处理器，最适用于对价位和功耗要求较高的消费类应用。ARM7系列有如下特点：

(1) 具有嵌入式ICE-RT逻辑，调试开发方便；

(2) 极低的功耗，适合对功耗要求较高的应用，如便携式产品；

(3) 能够提供0.9 MIPS/MHz的3级流水线结构；

(4) 代码密度高，并兼容16位的Thumb指令集；

(5) 对操作系统的支持广泛，如Windows CE、Linux、Palm OS等；

(6) 指令系统与ARM9、ARM9E和ARM10E系列兼容，便于用户的产品升级换代；

(7) 主频最高可达130 MHz，高速的运算处理能力能胜任绝大多数的复杂应用。

ARM7系列微处理器包括如下几种类型的核：ARM7TDMI、ARM7TDMI-S、ARM720T、ARM7EJ。其中，ARM7TMDI是目前使用最广泛的32位嵌入式RISC处理器，属低端ARM处理器核。

TDMI的基本含义为：T表示支持16为压缩指令集Thumb；D表示支持片上Debug；M表示内嵌硬件乘法器(Multiplier)；I表示嵌入式ICE，支持片上断点和调试点。

主要应用领域：工业控制、Internet设备、网络和调制解调器设备、移动电话等多种多媒体和嵌入式应用。

2.2.2 ARM9系列

ARM9系列微处理器在高性能和低功耗特性方面提供最佳的表现。具有以下特点：

(1) 5级整数流水线，指令执行效率更高；

(2) 提供1.1 MIPS/MHz的哈佛结构；

(3) 支持32位ARM指令集和16位Thumb指令集；

(4) 支持32位的高速AMBA总线接口；

(5) 全性能的MMU，支持Windows CE、Linux、Palm OS等多种嵌入式操作系统；

(6) MPU支持实时操作系统；

(7) 支持数据Cache和指令Cache，具有更高的指令和数据处理能力。

ARM9系列微处理器包含ARM920T、ARM922T和ARM940T三种类型，以适用于不同的应用场合。

主要应用领域：无线设备、仪器仪表、安全系统、机顶盒、高端打印机、数字照相机和数字摄像机等。

2.2.3 ARM9E系列

ARM9E系列微处理器包含ARM926EJ－S、ARM946E－S和ARM966E－S三种类型，以适用于不同的应用场合。

主要应用领域：下一代无线设备、数字消费品、成像设备、工业控制、存储设备和网络设备等领域。

2.2.4 ARM10E系列

ARM10E系列微处理器包含ARM1020E、ARM1022E和ARM1026EJ－S三种类型，以适用于不同的应用场合。

主要应用领域：下一代无线设备、数字消费品、成像设备、工业控制、通信和信息系统等领域。

2.2.5 ARM11系列

ARM11系列微处理器最新内核：ARM1156T2－S内核、ARM1156T2F－S内核、ARM1176JZ－S内核和ARM11JZF－S内核。

(1) ARM1156T2－S和ARM1156T2F－S内核都基于ARMv6指令集体系结构，将是首批含有ARM Thumb－2内核技术的产品，可令合作伙伴进一步减少与存储系统相关的生产成本。

主要应用领域:多种深嵌入式存储器、汽车网络和成像应用产品。

该体系结构中增添的功能包括:对于汽车安全系统类安全应用产品的开发至关重要的存储器容错能力。

(2) ARM1176JZ-S和ARM1176JZF-S内核及PrimeXsys平台是首批以ARM TrustZone技术实现手持装置和消费电子装置中公开操作系统的超强安全性的产品。ARM1176JZ-S和ARM1176JZF-S内核基于ARMv6指令集体系结构。

主要为服务供应商和运营商所提供的新一代消费电子装置的电子商务和安全的网络下载提供支持。

2.2.6 SecurCore系列

SecurCore系列微处理器除了具有ARM体系结构各种主要特点外,还在系统安全方面具有如下的特点:

(1) 带有灵活的保护单元,确保操作系统和应用数据的安全;

(2) 采用软内核技术,防止外部对其进行扫描探测;

(3) 可集成用户自己的安全特性和其他协处理器。

SecurCore系列微处理器包含SecurCore SC100、SecurCore SC110、SecurCore SC200和SecurCore SC210四种类型,以适用于不同的应用场合。

主要应用领域:一些对安全性要求较高的应用产品及应用系统,如电子商务、电子政务、电子银行业务、网络和认证系统等领域。

2.2.7 StrongARM和XScale系列

Intel StrongARM SA-1100处理器是采用ARM体系结构高度集成的32位RISC微处理器。它融合了Intel公司的设计和处理技术以及ARM体系结构的电源效率,采用在软件上兼容ARMv4体系结构,同时采用具有Intel技术优点的体系结构。

Intel StrongARM处理器是便携式通讯产品和消费类电子产品的理想选择,已成功应用于多家公司的掌上电脑系列产品。

XScale处理器是基于ARMv5TE体系结构的解决方案,是一款全性能、高性价比、低功耗的处理器。它支持16位的Thumb指令和DSP指令集,已使用在数字移动电话、个人数字助理和网络产品等场合。XScale处理器是Intel目前主要推广的一款ARM微处理器。

2.2.8 ARM Cortex系列

ARM Cortex发布于2005年,ARM Cortex系列的3款产品全都集成了Thumb-2指令集,可满足各种不同的日益增长的市场需求。ARM Cortex系列的3款处理器:

(1) ARM Cortex-A系列:针对复杂操作系统以及用户应用设计的应用处理器;

（2）ARM Cortex－R 系列：实时系统专用嵌入式处理器；

（3）ARM Cortex－M 系列：针对微控制器和低成本应用专门优化的深嵌入式处理器。

2.2.9　基于 32 位 ARM 核微处理器

基于 32 位 ARM 核微处理器的主要公司有：

（1）ST 公司 32 位 ARM 核微处理器。主要有：STR7、STR9 和 STM32 系列。

（2）Freescale 公司 32 位微控制器与处理器，主要是 MCF52xx 系列。

（3）OKI 公司 32 位 ARM7DMI 核微处理器，主要是 ML67xx 系列。

（4）Atmel 公司微控制器，主要是 AT91FR、AT91M、AT91RM、AT91SAM 等系列。

（5）NXP（恩智浦）ARM 单片机，主要是 LPC21xx、LPC22xx 等系列。

（6）Intel 公司的 StrongARM 系列和 XScale 系列。

（7）SamSung 公司的 ARM 系列，主要是 S3C44B0X、S3C2410X、S3C2440X、S3C5410X 等系列。

（8）TI 公司的 ARM 处理器主要是 OMAP、C5470/C5471 等系列。

（9）Cirrus Logic 公司的 ARM 处理器系列，主要是 EP9xxx 等系列。

2.2.10　ARM 系列产品命名规则

ARM 系列产品命名规则：

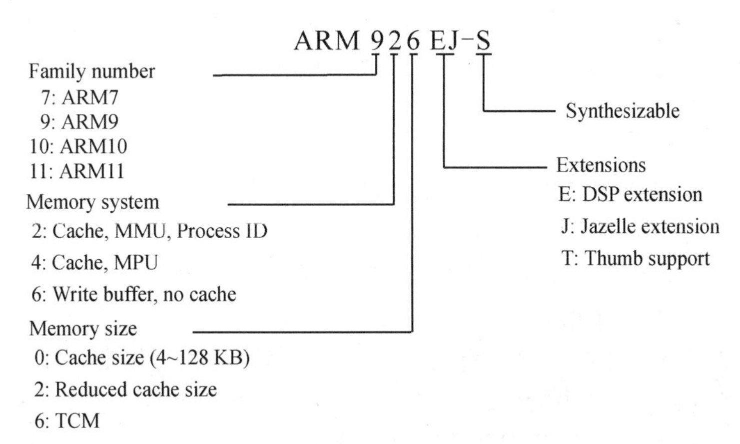

2.3　ARM 体系结构

2.3.1　体系结构概念

体系结构也可以称为系统结构，它是指程序员在为特定处理器编制程序时所用到的硬件与软件资源以及它们相互间的连接关系。

体系结构最为重要的就是处理器所提供的指令系统和寄存器组。指令系统分为CISC(Complex Instruction Set Computer,即复杂指令集计算机)和RISC(Reduced Instruction Set Computer,即精简指令集计算机)。其中,嵌入式系统中CPU一般是RISC结构。寄存器组与采用的指令系统是密切相关的,因此,从这点上考虑,体系结构中最为重要的就是指令系统了。

在体系结构中,还有存储器结构。现在有两种:冯·诺依曼结构和哈佛结构。

传统的计算机采用冯·诺依曼结构,它是一种将程序指令存储器和数据存储器合并在一起的存储器结构。

主要特点是:程序和数据共用一个存储空间;程序指令存储地址和数据存储地址指向同一个存储器的不同物理位置;采用单一的地址及数据总线;程序指令和数据的宽度相同。处理器在执行指令时,必须从存储器中取出指令解码,再取操作数执行运算,在高速运算的时候,容易在传输通道上出现瓶颈效应。目前使用冯·诺依曼结构的MPU和MCU有很多,如Intel 8086、ARM公司的ARM7、MIPS公司的MIPS处理器等。

哈佛(Harvard)结构是一种将程序指令存储和数据存储分开的存储器结构,它是一种并行体系结构。

主要特点是:程序和数据存储在不同的存储空间中,即程序存储器和数据存储器是两个相互独立的存储器,每个存储器独立编址、独立访问。与两个存储器相对应的是系统中的4套总线:程序的数据总线和地址总线,数据的数据总线和地址总线。这种分离的程序总线和数据总线可允许在一个机器周期内同时获取指令字和操作数,从而提高了执行速度,又由于程序和数据存储器在两个分开的物理空间中,因而取指和执行能够完全重叠。目前使用Harvard结构的有:所有的DSP处理器、Motolora公司的MC68系列、Atmel公司的AVR系列、ARM公司的ARM9等系列。

嵌入式系统的处理器多数使用RISC结构的原因是:

(1) 在相同的集成规模下,RISC的CPU核在芯片上占用面积要小得多;

(2) 有利于减小芯片的尺寸和降低功耗(有利于散热);

(3) 结构简单,开发成本低;

(4) 对于实时应用,RISC指令具有均匀划一并且较小的执行长度,因此有利于中断延迟的可预测性,并且有利于缩短中断延迟。

表2-1所列是CISC结构与RISC结构的比较。

表2-1 CISC结构与RISC结构的比较

类 别	CISC	RISC
指令系统	指令数量很多	较少,通常少于100
执行时间	有些指令执行时间很长,如整块的存储器内容拷贝,或将多个寄存器的内容拷贝到存储器	没有较长执行时间的指令

续表 2-1

类　别	CISC	RISC
编码长度	编码长度可变,1～15字节	编码长度固定,通常为4字节
寻址方式	寻址方式多样	简单
操作	可以对存储器和寄存器进行算术和逻辑操作	只能对寄存器进行算术和逻辑操作,Load/Store体系结构
编译	难以用优化编译器生成高效的目标代码程序	采用优化编译技术,生成高效的目标代码程序

2.3.2　ARM体系结构

ARM是一种RISC MPU/MCU的体系结构,ARM体系结构为满足ARM合作者以及设计领域的一般需求正在稳步发展。每一次ARM体系结构的重大修改,都会添加极为关键的技术。在体系结构作重大修改的期间,会添加新的性能作为体系结构的变体。

下面的名字表明了系统结构上的提升,后面附加的关键字表明了体系结构的变体。

1) v3结构

(1) 32位地址。

(2) T　Thumb状态,16位指令。

(3) M　长乘法支持。这一性质已经变成v4结构的标准配置。

2) v4结构

(1) 加入了半字存储操作。

(2) D　对调试的支持(Debug)

(3) I　嵌入的ICE(In Circuit Emulation)

(4) 属于v4体系结构的处理器(核)有ARM7、ARM7100和ARM7500。属于v4T(支持Thumb指令)体系结构的处理器(核)有ARM7TDMI、ARM7TDMI-S(ARM7TDMI)、ARM710T、ARM720T、ARM740T、ARM9TDMI、ARM910T、ARM920T、ARM940T和StrongARM(Intel公司的产品)。

3) v5结构

(1) 提升了ARM和Thumb指令的交互工作能力。

(2) E　DSP指令支持。

(3) J　Java指令支持。

(4) 属于v5T(支持Thumb指令)体系结构的处理器(核)有ARM10TDMI和ARM1020T。属于v5TE(支持Thumb和DSP指令)体系结构的处理器(核)有ARM9E、ARM9E-S、ARM946、ARM966、ARM10E、ARM1020E、ARM1022E、XScale(Intel公司产品)。属于v5TEJ(支持Thumb、DSP指令和Java指令)体系结构的处理器(核)有ARM9EJ、ARM9EJ-S、ARM926EJ和ARM10EJ。

4) v6 结构

(1) 增加了媒体指令;

(2) 属于 v6 体系结构的处理器核有 ARM11。ARM 体系结构中有 4 种特殊指令集:Thumb 指令(T),DSP 指令(E),Java 指令(J),Media 指令,v6 体系结构包含全部 4 种特殊指令集。为满足向后兼容,ARMv6 也包括了 ARMv5 的存储器管理和例外处理。这将使众多的第三方发展商能够利用现有的成果,支持软件和设计的复用。新的体系结构并不是想取代现存的体系结构,使它们变得多余。新的 CPU 核和衍生产品将建立在这些结构之上,同时不断与制造工艺保持同步。例如基于 v4T 体系结构的 ARM7TDMI 核还在广泛地被新产品所使用。表 2-2 所列是 ARM 核与体系结构的关系。

表 2-2　ARM 核与体系结构的关系

ARM 核	体系结构
ARM1	v1
ARM2	v2
ARM2aS,ARM3	v2a
ARM6,ARM600,ARM610	v3
ARM7,ARM700,ARM710	v3
ARM7TDMI,ARM710T,ARM720T,ARM740T	v4T
Strong ARM,ARM8,ARM810	v4
ARM9TDMI,ARM920T,ARM940T	v4T
ARM9E-S	v5TE
ARM10TDMI,ARM1020E	v5TE
ARM11,ARM1156T2-S,ARM1156T2F-S,ARM1176JZ-S,ARM11JZF-S	v6

2.3.3　ARM9 体系结构

对于 ARM9 系列,其基本内核是 ARM9TDMI,图 2-1 给出了 ARM9TDMI 结构框图,主要由 7 部分构成。

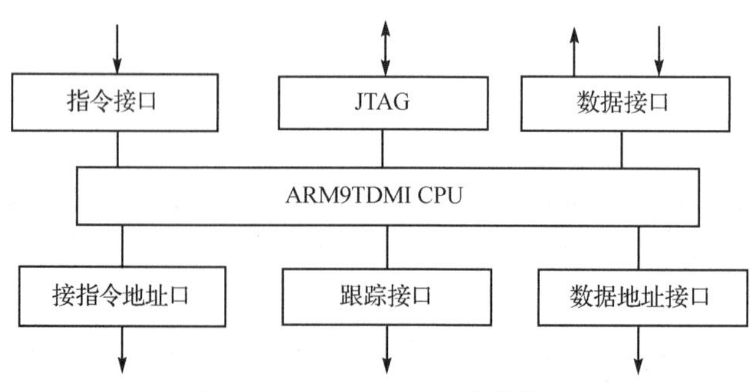

图 2-1　ARM9TDMI 结构框图

ARM920T 结构主要由 ARM9TDMI 内核 CPU、MMU、Cache、协处理器接口、运行跟踪信息接口(ETM)、JTAG 调试接口和总线接口等 7 部分构成,如图 2－2 所示。

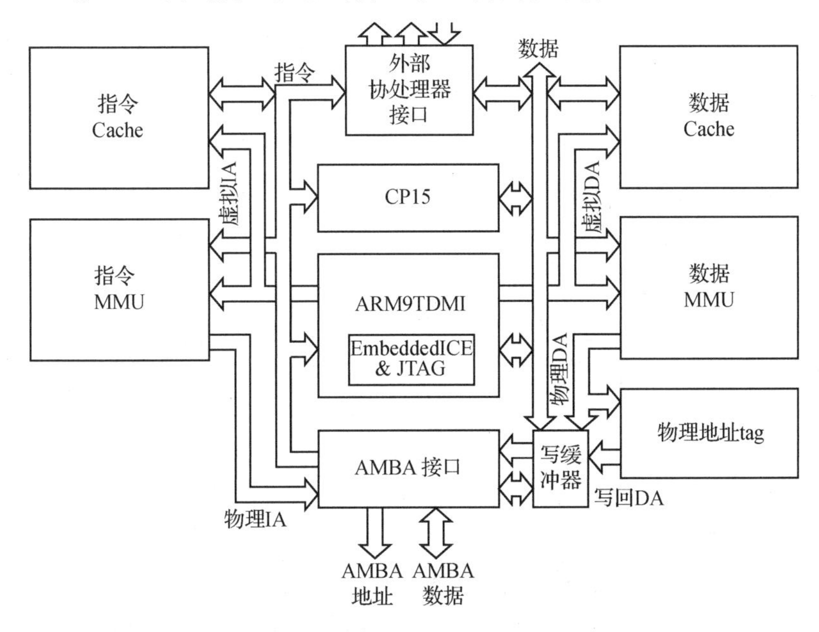

图 2－2　ARM920T 体系结构框图

2.4　ARM 流水线结构

流水线方式是把一个重复的过程分解为若干个子过程,每个子过程可以与其他子过程同时进行。由于这种工作方式与工厂中的生产流水线十分相似,因此,把它称为流水线工作方式。处理器按照一系列步骤来执行每一条指令。典型的步骤为:

(1) 从存储器读取指令(fetch);

(2) 译码以鉴别它是哪一类指令(dec);

(3) 从寄存器组取得所需的操作数(reg);

(4) 将操作数进行组合以得到结果或存储器地址(exe);

(5) 如果需要,则访问存储器存取数据(mem);

(6) 将结果回写到寄存器组(res)。

上面每个阶段的操作都是独立的。故可采用流水线的重叠技术,能够大大提高系统的性能。

ARM7 体系结构采用了 3 级流水线,分别为取指、译码和执行,如图 2－3 所示。

取指:从程序存储器中取指令,放入指令流水线(占用存储器访问操作);

译码:指令译码(占用译码逻辑);

执行：执行指令/读写 reg(占用 ALU 及数据路径)。

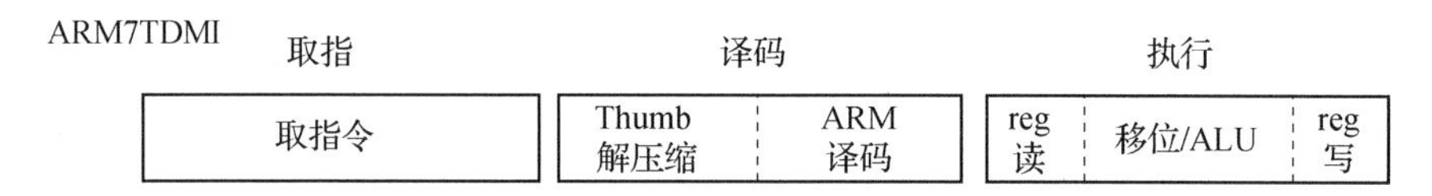

图 2-3 ARM7 体系结构采用了 3 级流水线

图 2-4 所示为 3 个单周期指令在流水线上的情况。一条指令有 3 个时钟周期的执行时间,但吞吐量是每个周期 1 条指令。

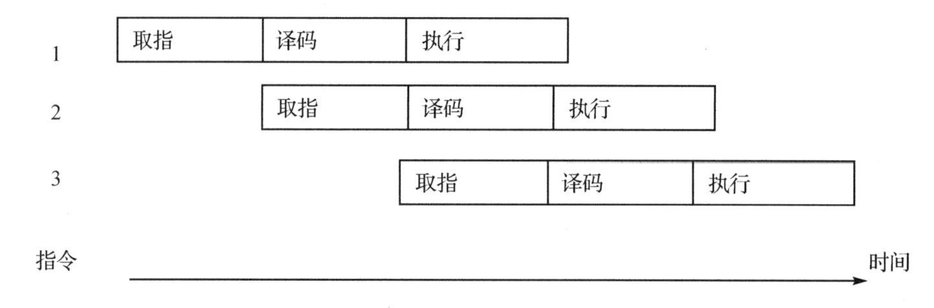

图 2-4 单周期指令的 3 级流水线操作

由于各阶段的操作时间有长短,所以流水线的操作有时不会十分流畅。特别是相邻指令执行的数据相关性会产生指令执行的停顿,严重时会产生数据灾难。3 级流水线阻塞主要产生在存储器访问和数据通路的占用上,因此,ARM9 及 StrongARM 体系结构都采用了 5 级流水线设计。图 2-5 所示是 ARM7TDMI 与 ARM9TDMI 流水线的比较示意图。

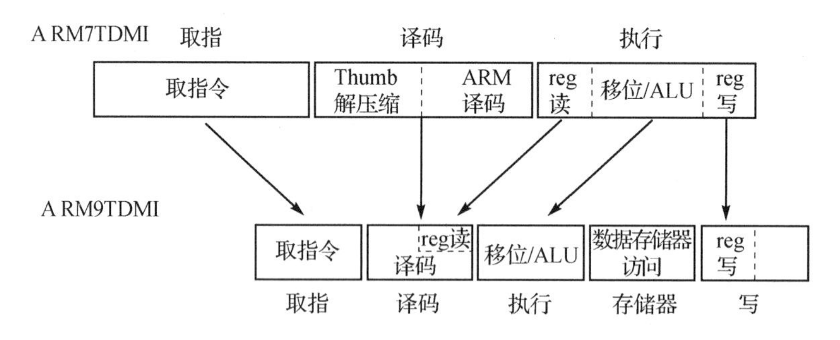

图 2-5 ARM7TDMI 与 ARM9TDMI 流水线比较

5 级流水线的 ARM9 内核是哈佛架构,拥有独立的指令和数据总线;指令和数据的读取可以在同一周期进行。

3 级流水线的 ARM7 内核是指令和数据总线复用的冯·诺依曼架构,指令和数据的读取不能在同一周期进行。

5 级流水线设计把寄存器读取、逻辑运算、结果回写分散在不同的流水当中，每一级流水的操作简洁，提升了处理器的主频。随着流水线深度（级数）的增加，每一段的工作量被削减了，这使得处理器可以工作在更高的频率，同时改进了处理器的性能。负面作用是增加了系统的延时，即内核在执行一条指令前，需要更多的周期来填充流水线。流水线级数的增加也意味着在某些段之间会产生数据相关。

2.5　ARM 总线结构

ARM 微控制器使用的是 AMBA 总线体系结构，用来连接高性能系统模块，支持突发方式数据传输。AMBA（Advanced Microcontroller Bus Architecture）是 ARM 公司公布的总线标准，先进的 AMBA 规范定义了 3 种总线，如图 2－6 所示。

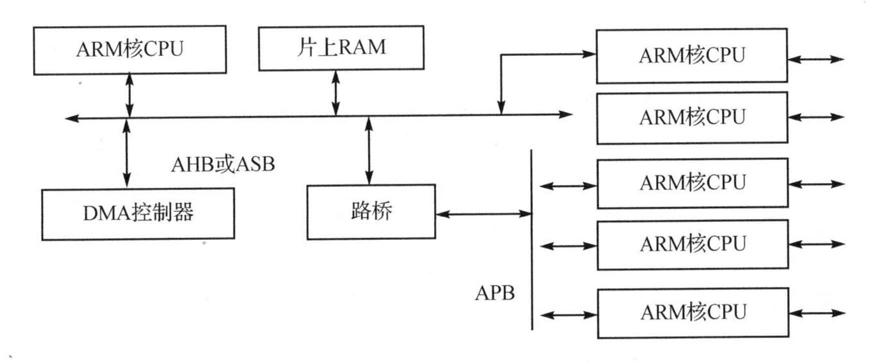

图 2－6　典型的基于 AMBA 的系统

AHB 总线（Advanced High－performance Bus）：用于连接高性能系统模块。它支持突发数据传输方式及单个数据传输方式，所有时序参考同一个时钟沿。

ASB 总线（Advanced System Bus）：用于连接高性能系统模块，支持突发数据传输模式。

APB 总线（Advance Peripheral Bus）：是一个简单接口支持低性能的外围接口。

2.6　ARM 微处理器的工作状态与模式

2.6.1　工作状态

从编程的角度看，ARM 微处理器的工作状态一般有两种，并可在两种状态之间切换。

（1）ARM 状态，此时处理器执行 32 位的字对齐的 ARM 指令。

（2）Thumb 状态，此时处理器执行 16 位的、半字对齐的 Thumb 指令。

Thumb 指令是 ARM 指令的子集，只要遵循一定的调用规则，就可以相互调用。

2.6.2 工作状态切换

ARM指令集和Thumb指令集均有切换处理器状态的指令，并可在两种工作状态之间切换，在开始执行代码时，应该处于ARM状态，即系统在复位或上电时处于ARM状态。

1）进入Thumb状态

当操作数寄存器的状态位（位0）为1时，可以采用执行BX指令的方法，使微处理器从ARM状态切换到Thumb状态。

当处理器处于Thumb状态时发生异常（如IRQ、FIQ、Undef、Abort和SWI等），则当异常处理返回时，自动切换到Thumb状态。

2）切换到ARM状态

当操作数寄存器的状态位为0时，执行BX指令时可以使微处理器从Thumb状态切换到ARM状态。

在处理器进行异常处理时，把PC指针放入异常模式链接寄存器中，并从异常向量地址开始执行程序，也可以使处理器切换到ARM状态。

例：状态切换程序。

```
;从ARM状态切换到Thumb状态
        LDR     R0, = Lable + 1
        BX      R0
;从Thumb状态切换到ARM状态
        LDR     R0, = Lable
        BX      R0
```

注意：ARM和Thumb之间状态的切换不影响处理器的模式或寄存器的内容。ARM处理器在开始执行代码时，只能处于ARM状态。

2.6.3 ARM微处理器的工作模式

1. ARM处理器模式类型

ARM处理器支持7种运行模式：

（1）用户模式（usr）：ARM处理器正常的程序执行状态，大部分任务执行在这种模式。

（2）快速中断模式（fiq）：当一个高优先级（fast）中断产生时将会进入这种模式，用于高速数据传输或通道处理。

（3）外部中断模式（irq）：当一个低优先级（normal）中断产生时将会进入这种模式，用于通用的中断处理。

（4）管理模式（svc）：当复位或软中断指令执行时将会进入这种模式，供操作系统使用的一种保护模式。

(5) 中止模式(abt)：当存取异常时将会进入这种模式，用于虚拟存储及存储保护。

(6) 未定义模式(und)：当执行未定义指令时会进入这种模式，软件仿真硬件协处理器。

(7) 系统模式(sys)：供需要访问系统资源的操作系统任务使用，运行具有特权的操作系统任务。

ARM 微处理器的运行模式可以通过软件改变，也可以通过外部中断或异常处理改变。大多数的应用程序运行在用户模式下，当处理器运行在用户模式下时，某些被保护的系统资源是不能被访问的。

2. 模式特点

(1) 用户模式特点：应用程序不能够访问受操作系统保护的系统资源，也不能进行处理器模式的切换。

(2) 系统模式特点：不属于异常模式，不是通过异常进入的。系统模式属于特权模式，可以访问所有的系统资源，也可以直接进行模式的切换。它主要供操作系统使用。

(3) 特权模式及其特点：除用户模式之外的工作模式又称为特权模式。它的特点是应用程序可以访问所有的系统资源。可以任意地进行处理器模式的切换。

(4) 异常模式及其特点：除用户模式、系统模式之外的 5 种模式称为异常模式。它的特点是以各自的中断或异常方式进入，并且处理各自的中断或异常。对管理模式(svc)进入方式和处理内容有：

① 系统上电复位后进入管理模式，运行系统初始化程序，如中断允许/禁止，主时钟设置，SDRAM 配置，各个功能模块初始化等。

② 当执行软件中断指令 SWI 时，进入管理模式。

3. 模式切换

当应用程序发生异常中断时，处理器进入相应的异常模式。在每一种异常模式下都有一组寄存器，供相应的异常处理程序使用，这样就可以保证在进入异常模式时，用户模式下的寄存器不被破坏。处理器模式的切换方式：

(1) 软件控制进行切换。

(2) 通过外部中断和异常进行切换。

处理器启动时的模式转换图如图 2-7 所示。

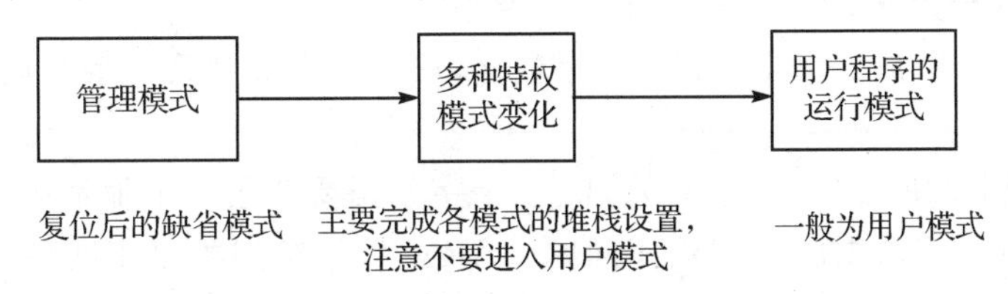

图 2-7　处理器启动时的模式转换图

系统模式并不是通过异常进入的，它和用户模式具有完全一样的寄存器。但是系统模式属于特权模式，可以访问所有的系统资源，也可以直接进行处理器模式切换。它主要供操作系统任务使用。通常操作系统的任务需要访问所有的系统资源，同时该任务仍然使用用户模式的寄存器组，而不是使用异常模式下相应的寄存器组，这样可以保证当异常中断发生时任务状态不被破坏。

2.7 ARM体系结构的存储器格式

2.7.1 ARM存储数据类型

ARM处理器支持以下3种数据类型：

(1) 8位有符号和无符号字节(Byte)；

(2) 16位有符号和无符号半字(Halfword)，它们必须以两字节的边界对齐(即半字对齐)；

(3) 32位有符号和无符号字(Word)，它们必须以4字节的边界对齐(字对齐)。

字对齐：字单元地址的低两位A1A0=0b00。即地址末位为0x0、0x4、0x8和0xc。

半字对齐：半字单元地址的最低位A0=0b0(地址末位为0x0、0x2、0x4、0x6、0x8、0xa、0xc和0xe)。

对于指令，ARM指令系统分为32位ARM指令集和16位的Thumb指令集，在存储时分别以32位和16位的两种不同长度存储。

对于数据，ARM支持对32位字数据、16位半字数据、8位字节数据操作。因此数据存储器可以存储32位、16位和8位3种不同长度数据。

在ARM内部，所有操作都面向32位的操作数，只有数据传送指令支持较短的字节和半字的数据类型。当从存储器读入一字节或半字时，根据其数据类型将其扩展到32位。

2.7.2 ARM存储器组织

ARM存储器以8位为一个单元存储数据(1字节)，每个存储单元分配一个存储地址。

ARM将存储器看作是从0地址开始的字节的线性组合。作为32位的微处理器，ARM体系结构所支持的最大寻址空间为4 GB(2^{32})字节。

从0字节到3字节放置第1个存储的字数据，从第4字节到第7字节放置第2个存储的字数据，依次排列。

32位的字数据要使用4个地址单元，16位半字数据要使用2个地址单元。这样，就存在一个所存储的字或半字数据的排列顺序问题。ARM体系结构可以用两种方法存储字数据，称为大端格式和小端格式。

1. 大端格式

在这种格式中,字数据的高字节存储在低地址中,而字数据的低字节则存放在高地址中,如图 2-8 所示。

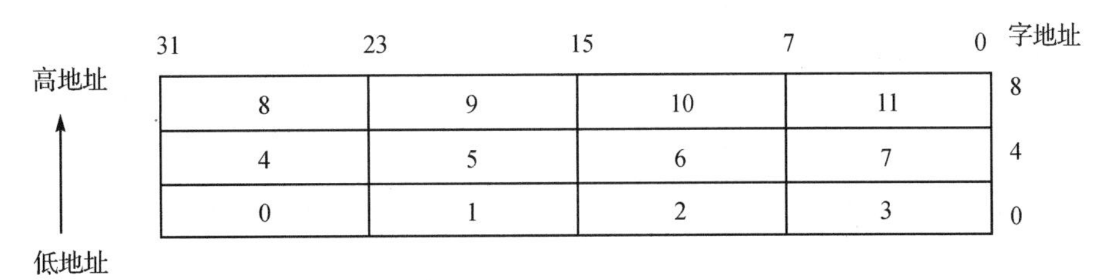

图 2-8　以大端格式存储字数据

2. 小端格式

与大端存储格式相反,在小端存储格式中,低地址中存放的是字数据的低字节,高地址存放的是字数据的高字节,如图 2-9 所示。

	31	23	15	7　　0	字地址
高地址	11	10	9	8	8
↑	7	6	5	4	4
低地址	3	2	1	0	0

图 2-9　以小端格式存储字数据

3. 指令长度及数据类型

ARM 微处理器的指令长度可以是 32 位(在 ARM 状态下),也可以为 16 位(在 Thumb 状态下)。ARM 微处理器中支持字节(8 位)、半字(16 位)、字(32 位)3 种数据类型,其中,字需要 4 字节对齐(地址的低两位为 0)、半字需要 2 字节对齐(地址的最低位为 0)。

4. 非对齐的存储访问操作

在 ARM 种,如果存储单元的地址没有遵守对齐规则,则称为非对齐的存储访问操作。

(1) 非对齐的指令预取操作:当处理器处于 ARM 状态期间,如果写入到寄存器 PC 中的值是非字对齐的,要么指令执行的结果不可预知,要么地址值中最低两位被忽略。

当处理器处于 Thumb 状态期间,如果写入到寄存器 PC 中的值是非半字对齐的,要么指令执行的结果不可预知,要么地址值中最低位被忽略。

(2) 非对齐的数据访问操作:对于 Load/Store 操作,如果是非对齐的数据访问操作,则系统定义了 3 种可能的结果:

① 执行的结果不可预知。

② 忽略字单元地址的低两位的值，即访问地址为(address AND 0xFFFFFFFC)的字单元；忽略半字单元地址的最低位的值，即访问地址为(address AND 0xFFFFFFFE)的半字单元。

③ 忽略字单元地址的低两位的值；忽略半字单元地址的最低位的值；由存储系统实现这种忽略。也就是说，这时该地址值原封不动地送到存储系统。

当发生非对齐的数据访问时，到底采用上述3种方法中的哪一种，是由各指令指定的。

2.7.3 ARM存储器层次

微处理器希望存储器容量大、速度快。但容量大者速度慢；速度快者容量小。解决方法是构建一个由多级存储器组成的复合存储器系统。

1. 两级存储器方案

一般包括：一个容量小但速度快的从存储器和一个容量大但速度慢的主存储器。

宏观上看这个存储器系统像一个即大又快的存储器。这个容量小但速度快的元件是Cache，它自动地保存处理器经常用到的指令和数据的拷贝。

2. 多级存储器系统

多级存储器系统如图2-10所示。

寄存器组：访问时间约为几个ns。

片上RAM：与片外RAM比较，速度快、功耗低、容量小，读写时间约为几个ns。

片上Cache：8～32 KB，访问时间约为十几个ns。

主存储器：一般为几兆字节～1 GB的动态存储器，访问时间约50 ns。

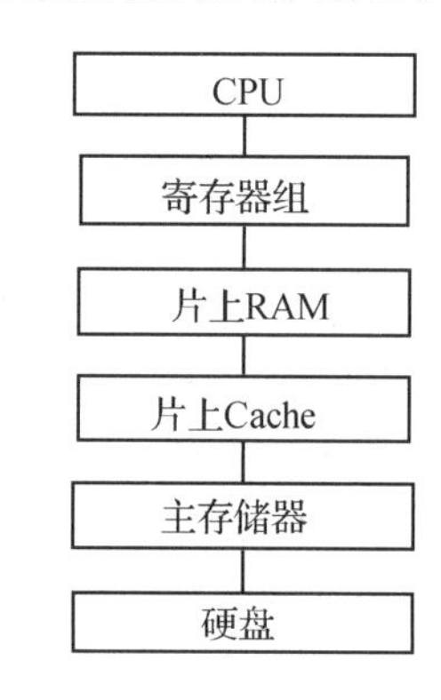

图2-10 多级存储器系统示意图

2.8 寄存器组织

如图2-11所示，ARM微处理器共有37个32位寄存器，其中31个为通用寄存器，6个为状态寄存器。但是这些寄存器不能被同时访问，具体哪些寄存器是可编程访问的，取决于微处理器的工作状态及具体的运行模式。但在任何时候，通用寄存器R14～R0、程序计数器PC、一个或两个状态寄存器都是可访问的。

2.8.1 ARM状态下的寄存器组织

1. 通用寄存器

通用寄存器包括R0～R15，可以分为3类，下面分别介绍：

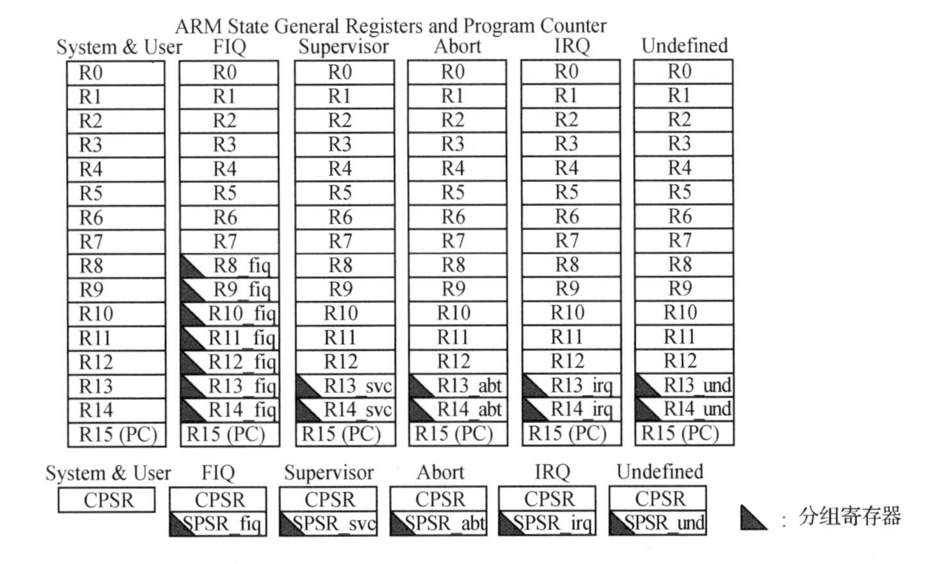

图2-11　ARM状态下的寄存器组织

1）未分组寄存器R0～R7

在所有的运行模式下，未分组寄存器都指向同一个物理寄存器，它们未被系统用作特殊的用途，因此，在中断或异常处理进行运行模式转换时，由于不同的处理器运行模式均使用相同的物理寄存器，可能会造成寄存器中数据的破坏，这一点在进行程序设计时应引起注意。

2）分组寄存器R8～R14

对于分组寄存器，它们每一次所访问的物理寄存器与处理器当前的运行模式有关。

对于R8～R12来说，每个寄存器对应两个不同的物理寄存器，当使用fiq模式时，访问寄存器R8_fiq～R12_fiq；当使用除fiq模式以外的其他模式时，访问寄存器R8_usr～R12_usr。

对于R13、R14来说，每个寄存器对应6个不同的物理寄存器，其中的一个是用户模式与系统模式共用，另外5个物理寄存器对应于其他5种不同的运行模式。

采用以下的记号来区分不同的物理寄存器：

R13_<mode>

R14_<mode>

其中，mode为以下几种模式之一：usr、fiq、irq、svc、abt、und。

寄存器R13在ARM指令中常用作堆栈指针，但这只是一种习惯用法，用户也可使用其他寄存器作为堆栈指针。而在Thumb指令集中，某些指令强制性要求使用R13作为堆栈指针。

由于处理器的每种运行模式均有自己独立的物理寄存器R13，在用户应用程序的初始化部分，一般都要初始化每种模式下的R13，使其指向该运行模式的栈空间。当程序的运行进入异常模式时，可以将需要保护的寄存器放入R13所指向的堆栈，而当程序从异常模式返回时，则从对应的堆栈中恢复,采用这种方式可以保证异常发生后程序的正常执行。

R14也称作子程序连接寄存器(Subroutine Link Register)或连接寄存器LR。当执行BL子程序调用指令时,R14中得到R15(程序计数器PC)的备份。其他情况下,R14用作通用寄存器。与之类似,当发生中断或异常时,对应的分组寄存器R14_svc、R14_irq、R14_fiq、R14_abt和R14_und用来保存R15的返回值。

寄存器R14常用在如下的情况:

在每一种运行模式下,都可用R14保存子程序的返回地址,当用BL或BLX指令调用子程序时,将PC的当前值复制给R14,执行完子程序后,又将R14的值复制回PC,即可完成子程序的调用返回。以上的描述可用指令完成:

(1) 执行以下任意一条指令:

```
MOV PC,LR
BX  LR
```

(2) 在子程序入口处使用以下指令将R14存入堆栈:

```
STMFD SP!,{<Regs>,LR}
```

与之相对应的,使用以下指令可以完成子程序返回:

```
LDMFD SP!,{<Regs>,PC}
```

R14也可作为通用寄存器。

3) 程序计数器PC(R15)

寄存器R15用作程序计数器(PC)。在ARM状态下,位[1:0]为0(即PC的0和1位是0),位[31:2]用于保存PC;在Thumb状态下,位[0]为0(即PC的0位是0),位[31:1]用于保存PC。虽然可以用作通用寄存器,但是有一些指令在使用R15时有一些特殊限制,若不注意,执行的结果将是不可预料的。

R15虽然也可用作通用寄存器,但一般不这么使用,因为对R15的使用有一些特殊的限制,当违反了这些限制时,程序的执行结果是未知的。

由于ARM体系结构采用了多级流水线技术,对于ARM指令集而言,PC总是指向当前指令的下两条指令的地址,即PC的值为当前指令的地址值加8字节。

在ARM状态下,任一时刻可以访问以上所讨论的16个通用寄存器和1~2个状态寄存器。在非用户模式(特权模式)下,则可访问到特定模式分组寄存器,图2-11说明在每一种运行模式下,哪些寄存器是可以访问的。

2. 寄存器R16

寄存器R16用作CPSR(Current Program Status Register,即当前程序状态寄存器),CPSR可在任何运行模式下被访问。它包括条件标志位、中断禁止位、当前处理器模式标志位,以及其他一些相关的控制和状态位。

每一种运行模式下又都有一个专用的物理状态寄存器,称为 SPSR(Saved Program Status Register,即备份的程序状态寄存器),当异常发生时,SPSR 用于保存 CPSR 的当前值,从异常退出时则可由 SPSR 来恢复 CPSR。

由于用户模式和系统模式不属于异常模式,它们没有 SPSR,当在这两种模式下访问 SPSR,结果是未知的。

2.8.2 Thumb 状态下的寄存器组织

Thumb 状态下的寄存器集是 ARM 状态下寄存器集的一个子集,程序可以直接访问 8 个通用寄存器(R7~R0)、程序计数器(PC)、堆栈指针(SP)、连接寄存器(LR)和 CPSR。同时,在每一种特权模式下都有一组 SP、LR 和 SPSR。Thumb 状态下的寄存器组织如图 2-12 所示。

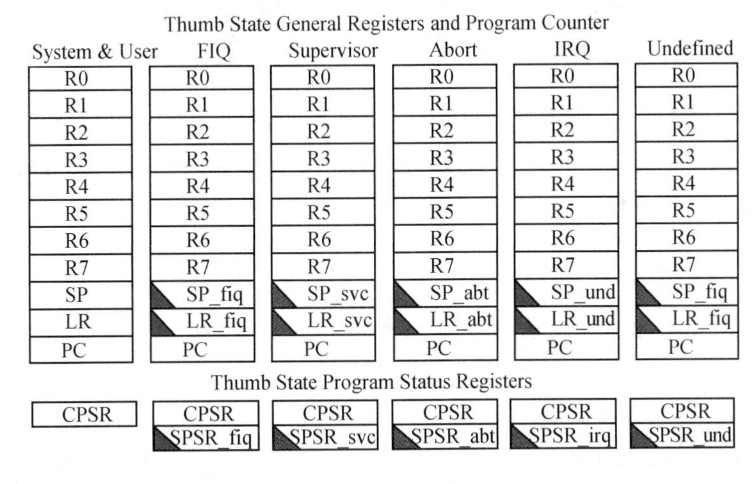

图 2-12 Thumb 状态下的寄存器组织

1. Thumb 与 ARM 状态下寄存器组织的关系

(1) Thumb 状态下和 ARM 状态下的 R0~R7 是相同的;

(2) Thumb 状态下和 ARM 状态下的 CPSR 和所有的 SPSR 是相同的;

(3) Thumb 状态下的 SP 对应于 ARM 状态下的 R13;

(4) Thumb 状态下的 LR 对应于 ARM 状态下的 R14;

(5) Thumb 状态下的程序计数器对应于 ARM 状态下 R15。

以上的对应关系如图 2-13 所示。

2. 访问 Thumb 状态下的高位寄存器(Hi-registers)

在 Thumb 状态下,高位寄存器 R8~R15 并不是标准寄存器集的一部分,但可使用汇编语言程序受限制地访问这些寄存器,将其用作快速的暂存器。使用带特殊变量的 MOV 指令,数

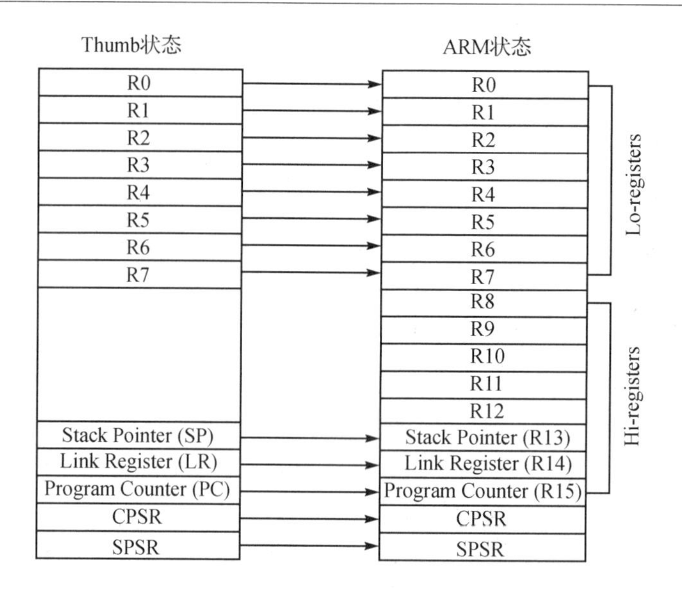

图 2-13 Thumb 状态下的寄存器组织

据可以在低位寄存器和高位寄存器之间进行传送;高位寄存器的值可以使用 CMP 和 ADD 指令进行比较或加上低位寄存器中的值。

2.8.3 程序状态寄存器

ARM 体系结构包含一个当前程序状态寄存器(CPSR)和 5 个备份的程序状态寄存器(SPSR)。备份的程序状态寄存器用来进行异常处理,其功能包括:

(1) 保存 ALU 中的当前操作信息;

(2) 控制允许和禁止中断;

(3) 设置处理器的运行模式。

程序状态寄存器的每一位的安排如图 2-14 所示。

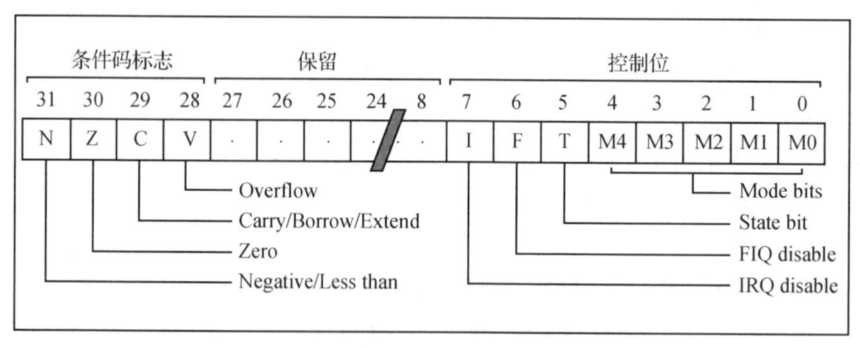

图 2-14 程序状态寄存器格式

1. 条件码标志(Condition Code Flags)

N、Z、C、V 均为条件码标志位。它们的内容可被算术或逻辑运算的结果所改变,并且可以决定某条指令是否被执行。

在 ARM 状态下,绝大多数的指令都是有条件执行的。

在 Thumb 状态下,仅有分支指令是有条件执行的。

条件码标志各位的具体含义如表 2-3 所列。

表 2-3　条件码标志的具体含义

标志位	含　义
N	当用两个补码表示的带符号数进行运算时,N=1 表示运算的结果为负数;N=0 表示运算的结果为正数或零
Z	Z=1 表示运算的结果为零;Z=0 表示运算的结果为非零
C	加法运算结果进位时(无符号数溢出),C=1,减法运算借位时(无符号数溢出),C=0 移位操作的非加/减运算指令,C 为移出的最后一位 其他的非加/减运算指令,C 的值通常不改变
V	加/减法运算指令,V=1 表示符号位溢出 对于其他的非加/减运算指令,C 的值通常不改变
Q	在 ARMv5 及以上版本的 E 系列处理器中,Q 标志指示 DSP 运算指令是否溢出。在其他版本中,Q 标志位无定义

2. 程序状态寄存器控制位

PSR 的低 8 位(包括 I、F、T 和 M[4:0])称为控制位,当发生异常时这些位可以被改变。如果处理器运行特权模式,则这些位也可以由程序修改。

1) 中断禁止位 I、F

I=1, 禁止 IRQ 中断;

F=1, 禁止 FIQ 中断。

2) T 标志位

该位反映处理器的运行状态。对于 ARM 体系结构 v5 及以上的版本的 T 系列处理器,当该位为 1 时,程序运行于 Thumb 状态;否则运行于 ARM 状态。对于 ARM 体系结构 v5 及以上的版本的非 T 系列处理器,当该位为 1 时,执行下一条指令以引起为定义的指令异常;当该位为 0 时,表示运行于 ARM 状态。

3) 运行模式位 M[4:0]

M0、M1、M2、M3 和 M4 是模式位。这些位决定了处理器的运行模式。具体含义如表 2-4 所列。由表 2-4 可知,并不是所有的运行模式位的组合都是有效的,其他的组合结果会导致处理器进入一个不可恢复的状态。

表 2-4 运行模式位 M[4:0]的具体含义

M[4:0]	处理器模式	可访问的寄存器
0b10000	用户模式	PC,CPSR,R0～R14
0b10001	FIQ 模式	PC,CPSR, SPSR_fiq,R14_fiq－R8_fiq, R7～R0
0b10010	IRQ 模式	PC,CPSR, SPSR_irq,R14_irq, R13_irq, R12～R0
0b10011	管理模式	PC,CPSR, SPSR_svc,R14_svc, R13_svc, R12～R0
0b10111	中止模式	PC,CPSR, SPSR_abt,R14_abt,R13_abt, R12～R0
0b11011	未定义模式	PC,CPSR, SPSR_und,R14_und, R13_und, R12～R0
0b11111	系统模式	PC,CPSR(ARMv4 及以上版本), R14～R0

3. 保留位

PSR中的其余位为保留位,当改变PSR中的条件码标志位或者控制位时,保留位不要被改变,在程序中也不要使用保留位来存储数据。保留位将用于ARM版本的扩展。

2.9 异 常

当正常的程序执行流程发生暂时的停止时,称之为异常(Exceptions)。在处理异常之前,当前处理器的状态必须保留,这样当异常处理完成之后,当前程序可以继续执行。处理器允许多个异常同时发生,它们将会按固定的优先级进行处理。

ARM体系结构中的异常,与8位/16位体系结构的中断有很大的相似之处,但异常与中断的概念并不完全等同。

2.9.1 ARM体系结构所支持的异常类型

ARM体系结构所支持的异常及具体含义如表2-5所列。

表 2-5 ARM体系结构所支持的异常

异常类型	具体含义
复位	复位电平有效时,产生复位异常,程序跳转到复位处理程序处执行
未定义指令	遇到不能处理的指令时,产生未定义指令异常
软件中断	执行SWI指令产生,用于用户模式下的程序调用特权操作指令
指令预取中止	处理器预取指令的地址不存在,或该地址不允许当前指令访问,产生指令预取中止异常
数据中止	处理器数据访问指令的地址不存在,或该地址不允许当前指令访问时,产生数据中止异常
IRQ	外部中断请求有效,且CPSR中的I位为0时,产生IRQ异常
FIQ	快速中断请求引脚有效,且CPSR中的F位为0时,产生FIQ异常

2.9.2 对异常的响应

当一个异常出现以后，ARM微处理器会执行以下几步操作：

(1) 将下一条指令的地址存入相应连接寄存器LR，以便程序在处理异常返回时能从正确的位置重新开始执行。若异常是从ARM状态进入，则LR寄存器中保存的是下一条指令的地址(当前PC+4或PC+8，与异常的类型有关)；若异常是从Thumb状态进入，则在LR寄存器中保存当前PC的偏移量。这样异常处理程序就不需要确定异常是从何种状态进入的。例如：在软件中断异常SWI，指令“MOV PC，R14_svc”总是返回到下一条指令，不管SWI是在ARM状态执行，还是在Thumb状态执行。

(2) 将CPSR复制到相应的SPSR中。

(3) 根据异常类型，强制设置CPSR的运行模式位。

(4) 强制PC从相关的异常向量地址取下一条指令执行，从而跳转到相应的异常处理程序处。

还可以设置中断禁止位，以禁止中断发生。如果异常发生时，处理器处于Thumb状态，则当异常向量地址加载入PC时，处理器自动切换到ARM状态。

ARM微处理器对异常的响应过程用伪码可以描述为：

```
R14_<Exception_Mode> = Return Link
SPSR_<Exception_Mode> = CPSR
CPSR[4:0] = Exception Mode Number
CPSR[5] = 0                                    ;当运行于 ARM 工作状态时
If <Exception_Mode> = = Reset or FIQ the       ;当响应 FIQ 异常时，禁止新的 FIQ 异常
CPSR[6] = 1
CPSR[7] = 1
PC = Exception Vector Address
```

2.9.3 从异常返回

异常处理完毕之后，ARM微处理器会执行以下几步操作从异常返回：

(1) 将链接寄存器LR的值减去相应的偏移量后送到PC中；

(2) 将SPSR复制回CPSR中；

(3) 若在进入异常处理时设置了中断禁止位，要在此清除。

可以认为应用程序总是从复位异常处理程序开始执行，因此复位异常处理程序无须返回。

2.9.4 各类异常的具体描述

1. 复 位

ARM微处理器上一旦有复位信号输入，微处理器立刻停止执行当前指令。复位完成下

列操作：

```
R14_svc = UNPREDICTABLE value
SPSR_svc = UNPREDICTABLE value
CPSR[4:0] = 0b10011                    ;进入管理模式
CPSR[5] = 0                            ;在 ARM 状态下执行
CPSR[6] = 1                            ;禁止快速中断
CPSR[7] = 1                            ;禁止正常中断
If high vectors configured then
    PC = 0xFFFF0000
Else
    PC = 0x00000000
```

复位后，ARM 处理器在禁止中断管理模式下，从地址 0x00000000 或 0xFFFF0000 开始执行。

2. 未定义指令

当 ARM 处理器遇到不能处理的指令时，会产生未定义指令异常。采用这种机制，可以通过软件仿真扩展 ARM 或 Thumb 指令集。

处理器执行以下程序返回，无论是在 ARM 状态还是 Thumb 状态：

```
MOVS   PC, R14_und
```

以上指令恢复 PC(从 R14_und)和 CPSR(从 SPSR_und)的值，并返回到未定义指令后的下一条指令。

3. 软件中断

软件中断指令(SWI)用于进入管理模式，常用于请求执行特定的管理功能。软件中断处理程序执行以下指令可以从 SWI 模式返回，无论是在 ARM 状态还是 Thumb 状态：

```
MOVS   PC, R14_svc
```

以上指令恢复 PC(从 R14_svc)和 CPSR(从 SPSR_svc)的值，并返回到 SWI 的下一条指令。

4. 中　止

产生中止异常意味着对存储器的访问失败。ARM 微处理器在存储器访问周期内检查是否发生中止异常。中止异常包括两种类型：

(1) 指令预取中止：发生在指令预取时。

(2) 数据中止：发生在数据访问时。

当指令预取访问存储器失败时，存储器系统向 ARM 处理器发出存储器中止信号，预取的指令被记为无效，但只有当处理器试图执行无效指令时，指令预取中止异常才会发生。如果指令未被执行，例如在指令流水线中发生了跳转，则预取指令中止不会发生。

若数据中止发生，则系统的响应与指令的类型有关。当确定了中止的原因后，Abort 处理

程序均可以执行以下指令从中止模式返回,无论是在 ARM 状态还是 Thumb 状态:

```
SUBS PC, R14_abt, #4          ;指令预取中止
SUBS PC, R14_abt, #8          ;数据中止
```

5. FIQ

FIQ 异常是为了支持数据传输或者通道处理而设计的。在 ARM 状态下,系统有足够的私有寄存器,从而可以避免对寄存器保存的需求,并减少系统上下文切换的开销。

若将 CPSR 的 F 位置为 1,则会禁止 FIQ 中断,若将 CPSR 的 F 位清 0,处理器会在指令执行时检查 FIQ 的输入。注意只有在特权模式下才能改变 F 位的状态。

可由外部通过对处理器上的 nFIQ 引脚输入低电平产生 FIQ。不管是在 ARM 状态还是在 Thumb 状态下进入 FIQ 模式,FIQ 处理程序均会执行以下指令从 FIQ 模式返回:

```
SUBS PC,R14_fiq,#4
```

该指令将寄存器 R14_fiq 的值减去 4 后,复制到程序计数器 PC 中,从而实现从异常处理程序中的返回,同时将 SPSR_mode 寄存器的内容复制到当前程序状态寄存器 CPSR 中。

6. IRQ

IRQ 异常属于正常的中断请求,可通过对处理器的 nIRQ 引脚输入低电平产生,IRQ 的优先级低于 FIQ,当程序执行进入 FIQ 异常时,IRQ 可能被屏蔽。

若将 CPSR 的 I 位置为 1,则会禁止 IRQ 中断;若将 CPSR 的 I 位清 0,则处理器会在指令执行完之前检查 IRQ 的输入。注意只有在特权模式下才能改变 I 位的状态。

不管是在 ARM 状态还是在 Thumb 状态下进入 IRQ 模式,IRQ 处理程序均会执行以下指令从 IRQ 模式返回:

```
SUBS PC, R14_irq, #4
```

该指令将寄存器 R14_irq 的值减去 4 后,复制到程序计数器 PC 中,从而实现从异常处理程序中的返回,同时将 SPSR_mode 寄存器的内容复制到当前程序状态寄存器 CPSR 中。

2.9.5 异常进入/退出

只要正常的程序流程被暂时停止,则异常发生。在异常被处理之前,必须保存当前的处理器状态,以便当处理程序完成后,原来的程序能重新开始。如果几种异常同时发生,则对它们按固定的次序处理,异常优先级可参考表 2-8。表 2-6 总结了进入异常处理时保存在相应 R14 中的 PC 值,及在退出异常处理时推荐使用的指令。

应用程序中的异常处理:当系统运行时,异常可能会随时发生,为保证在 ARM 处理器发生异常时不至于处于未知状态,在应用程序的设计中,首先要进行异常处理。采用的方式是,在异常向量表中的特定位置放置一条跳转指令,跳转到异常处理程序,当 ARM 处理器发生异

常时，程序计数器PC会被强制设置为对应的异常向量，从而跳转到异常处理程序，当异常处理完成以后，返回到主程序继续执行。

我们需要处理所有的异常，尽管可以简单地在某些异常处理程序处放置死循环。

表2-6 异常进入/退出

寄存器	返回指令	以前的状态	
		ARM R14_x	Thumb R14_x
BL	MOV PC,R14	PC+4	PC+2 ①
SWI	MOVS PC,R14_svc	PC+4	PC+2①
UDEF	MOVS PC,R14_und	PC+4	PC+2①
FIQ	SUBS PC,R14_fiq,#4	PC+4	PC+4②
IRQ	SUBS PC,R14_irq,#4	PC+4	PC+4②
PABT	SUBS PC,R14_abt,#4	PC+4	PC+4①
DABT	SUBS PC,R14_abt,#8	PC+8	PC+8③
RESET	NA	—	—④

注：① 在此PC应是具有预取中止的BL/SWI/未定义指令所取的地址。

② 在此PC是从FIQ或IRQ取得不能执行的指令的地址。

③ 在此PC是产生数据中止的加载或存储指令的地址。

④ 系统复位时，保存在R14_svc中的值是不可预知的。

2.9.6 异常向量

表2-7所列是异常向量(Exception Vectors)的地址。

表2-7 异常向量表

地　址	异　常	进入模式	地　址	异　常	进入模式
0x0000 0000	复位	管理模式	0x0000 0010	中止(数据)	中止模式
0x0000 0004	未定义指令	未定义模式	0x0000 0014	保留	保留
0x0000 0008	软件中断	管理模式	0x0000 0018	IRQ	IRQ
0x0000 000C	中止(预取指令)	中止模式	0x0000 001C	FIQ	FIQ

2.9.7 异常优先级

当多个异常同时发生时，系统根据固定的优先级决定异常的处理次序。异常优先级(Exception Priorities)由高到低的排列次序如表2-8所列。

表 2-8　异常优先级

优先级	异　常	优先级	异　常	优先级	异　常
1(最高)	复位	3	FIQ	5	预取指令中止
2	数据中止	4	IRQ	6(最低)	未定义指令、SWI

练习与思考题

1. ARM 的含义是什么?
2. 在 ARM 微处理器系列中,ARM9TDMI、ARM920T 和 ARM926EJ-S 中后半部分各个字母是什么含义?
3. ARM7 和 ARM9 各采用几级流水线? 各采用什么样的存储器结构?
4. ARM 处理器支持的数据类型有哪些?
5. ARM 使用哪些工作状态和工作模式?
6. ARM 使用的工作模式中,哪些是特权模式? 哪些是异常模式?
7. ARM 微处理器共有 37 个寄存器,其中哪个寄存器用做 PC? 哪个用做 SP? 哪个用做 LR?
8. CPSR 各位的意义是什么?
9. 中断向量表位于存储器的什么位置?
10. IRQ 或 FIQ 异常的返回指令是什么?
11. 什么类型的中断优先级最高?
12. 什么指令可以放在中断向量表?
13. FIQ 的什么特点使得它处理的速度比 IRQ 快?

第 3 章
ARM 指令系统

本章概要地介绍了 ARM 指令系统、指令的寻址方式以及指令的应用。

教学建议

本章教学学时建议：6 学时。

ARM 指令格式：0.5 学时；

ARM 指令的寻址方式：1 学时；

ARM 指令系统：4.5 学时。

要求了解指令系统的格式，掌握 ARM 微处理器指令的寻址方式，掌握一些常用的 ARM 指令的使用方法。

3.1 ARM 指令系统版本

ARM 公司从最初的开发到现在，ARM 指令集结构有了巨大的改进，并在不断完善和发展。为了清楚地表达每个 ARM 内核所使用的指令集，ARM 公司定义了一系列的指令集体系结构版本，以 vx 表示某种版本。

1. 版本 1(v1)

v1 在 ARM1 中使用，但从未商业化。v1 是 26 位寻址空间，其指令主要有：

(1) 基本的数据处理指令(无乘法指令)；

(2) 字、字节和半字存储器访问指令；

(3) 分支指令(包括带链接的分支指令)；

(4) 软件中断指令。

2. 版本 2(v2)

v2 仍是 26 位寻址空间，在 v1 的基础上增加的内容有：

（1）乘法和乘法加指令；

（2）支持协处理器；

（3）快速中断模式中的分组寄存器；

（4）交换式加载/存储指令。

3. 版本3(v3)

v3将寻址范围扩展到32位，但兼容26位寻址。在v2的基础上增加的内容有：

（1）设置了专用的当前程序状态寄存器CPSR、增加了程序状态保存寄存器；

（2）增加了中止异常和未定义指令异常两种处理器模式；

（3）增加了访问CPSR、SPSR的指令MRS和MSR；

（4）修改了异常返回指令的功能。

4. 版本4(v4)

v4是32位寻址方式，但不再兼容26位寻址，在v3的基础上增加的内容有：

（1）半字加载/存储指令；

（2）在T变量中转换到Thumb状态的指令；

（3）增加了在使用用户模式寄存器的特权处理器模式。

5. 版本5(v5)

v5对v4指令做了必要的修改和扩展，并且增加了指令，具体变化为：

（1）改进在T变量中ARM/Thumb状态之间的切换效率；

（2）对于T和非T变量使用相同的代码生成技术；

（3）增加了计数前导零指令；

（4）增加了软件断点指令；

（5）对乘法指令设置标志做了严格定义；

（6）将流水线的级数从3级(如ARM7TDMI使用的)增加到5级；

（7）改变存储器接口来使用分开的指令与数据存储器。

6. 版本6(v6)

v6对v5指令做了必要的修改和扩展，并且增加了指令，2001年发布，首先在ARM11处理器中使用(2002年春季发布)，具体变化为：

（1）ARM体系版本6的新架构在降低耗电量的同时，还强化了图形处理性能；

（2）增加了多媒体处理功能：通过追加有效进行多媒体处理的SIMD功能，将语音及图像的处理功能提高到了原机型的4倍；

（3）v6版本还支持多微处理器内核。

3.2 ARM 微处理器指令格式

3.2.1 ARM 指令特点

1）所有指令都是 32 位的

（1）大多数指令都在单周期内完成；

（2）所有指令都可以条件执行；

（3）ARM 指令为 Load/Store 类型；

（4）基本指令仅 36 条，分成 5 类；

（5）有 9 种寻址方式；

（6）指令集可以通过协处理器扩展。

2）ARM 指令是加载/存储（Load/Store）型

也即指令集仅能处理寄存器中的数据，而且处理结果都要放回寄存器中，而对系统存储器的访问则需要通过专门的加载/存储指令来完成。

3）ARM 指令可以分为 5 大类

数据处理指令、存储器访问指令、分支指令、协处理器指令和杂项指令。

4）ARM 指令有 7 种寻址方式

立即寻址、寄存器寻址、寄存器间接寻址、基址寻址、堆栈寻址、块复制寻址和相对寻址。

3.2.2 ARM 指令格式

ARM 处理器是基于 RISC 原理设计的，具有 32 位 ARM 指令集和 16 位 Thumb 指令集。ARM 指令集效率高，但是代码密度低，而 Thumb 指令集具有更好的代码密度，却仍然保持 ARM 的大多数性能上的优势，它是 ARM 指令集的子集。所有 ARM 指令都是可以有条件执行的，而 Thumb 指令仅有一条指令具备条件执行功能。ARM 程序和 Thumb 程序可相互调用，相互之间的状态切换开销几乎为零。

ARM 微处理器的指令集是加载/存储型的，也即指令集仅能处理寄存器中的数据，而且处理结果都要放回寄存器中，而对系统存储器的访问则需要通过专门的加载/存储指令来完成。ARM 指令字长为固定的 32 位。一条典型的 ARM 指令编码格式如下：

31 28	27 25	24 21	20	19 16	15 12	11 0
cond	001	opcode	S	Rn	Rd	opcode2

ARM 指令的语法格式如下：

<opcode>{<cond>}{S} <Rd>,<Rn>{,<operand2>}

其中：符号“<>”内的项是必须的，符号“{}”内的项是可选的。

<opcode>是指令操作码，是必须的，如 ADDS、SUBNES 等。而{<cond>}为指令执行条件码，是可选的，如 EQ、NE 等，如果不写，则使用默认条件 AL(无条件执行)。

S　为是否影响 CPSR 寄存器的值，书写时影响 CPSR，否则不影响。

Rd　为目标寄存器编码。

Rn　为第一个操作数的寄存器编码。

operand2　为第 2 个操作数。

例如：

```
LDR      R0,[R1]          ;读取 R1 地址上的存储器单元内容，执行条件 AL
BEQ      DATA1            ;跳转指令，执行条件 EQ，即相等跳转到 DATA1
ADDS     R1,R1,#2         ;加法指令，R1 + 2→R1，影响 CPSR 寄存器，带有 S
SUBNES   R1,R1,#0xD       ;条件执行减法运算(NE)，R1 - 0xD→R1，影响 CPSR 寄存器，带有 S
```

在 ARM 指令中，灵活地使用第 2 个操作数能够提高代码效率，第 2 个操作数形式如下：

(1) #immed_8r

#immed_8r 为常数表达式，该常数必须对应 8 位位图，即常数是由一个 8 位的常数循环移位偶数位得到。

合法常量：0x3FC、0、0xF0000000、200 和 0xF0000001

非法常量：0x1FE、511、0xFFFF、0x1010 和 0xF0000010

常数表达式应用举例如下：

```
MOV    R0,#1           ;R0 = 1
AND    R1,R2,#0x0F     ;R2 与 0x0F，结果保存在 R1
LDR    R0,[R1],# - 4   ;读取 R1 地址上的存储器单元内容，且 R1 = R1 - 4
```

(2) Rm

Rm 为寄存器方式，在寄存器方式下操作数即为寄存器的数值。

寄存器方式应用举例：

```
SUB    R1,R1,R2     ;R1 - R2→R1
MOV    PC,R0        ;PC = R0，程序跳转到指定地址
LDR    R0,[R1],- R2 ;读取 R1 地址上的存储器单元内容并存入 R0，且 R1 = R1 - R2
```

(3) Rm 和 shift

Rm 和 shift 为寄存器移位方式。将寄存器的移位结果作为操作数，但 RM 值保存不变，移位方法如下：

ASR　#n　算术右移 n 位(1≤n≤32)

LSL　#n　逻辑左移 n 位(1≤n≤31)

LSR #n 逻辑左移n位(1≤n≤32)

ROR #n 循环右移n位(1≤n≤31)

RRX 带扩展的循环右移1位

(4) type Rs

其中,type为ASR、LSL和ROR中的一种;Rs为偏移量寄存器,低8位有效,若其值大于或等于32,则第2个操作数的结果为0(ASR、ROR例外)。

寄存器偏移方式应用举例:

```
ADD    R1,R1,R1,LSL #3     ;R1 = R1 × 9
SUB    R1,R1,R2,LSR #2     ;R1 = R1 - R2 × 4
```

R15为处理器的程序计数器PC,一般不要对其进行操作,而且有些指令不允许使用R15,如UMULL指令。

3.2.3 ARM指令条件码

当处理器工作在ARM状态时,几乎所有的指令都根据CPSR中条件码的状态和指令的条件域有条件地执行。当指令的执行条件满足时,指令被执行,否则被忽略。

每一条ARM指令包含4位的条件码,位于指令的最高4位[31:28]。条件码共有16种,每种条件码可用两个字符表示,这两个字符可加在指令助记符后面和指令同时使用。如:跳转指令B可加上后缀EQ变为BEQ表示"相等则跳转",即当CPSR中Z标志置位时发生跳转。

使用指令条件码,可实现高效的逻辑操作,提高代码效率。指令条件码表如表3-1所列。

对于Thumb指令集,只有B指令具有条件码执行功能,此指令条件码同表3-1,但如果为无条件执行时,条件码助记符AL不能在指令中书写。

表3-1 指令条件码表

条件码助记符	标 志	含 义	条件码助记符	标 志	含 义
EQ	Z=1	相等	HI	C=1,Z=0	无符号数大于
NE	Z=0	不相等	LS	C=0,Z=1	无符号数小于或等于
CS/HS	C=1	无符号数大于或等于	GE	N=V	带符号数大于或等于
CC/LO	C=0	无符号数小于	LT	N! =V	带符号数小于
MI	N=1	负数	GT	Z=0,N=V	带符号数大于
PL	N=0	正数或零	LE	Z=1,N!=V	带符号数小于或等于
VS	V=1	溢出	AL	任何	无条件执行(指令默认条件)
VC	V=0	没有溢出			

3.3　ARM 微处理器指令的寻址方式

寻址方式是处理器根据指令中给出的地址码字段(地址信息)来实现寻找真实操作数地址(物理地址)的方式,ARM 处理器有 9 种基本寻址方式。

3.3.1　寄存器寻址

操作数的值在寄存器中,指令中的地址码字段指出的是寄存器编号,指令执行时直接取出寄存器值来操作。例如:

```
SUB     R0,R1,R2       ;R1 - R2→R0
```

该指令将 R1 的值减去 R2 的值,结果保存到 R0 中。这种寻址方式是各类微处理器经常采用的一种方式,也是一种执行效率较高的寻址方式。

3.3.2　立即寻址

立即寻址指令中的操作码字段后面的地址码部分就是操作数本身,也就是说,数据就包含在指令当中,取出指令也就取出了可以立即使用的操作数(立即数)。立即寻址也叫立即数寻址。例如:

```
SUBS    R0,R0,#1        ;R0 - 1→R0
MOV     R0,#0xff00      ;0xff00→R0
```

第 1 条指令将 R0 减 1,结果保存到 R0 中,并影响标志位。

第 2 条指令将立即数 0xff00 装入 R0 中。

书写立即数时,要求以"#"为前缀。

十六进制数,"#"后加"0x"或"&",如#0xf0 或#&f0。

二进制数,"#"后加"0b", 如#0b1001。

十进制数,"#"后加"0d"或缺省,如#0d678 或#789。

在指令格式中,第 2 个操作数有 12 位:

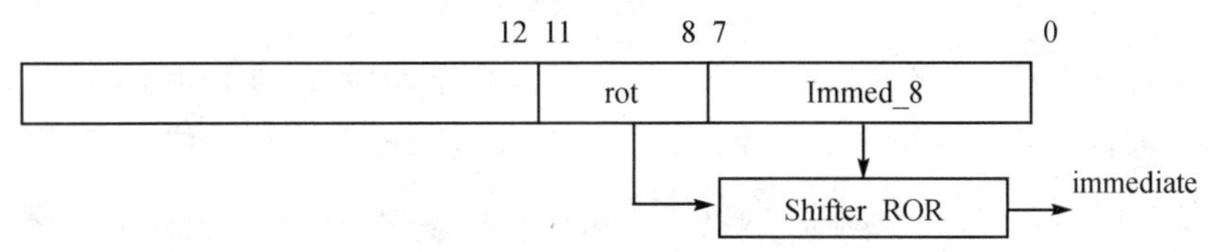

因此有效立即数 immediate 可以表示成:

<immediate>=immed_8 循环右移(2×rot)。

4 位移位值 (0～15)乘以 2,得到一个范围在 0～30、步长为 2 的移位值。因此,将 ARM 中的立即数称为 8 位位图。

3.3.3 寄存器偏移寻址

寄存器偏移寻址是ARM指令集特有的寻址方式，当第2操作数是寄存器偏移方式时，第2个寄存器操作数在与第1个操作数结合之前，选择进行移位操作。

MOV Rd, Rn, Rm,{<shift>}

其中：Rm　　　称为第2操作数寄存器。

<shift>　　用来指定移位类型和移位位数，有两种形式：

5位立即数　　　　(其值小于32)；

寄存器(用Rs表示)　(其值小于32)。

例如：

```
MOV     R0,R2,LSL #3          ;R2的值左移3位,结果放入R0,即R0 = R2× 8
ANDS    R1,R1,R2,LSL R3       ;R2的值左移R3位,然后和R1相与操作,结果放入R1
```

1. 第2操作数移位方式

共有6种移位方式：

LSL 逻辑左移　　　　LSR 逻辑右移

ASL 算术左移　　　　ASR 算术右移

ROR 循环右移　　　　RRX 带扩展的循环右移

① LSL：逻辑左移(Logical Shift Left)，寄存器中字的低端空出的位补0。

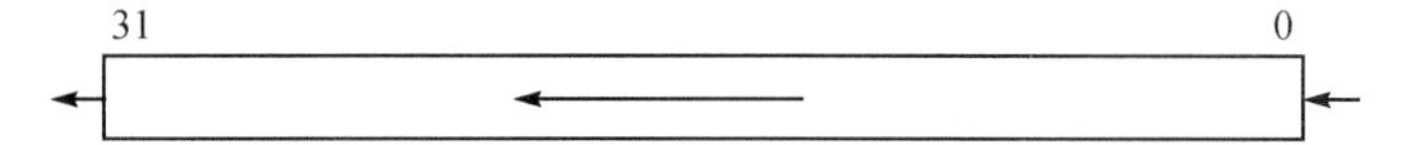

② LSR：逻辑右移(Logical Shift Right)，寄存器中字的高端空出的位补0。

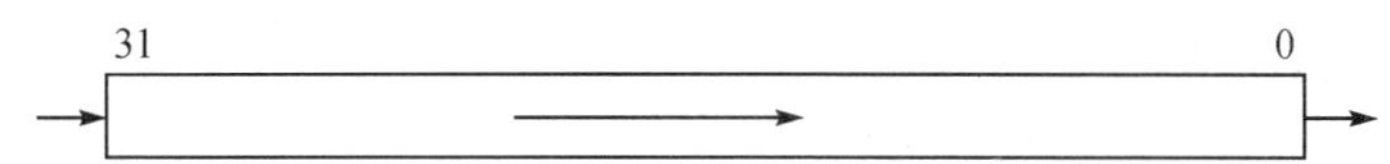


```
SUB  R3,R2,R1,LSL #2      ;R3←R2 - (R1逻辑左移2位)
SUB  R3,R2,R1,LSR R0      ;R3←R2 - (R1逻辑右移R0位)
```

③ ASL：算术左移，由于左移空出的有效位用0填充，因此它与LSL同义。

④ ASR：算术右移(Arithmetic Shift Right)，移位过程中保持符号位不变，即如果源操作数为正数，则字的高端空出的位补0，否则补1。

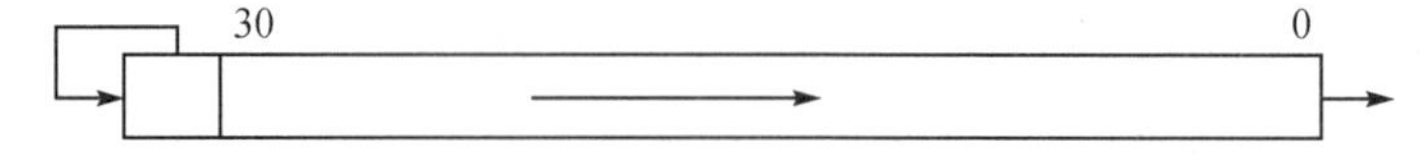


```
ADD  R3,R2,R1,ASL #2      ;R3←R2 + (R1算术左移2位)
SUB  R3,R2,R1,ASR R3 ;    R3←R2 - (R1算术右移R3位)
```

⑤ ROR：循环右移(Rotate Right)，由字的低端移出的位填入字的高端空出的位。

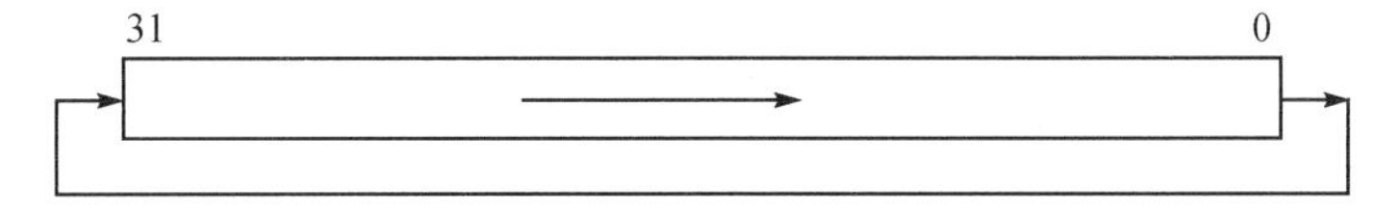


```
SUB   R3,R2,R1,ROR #2          ;R3←R2 - (R1 循环右移 2 位)
```

⑥ RRX：带扩展的循环右移(Rotate Right eXtended by 1 place)，操作数右移一位，高端空出的位用原 C 标志值填充。

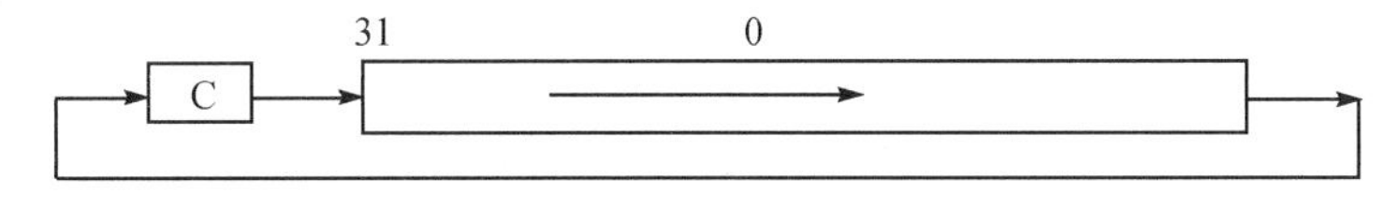


```
SUB   R3,R2,R1,RRX R0;          R3←R2 - (R1 带进位位循环右移 R0 位)
```

2. 第 2 操作数的移位位数

移位位数可以用立即数或者寄存器方式给出，其值均小于 32，应为 0～31。例如：

```
ADD     R3,R2,R1,LSR   #2        ;R3←R2 + (R1 右移 2 位)
ADD     R3,R2,R1,LSR   R4        ;R3←R2 + (R1 右移 R4 位)
```

3.3.4　寄存器间接寻址

寄存器间接寻址指令中的地址码给出的是一个通用寄存器编号，所需要的操作数保存在寄存器指定地址的存储单元中，即寄存器为操作数的地址指针。例如：

```
LDR     R0,[R1]         ;R0←[R1]
STR     R0,[R1]         ;[R1]←R0
```

第 1 条指令将以 R1 的值为地址的存储单元中的内容加载到寄存器 R0 中。

第 2 条指令将 R0 的内容存储到以 R1 的值为地址的存储单元中。

R1——基址寄存器；R1 的内容——基地址。

3.3.5　基址寻址

基址寻址是将基址寄存器的内容与指令中给出的偏移量相加，形成操作数的有效地址，基址寻址用于访问基址附近的存储单元，常用于查表、数组操作和功能部件寄存器访问等。例如：

```
LDR     R2,[R3,#0x0F]      ;将 R3 中的数值加 0x0F 作为地址，取出此地址的数值保存在 R2 中
STR     R1,[R0,# -2]       ;将 R0 中的数值减 2 作为地址，把 R1 中的内容保存到此地址位置
```

有 3 种加偏址的方式：

(1) 前变址模式(不修改基址寄存器)

先基址＋偏址,生成操作数地址,做指令指定的操作,也叫前索引偏移。例如:

```
STR R0,[R1,#12]
```

(2) 自动变址模式(修改基址寄存器)

先基址＋偏移,生成操作数地址,做指令指定的操作,再自动修改基址寄存器。例如:

```
LDR R0,[R1,#4]!        ;R0←mem32 [R1 + 4],R1←R1 + 4,! 表示更新基址寄存器
```

(3) 后变址模式(修改基址寄存器)

基址寄存器不加偏移作为操作数地址。完成指令操作后,用(基址＋偏移)的值修改基址寄存器。即先用基地址传数,然后修改基地址(基址＋偏移),也叫后索引偏移。偏移地址形式可以是一个立即数,也可以是另一个寄存器,并且还可以是寄存器移位操作。例如:

```
LDR     R0,[R1,R2]              ;R0←mem32[R1 + R2]
LDR     R0,[R1,R2,LSL #2]       ;R0←mem32[R1 + R2 × 4]
```

3.3.6 多寄存器寻址

多寄存器寻址就是一次可以传送几个寄存器值,允许一条指令传送16个寄存器的任何子集或所有寄存器。例如:

```
LDMIA  R1!,{R2 - R7,R12}      ;将 R1 单元中的数据读出到 R2～R7,R12 和 R1 自动加 1
STMIA  R0!,{R3 - R6,R10}      ;将 R3～R6,R10 中的数据保存到 R0 指向的地址,R0 自动加 1
```

使用多寄存器寻址指令时,寄存器子集的顺序按由小到大的顺序排列,连续的寄存器可用“-”连接,否则,用“,”分隔书写。

3.3.7 堆栈寻址

堆栈是一种数据结构,存储区的操作顺序分为“后进先出”和“先进后出”,堆栈寻址是隐含的,它使用一个专门的寄存器(堆栈指针SP)指向一块存储区域(堆栈)。指针所指向的存储单元就是堆栈的栈顶。存储器堆栈可分为两种:

(1) 向上生长:向高地址方向生长,称为递增堆栈;

(2) 向下生长:向低地址方向生长,称为递减堆栈。

堆栈指针指向最后压入堆栈的有效数据项,称为满堆栈;堆栈指针指向下一个要放入的空位置,称为空堆栈。这样就有4种类型的堆栈表示递增和递减的满堆栈和空堆栈的各种组合。

满递增:堆栈通过增大存储器的地址向上增长,堆栈指针指向内含有效数据项的最高地址。指令如LDMFA和STMFA等。

空递增:堆栈通过增大存储器的地址向上增长,堆栈指针指向堆栈上的第一个空位置。

指令如 LDMEA 和 STMEA 等。

满递减：堆栈通过减小存储器的地址向下增长，堆栈指针指向内含有效数据项的最低地址。指令如 LDMFD 和 STMFD 等。

空递减：堆栈通过减小存储器的地址向下增长，堆栈指针指向堆栈下的第一个空位置。指令如 LDMED 和 STMED 等。

例如：

```
STMFD sp!,{R4 - R7,R1}      ;满递减
LDMFA sp!,{R4 - R7,pc}      ;满递增
```

3.3.8 块复制寻址

块复制寻址是把存储器中的一个数据块加载到多个寄存器中，或者是把多个寄存器中的内容保存到存储器中。

应用指令：块复制寻址是多寄存器传送指令 LDM/STM 的寻址方式，因此也叫多寄存器寻址。块复制寻址操作中的寄存器，可以是 R0～R15 这 16 个寄存器的子集(一部分)，或是所有寄存器。

它有 4 种寻址操作：

```
LDMIA / STMIA           ;Increment After(先传送,后地址加 4)
LDMIB / STMIB           ;Increment Before(先地址加 4,后传送)
LDMDA / STMDA           ;Decrement After(先传送,后地址减 4)
LDMDB / STMDB           ;Decrement Before (先地址减 4,后传送)
```

例如：

```
STMIA  R0!,{R1 - R7}    ;将 R1～R7 的数据保存到存储器中,存储器指针在保存第 1 个值之后增加,
                        ;增长方向为向上增长
STMIB  R0!,{R1 - R7}    ;将 R1～R7 的数据保存到存储器中,存储器指针在保存第 1 个值之前增加,
                        ;增长方向为向上增长
```

3.3.9 相对寻址

相对寻址是基址寻址的一种变通，由程序计数器 PC 提供基准地址，指令中的地址码字段作为偏移量，两者相加后得到的地址即为操作数的有效地址。例如：

```
      BL     ROUTE1     ;调用到 ROUTE1 子程序
      BEQ    LOOP       ;条件跳转到 LOOP 标号处
      …
LOOP  MOV    R2,#2…
      ROUTE1
      …
```

3.4 ARM指令分类

ARM微处理器的指令集可以分为6大类：① 跳转指令；② 数据处理指令；③ 加载/存储指令；④ 杂项指令；⑤ 伪指令；⑥ 协处理器指令和异常产生指令。

3.4.1 ARM跳转指令

在ARM中有两种方式可以实现程序的跳转：一种是使用跳转指令直接跳转；另一种则是直接向PC寄存器赋值实现跳转。

ARM的分支转移指令，可以从当前指令向前或向后的32 MB的地址空间跳转，根据完成的功能它可以分为以下4种：

B　　分支指令

BL　　带链接的分支指令

BX　　带状态切换的分支指令

BLX　带链接和状态切换的分支指令

1. B跳转指令

跳转到指定的地址执行程序。指令格式如下：

B{cond}　label

例如：

```
B   WAITA        ;跳转到 WAITA 标号处
B   0x1234       ;跳转到绝对地址 0x1234 处
```

跳转到指令B被限制的在当前指令的±32 MB范围内。

例如：

(1) 无条件跳转：

```
        B    label
        …
label   …
```

(2) 执行10次循环：

```
        MOV     R0,#10
LOOP
        …
        SUBS    R0,R0,#1
        BNE     LOOP
```

2. BL跳转指令

带链接的跳转指令。指令将下一条指令的地址复制到R14(即LR)链接寄存器中，然后跳转到指定地址运行程序。指令格式如下：

BL{cond}　label

BL指令用于子程序调用。例如：

```
        BL      DELAY
        BL      SUB1            ;LR←下条指令地址,转至子程序 SUB1 处
        …
SUB1    …
        MOV     PC,LR           ;子程序返回
```

注意：转移地址限制在当前指令的±32 MB的范围内。BL指令用于子程序调用。

例如：

```
        BL      SUB1
        …
SUB1    STMFD R13!,{R0 - R3,R14}
        …
        BL      SUB2
        …
SUB2    …
```

注意：在保存R14之前子程序不应再调用下一级的嵌套子程序。否则，新的返回地址将覆盖原来的返回地址，以致无法返回到原来的调用位置。

3. BX跳转指令

带状态切换的跳转指令。跳转到Rm指定的地址执行程序：

若Rm的位[0]为1，则跳转时自动将CPSR中的标志T置位，即把目标地址的代码解释为Thumb代码。若Rm的位[0]为0，则跳转时自动将CPSR中的标志T复位，即把目标地址的代码解释为ARM代码。

指令格式如下：

BX{cond}　Rm

例如：

```
ADRL  R0,ThumbFun + 1
BX    R0              ;跳转到 R0 指定的地址,并根据 R0 的最低位来切换处理器状态
```

3.4.2 ARM 数据处理指令

1. 数据处理指令的特点

ARM 数据处理指令主要完成寄存器中数据的算术和逻辑运算操作。ARM 数据处理指令的特点是：

(1) 操作数来源：所有的操作数要么来自寄存器，要么来自立即数，不会来自存储器；

(2) 操作结果：如果有结果，则结果一定是为 32 位宽、或 64 位宽(长乘法指令)，并且放在一个或两个寄存器中，不会写入存储器；

(3) 有第 2 个操作数(除了乘法指令) operand2，切记有 3 种形式：立即数、寄存器和寄存器移位；

(4) 乘法指令的操作数：全部是寄存器。

数据处理指令大致可分为 5 类：

(1) 算术运算指令：ADD、ADC、SUB、SBC、RSB、RSC、MUL、MLA、UMULL、UMLAL、SMULL、SMLAL。

(2) 逻辑运算指令：AND、ORR、EOR、BIC。

(3) 数据传送指令：MOV、MVN。

(4) 比较指令： CMP、CMN。

(5) 测试指令： TST、TEQ。

上述指令只能对寄存器操作，不能针对存储器操作，下面分别详细介绍。

2. 数据处理指令详细介绍

1) 算术运算指令

(1) ADD 指令

加法运算指令。将 operand2 数据与 Rn 的值相加，结果保存到 Rd 寄存器。指令格式如下：

ADD{cond}{S} Rd,Rn,operand2

例如：

```
ADDS    R1,R1,#1            ;R1 = R1 + 1
ADD     R1,R1,R2            ;R1 = R1 + R2
ADDS    R3,R1,R2,LSL #2     ;R3 = R1 + R2<<2
```

(2) ADC 带进位加法指令

ADC 指令将 operand2 的数据与 Rn 的值相加，再加上 CPSR 中的 C 条件标志位，结果保存到 Rd 寄存器。指令格式如下：

ADC{cond}{S} Rd,Rn,operand2

例如：

```
ADDS     R4,R0,R2          ;使用 ADC 实现 64 位加法
ADC      R5,R1,R3          ;(R5、R4) = (R1、R0) + (R3、R2)
```

(3) SUB 指令

减法运算指令。用寄存器 Rn 减去 operand2,结果保存到 Rd 中。指令格式如下:

SUB{cond}{S}　Rd,Rn,operand2

例如:

```
SUBS     R0,R0,#1              ;R0 = R0 - 1
SUBS     R2,R1,R2              ;R2 = R1 - R2
SUB      R6,R7,#0x10           ;R6 = R7 - 0x10
```

(4) SBC 带进位减法指令

SBC 指令用寄存器 Rn 减去 operand2,再减去 CPSR 中的 C 条件标志位的反码,结果保存到 Rd 中。指令格式如下:

SBC{cond}{S}　Rd,Rn,operand2

例如:

```
SUBS     R4,R0,R2          ;使用 SBC 实现 64 位减法
SBC      R5,R1,R3          ;(R5,R4) = (R1,R0) - (R3,R2)
```

(5) RSB 反向减法指令

RSB 指令用寄存器 operand2 减去 Rn,结果保存到 Rd 中。指令格式如下:

RSB{cond}{S}　Rd,Rn,operand2

例如:

```
RSB      R3,R1,#0xFF00            ;R3 = 0xFF00 - R1
RSBS     R1,R2,R2,LSL #2          ;R1→R2<<2 - R2   (R1 = R2×3)
```

(6) RSC 带进位反向减法指令

RSC 指令用寄存器 operand2 减去 Rn,再减去 CPSR 中的 C 条件标志位的反码,结果保存到 Rd 中。指令格式如下:

RSC{cond}{S}　Rd,Rn,operand2

例如:

```
RSBS     R2,R0,#0             ;求一个 32 位数的负数
RSC      R3,R1,#0             ;使用 RSC 指令实现,求 64 位数值的负数
```

在 ARM 中有乘法和乘加指令共 6 条,可分为运算结果为 42 位和 64 位两类。指令中的所有操作数、目的寄存器必须为通用寄存器,不能对操作数使用立即数或被移位的寄存器,同时寄存器和操作数 1 必须是不同的寄存器。

(7) MUL 指令

32 位乘法指令。指令将 Rm 和 Rs 中的值相乘,结果的低 32 位保存到 Rd 中。指令格式如下:

MUL{cond}{S} Rd,Rm,Rs

例如:

```
MUL     R1,R2,R3        ;R1 = R2 × R3
MULS    R0,R3,R7        ;R0 = R3 × R7,同时设置 CPSR 中的 N 位和 Z 位
```

(8) MLA 指令

32 位乘加指令。指令将 Rm 和 Rs 中的值相乘,再将乘积加上第 3 个操作数,结果的低 32 位保存到 Rd 中。指令格式如下:

MLA{cond}{S} Rd,Rm,Rs,Rn

例如:

```
MLA     R1,R2,R3,R0     ;R1 = R2 × R3 + R0
```

(9) UMULL

64 位无符号乘法指令。指令将 Rm 和 Rs 中的值作无符号数相乘,结果的低 32 位保存到 RdLo 中,而高 32 位保存到 RdHi 中。指令格式如下:

UMULL{cond}{S} RdLo,RdHi,Rm,Rs

例如:

```
UMULL    R0,R1,R5,R8        ;(R1,R0) = R5 × R8
```

(10) UMLAL

64 位无符号乘加指令。指令将 Rm 和 Rs 中的值作无符号数相乘,64 位乘积与 RdHi、RdLo 相加,结果的低 32 位保存到 RdLo 中,而高 32 位保存到 RdHi 中。指令格式如下:

UMLAL{cond}{S} RdLo,RdHi,Rm,Rs

例如:

```
UMLAL    R0,R1,R5,R8      ;(R1,R0) = R5 × R8 + (R1,R0)
```

(11) SMULL

64 位有符号乘法指令. 指令将 Rm 和 Rs 中的值作有符号数相乘,结果的低 32 位保存到 RdLo 中,而高 32 位保存到 RdHi 中。指令格式如下:

SMULL{cond}{S} RdLo,RdHi,Rm,Rs

例如:

```
SMULL    R2,R3,R7,R6      ;(R3,R2) = R7 × R6
```

(12) SMLAL

64 位有符号乘加指令。指令将 Rm 和 Rs 中的值作有符号数相乘,64 位乘积与 RdHi、RdLo

相加，结果的低 32 位保存到 RdLo 中，而高 32 位保存到 RdHi 中。指令格式如下：

SMLAL{cond}{S}　RdLo，RdHi，Rm，Rs

例如：

```
SMLAL     R2,R3,R7,R6      ;(R3,R2) = R7 × R6 + (R3,R2)
```

2) 逻辑运算指令

(1) AND 指令

逻辑"与"操作指令。将 operand2 值与寄存器 Rn 的值按位作逻辑"与"操作，结果保存到 Rd 中。指令格式如下：

AND{cond}{S}　Rd，Rn，operand2

例如：

```
ANDS     R0,R0,#x01        ;R0 = R0&0x01,取出最低位数据
AND      R2,R1,R3          ;R2 = R1&R3
```

(2) ORR 指令

逻辑"或"操作指令。将 operand2 的值与寄存器 Rn 的值按位作逻辑"或"操作，结果保存到 Rd 中。指令格式如下：

ORR{cond}{S}　Rd，Rn，operand2

例如：

```
ORR     R0,R0,#x0F         ;将 R0 的低 4 位置 1
```

(3) EOR 逻辑"异或"操作指令

EOR 指令将 operand2 的值与寄存器 Rn 的值按位逻辑"异或"操作，结果保存到 Rd 中。指令格式如下：

EOR{cond}{S}　Rd，Rn，operand2

例如：

```
EOR      R1,R1,#0x0F       ;将 R1 的低 4 位取反
EORS     R0,R5,#0x01       ;将 R0→R5 "异或" 0x01,并影响标志位
```

EOR 指令可用于将寄存器中某些位的值取反。将某一位与 0"异或"，该位值不变；与 1"异或"，该位值被求反。

(4) BIC 位清除指令

BIC 指令将寄存器 Rn 的值与 operand2 的值的反码按位逻辑"与"操作，结果保存到 Rd 中。指令格式如下：

BIC{cond}{S}　Rd，Rn，operand2

例如：

```
BIC     R1,R1,#0x0F        ;将R1的低4位清0,其他位不变
```

BIC指令可用于将寄存器中某些位的值设置成0。将某一位与1作BIC操作,该位值被设置成0;将某一位与0作BIC操作,该位值不变。

3）数据传送指令

数据处理指令只能对寄存器的内容进行操作。所有ARM数据处理指令均可选择使用S后缀,以影响状态标志。比较指令CMP、CMN、TST和TEQ不需要后缀S,它们会直接影响状态标志。

（1）MOV指令

MOV数据传送指令,将8位图立即数或寄存器(operant2)传送到目标寄存器Rd,可用于移位运算等操作。MOV指令格式如下:

MOV{cond}{S} Rd,operand2

例如:

```
MOV     R1,#0x10        ;R1 = 0x10
MOV     R0,R1           ;R0 = R1
MOVS    R3,R1,LSL #2    ;R3 = R1<<2,并影响标志位
MOV     PC,LR           ;PC = LR,子程序返回
```

MOV指令的功能:

— 寄存器之间传送。

— 立即数传送到寄存器中。

— 实现单纯的移位操作。

— 实现子程序调用、从子程序中返回。当PC寄存器作为目标寄存器时可以实现程序跳转。

— 实现把当前处理器模式的SPSR寄存器内容复制到CPSR中。

方法:当PC寄存器作为目标寄存器且指令中S位被设置时,指令在执行跳转操作的同时,将当前处理器模式的SPSR寄存器内容复制到CPSR中。这样可以实现从某些异常中断中返回。例如:

```
MOVS    PC,LR
```

（2）MVN数据求反传送指令

MVN指令将operand2按位取反后传送到目标寄存器Rd中。指令格式如下:

MVN{cond}{S} Rd,operand2

例如:

```
MVN     R1,#0xFF        ;R1←0xFFFFFF00
MVN     R1,R2           ;R1←R2取反
```

4) 比较指令

(1) CMP 指令

指令使用寄存器 Rn 的值减去 operand2 的值，根据操作的结果更新 CPSR 中的相应条件标志位，以便后面的指令根据相应的条件标志来判断是否执行。指令格式如下：

CMP{cond}　Rn,operand2

例如：

```
CMP    R1,#10        ;R1 与 10 比较,设置相关标志位
```

(2) CMN 负数比较指令

CMN 指令将寄存器 Rn 的值加上 operand2 的值，根据操作的结果更新 CPSR 中的相应条件标志位，以便后面的指令根据相应的条件标志来判断是否执行。指令格式如下：

CMN{cond}　Rn,operand2

使用方法：一般 Rn 中存放的是欲比较的负数，operand2 为另一被比较的数。

例如：

```
CMN    R0,#1         ;R0 + 1,判断 R0 是否为 1 的补码,若是,则 Z 位置 1
```

CMN 指令与 ADDS 指令的区别在于，CMN 指令不保存运算结果。CMN 指令可用于负数比较，比如“CMN　R0,#1”指令则表示 R0 与 −1 比较。若 R0 为 −1(即 1 的补码)，则 Z 置位；否则 Z 复位。

5) 测试指令

(1) TST 指令

位测试指令。指令将寄存器 Rn 的值与 operand2 的值按位作逻辑与操作，根据操作的结果更新 CPSR 中相应的条件标志位，以便后面指令根据相应的条件标志来判断是否执行。指令格式如下：

TST{cond}　Rn,operand2

例如：

```
TST    R0,#0x01      ;判断 R0 的低位是否为 0
TST    R1,#0x0F      ;判断 R1 的低 4 位是否为 0
```

TST 与 ANDS 指令的区别在于，TST 指令不保存运算结果。TST 指令通常与 EQ、NE 条件码配合使用，当所有测试位均为 0 时，EQ 有效，而只要有一个测试位不为 0，则 NE 有效。

(2) TEQ 测试相等指令

TEQ 指令将寄存器 Rn 的值与 operand2 的值按位逻辑“异或”操作，根据操作结果更新 CPSR 中相应条件标志位，以便后面的指令根据相应条件标志来判断是否执行。指令格式如下：

TEQ{cond}　Rn,operand2

例如：

```
TEQ     R0,R1          ;比较 R0 与 R1 是否相等(不影响 V 位和 C 位)
```

TEQ 指令与 EORS 指令的区别在于，TEQ 指令不保存运算结果。使用 TEQ 进行相等测试时，常与 EQ、NE 条件码配合使用。当两个数据相等时，EQ 有效；否则 NE 有效。

如表 3－2 所列，是数据处理指令的详细列表。

表 3－2　数据处理指令的详细列表

操作码[24:21]	助记符	意　义	效　果
0000	AND	逻辑位“与”	Rd＝Rn AND Op2
0001	EOR	逻辑位“异或”	Rd＝Rn EOR Op2
0010	SUB	减	Rd＝Rn－Op2
0011	RSB	反向减	Rd＝Op2－Rn
0100	ADD	加	Rd＝Rn＋Op2
0101	ADC	带进位加	Rd＝Rn＋Op2＋C
0110	SBC	带进位减	Rd＝Rn－Op2＋C－1
0111	RSC	反向带进位减	Rd＝Op2－Rn＋C－1
1000	TST	测试	根据 Rn AND Op2 设置条件码
1001	TEQ	测试相等	根据 Rn EOR Op2 设置条件
1010	CMP	比较	根据 Rn－Op2 设置条件码
1011	CMN	负数比较	根据 Rn＋Op2 设置条件码
1100	ORR	逻辑位“或”	Rd＝Rn OR Op2
1101	MOV	传送	Rd＝Op2
1110	BIC	位清 0	Rd＝Rn AND NOT Op2
1111	MVN	求反	Rd＝NOT Op2

3.4.3　ARM 存储器访问指令

对存储器的访问只能使用加载和存储指令。ARM 的加载/存储指令可以实现字、半字、无符/有符字节操作；批量加载/存储指令可实现一条指令加载/存储多个寄存器的内容，大大提高了效率；SWP 指令是一条寄存器和存储器内容交换的指令，可用于信号量操作等。

ARM 微处理器用加载/存储指令访问存储器，实现在寄存器和存储器之间传送数据。加载指令用于将存储器中的数据传送到寄存器，存储指令则完成相反的操作。

ARM 处理器是冯・诺依曼存储结构，程序空间、RAM 空间及 IO 映射空间统一编址，除对 RAM 操作外，对外围 IO、程序数据的访问均要通过加载/存储指令进行。

基本的加载/存储指令仅有 5 条，分为 3 种：

LDR 和 STR，单寄存器加载/存储指令；

LDM和STM,多寄存器加载/存储指令;

SWP,寄存器和存储器数据交换指令。

1) 加载/存储指令

加载/存储字和无符号字节指令,使用单一数据传送指令(STR和LDR)来装载和存储单一字节或字的数据从/到内存。LDR指令用于从内存中读取数据放入寄存器中;STR指令用于将寄存器中的数据保存到内存。指令格式如下:

LDR{cond}{T} Rd,<地址> ;加载指定地址上的数据(字),放入Rd中

STR{cond}{T} Rd,<地址> ;存储数据(字)到指定地址的存储单元,要存储的数据在Rd中

LDR{cond}B{T} Rd,<地址> ;加载字节数据,放入Rd中,即Rd最低字节有效,高24位清0

STR{cond}B{T} Rd,<地址> ;存储字节数据,要存储的数据在Rd,最低字节有效

其中,T为可选后缀,若指令有T,那么即使处理器是在特权模式下,存储系统也将访问看成处理器是在用户模式下。T在用户模式下无效,不能与前索引偏移一起使用T。

例如:

```
LDR    R1,[R0,#0x12]          ;将R0 + 0x12地址处的数据读出,保存到R1中(R0的值不变)
LDR    R1,[R0,R2]             ;将R0 + R2地址的数据读出,保存到R1中(R0的值不变)
LDR    R1,[R0,-R2,LSL #2]     ;将R0 - R2×4地址处的数据读出,保存到R1中(R0,R2的值不变)
LDR    R2,[R5]                ;加载R5指定地址上的数据(字),放入R2中
STR    R1,[R0,#0x04]          ;将R1的数据存储到R0 + 0x04存储单元,R0值不变
LDRB   R3,[R2],#1             ;读取R2地址上的一字节数据,并保存到R3中,R2 = R3 + 1
STRB   R6,[R7]                ;读R6的数据保存到R7指定的地址中,只存储一字节数据
```

加载/存储半字和带符号字节。这类LDR/STR指令可加载带符号字节/加载带符号半字、加载/存储无符号半字。偏移量格式、寻址方式与加载/存储字和无符号字节指令相同。

地址对准:对半字传送的地址必须为偶数。非半字对准的半字加载将使Rd内容不可靠,非半字对准的半字存储将使指定地址的2字节存储内容不可靠。

例如:

```
LDRSB    R1,[R0,R3]      ;将R0 + R3地址上的字节数据读出到R1,高24位用符号位扩展
LDRSH    R1,[R9]         ;将R9地址上的半字数据读出到R1,高16位用符号位扩展
LDRH     R6,[R2],#2      ;将R2地址上的半字数据读出到R6,高16位用零扩展,R2 = R2 + 2
SHRH     R1,[R0,#2]!     ;将R1的数据保存到R0 + 2地址中,只存储低2字节数据,R0 = R0 + 2
```

LDR/STR指令用于对内存变量、内存缓冲区数据的访问、查表、外围部件的控制操作等,若使用LDR指令加载数据到PC寄存器,则实现程序跳转功能,这样也就实现了程序散转。

2) LDM和STM

批量加载/存储指令可以实现在一组寄存器和一块连续的内存单元之间传输数据。LDM为加载多个寄存器,STM为存储多个寄存器。允许一条指令传送16个寄存器的任何子集或

所有寄存器。指令格式如下：

LDM{cond}<模式> Rn{!},reglist{^}

STM{cond}<模式> Rn{!},reglist{^}

LDM/STM 的主要用途是现场保护、数据复制、参数传送等。有如下 8 种模式，前 4 种用于数据块的传输，后 4 种是堆栈操作。

① IA：每次传送后地址加 4；

② IB：每次传送前地址加 4；

③ DA：每次传送后地址减 4；

④ DB：每次传送前地址减 4；

⑤ FD：满递减堆栈；

⑥ ED：空递减堆栈；

⑦ FA：满递增堆栈；

⑧ EA：空递增堆栈。

其中，寄存器 Rn 为基址寄存器，装有传送数据的初始地址，Rn 不允许为 R15；后缀"!"表示最后的地址写回到 Rn 中；寄存器列表 reglist 可包含多于一个寄存器或寄存器范围，使用","分开，如{R1,R2,R6-R9}，寄存器排列由小到大排列；"^"后缀不允许在用户模式和系统模式下使用，若在 LDM 指令用寄存器列表中包含有 PC 时使用，那么除了正常的多寄存器传送外，将 SPSR 复制到 CPSR 中，这可用于异常处理返回；使用"^"后缀进行数据传送且寄存器列表不包含 PC 时，加载/存储的是用户模式的寄存器，而不是当前模式的寄存器。地址对准——这些指令忽略地址的位[1:0]。例如：

```
LDMIA   R0!,{R3-R9}      ;加载 R0 指向的地址上的多字数据,保存到 R3～R9 中,R0 值更新
STMIA   R1!,{R3-R9}      ;将 R3～R9 的数据存储到 R1 指向的地址上,R1 值更新
STMFD   SP!,{R0-R7,LR}   ;现场保存,将 R0～R7、LR 入栈
LDMFD   SP!,{R0-R7,PC}   ;恢复现场,异常处理返回
```

在进行数据复制时，先设置好源数据指针，然后使用块复制寻址指令 LDMIA/STMIA、LDMIB/STMIB、LDMDA/STMDA、LDMDB/STMDB 进行读取和存储。而进行堆栈操作时，则要先设置堆栈指针，一般使用 SP，然后使用堆栈寻址指令 STMFD/LDMFD、STMED、LDMED、STMFA/LDMFA、STMEA/LDMEA 实现堆栈操作。

例如：使用 LDM/STM 进行数据复制。

```
…
LDR     R0,=SrcData      ;设置源数据地址
LDR     R1,=DstData      ;设置目标地址
LDMIA   R0,{R2-R9}       ;加载 8 字数据到寄存器 R2～R9
STMIA   R1,{R2-R9}       ;存储寄存器 R2～R9 到目标地址
```

使用LDM/STM进行现场寄存器保护，常在子程序或异常处理中使用：

```
SENDBYTE
STMFD     SP!,{R0 - R7,LR}      ;寄存器入堆
…
BL        DELAY                 ;调用 DELAY 子程序
…
LDMFD     SP!,{R0 - R7,PC}      ;恢复寄存器,并返回
```

3.4.4　杂项指令

主要由程序状态寄存器操作和中断操作两种类型指令组成。一共有5条指令。

(1) 状态寄存器操作指令：

MRS：读程序状态寄存器指令；

MSR：写程序状态寄存器指令。

(2) 异常中断操作指令：

SWI：软件中断指令；

BKPT：断点指令(v5T体系)。

1. 程序状态寄存器处理指令

ARM指令中有两条指令，用于在状态寄存器和通用寄存器之间传送数据。修改状态寄存器一般是通过“读取—修改—写回”3个步骤的操作来实现的。

1) MRS读状态寄存器指令

把状态寄存器psr(CPSR或SPSR)的内容传送到目标寄存器中。指令格式如下：

MRS{cond}　Rd,psr　　;Rd←psr

其中：Rd　　目标寄存器。Rd不允许为R15。

　　psr　　CPSR或SPSR。

注意：在ARM处理器中，只有MRS指令可以将状态寄存器CPSR或SPSR读出到通用寄存器中。

ARM状态寄存器的格式：

31	30	29	28	27	26～8	7	6	5	4	3	2	1	0
N	Z	C	V	Q	(保留)	I	F	T	M4	M3	M2	M1	M0

条件码标志位(保存ALU中的当前操作信息)含义如下：

N：正负号/大小标志位。0表示正数/大于;1表示负数/小于。

Z：零标志位。0表示结果不为0;1表示结果为0。

C：进位/借位/移出位。0表示未进位/借位/移出0;1表示进位/未借位/移出1。

V：溢出标志位。0表示结果未溢出；1表示结果溢出。

Q：DSP指令溢出标志位(用于v5以上E系列)。0表示结果未溢出；1表示结果溢出。

例如：

```
MRS     R1,CPSR              ;R1← CPSR
MRS     R2,SPSR              ;R2← SPSR
```

MRS与MSR指令可以获得CPSR或SPSR的状态：用MRS指令读取CPSR,可用来判断ALU的状态标志,或IRQ、FIQ中断是否允许等。用MRS指令在异常处理程序中,读SPSR可知道进行异常前的处理器状态等。

MRS与MSR配合使用,实现CPSR或SPSR寄存器的读—修改—写操作,可用来进行处理器模式切换、允许/禁止IRQ/FIQ中断等设置。

2) MSR写状态寄存器指令

在ARM处理器中,只有MSR指令可直接设置状态寄存器CPSR或SPSR。指令格式如下：

MSR{cond} psr_fields,#immed

MSR{cond} psr_fields,Rm

其中： psr：CPSR或SPSR。

immed：要传送到状态寄存器指定域的8位立即数。

Rm：要传送到状态寄存器指定域的数据的源寄存器。

fields：指定传送的区域。fields可以是以下的一种或多种(字母必须为小写)：

c 控制域(psr[7:0])；

x 扩展域(psr[15:8])(暂未用)；

s 状态域(psr[23:16])(暂未用)；

f 标志位域(psr[31:24])。

例如：

```
MSR     CPSR_f,#0xf0       ;CPSR[31:28] = 0xf(0b1111),即N、Z、C、V均被置1
```

修改状态寄存器一般是通过“读取—修改—写回”3个步骤的操作来实现的。

例如：CPSR的读—修改—写操作,设置进位位C。

```
MRS     R0, CPSR                ;R0←CPSR
ORR     R0,R0,#0x20000000       ;置1进位位C
MSR     CPSR_f, R0              ;CPSR_f←R0[31:24]
```

例如：从管理模式切换到IRQ模式。

```
MRS     R0, CPSR                ;R0←CPSR
BIC     R0,R0,#0x1f             ;低5位清0
ORR     R0,R0,#0x12             ;设置为IRQ模式
```

```
MSR    CPSR_c, R0              ;传送回CPSR
```

注意：

控制域的修改问题：只有在特权模式下才能修改状态寄存器的控制域[7:0]，以实现处理器模式转换，或设置开/关异常中断。

T控制位的修改问题：程序中不能通过MSR指令，直接修改CPSR中的T控制位来实现ARM状态/Thumb状态的切换，必须使用BX指令完成处理器状态的切换。

用户模式下能够修改的位：在用户模式只能修改"标志位域"，不能修改CPSR[23:0]。

S后缀的使用问题：在MRS/MSR指令中不可以使用S后缀。

2. 异常中断产生指令

1) 软件中断指令SWI

软件中断指令SWI产生软件异常中断，用来实现用户模式到特权模式的切换。用于在用户模式下对操作系统中特权模式的程序的调用；它将处理器置于管理(_svc)模式，中断矢量地址为0x08。指令格式如下：

SWI {cond} <24位立即数>

说明：主要用于用户程序调用操作系统的API。参数传递通常有两种方法：

(1) 指令中的24位立即数指定API号，其他参数通过寄存器传递。

(2) 忽略指令中的24位立即数，R0指定API号，其他参数通过其他寄存器传递。

例如：软中断号在指令中，不传递其他参数。

```
SWI    10                   ;中断号为10
SWI    0x123456             ;中断号为0x123456
```

软中断号在指令中，其他参数在寄存器中传递。

```
MOV    R0,#34               ;准备参数
SWI    12                   ;调用12号软中断
```

不用指令中的立即数，软中断号和其他参数都在寄存器中传递。

```
MOV    R0,#12               ;准备中断号
MOV    R1,#34               ;准备参数
SWI    0                    ;进入软中断
```

2) 断点指令BKPT

断点中断指令BKPT用于产生软件断点，供调试程序用。v5T及以上体系使用。指令格式如下：

BKPT {immed_16}

immed_16：16位立即数。该立即数被调试软件用来保存额外的断点信息。

断点指令用于软件调试；它使处理器停止执行正常指令而进入相应的调试程序。

3.4.5　协处理器指令和异常中断指令

ARM协处理器：ARM支持16个协处理器，用于各种协处理器操作，最常使用的协处理器是用于控制片上功能的系统协处理器，例如控制高速缓存和存储器的管理单元，浮点ARM协处理器等，还可以开发专用的协处理器。

ARM协处理器指令根据其用途主要分为以下3类：

(1) 协处理器数据操作指令；

(2) ARM寄存器与协处理器寄存器的数据传送指令；

(3) 协处理器寄存器和内存单元之间数据存/取指令。

ARM的协处理器指令功能：

(1) ARM处理器初始化ARM协处理器的数据处理操作；

(2) 在ARM处理器的寄存器和协处理器的寄存器之间传送数据；

(3) 在ARM协处理器的寄存器和存储器之间传送数据。

ARM协处理器指令包括以下5条：

(1) CDP协处理器数据操作指令；

(2) LDC协处理器数据加载指令；

(3) STC协处理器数据存储指令；

(4) MCR ARM处理器寄存器到协处理器寄存器的数据传送指令；

(5) MRC协处理器寄存器到ARM处理器寄存器的数据传送指令。

3.5　Thumb指令与等价的ARM指令

ARM指令为32位的长度，Thumb指令为16位长度。Thumb指令集为ARM指令集的功能子集，但与等价的ARM代码相比较，可节省30%～40%以上的存储空间，同时具备32位代码的所有优点。Thumb数据处理指令与等价的ARM指令如表3-3所列。

表3-3　Thumb数据处理指令与等价的ARM指令表

ARM指令		Thumb指令	
CMP	Rn,Rm	CMP	Rn,Rm
CMN	Rn,Rm	CMN	Rn,Rm
TST	Rn,Km	TST	Rn,Rm
ADDS	Rd,Rn,＃＜＃imm3＞	ADD	Rd,Rn,＃＜＃imm3＞
ADDS	Rd,Rd,＃＜＃imm8＞	ADD	Rd,＃＜＃imm8＞
ADDS	Rd,Rn,Rm	ADD	Rd,Rn,Rm

续表 3－3

ARM 指令		Thumb 指令	
ADCS	Rd,Rd,Rm	ADC	Rd,Rm
SUBS	Rd, Rn,＃＜＃imm3＞	SUB	Rd,Rn,＃＜＃imm3＞
SUBS	Rd,Rd,＃＜＃imm8＞	SUB	Rd,＃＜＃imm8＞
SUBS	Rd,Rn,Rm	SUB	Rd,Rn,Rm
SBCS	Rd,Rd. Rm	SBC	Rd,Rm
RSBS	Rd,Rn,＃0	NEG	Rd. Rn
MOVS	Rd,Rm,LSL ＃＜＃sh＞	LSL	Rd,Rm. ＃＜＃sh＞
MOVS	Rd,Rd,LSL Rs	LSL	Rd,R9
MOVS	Rd,Rm,LSR＃＜＃sh＞	LSR	Rd,Rm,＃＜＃sh＞
MOVS	Rd,Rd,LSR Rs	LSR	Rd,Rs
MOVS	Rd,Rm, ASR＃＜＃sh＞	ASR	Rd,Rm,＃＜＃sh＞
MOVS	Rd,Rd,ROR Rs	ASR	Rd, Rs
MOVS	Rd,Rd,ROR Rs	ROR	Rd, Rs
ANDS	Rd,Rd,Rm	AND	Rd, Rm
EORS	Rd,Rd,Rm	EOR	Rd,Rm
ORRS	Rd,Rd. Rm	ORR	Rd,Rm
BICS	Rd,Rd,Rm	BIC	Rd,Rm
MULS	Rd,Rm,Rd	MUL	Rd,Rm

注意：(1) 对低 8 个寄存器操作的数据处理指令都更新条件码位(等价的 ARM 指令位 s 置位)。

(2) 对高 8 个寄存器操作的指令不改变条件码位。CMP 指令除外,它只改变条件码。

(3) ＃imm3 和＃imm8 分别表示 3 位和 8 位立即数域。＃sh 表示 5 位的移位数域。

练习与思考题

1. 简述 ARM 指令特点。

2. 简述 ARM 指令的语法格式,ARM 指令中的第 2 操作数 operand2 有哪些具体形式?

3. ARM 微处理器指令的寻址方式有几种? 简要说明。

4. 对于 ARM 的变址寻址方式,由基地址和偏移地址两部分组成。① 基地址可以是哪些寄存器? ② 偏移地址可以有哪些形式? ③ 总地址的计算方法有哪些? 怎么表示? ④ 变址寻址应用于哪些指令?

5. 请写出你认为几种常用的几个 ARM 指令,并举例。

6. 存储器从 0x30040000 开始的 100 个单元中存放着 ASCII 码,编写程序,将其所有的小写字母转换成大写字母,对其他的 ASCII 码不做变换。

7. 编写程序,比较存储器中 0x30040000 和 0x30040004 两无符号字数据的大小,并且将比较结果存于 0x30040008 的字中,若两数相等其结果记为 0,若前者大于后者其结果记为 1,若前者小于后者其结果记为－1。

8. 将存储器中 0x30080000 开始的 200 字节的数据,传送到 0x30086000 开始的区域。

9. 编写一程序,查找存储器从 0x30080000 开始的 100 个字中为 0 的数目,将其结果存到 0x30082000 中。

10. 编写一程序,存储器中从 0x30040200 开始有一个 64 位数。① 将取反,再存回原处;② 求其补码,存放到 0x30040208 处。

11. 编写一简单 ARM 汇编程序段,实现 1＋2＋…＋100 的运算。

12. 编写一具有完整汇编格式的程序,实现 32 位二进制数转换成 11 位压缩的 BCD 码的十进制数。设原数据存放在从 0x30004000 处,转换后存放在 0x30004000 开始的地方。

13. 假定有一个 25 字的数组,编译器分别用 R0、R1 分配变量 x 和 y,若数组的基地址放在 R2 中,使用后变址形式翻译:x＝array[5]＋y。

14. 使用汇编完成系列 C 的数组赋值:

```
for(i = 0;i< = 10;i + + )
a[i] = b[j] + c;
```

15. CMP 指令与 SUBS 指令的区别是什么?

第 4 章

ARM 汇编程序设计

本章介绍 ADS 下的伪操作和宏指令、GNU 下的伪操作和宏指令、ARM ATPCS 以及 ARM 程序设计，最后给出 ARM 汇编语言程序实例。

教学建议

本章教学学时建议：4 学时。

伪操作和宏指令:1 学时；

ARM ATPCS 以及 ARM 程序设计：2.5 学时；

ARM 汇编语言程序实例:0.5 学时。

了解与熟悉 ADS 下的伪操作和宏指令、GNU 下的伪操作和宏指令以及它的应用，掌握 ARM ATPCS，能够利用汇编语言进行简单的程序设计。

4.1 ARM 汇编伪操作和宏指令

ARM 汇编语言源程序中语句由指令、伪指令、伪操作和宏组成。所有的伪指令、伪操作和宏指令，均与具体的开发工具中的编译器有关，目前有两种常见的 ARM 编译开发环境：一种是 ADS/SDT IDE 开发环境，由 ARM 公司开发，使用了 CodeWarrior 公司的编译器；另一种是集成了 GNU 开发工具的 IDE 开发环境，由 GNU 的汇编器 as、交叉编译器 gcc 和链接器 ld 等组成。

伪操作是 ARM 汇编语言程序里的一些特殊指令助记符，主要是为完成汇编程序做各种准备工作，在源程序进行汇编时由汇编程序处理，而不是在处理器运行期间由机器执行。

宏指令是一段独立的程序代码，它通过伪操作来定义。通过宏名来调用宏，并可以设置相应的参数。宏定义本身不会产生代码，只是在调用它时把宏体插入到源程序中。

伪指令也是 ARM 汇编语言程序里的特殊指令助记符，也不是在处理器运行期间由机器执行，它们在汇编时将被合适的机器指令代替成 ARM 或 Thumb 指令，从而实现真正指令操作。

4.1.1 ADS下的伪操作和宏指令

ADS编译环境下的伪操作可分为以下几类：

(1) 符号定义(Symbol Definition)伪操作；

(2) 数据定义(Data Definition)伪操作；

(3) 汇编控制(Assembly Control)伪操作；

(4) 其他(Miscellaneous)伪操作。

1. 符号定义伪操作

符号定义伪操作用于定义ARM汇编程序中的变量，对变量进行赋值以及定义寄存器名称。包括以下伪操作：

(1) GBLA、GBLL、GBLS：声明全局变量；

(2) LCLA、LCLL、LCLS：声明局部变量；

(3) SETA、SETL、SETS：给变量赋值；

(4) RLIST：为通用寄存器列表定义名称。

其功能如表4-1所列。

表4-1 符号定义伪操作功能

伪操作	功 能
GBLA	声明一个全局的算术变量，并将其初始化为0
GBLL	声明一个全局的逻辑变量，并将其初始化为{FALSE}
GBLS	声明一个全局的字符串变量，并将其初始化为空串
LCLA	声明一个局部的算术变量，并将其初始化为0
LCLL	声明一个局部的逻辑变量，并将其初始化为{FALSE}
LCLS	声明一个局部的字符串变量，并将其初始化为空串
SETA	给一个算术变量赋值
SETL	给一个逻辑变量赋值
SETS	给一个字符串变量赋值

例如：

```
        GBLA    demo1           ;声明一个全局的算术变量
demo1   SETA    0x32            ;给变量赋值
```

例如：

```
Context  RLIST  {R0 - R6,R8,R10 - R12,R15}  ;给寄存器列表定义,名称定义为 Context
```

2. 数据定义伪操作

数据定义伪操作其功能如表4-2所列。

表 4-2　数据定义伪操作功能

伪操作	功　能	伪操作	功　能
LTORG	声明一个数据缓冲池的开始	DCD、DCDU	分配一段字内存单元，并初始化
SPACE	分配一块字节内存单元，并用 0 初始化	MAP	定义一个结构化的内存表的首地址
DCB	分配一段字节内存单元，并初始化	FIELD	定义结构化内存表中的一个数据域

1) LTORG

用于声明一个数据缓冲池（文字池）的开始。语法格式：

LTORG

通常 ARM 汇编编译器把数据缓冲池放在代码段的最后面，即下一个代码段开始之前，或者 END 伪操作之前。LTORG 伪操作通常放在无条件跳转指令之后，或者子程序返回指令之后，这样处理器不会错误地将数据缓冲池中的数据当作指令来执行。例如：

```
start   BL    func1
        ...
func1   LDR   R1, = 0x8000          ;子程序
        ...
        MOV   PC,LR                 ;子程序返回

        LTORG                       ;定义数据缓冲池 &0x8000
Data    SPACE   4200                ;从当前位置开始分配 4 200 字节的内存单元，并初始化为 0
        END                         ;默认数据缓冲池为空
```

2) MAP

用于定义一个结构化的内存表的首址，“^”是 MAP 的同义词。语法格式：

MAP　expr{,base - regisre}

其中：expr 为数字表达式或程序中的标号，当指令中没有 base - regisre 时，expr 即为结构化内存表的首址。

MAP 伪操作和 FIELD 伪操作配合使用来定义结构化的内存表结构。

3) FIELD

用于定义一个结构化内存表中的数据域，“#”是 FIELD 的同义词。

MAP 伪操作和 FIELD 伪操作配合使用来定义结构化的内存表结构。FIELD 用于定义内存表中各数据域的字节长度，并可为每一个数据域指定一个标号，其他指令可引用该标号。

例如：定义一个内存表，其首地址为 0 与 R9 寄存器值的和，该内存表中包含 5 个数据域：consta 长度为 4 字节，constb 长度为 4 字节，x 长度为 8 字节，y 长度为 8 字节，string 长度为 256 字节。这种内存表称为基于相对地址的内存表。

```
MAP       0, R9              ;内存表的首地址为 0 与 R9 寄存器值的和
```

```
consta      #      4      ;consta 长度为 4 字节,相对位置为 0
constb      #      4      ;constb 长度为 4 字节,相对位置为 4
x           #      8      ;x 长度为 8 字节,相对位置为 8
y           #      8      ;y 长度为 8 字节,相对位置为 16
string      #      256    ;string 长度为 256 字节,相对位置为 24
```

可以通过下面的指令方便地访问地址范围超过 4 KB 的数据。

```
ADR     R9,DATASTART
LDR     R5, constb          ;相当于 LDR   R5, [R5,#4]
```

在这里,内存表中各数据域的实际内存地址不是基于一个固定的地址,而是基于 LDR 指令执行时 R9 寄存器中的内容。

4) SPACE

分配一块字节内存单元,并用 0 初始化。"%"是 SPACE 的同义词。例如:

```
Datastruc  SPACE  256     ;分配 256 字节的内存单元,并初始化内存单元为 0
```

5) DCB

用于定义并且初始化一个或者多个字节的内存区域。"="是 DCB 的同义词。语法格式:

{label}   DCB   expr{,expr}…

其中:expr 表示 128~255 的一个数值常量或表达式,或者是一个字符串。

注意: 当 DCB 后面紧跟一个指令时,可能需要使用 ALIGN 确保指令是字对齐的。

例如:

```
short     DCB     1               ;为 short 分配了一字节,并初始化为 1
string    DCB     "string",0      ;构造一个以 0 结尾的字符串
```

6) DCD、DCDU

DCD 分配一段字内存单元(分配的内存都是字对齐的),并用伪操作中的 expr 初始化,"&"是 DCD 的同义词。语法格式:

{label}   DCD   expr{,expr}…

其中:expr 为数字表达式或程序中的标号。

注意: DCD 伪操作可能在分配的第一个内存单元前插入填补字节以保证分配的内存是字对齐的。

DCDU 与 DCD 的不同之处在于 DCDU 分配的内存单元并不严格字对齐。

例如:

```
data1    DCD     2,4,6          ;为 data1 分配 3 个字,内容初始化为 2、4、6
data2    DCD     label + 4      ;初始化 data2 为 label + 4 对应的地址
```

3. 汇编控制伪操作

(1) IF、ELSE 及 ENDIF：有条件选择汇编；

(2) WHILE 及 WEND：有条件循环(重复)汇编；

(3) MACRO、MEND 及 MEXIT：宏定义汇编。

1) IF、ELSE 及 ENDIF

IF、ELSE 及 ENDIF 能够根据条件把一段源代码包括在汇编语言程序内或者将其排除在程序之外。“[”是 IF 的同义词，“|”是 ELSE 的同义词，“]”是 ENDIF 的同义词。

2) WHILE 及 WEND

WHILE 及 WEND 能够根据条件重复汇编相同的或者几乎相同的一段代码。

3) MACRO 及 MEND

MACRO 标识宏定义的开始，MEND 标识宏定义的结束。用 MACRO 和 MEND 定义的一段代码，称为宏定义，这样在程序中就可以通过宏指令多次调用代码段。语法格式：

```
MACRO
{$label}   macroname {$parameter{, $parameter}…}
;code
…
;code
MEND
```

其中：$label 在宏指令被展开时，label 可被替换成相应的符号，通常是一个标号。在一个符号前使用 $ 表示程序被汇编时将使用相应的值来替代 $ 后的符号。

Macroname 为所定义宏的名称。

$parameter 为宏指令参数，当宏指令被展开时将被替换为相应的值，类似于函数中的形式参数。可以在宏定义时为参数指定相应的默认值。

例如：在下面的例子中，宏定义体包括两个循环操作和一个子程序调用。

```
MACRO                            ;宏定义开始
$label xmac  $p1, $p2            ;宏的名字为 xmac,有两个参数 $p1 和 $p2
                                 ;宏的标号 $label 可以用于构造宏定义
                                 ;体内的其他标号名称
;code
$label.loop1                     ;$label.loop1 为宏定义体的内部标号
;code
BGE  $label.loop1
$label.loop2                     ; $label.loop2 为宏定义体的内部标号
BL  $p1                          ;参数 $p1 为一个子程序的名称
BGT  $label.loop2
```

```
;code
ADR $p2
;code
MEND                        ;宏定义结束
;在程序中调用该宏
abc  xmac  subr1,de         ;通过宏的名称xmac调用宏,其中宏的标号为
                            ;abc,参数1为subr1,参数2为de
;程序被汇编后,宏展开后的结果
;code
abcloop1                    ;用标号abc实际值代替$label构成标号abcloop1
;code
BGE  abcloop1
abcloop2
BL  subr1                   ;参数1的实际值为subr1
BGT  abcloop2
;code
ADR  de                     ;参数2的实际值为de
```

4. 其他伪操作

其他伪操作主要功能如表4-3所列。

表4-3 其他伪操作功能

伪操作	功 能
AREA	定义一个代码段或数据段
CODE16、CODE32	告诉编译器后面的指令序列位数
ENTRY	指定程序的入口点
ALIGN	将当前的位置以某种形式对齐
END	源程序结尾
EQU	为数字常量、基于寄存器的值和程序中的标号定义一个字符名称
EXPORT、GLOBAL	声明源文件中的符号可以被其他源文件引用
IMPORT、EXTERN	声明某符号是在其他源文件中定义的
GET、INCLUDE	将一个源文件包含到当前源文件中,并将被包含的文件在其当前位置进行汇编处理
INCBIN	将一个文件包含到当前源文件中,而被包含的文件不进行汇编处理

1) AREA

用于定义一个代码段或是数据段。语法格式:

AREA   sectionname{,attr} {,attr}…attribute

其中:sectionname为所定义的段的名称;attr为该段的属性,具有的属性如表4-4所列。

表 4－4　attr 段的属性含义

伪操作	功　能
CODE	定义代码段
DATA	定义数据段
READONLY	指定本段为只读，代码段的默认属性
READWRITE	指定本段为可读可写，数据段的默认属性
ALIGN	指定段的对齐方式为 $2^{expression}$。expression 的取值为 0～31
COMMON	指定一个通用段。该段不包含任何用户代码和数据
NOINIT	指定此数据段仅仅保留了内存单元，而没有将各初始值写入内存单元，或者将各个内存单元值初始化为 0

注意：一个大的程序可包含多个代码段和数据段。一个汇编程序至少包含一个代码段。

2) CODE16 和 CODE32

CODE16 告诉汇编编译器后面的指令序列为 16 位的 Thumb 指令。

CODE32 告诉汇编编译器后面的指令序列为 32 位的 ARM 指令。

语法格式：

```
CODE16
CODE32
```

注意：CODE16 和 CODE32 只是告诉编译器后面指令的类型，该伪操作本身不进行程序状态的切换。

例如：

```
        AREA  ChangeState, CODE, READONLY
        ENTRY
        CODE32                          ;下面为 32 位 ARM 指令
        LDR   R0, = start + 1
        BX    R0
        …
        CODE16                          ;下面为 16 位 Thumb 指令
start   MOV   R1, #10
        …
        END
```

3) ENTRY

指定程序的入口点。语法格式：

```
ENTRY
```

注意：一个程序(可包含多个源文件)中至少要有一个ENTRY(可以有多个ENTRY)，但一个源文件中最多只能有一个ENTRY(可以没有ENTRY)。

4) ALIGN

ALIGN伪操作通过填充0将当前的位置以某种形式对齐。语法格式：

ALIGN {expr{,offset}}

其中：expr为一个数字，表示对齐的单位。这个数字是2的整数次幂，范围为$2^0 \sim 2^{31}$。如果没有指定expr，则当前位置对齐到下一个字边界处。

offset：偏移量，可以为常数或数值表达式。不指定offset表示将当前位置对齐到以expr为单位的起始位置。

例如：

```
short   DCB   1            ;本操作使字对齐被破坏
ALIGN                      ;重新使其为字对齐
MOV     R0,1
```

例如：

```
ALIGN    8                 ;当前位置以2个字的方式对齐
```

5) END

END伪操作告诉编译器已经到了源程序结尾。语法格式：

END

注意：每一个汇编源程序都必须包含END伪操作，以表明本源程序的结束。

6) EQU

EQU伪操作为数字常量，基于寄存器的值和程序中的标号定义一个字符名称。“*”是EQU的同义语。语法格式：

name EQU expr{,type}

其中：name为expr定义的字符名称；expr为基于寄存器的地址值、程序中的标号、32位的地址常量或者32位的常量。表达式expr为常量。type为当expr为32位常量时，可以使用type指示expr的数据的类型，取值为CODE32、CODE16和DATA。

例如：

```
abcd  EQU  2               ;定义abcd符号的值为2
abcd  EQU  label+16        ;定义abcd符号的值为(label+16)
abcd  EQU  0x1c,CODE32     ;定义abcd符号的值为绝对地址值0x1c,而且此处为ARM指令
```

7) EXPORT及GLOBAL

声明一个源文件中的符号，使此符号可以被其他源文件引用。GLOBAL是EXPORT的同义词，语法格式：

EXPORT/GLOBAL　symbol {[weak]}

其中：symbol 为声明的符号的名称(区分大小写)。

[weak]为声明其他同名符号优先于本符号被引用。

例如：

```
AREA     example,CODE,READONLY
EXPORT   DoAdd
DoAdd    ADD    R0,R0,R1
```

8) IMPORT 及 EXTERN

IMPORT 告诉编译器当前的符号不是在本源文件中定义的，而是在其他源文件中定义的，在本源文件中可能引用该符号，而且不论本源文件是否实际引用该符号，该符号都将被加入到本源文件的符号表中。语法格式：

IMPORT　symbol{[weak]}

EXTERN　symbol{[weak]}

其中：symbol 为声明的符号的名称，它是区分大小写的。

[weak]为当没有指定此项时，如果 symbol 在所有的源文件中都没有被定义，则链接器会报告错误。当指定此项时，如果 symbol 在所有的源文件中都没有被定义，则链接器不会报告错误，而是进行下面的操作。如果该符号被 B 或者 BL 指令引用，则该符号被设置成下一条指令的地址，该 B 或 BL 指令相当于一条 NOP 指令。其他情况下此符号被设置成 0。

9) GET 及 INCLUDE

将一个源文件包含到当前源文件中，并将被包含的文件在其当前位置进行汇编处理。指令格式：

GET　　　filename

INCLUDE　filename

其中：filename 为包含的源文件名，可以使用路径信息(可包含空格)。

例如：

```
GET    d:\arm\file.s
```

10) INCBIN

将一个文件包含到当前源文件中，而被包含的文件不进行汇编处理。指令格式：

INCBIN　filename

其中：filename 为被包含的文件名称，可使用路径信息(不能有空格)。

适用情况：通常使用此伪操作将一个可执行文件或者任意数据包含到当前文件中。

例如：

```
INCBIN    d:\arm\file.txt
```

5. ARM汇编伪指令

ARM伪指令不是ARM指令集中的指令，只是为了编程方便编译器定义了伪指令，使用时可以像其他ARM指令一样使用，但在编译时这些指令将被等效的ARM指令代替。ARM伪指令有4条：ADR伪指令、ADRL伪指令、LDR伪指令和NOP伪指令。

1) ADR

小范围的地址读取伪指令。ADR指令将基于PC相对偏移的地址值读取到寄存器中，在汇编编译源程序时，ADR伪指令被编译器替换成一条合适的指令。通常，编译器用一条ADD指令或SUB指令来实现该ADR伪指令的功能，若不能用一条指令实现，则产生错误，编译失败。ADR伪指令格式如下：

ADR{cond}　register,exper

其中：register为加载的目标寄存器；exper为地址表达式，当地址值是非字地齐时，取值范围为－255～255；当地址是字对齐时，取值范围为－1 020～1 020。

对于基于PC相对偏移的地址值，给定范围是相对当前指令地址后两个字处（因为ARM7TDMI为3级流水线）。

例如：

```
LOOP    MOV     R1,#0xF0
        …
        ADR     R2,LOOP         ;将LOOP的地址放入R2
        ADR     R3,LOOP + 4
```

可以用ADR加载地址，实现查表：

```
        …
        ADR     R0,DISP_TAB         ;加载转换表地址
        LDRB    R1,[R0,R2]          ;使用R2作为参数,进行查表
        …
DISP_TAB
        DCB     0xc0,0xF9,0xA4,0xB0,0x99,0x92,0x82,0xF8,0x80,0x90
```

2) ADRL中等范围的地址读取

ADRL伪指令功能：将基于PC相对偏移的地址值或基于寄存器相对偏移的地址值读取到寄存器中，比ADR伪指令可以读取更大范围的地址。

ADRL伪指令功能实现方法：在汇编编译器编译源程序时，ADRL被编译器替换成两条合适的指令。若不能用两条指令实现，则产生错误，编译失败。语法格式：

ADRL{cond}　register,expr

其中：register为加载的目标寄存器。expr为地址表达式。

3) LDR 大范围的地址读取

LDR 伪指令功能：用于加载 32 位立即数或一个地址值到指定的寄存器。

LDR 伪指令功能实现方法：在汇编编译源程序时，LDR 伪指令被编译器替换成一条合适的指令。

若加载的常数未超过 MOV 或 MVN 的范围，则使用 MOV 或 MVN 指令代替该 LDR 伪指令；否则汇编器将常量放入文字池，并使用一条程序相对偏移的 LDR 指令从文字池读出常量。语法格式：

```
LDR{cond}      register,=expr
```

其中：register 为加载的目标寄存器；expr 为 32 位常量或地址表达式。

注意：从指令位置到文字池的偏移量必须小于 4 KB。与 ARM 指令的 LDR 的区别：伪指令 LDR 的参数有"="号。

4.1.2　GNU 下的伪操作和宏指令

GNU 编译环境下的伪操作可分为以下几类：

(1) 常量编译控制伪操作；

(2) 汇编程序代码控制伪操作；

(3) 宏及条件编译控制伪操作；

(4) 其他伪操作。

1. 常量编译控制伪操作

常量编译控制伪操作功能如表 4-5 所列。

表 4-5　常量编译控制伪操作

伪操作	语法格式	作　用
.byte	.byte expr {,expr} …	分配一段字节内存单元，并用 expr 初始化
.hword/.short	.hword expr {,expr} …	分配一段半字内存单元，并用 expr 初始化
.ascii	.ascii expr {,expr} …	定义字符串 expr(非零结束符)
.asciz /.string	.asciz expr {,expr} …	定义字符串 expr(以/0 为结束符)
.float/.single	.float expr {,expr} …	定义一个 32 位 IEEE 浮点数 expr
.double	.double expr {,expr} …	定义 64 位 IEEE 浮点数 expr
.word/.long/.int	.word expr {,expr} …	分配一段字内存单元，并用 expr 初始化
.fill	.fill repeat {,size}{,value}	分配一段字节内存单元，用 size 长度 value 填充 repeat 次
.zero	.zero size	分配一段字节内存单元，并用 0 填充内存
.space/.skip	.space size {, value}	分配一段内存单元，用 value 将内存单元初始化

2. 汇编程序代码控制伪操作

汇编程序代码控制伪操作功能如表 4-6 所列。

表 4-6 汇编程序代码控制伪操作

伪操作	语法格式	作 用
.byte	.byte expr {,expr} …	分配一段字节内存单元,并用 expr 初始化
.hword/.short	.hword expr {,expr} …	分配一段半字内存单元,并用 expr 初始化
.ascii	.ascii expr {,expr} …	定义字符串 expr(非零结束符)
.asciz /.string	.asciz expr {,expr} …	定义字符串 expr(以/0 为结束符)
.float/.single	.float expr {,expr} …	定义一个 32 位 IEEE 浮点数 expr
.double	.double expr {,expr} …	定义 64 位 IEEE 浮点数 expr
.word/.long/.int	.word expr {,expr} …	分配一段字内存单元,并用 expr 初始化
.fill	.fill repeat {,size}{,value}	分配一段字节内存单元,用 size 长度 value 填充 repeat 次
.zero	.zero size	分配一段字节内存单元,并用 0 填充内存
.space/.skip	.space size {, value}	分配一段内存单元,用 value 将内存单元初始化
.section	.section expr	定义域中包含的段
.text	.text {subsection}	将操作符开始的代码编译到代码段或代码段子段
.data	.data {subsection}	将操作符开始的数据编译到数据段或数据段子段
.bss	.bss {subsection}	将变量存放到.bss 段或.bss 段的子段
.code 16/.thumb	.code 16/.thumb	表明当前汇编指令的指令集选择 Thumb 指令集
.code 32/.arm	.code 32/.arm	表明当前汇编指令的指令集选择 ARM 指令集
.end	.end	标记汇编文件的结束行,即标号后的代码不作处理
.include	.include "filename"	将一个源文件包含到当前源文件中
.align/.balign	.align {alignment} {,fill} {,max}	通过添加填充字节使当前位置满足一定的对齐方式

3. 宏及条件编译控制伪操作

宏及条件编译控制伪操作功能如表 4-7 所列。

表 4-7 宏及条件编译控制伪操作

伪操作	语法格式	作 用
.macro、.exitm 及 .endm	.macro acroname {parameter {, parameter}…}….endm	.macro 伪操作标识宏定义的开始,.endm 标识宏定义的结束。用.macro 及.endm 定义一段代码,称为宏定义体。.exitm 伪操作用于提前退出宏
.ifdef、.else 及.endif	.ifdef condition … .else … .endif	当满足某条件时对一组语句进行编译,而当条件不满足时则编译另一组语句。其中 else 可以缺省

4. 其他伪操作

其他伪操作功能如表4-8所列。

表4-8　其他控制伪操作

伪操作	语法格式	作　用
.eject	.eject	在汇编符号列表文件中插入一分页符
.list	.list	产生汇编列表(从 .list 到 .nolist)
.nolist	.nolist	表示汇编列表结束处
.title	.title "heading"	使用"heading"作为标题
.sbttl	.sbttl "heading"	使用"heading"作为子标题
.ltorg	.ltorg	在当前段的当前地址(字对齐)产生一个文字池
.req	.req name,expr	为一个特定的寄存器定义名称
.err	.err	使编译时产生错误报告
.print	.print string	打印信息到标准输出
.fail	.fail expr	编译汇编文件时产生警告

4.1.3　ADS与GNU编译环境下的比较

ADS编译环境下的汇编代码与GNU编译环境下有较多不同点，主要是符号及伪操作的不同，如表4-9所列。

表4-9　ADS与GNU编译环境下伪操作比较

ADS下的伪操作符	GNU下的伪操作符	ADS下的伪操作符	GNU下的伪操作符
INCLUDE	.include	MACRO	.macro
TCLK2 EQU PB25	.equ TCLK2,PB25	MEND	.endm
EXPORT	.global	END	.end
IMPORT	.extern	AREA Word, CODE,READONLY	.text
DCD	.long	AREA Block,DATA,READWRITE	.data
IF:DEFF:	.ifdef	CODE32	.arm 或.CODE[32]
ELSE	.else	CODE16	.thumb 或.CODE[16]
EDNIF	.endif	LTORG	.ltorg
:OR:	|	%	.fill
:SHL	<<	Entry	Entry:
RN	.req	ldr pc,[pc,#&18]	ldr pc,[pc,#+0x18]
GBLA	.global	ldr pc,[pc,#&-18]	ldr pc,[pc,#-0x18]
BUSWIDTH SETA 16	.equ BUSWIDTH,16		

4.2 ARM ATPCS

为了使单独编译的C语言程序和汇编程序之间能够相互调用，必须为子程序间的调用规定一定的规则。ATPCS就是ARM程序和Thumb程序中子程序调用的基本规则。

ATPCS规定了一些子程序间调用的基本规则。这些基本规则包括子程序调用过程中寄存器的使用规则，数据栈的使用规则，参数的传递规则。

4.2.1 基本ATPCS

基本ATPCS规定了在子程序调用时的一些基本规则，包括3方面的内容：

(1) 各寄存器的使用规则及其相应的名称；

(2) 数据栈的使用规则；

(3) 参数传递的规则。

相对于其他类型的ATPCS，满足基本ATPCS的程序执行速度更快，所占用的内存更少。但是它不能提供以下的支持：

(1) ARM程序和Thumb程序相互调用；

(2) 数据以及代码的位置无关的支持；

(3) 子程序的可重入性；

(4) 数据栈检查的支持。

而派生的其他几种特定的ATPCS就是在基本ATPCS的基础上再添加其他的规则而形成的。其目的就是提供上述的功能。

1. 寄存器的使用规则

寄存器的使用必须满足下面的规则：

(1) 子程序间通过寄存器R0～R3来传递参数，这时，寄存器R0～R3可以记作A0～A3。被调用的子程序在返回前无须恢复寄存器R0～R3的内容。

(2) 在子程序中，使用寄存器R4～R11来保存局部变量。这时，寄存器R4～ R11可以记作V1～V8。如果在子程序中使用到了寄存器V1～V8中的某些寄存器，则子程序进入时必须保存这些寄存器的值，在返回前必须恢复这些寄存器的值；对于子程序中没有用到的寄存器则不必进行这些操作。在Thumb程序中，通常只能使用寄存器R4～R7来保存局部变量。

(3) 寄存器R12用作子程序间scratch寄存器(用于保存SP，在函数返回时使用该寄存器出栈)，记作ip。在子程序间的链接代码段中常有这种使用规则。

(4) 寄存器R13用作数据栈指针，记作sp。在子程序中寄存器R13不能用作其他用途。寄存器sp在进入子程序时的值和退出子程序时的值必须相等。

(5) 寄存器R14称为链接寄存器，记作lr。它用于保存子程序的返回地址。如果在子程序中保存了返回地址，则寄存器 R14 可以用作其他用途。

（6）寄存器 R15 是程序计数器，记作 pc。它不能用作其他用途。

表 4-10 总结了在 ATPCS 中各寄存器的使用规则及名称。这些名称在编译器和汇编器中都是预定义的。

表 4-10　ATPCS 中各寄存器的使用规则及名称

寄存器	别　名	特殊名称	使用规则
R15		pc	程序计数器
R14		lr	连接寄存器
R13		sp	数据栈指针
R12		ip	子程序内部调用的 scratch 寄存器
R11	V8		ARM 状态局部变量寄存器 8
R10	V7	si	ARM 状态局部变量寄存器 7，在支持数据栈检查的 ATPCS 中为数据栈限制指针
R9	V6	sb	ARM 状态局部变量寄存器 6，在支持 RWPI 的 ATPCS 中为静态基址寄存器
R8	V5		ARM 状态局部变量寄存器 5
R7	V4	wr	局部变量寄存器 4，Thumb 状态工作寄存器
R6	V3		局部变量寄存器 3
R5	V2		局部变量寄存器 2
R4	V1		局部变量寄存器 2
R3	A4		参数/结果/scratch 寄存器 4
R2	A3		参数/结果/scratch 寄存器 3
R1	A2		参数/结果/scratch 寄存器 2
R0	A1		参数/结果/scratch 寄存器 1

2. 数据栈使用规则

栈指针通常可以指向不同的位置。当栈指针指向栈顶元素（即最后一个入栈的数据元素）时，称为 FULL 栈；当栈指针指向与栈顶元素（即最后一个入栈的数据元素）相邻的一个可用数据单元时，称为 EMPTY 栈。

数据栈的增长方向也可以不同。当数据栈向内存地址减小的方向增长时，称为 DESCENDING 栈，当数据栈向内存地址增加的方向增长时，称为 ASCENDING 栈。

综合这两个特点可以有以下 4 种数据栈。

FD　Full Descending

ED　Empty Descending

FA　Full Ascending

EA　Empty Ascending

ATPCS规定数据栈为FD类型,并且对数据栈的操作是8字节对齐的。

异常中断的处理程序可以使用被中断程序的数据钱,这时用户要保证中断的程序的数据栈足够大。

3. 参数传递规则

根据参数个数是否固定可以将子程序分为参数个数固定的(nonvariadic)子程序和参数个数可变的(variadic)子程序。这两种子程序的参数传递规则是不同的。

1) 参数个数可变的子程序参数传递规则

对于参数个数可变的子程序,当参数不超过4个时,可以使用寄存器R0~R3来传递参数;当参数超过4个时,还可以使用数据栈来传递参数。

在参数传递时,将所有参数看作是存放在连续的内存字单元中的字数据。然后,依次将各字数据传送到寄存器R0、Rl、R2和R3中,如果参数多于4个,将剩余的字数据传送到数据栈中,入栈的顺序与参数顺序相反,即最后一个字数据先入栈。

2) 参数个数固定的子程序参数传递规则

对于参数个数固定的子程序,参数传递与参数个数可变的子程序参数传递规则不同。如果系统包含浮点运算的硬件部件,则浮点参数将按照下面的规则传递:

(1) 各个浮点参数按顺序处理;

(2) 为每个浮点参数分配FP寄存器;

(3) 分配的方法是,满足该浮点参数需要的且编号最小的一组连续的FP寄存器。第1个整数参数,通过寄存器R0~R3来传递。其他参数通过数据栈传递。

3) 子程序结果返回规则

(1) 结果为一个32位的整数时,可以通过寄存器R0返回;

(2) 结果为一个64位整数时,可以通过寄存器R0和R1返回,依次类推;

(3) 结果为一个浮点数时,可以通过浮点运算部件的寄存器f0、d0或者s0来返回;

(4) 结果为复合型的浮点数(如复数)时,可以通过寄存器f0~fn或者d0~dn来返回;

(5) 对于位数更多的结果,需要通过内存来传递。

4.2.2 ARM和Thumb程序混合使用

在编译和汇编时,使用/interwork告诉编译器生成的目标代码遵守并支持ARM程序和Thumb程序混合使用的ATPCS。它用在以下场合:

(1) 程序中存在ARM程序调用Thumb程序的情况;

(2) 程序中存在Thumb程序调用ARM程序的情况;

(3) 需要链接器来进行ARM状态和Thumb状态切换的情况。

在下述情况下,使用选项/nointerwork。

(1) 程序中不包含Thumb程序;

(2) 用户自己进行 ARM 状态和 Thumb 状态切换。

其中,选项/nointerwork 是默认的选项。

需要注意的是,在同一个 C/C++源程序中不能同时包含 ARM 指令和 Thumb 指令,但汇编可以。

如果程序遵守并支持 ARM 程序和 Thumb 程序混合使用的 ATPCS,则程序中 ARM 子程序和 Thumb 子程序可以相互调用。对于 C/C++源程序而言,只要在编译时指定 apcs/interwork 选项,编译器生成的代码会自动遵守并支持 ARM 程序和 Thumb 程序混合使用的 ATPCS。而对于汇编源程序而言,必须保证编写的代码遵守并支持 ARM 程序和 Thumb 程序混合使用的 ATPCS。汇编语言程序中通过用户代码支持 interwork。

在版本 4 中可以实现程序状态切换的指令是 BX。从版本 5 开始,下面的指令也可以实现程序状态的切换:BLX、LDR、LDM 及 POP。

例如:进行状态切换的汇编程序。

```
ARM
ADR  r0,ThumbProg + 1
BX   r0               ;跳到 ThumbProg,程序切换到 Thumb 状态
THUMB                 ;Thumb 指示编译器后面的为 Thumb 指令
ThumbProg:
     …
ADR  r0,ARMProg
BX   r0               ;跳转到 ARMProg,程序切换到 ARM 状态
ARM                   ;ARM 指示编译器后面的为 ARM 指令
ARMProg:
MOV  r4,#4
```

4.3 ARM 程序设计

4.3.1 ARM 汇编语言程序设计

ARM 汇编语言以段(Section)为单位组织源文件。段是相对独立的、具有特定名称的、不可分割的指令或数据序列。段又可以分为代码段和数据段,代码段存放执行代码,数据段存放代码运行时需要用到的数据。一个 ARM 源程序至少需要一个代码段,大的程序可以包含多个代码段和数据段。

1. ARM 汇编中的文件格式

ARM 源程序文件(可简称为源文件)可以由任意一种文本编辑器来编写程序代码,它一般为文本格式。在 ARM 程序设计中,常用的源文件可简单分为以下几种,如表 4-11 所列。

表 4-11 ARM汇编中的文件格式

源程序文件	文件名	说　明
汇编程序文件	*.S	用ARM汇编语言编写的ARM程序或Thumb程序
C程序文件	*.C	用C语言编写的程序代码
头文件	*.H	为了简化源程序，把程序中常用到的常量命名、宏定义、数据结构定义等单独放在一个文件中，一般称为头文件

2. ARM汇编语言语句格式

ARM汇编语言语句格式如下：

{symbol} {instruction | directive | pseudo-instruction}{;comment}

其中：

instruction　　指令。
directive　　伪操作。
pseudo-instrkeuction　　伪指令。
symbol　　符号。
comment　　语句的注释。

ARM汇编语言中，符号可代表地址、变量和数字常量。数字常量一般有3种表达方式：

(1) 十进制数，如79、4等；
(2) 十六进制数，以0x和&开头，如0x345、0xFB；
(3) n进制数，用n_XXX表示，如2_01100101、8_5642。

标号：表示程序中的指令或数据地址的符号，代表地址。

局部标号：主要用于局部范围代码。

3. ARM汇编语言程序格式

ADS环境下ARM汇编语言源程序的基本结构：

```
        AREA   EXAMPLE,CODE,READONLY
        ENTRY
start:
        MOV   r0,#10
        MOV   r1,#3
        ADD   r0,r0,r1
        END
```

上述程序的程序体部分实现了一个简单的加法运算。

GNU环境下ARM汇编语言源程序的基本结构：

```
.equ      x, 45                              /* 定义变量x,并赋值为45 */
.equ      y, 64                              /* 定义变量y,并赋值为64 */
.equ      stack_top, 0x1000                  /* 定义栈顶0x1000 */
.global   _start

.text
_start:                                      /* 程序代码开始标志 */
        MOV     sp, #stack_top
        MOV     r0, #x                       /* x的值放入R0 */
        MOV     r1, #y                       /* y的值放入R1 */
        ADD     r2,r1,r0                     /* 求二者之和并放入R2中 */
        STR     r2, [sp]                     /* 将二者之和保存到堆栈中 */
stop:
        B        stop                        /* 程序结束,进入死循环 */
.end
```

4.3.2　ARM 汇编语言程序实例

下面的汇编语言编写的程序是针对某一开发板的 LED 控制器的设计程序,利用 B 口的 7～10 四个 I/O 端口作输出,控制四个 LED 的发光。利用 ADS 编译生成 asm.bin。

```
;汇编指令实验
;定义端口B寄存器预定义
rPCONB    EQU      0x56000010
rPDATB    EQU      0x56000014
rPUPB     EQU      0x56000018        ;禁止PORT B上拉

AREA   Init,CODE,READONLY            ;该伪指令定义了一个代码段,段名为Init,属性只读
ENTRY                                ;程序的入口点标识
ResetEntry
                                     ;下面这3条语句,主要是用来设置I/O口GPB7为输出属性
ldr   r0, = rPCONB                   ;将寄存器rPCONB的地址存放到寄存器r0中
ldr   r1, = 0x154000
str   r1,[r0]                        ;将r1中的数据存放到寄存器rPCONB中

                                     ;下面这3条语句,主要是禁止GPB端口的上拉电阻
ldr   r0, = rPUPB
ldr   r1, = 0xffff
str   r1,[r0]

ldr   r2, = rPDATB                   ;将数据端口E的数据寄存器的地址附给寄存器r2
```

```
ledloop
    ldr  r1, = 0x700
    str  r1,[r2]                ;使 GPB7 输出低电平,LED1 亮
    bl   delay                  ;调用延时子程序
    ldr  r1, = 0x680            ;使 GPB8 输出低电平,LED2 亮
    str  r1,[r2]
    bl   delay
    ldr  r1, = 0x580            ;使 GPB9 输出低电平,LED3 亮
    str  r1,[r2]
    bl   delay

    ldr  r1, = 0x380            ;使 GPB10 输出低电平,LED4 亮
    str  r1,[r2]
    bl   delay

    b    ledloop                ;不断地循环
;下面是延迟子程序
delay
    ldr  r3, = 0xffffff         ;设置延迟的时间
delay1
    sub  r3,r3,#1               ;r3 = r3 - 1
    cmp  r3,#0x0                ;将 r3 的值与 0 相比较
    bne  delay1                 ;比较的结果不为 0(r3 不为 0),继续调用 delay1;否则执行下
                                ;一条语句
    mov  pc,lr                  ;返回

    END                         ;程序结束符
```

练习与思考题

1. 目前有哪两种常见的 ARM 编译开发环境？简要说明。
2. 简述伪操作、宏指令、伪指令的概念。
3. 简述常用的几种 ADS 下的伪操作和宏指令的作用与用法。
4. 比较 ADS 下伪操作和宏指令与 GNU 下伪操作和宏指令的不同写法,了解其相应作用。
5. 利用 ADS 下的伪操作定义一个结构化的内存表,其首地址固定为 0x900,该结构化内存表包含 2 个域,Fdata1 长度为 8 字节,Fdata2 长度为 160 字节。
6. 用 ARM ADS 伪操作将寄存器列表 R0～R5、R7 和 R8 的名称定义为 Reglist。
7. ARM 汇编语言以什么为单位组织源文件？简要说明其作用。

第 5 章

ARM 嵌入式系统软件设计

本章介绍嵌入式系统开发的硬件与软件环境、ADS 与 AXD 开发工具的使用方法、ARM 的启动过程分析、嵌入式系统中的存储映射以及嵌入式软件开发技术。

教学建议

本章教学学时建议：6 学时。

嵌入式系统开发的硬件与软件环境：0.5 学时；

ADS 与 AXD 开发工具的使用方法：1 学时；

ARM 的启动过程分析：2 学时；

存储映射：0.5 学时；

嵌入式软件开发：2 学时。

要求熟悉嵌入式系统开发的硬件与软件环境；掌握 ADS 与 AXD 开发工具的使用方法；了解 ARM 的启动过程分析；理解存储映射的机制。熟悉与掌握嵌入式软件开发的一些常用技术。

5.1 开发平台

5.1.1 概 述

目前我国嵌入式系统发展最大制约因素是缺少人才，这主要有两方面的原因：一是与目前高校的专业设置有关，我国高校的计算机教育普遍以应用软件为主，很少涉及嵌入式软件的课程，因此企业很难招聘到马上可以投入嵌入式软件开发的实战型人才；二是嵌入式领域门槛相对较高，知识要求比较全面，而且需要一定的实验环境（开发板和工具软件）和有经验的人员进行指导。嵌入式系统主要是基于操作系统（如：Linux 操作系统，WinCE 操作系统等），在嵌入式硬件平台上进行开发的，主要开发语言是 C 语言。目前，国内的嵌入式教育与培训一般是在以 ARM 体系结构的 CPU 为核心构建的开发平台下进行的，现在较流行的是 ARM9 系列的开发平台。

学习嵌入式技术，必须要有硬件平台作实践，它不像其他基础理论课，学懂理论就行，而它主要在于实践应用，没有在硬件平台上实践是很难学好嵌入式技术的。有了硬件平台，就可以开始从理论到实践交替进行学习。这里结合编者多年的教学实践，给初学者一些快速入门的方法：

（1）从宏观上了解嵌入式系统的结构，要实现的功能。

（2）利用一块成熟的开发板，这里成熟的开发板是指硬件资源丰富，运行稳定可靠，配套的学习资料齐全（硬件与软件开发工具以及实例）。

（3）熟悉开发板的主要功能。

（4）在没有操作系统的情况下，按模块学习，如：I/O口应用的LED实验、定时器实验、中断实验等，在学习的过程中，首先是读懂该模块的硬件功能，从电路图纸开始读懂再对应到该板卡的实际实物上。一个一个模块搞懂，在学习模块时要注意将硬件电路与配置寄存器相结合，真正了解它们的含义，最后变成程序代码。

（5）当模块学习到一定数量后，要将它们组成一个小系统进行联调。在嵌入式系统里用得最多的编程语言是C语言。汇编语言主要用在系统的初始化部分。

（6）熟悉硬件后，为了开发出实用的嵌入式系统，一般是在操作系统上进行开发的。所以要熟悉μC/OS、Linux和WinCE等操作系统。

本章主要以ARM体系结构为例，介绍基于无操作系统的设计方法，在后面的章节再介绍有操作系统的设计方法。

5.1.2 硬件开发环境

下面以基于ARM9内核的S3C2410的开发板为例，说明初学者要进行入门学习需要具备的一些开发条件：

（1）基于ARM9内核的S3C2410的开发板一套；

（2）常用的软件开发工具；

（3）常用电子测试仪表，如万用表、示波器等。

1. 开发板介绍

MY-2410-1开发板基于三星公司的ARM处理器S3C2410。是编者自主研制的一款ARM9实验开发板。MY-2410-1开发板的实物与功能示意图如图5-1所示。

该开发板具有高性能、稳定可靠、接口丰富、体积小等优良特性。S3C2410使用ARM920T核，为32位ARM9处理器，处理能力达到200 MIPS，带有全性能的MMU（内存处理单元），芯片内部集成了LCD控制器、SDRAM控制器、串行接口控制器、PWM控制器、I^2C控制器、IIS控制器、实时时钟、AD转换、USB、以太网接口等丰富的外围控制模块及外围接口，为系统板集成各种功能提供了可能。MY-2410-1正是基于此芯片本身的各种特点而设计的。是嵌入式初学者的首选，不仅适于大学学生、研究生、ARM培训机关、大学ARM实验室使用，还适用于公司的产品开发。

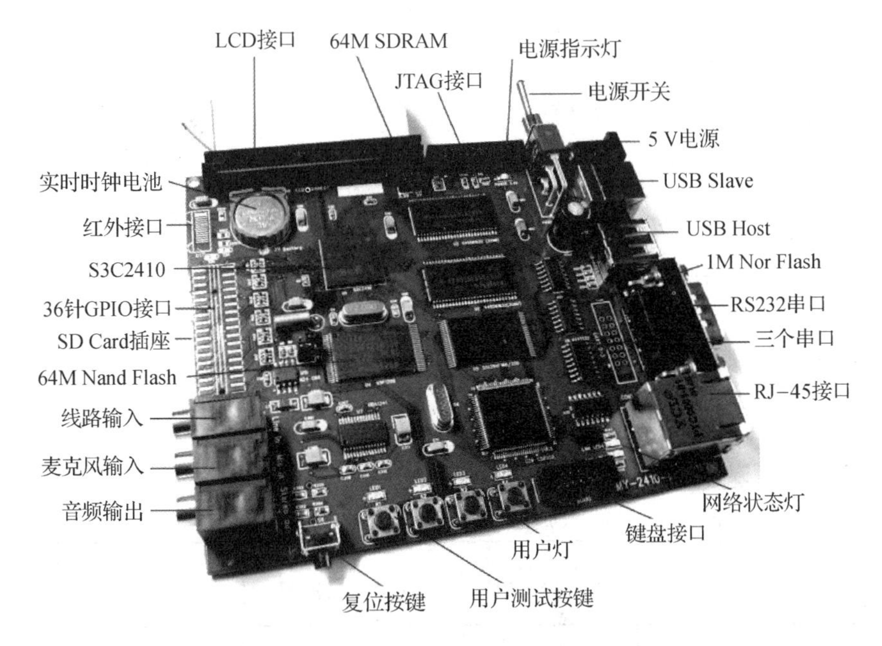

图 5-1　MY-2410 开发板的实物与功能示意图

2. MY-2410-1 硬件资源

MY-2410-1 主要硬件资源如表 5-1 所列，MY-2410-1 的主要接口资源如表 5-2 所列。

表 5-1　MY-2410-1 硬件资源

序　号	名　称	描　述
1	CPU	Samsung S3C2410X，200 MHz 主频，最高 266 MHz
2	ROM	1 MB Flash ROM，64 MB Nand Flash ROM
3	RAM	64 MB SDRAM，133 MHz 刷新频率
4	LAN	一个 10 MB Ethernet，RJ-45 接口
5	SERIAL	一个 DB9 标准串口
6	USB	一个 USB Host(USB 1.1 规范)接口
		一个 USB Device(USB1.1 规范)接口
7	Audio	一个音频接口(双声道，可直接接耳塞) 一个线路输入口 一个麦克风输入口
8	RTC	外接 32.768 kHz 的晶振，带有备份电池，可保持时钟
9	JTAG	一个 20 针(2.0 mm 间距)标准的 JTAG 接口，主要用来下载 BootLoader
10	SD Card	标准 SD Card 插座

续表 5-1

序　号	名　称	描　述
11	LED	4 个可编程用户 LED 2 个网络状态灯
12	Keypad	4 个可编程用户按键
13	Switch	一个电源开关
14	Reset	一个复位按键
15	Power	一个开关电源+5 V 供电
16	LCD	LCD 接口引出了 LCD 控制器和触摸屏的全部信号 LCD 接口可支持 3.5～10.4 各种尺寸 TFT 真彩色液晶显示屏，标准配置为 MY 3.5 英寸 TFT 液晶屏，带触摸屏
17	Infrared	一个 IRDA 红外线数据通讯口
18	Fixed Hole	4 个定位孔(孔径 3 mm)
19	Boardsize	118 mm×99 mm

表 5-2　MY-2410-1 接口资源

序　号	名　称	描　述
1	UART 0～2	14 针 2.0 mm 间距接口直接引出 CPU 内部三串口
2	Keyboard	10 针 2.0 mm 间距接口引出 IO 键盘 64 MB Samsung Nand Flash ROM
3	LCD Connect	LCD/STN 液晶屏接口(50 针 2.0 mm 间距)，可以接各种单色、伪彩、真彩液晶屏，含有触摸屏接口
4	CON5-GPIO	GPIO 等接口(36 针 2.0 mm 间距)，含有 10 个中断引脚，6 路 AD 输入，1 个 SPI 接口，I^2C 接口，2 个时钟输出，2 个 GPIO 口
5	U17	RPM851A 红外发射接收头

3. 开发板接口的连接

开发板与 PC 机的连线如图 5-2 所示。下面分别介绍这些接口的主要作用。

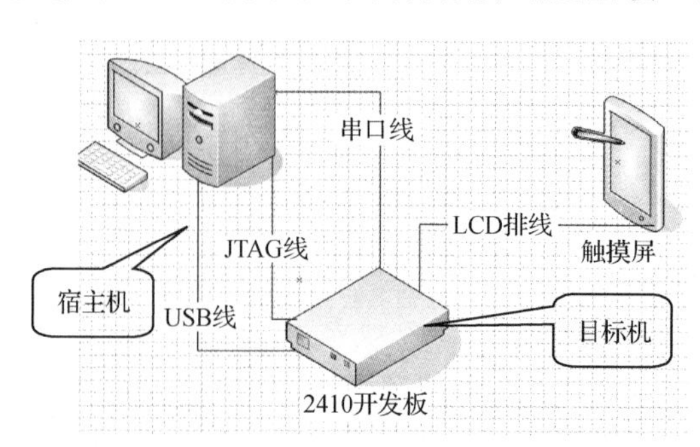

图 5-2　开发板与 PC 机的连线图

1) JTAG接口

一般用来下载BootLoader。下载速度较慢。主要完成：

(1) 初始化CPU内部所有寄存器；

(2) 加载串口驱动；

(3) 加载USB驱动；

(4) 加载网卡驱动。

在进行嵌入式系统开发时，首先用到的接口就是JTAG接口，利用该接口对S3C2410X等开发板，配合sjf2410.exe烧写监控程序，如2410mons.bin监控程序。在以后的开发中，用该接口进行调试。

2) USB接口

利用开发板上的USB_DEVICE接口，一般用来配合DNW.exe来下载文件。下载速度较快。开发板上USB_HOST可外接应用设备，如：USB移动硬盘、USB摄像头等外设。

3) 串　口

串口一般配合DNW.exe或超级终端来监控板子运行情况，有时也可用来下载文件。很多情况下主要用来调试，调试很方便，只需往串口寄存器中填数据，即可输出调试信息。

4) 网　口

网口用来下载数据，也完成网络通信。

5.1.3 软件开发环境

1. 交叉开发概念

嵌入式系统是专用的计算机系统，它在系统的功能、可靠性、成本、体积和功耗等方面都有着严格的要求。

由于嵌入式系统硬件上的特殊性，一般不能安装Windows操作系统和发行版的Linux系统，因为它的CPU运行速度、Flash的空间等都达不到通用PC系统的要求。所以在嵌入式系统上无法构建其自己的开发环境，于是，人们采用了所谓的交叉开发模式。

交叉开发就是指在一台通用计算机上进行软件的编辑编译，然后下载到嵌入式设备中进行运行调试的开发方式。用来开发的通用计算机可以是PC机、工作站等，运行通用的Windows或Linux操作系统。开发计算机一般称宿主机，嵌入式设备称目标机。在宿主机上编译好程序，下载到目标机上运行，交叉开发环境提供调试工具对目标机上运行的程序进行调试。

交叉编译是指在宿主机——x86系统CPU的通用计算机上使用ADS、armcc、armcpp、armasm、armlink、armsd等交叉开发软件为目标机开发程序，最后编译成可以在ARM体系结构的目标机上运行的目标代码。宿主机与目标机的连接关系如图5-2所示。

在宿主机上编译好目标代码后，通过宿主机到目标机的调试通道将代码下载到目标机，然后由运行于宿主机的调试软件控制代码在目标机上进行调试。为了方便调试开发，交叉开发软件一般为一个整合编辑、编译汇编链接、调试、工程管理及函数库等功能模块的集成开发环境 IDE(Integrated Development Environment)，如 ADS 就是一个比较好的 ARM 开发 IDE。

嵌入式系统开发使用的主要工具之间的关系，如图 5-3 所示。开发工具分为不基于操作系统与基于操作系统两大块。

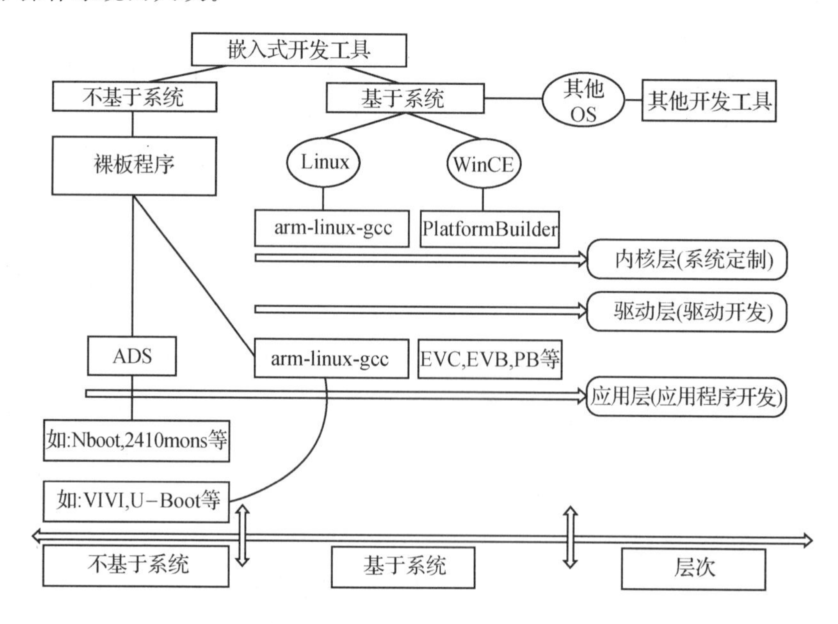

图 5-3 嵌入式系统主要开发工具使用之间的关系

在不基于操作系统的开发中，主要用到的是 ADS 集成开发环境，与 IAR 公司的 IAR EWARM 开发软件以及一些监控与引导程序。

2. ADS 组成介绍

ADS 全称为 ARM Developer Suite，是 ARM 公司推出的新一代 ARM 集成开发工具。现在 ADS 的最新版本是 1.2，它取代了早期的 ADS1.1 和 ADS1.0，该版本支持包括 Windows 和 Linux 在内的多种操作系统。

1) ADS 组成介绍

(1) 编译器

ADS 提供多种编译器，以支持 ARM 和 Thumb 指令的编译。

- armcc 是 ARM C 编译器；
- tcc 是 Thumb C 编译器；
- armcpp 是 ARM C++编译器；
- tcpp 是 Thumb C++编译器；

➢ armasm 是 ARM 和 Thumb 的汇编器。

(2) 链接器

armlink 是 ARM 链接器。该命令既可以将编译得到的一个或多个目标文件和相关的一个或多个库文件进行链接,生成一个可执行文件,也可以将多个目标文件部分链接成一个目标文件,以供进一步的链接。

(3) 符号调试器

armsd 是 ARM 和 Thumb 的符号调试器。它能够进行源码级的程序调试。用户可以在用 C 或汇编语言写的代码中进行单步调试、设置断点、查看变量值和内存单元的内容。

(4) fromELF

将 ELF 格式的文件转换为各种格式的输出文件,包括 BIN 格式映像文件、Motorola 32 位 S 格式映像文件、Intel 32 位格式映像文件和 Verilog 十六进制文件。fromELF 命令也能够为输入映像文件产生文本信息,例如,代码和数据长度。

(5) armar

armar 是 ARM 库函数生成器,它将一系列 ELF 格式的目标文件以库函数的形式集合在一起。用户可以把一个库传递给一个链接器以代替几个 ELF 文件。

(6) CodeWarrior

CodeWarrior 集成开发环境(IDE)为管理和开发项目提供了简单多样化的图形用户界面,用户可以使用 ADS 的 CodeWarrior IDE 为 ARM 和 Thumb 处理器开发用 C、C++或者 ARM 汇编语言编写的程序代码。

(7) 调试器

ADS 中包含 3 个调试器:第 1 个是 AXD(ARM eXtended Debugger),它是 ARM 扩展调试器;第 2 个是 armsd(ARM Symbolic Debugger),它是 ARM 符号调试器;第 3 个是与老版本兼容的 Windows 或 Unix 下的 ARM 调试工具 ADW/ADU。

在 ARM 体系中,可以选择多种调试方式:Multi-ICE(Multi-processor In-Circuit Emulator)、ARMulator 或 Angel。

Multi-ICE 是一个独立产品,是 ARM 公司自己的 JTAG 在线仿真器,不是由 ADS 提供的。

ARMulator 是一个 ARM 指令集仿真器,集成在 ARM 的调试器 AXD 中,提供对 ARM 处理器的指令集的仿真,为 ARM 和 Thumb 提供精确的模拟。用户可以在硬件尚未做好的情况下,开发程序代码,利用模拟器方式调试。

Angel 是 ARM 公司常驻在目标机 Flash 中的监控程序,只需通过 RS-232C 串口与 PC 主机相连,就可以对基于 ARM 架构处理器的目标机进行监控器方式的调试。

(8) C 和 C++库

ADS 提供 ANSI C 库函数和 C++库函数,支持被编译的 C 和 C++代码。用户可以把 C 库中的与目标相关的函数作为自己应用程序中的一部分,重新进行代码的实现。这就为用户带来了极大的方便，针对自己的应用程序的要求，对与目标无关的库函数进行适当的裁剪。在C库中有很多函数是独立于其他函数的，并且与目标硬件没有任何依赖关系。对于这类函数，用户可以很容易地从汇编代码中使用。

有了上面的硬件与开发工具，再增加一些调试与读写工具，初学者可以通过一些第三方的免费或者评估软件（如：ARM公司的ADS或IAR公司的IAR EWARM）再配合简易的JTAG小板就可以进行开发调试了。最广泛应用的是H_JTAG软件（或BANYAN II软件）和Wiggler板了。利用它们用户可为ARM系列RISC处理器编写和调试自己的开发应用程序。

3. 编写应用程序都要用到的文件

利用下面的文件与程序，它们可以提高编程效率，节省时间，也使初学者能够尽快入门。达到一定水平后，自己再在此文件与程序的基础上修改，或重新编写自己的应用程序，尽可能地达到系统最优化的目的。

1) INC目录下的文件

2410addr. h	2410addr. inc	2410lib. h	2410slib. h	Def. h
Memcfg. inc	Option. inc	Uart0. h	mmu. h	Option. h

2) INC目录下的文件说明

(1) Def. h基本数据类型重定义头文件，在定义数据类型时尽量使用U32、U16、S32、S16、U8、S8等类型，以增强程序的可移植性，主要内容如下：

```
#ifndef __DEF_H__
#define __DEF_H__              ;防止重复定义__DEF_H__

#define U32 unsigned int
#define U16 unsigned short
#define S32 int
#define S16 short int
#define U8  unsigned char
#define S8  char

#define TRUE    1
#define FALSE   0
#endif /* __DEF_H__ */
```

(2) Option. h是硬件系统重要设置头文件，如果要修改系统的工作频率，总线宽度，一些重要地址的值可在本文件中修改，主要内容如下：

```
//#define FCLK 101250000          //SDRAM 2.5 V use

#define FCLK 202800000
#define HCLK (FCLK/2)
#define PCLK (FCLK/4)
```

```
#define UCLK PCLK

// BUSWIDTH: 16,32
#define BUSWIDTH      (32)

//64 MB
// 0x30000000 ~ 0x30ffffff : Download Area (16 MB) Cacheable
// 0x31000000 ~ 0x33feffff : Non-Cacheable Area
// 0x33ff0000 ~ 0x33ff47ff : Heap & RW Area
// 0x33ff4800 ~ 0x33ff7fff : FIQ ~ User Stack Area
// 0x33ff8000 ~ 0x33fffeff : Not Used Area
// 0x33ffff00 ~ 0x33ffffff : Exception & ISR Vector Table

#define _RAM_STARTADDRESS          0x30000000
#define _NONCACHE_STARTADDRESS     0x31000000
#define _ISR_STARTADDRESS          0x33ffff00
#define _MMUTT_STARTADDRESS        0x33ff8000
#define _STACK_BASEADDRESS         0x33ff8000
#define HEAPEND                    0x33ff0000

//If you use ADS1.x, please define ADS10
#define ADS10 TRUE

// note: makefile,option.a should be changed

#endif      //__OPTION_H__
```

注意: 在汇编语言中,用 Option.inc 文件,inc 后缀的文件为汇编文件的头文件。

(3) 2410addr.h 是 2410 的寄存器的地址宏定义头文件,方便使用,主要内容如下:

```
// 存储器控制器的配置寄存器的起始地址是: 0x48000000~0x48000030,由于 ARM 的寄存器是 32 位
// 的,而一个地址放 1 字节,所以需要 4 个地址
// Memory control
#define rBWSCON     (*(volatile unsigned *)0x48000000) //Bus width & wait status
  ...
//INTERRUPT 的配置寄存器的起始地址是: 0x4a000000~0x4a00001c
// INTERRUPT
#define rSRCPND     (*(volatile unsigned *)0x4a000000) //Interrupt request status
  ...
//DMA 的配置寄存器的起始地址是: 0x4b000000~0x4b0000e0
#define rDISRC0     (*(volatile unsigned *)0x4b000000) //DMA 0 Initial source

//时钟与电源管理的配置寄存器的起始地址是: 0x4c000000~0x4c000014
// CLOCK & POWER MANAGEMENT
#define rLOCKTIME   (*(volatile unsigned *)0x4c000000) //PLL lock time counter
```

```
  …
//LCD 控制器的配置寄存器的起始地址是：0x4d000000～0x4d000060
// LCD CONTROLLER
#define rLCDCON1    (*(volatile unsigned *)0x4d000000) //LCD control 1
  …
//NAND Flash 的配置寄存器的起始地址是：0x4e000000～0x4e000016
// NAND Flash
#define rNFCONF     (*(volatile unsigned *)0x4e000000)      //NAND Flash configuration
  …
//UART 的配置寄存器的起始地址是：0x50000000～0x50008028,该寄存器配置分大端与小端两种模式
// UART
#define rULCON0     (*(volatile unsigned *)0x50000000) //UART 0 Line control
  …
#ifdef __BIG_ENDIAN
#define rUTXH0      (*(volatile unsigned char *)0x50000023) //UART 0 Transmission Hold
  …
#else //Little Endian
#define rUTXH0 (*(volatile unsigned char *)0x50000020) //UART 0 Transmission Hold
  …
#endif
//PWM  定时器的配置寄存器的起始地址是：0x51000000～0x51000040
// PWM TIMER
#define rTCFG0   (*(volatile unsigned *)0x51000000) //Timer 0 configuration
//USB 设备的配置寄存器的开始地址是：0x52000143,该寄存器配置分大端与小端两种模式
// USB  DEVICE
#ifdef __BIG_ENDIAN
<ERROR IF BIG_ENDIAN>
#define rFUNC_ADDR_REG      (*(volatile unsigned char *)0x52000143) //Function address
  …
// WATCH DOG TIMER
#define rWTCON    (*(volatile unsigned *)0x53000000) //Watch-dog timer mode
#define rWTDAT    (*(volatile unsigned *)0x53000004) //Watch-dog timer data
#define rWTCNT    (*(volatile unsigned *)0x53000008) //Eatch-dog timer count
// I²C
#define rIICCON   (*(volatile unsigned *)0x54000000) //I²C control
#define rIICSTAT (*(volatile unsigned *)0x54000004) //I²C status
#define rIICADD   (*(volatile unsigned *)0x54000008) //I²C address
#define rIICDS    (*(volatile unsigned *)0x5400000c) //I²C data shift
```

```
// IIS
#define rIISCON   (*(volatile unsigned *)0x55000000) //IIS Control
#define rIISMOD   (*(volatile unsigned *)0x55000004) //IIS Mode
#define rIISPSR   (*(volatile unsigned *)0x55000008) //IIS Prescaler
#define rIISFCON (*(volatile unsigned *)0x5500000C) //IIS FIFO control
//I/O端口的配置寄存器的起始地址是：0x56000000～0x560000bc
// I/O PORT
#define rGPACON     (*(volatile unsigned *)0x56000000) //Port A control
  ...
//RTC配置寄存器的开始地址是：0x57000043,该寄存器配置分大端与小端两种模式
// RTC
#ifdef __BIG_ENDIAN
#define rRTCCON     (*(volatile unsigned char *)0x57000043) //RTC control
  ...
#else //Little Endian
#define rRTCCON     (*(volatile unsigned char *)0x57000040) //RTC control
  ...
// ADC
#define rADCCON     (*(volatile unsigned *)0x58000000) //ADC control
#define rADCTSC     (*(volatile unsigned *)0x58000004) //ADC touch screen control
#define rADCDLY     (*(volatile unsigned *)0x58000008) //ADC start or Interval Delay
#define rADCDAT0    (*(volatile unsigned *)0x5800000c) //ADC conversion data 0
#define rADCDAT1    (*(volatile unsigned *)0x58000010) //ADC conversion data 1
//SPI配置寄存器的起始地址是：0x59000000～0x59000034
// SPI
#define rSPCON0     (*(volatile unsigned *)0x59000000) //SPI0 control
  ...
//SD接口配置寄存器的开始地址是:0x5A000000
// SD Interface
#define rSDICON      (*(volatile unsigned *)0x5A000000) //SDI control
  ...
//部分中断向量地址定义
// ISR
#define pISR_RESET      (*(unsigned *)(_ISR_STARTADDRESS + 0x0))
#define pISR_UNDEF      (*(unsigned *)(_ISR_STARTADDRESS + 0x4))
#define pISR_SWI        (*(unsigned *)(_ISR_STARTADDRESS + 0x8))
#define pISR_PABORT     (*(unsigned *)(_ISR_STARTADDRESS + 0xc))
#define pISR_DABORT     (*(unsigned *)(_ISR_STARTADDRESS + 0x10))
#define pISR_RESERVED   (*(unsigned *)(_ISR_STARTADDRESS + 0x14))
```

```
#define pISR_IRQ        (*(unsigned *)(_ISR_STARTADDRESS+0x18))
#define pISR_FIQ        (*(unsigned *)(_ISR_STARTADDRESS+0x1c))
  ...
#define pISR_EINT0      (*(unsigned *)(_ISR_STARTADDRESS+0x20))
  ...
#define pISR_ADC        (*(unsigned *)(_ISR_STARTADDRESS+0x9c))

// PENDING BIT
#define BIT_EINT0       (0x1)
  ...
#define BIT_ALLMSK      (0xffffffff)

#define BIT_SUB_ALLMSK (0x7ff)
#define BIT_SUB_ADC     (0x1 << 10)

#define BIT_SUB_RXD0    (0x1 << 0)
  ...
#define ClearPending(bit) {\
                rSRCPND=bit;\
                rINTPND=bit;\
                rINTPND;\
  }
//Wait until rINTPND is changed for the case that the ISR is very short.

#ifdef __cplusplus
}
#endif
#endif   //__2410ADDR_H___
```

注意：在汇编语言中，用2410addr.inc文件。

volatile的本意为“暂态的”或“易变的”，该说明符起到抑制编译器优化的作用。

如果在声明时用“volatile”关键字进行修饰，则遇到这个关键字声明的变量，编译器对访问该变量的代码就不再进行优化，从而可以提供特殊地址的稳定访问。

(4) 2410lib.h是调试时常用函数，还有一些其他的常用函数的头文件。

(5) 2410slib.h包含MMU相关函数的头文件。

3) SRC目录下的文件

(1) 2410init.s是2410初始化启动程序，由汇编语言写成，在下面的章节里详细介绍。

(2) 2410lib.c是描述2410的调试常用函数的原型，用C语言写成。

(3) 2410slib.s 包含汇编语言写的 MMU 相关的程序代码。

(4) mmu.c 包含 MMU 相关的程序代码。

(5) Uart0.c 包含串口的常用函数原型,用 C 语言写成。

主程序模板.c

```
//====================================================================
// File Name : 2410test.c
// Function  : S3C2410 Test Main Menu
//====================================================================

#include <stdlib.h>
#include <string.h>
#include "def.h"
#include "option.h"
#include "2410addr.h"
#include "2410lib.h"
#include "2410slib.h"
#include "uart0.h"
#include "mmu.h"

void Isr_Init(void);
void HaltUndef(void);
void HaltSwi(void);
void HaltPabort(void);
void HaltDabort(void);

extern void __rt_lib_init( void ) ;
void Temp_Function( void ) { ; }

//====================================================================
void Main(void)
{
    int i = 0;

//  Led_Display(15);

    MMU_Init();                         //初始化 MMU 单元

    #if ADS10
    __rt_lib_init();                    //for ADS 1.0
    #endif
```

```
//  ChangeClockDivider(0,0);        // 1:1:1
//  ChangeClockDivider(0,1);        // 1:1:2
//  rCLKDIVN |= (1 << 2);           // 1:4:4
//  ChangeClockDivider(1,0);        // 1:2:2
    ChangeClockDivider(1,1);        // 1:2:4

    ChangeMPllValue(0xa1,0x3,0x1);  // FCLK = 202.8 MHz

    Port_Init();                    //IO 端口初始化
    Isr_Init();                     //设中断

    Uart_Init(0,115200);            //COM 口初始化

    //Save the wasted power consumption on GPIO
    rIISPSR = (2 << 5)|(2 << 0); //IIS_LRCK = 44.1kHz @384fs,PCLK = 50 MHz
    rGPHCON = rGPHCON & ~(0xf << 18)|(0x5 << 18);    //CLKOUT 0,1 = OUTPUT to reduce the
                                                     //power consumption
    Uart_Printf("\n\nhello denggs\n") ;

    while( 1 )
    {
        Uart_Printf("hello\n") ;    //串口返回调试信息
        Delay(2000);                //延时
        i++;
        if (i>15) i = 0;
        Led_Display(i);             //控制 4 个 LED 显示
    }
}
//==================================================================
void Isr_Init(void)
{
    pISR_UNDEF = (unsigned)HaltUndef;
    pISR_SWI = (unsigned)HaltSwi;
    pISR_PABORT = (unsigned)HaltPabort;
    pISR_DABORT = (unsigned)HaltDabort;

    rINTMOD = 0x0;                  //All = IRQ mode
//  rINTCON = 0x5;                  //Non-vectored,IRQ enable,FIQ disable
    rINTMSK = BIT_ALLMSK;           //All interrupt is masked
    rINTSUBMSK = BIT_SUB_ALLMSK;    //All sub-interrupt is masked. <- April 01, 2002 SOP
//  rINTSUBMSK = ~(BIT_SUB_RXD0);   //Enable Rx0 Default value = 0x7ff
```

```
//  rINTMSK = ~(BIT_UARTO);              //Enable UARTO Default value = 0xffffffff
//  pISR_UARTO = (unsigned)RxInt;        //pISR_FIQ,pISR_IRQ must be initialized
}
//=================================================================
void HaltUndef(void)
{
    Uart_Printf("Undefined instruction exception.\n");
    while(1);
}
//=================================================================
void HaltSwi(void)
{
    Uart_Printf("SWI exception.\n");
    while(1);
}
//=================================================================
void HaltPabort(void)
{
    Uart_Printf("Pabort exception.\n");
    while(1);
}
//=================================================================
void HaltDabort(void)
{
    Uart_Printf("Dabort exception.\n");
    while(1);
}

//=================================================================
```

初学者可以在次模板上修改程序，增加自己的模块功能。

4) 2410 常用接口函数说明

```
void Delay(int time);                      //Watchdog Timer is used,延时
void * malloc(unsigned nbyte);             //分配内存
void free(void * pt);                      //释放内存
void Port_Init(void);                      //初始化端口
void Uart_Select(int ch);                  //选择串口
void Uart_TxEmpty(int ch);
void Uart_Init(int mclk,int baud);         //串口初始化
```

```
char Uart_Getch(void);                        //从串口读取一个字符(阻塞)
char Uart_GetKey(void);                       //从串口读取一个字符(非阻塞)
int  Uart_GetIntNum(void);                    //从串口读取一个数字
void Uart_SendByte(int data);                 //从串口发送一字节
void Uart_Printf(char * fmt,...);             //从串口输出的 printf
void Uart_SendString(char * pt);
void Timer_Start(int divider);                //Watchdog Timer is used
int  Timer_Stop(void);                        //Watchdog Timer is used
void Led_Display(int data);
void ChangeMPllValue(int m,int p,int s);
void ChangeClockDivider(int hdivn,int pdivn);
void ChangeUPllValue(int m,int p,int s);
```

5.2 ADS的使用简介

5.2.1 ADS的应用

首先通过"开始"→"程序"→"ARM Developer Suite V1.2"→"Codewarrior for ARM Developer Suite"打开 Codewarrior,如图 5-4 所示。

ADS 为用户提供了 7 个模板,分别是:

(1) ARM Executable Image:用于由 ARM 指令的代码生成一个 ELF 格式的可执行映像文件;

(2) ARM Object Library:用于由 ARM 指令的代码生成一个 armar 格式的目标文件库;

(3) Empty Project:用于创建一个不包含任何库或者源文件的工程;

(4) Makefile Importer Wizard:用于将 VC 的 nmake 或者 GNU make 文件转入到 Code Warrior IDE 工程文件;

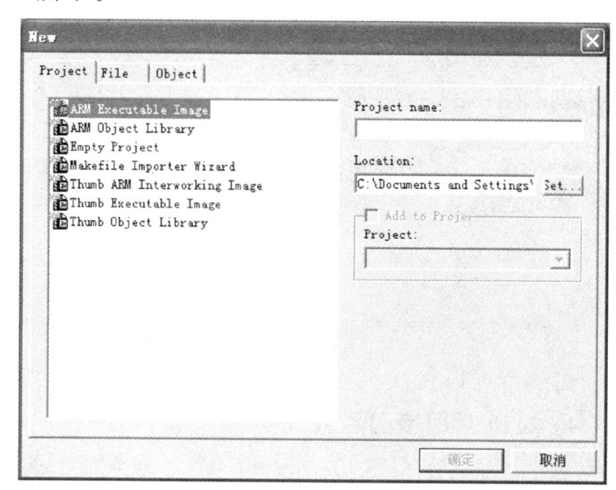

图 5-4 新建工程

(5) Thumb ARM Executable Image:用于由 ARM 指令和 Thumb 指令的混合代码生成一个可执行的 ELF 格式的映像文件;

(6) Thumb Executable Image:用于由 Thumb 指令创建一个可执行的 ELF 格式的映像文件;

（7）Thumb Object Library：用于由 Thumb 指令的代码生成一个 armar 格式的目标文件库。

一般情况下均选择 ARM Executabel Image，然后在 Project name 文本框中输入工程名称，在 Location 文本框中指定路径，本例子的工程名称为 ledflash，单击确定后 ledflash 工程建立。注意路径设置和工程名不要使用汉字。

工程建立以后将生成一个空的工程管理窗口，接下来就是向工程内添加和建立目标文件了，由于 MY2410 板学习评估板具有较多的资源，可以将 5.2.1 小节介绍的内容含文件夹复制到 ledflash 工程目录下，然后通过工程管理窗口进行文件的添加。先通过单击右键选择 Create Group，建立一个 SRC 文件夹，然后再右键选择 Add Files 来添加启动文件，如图 5－5 所示。

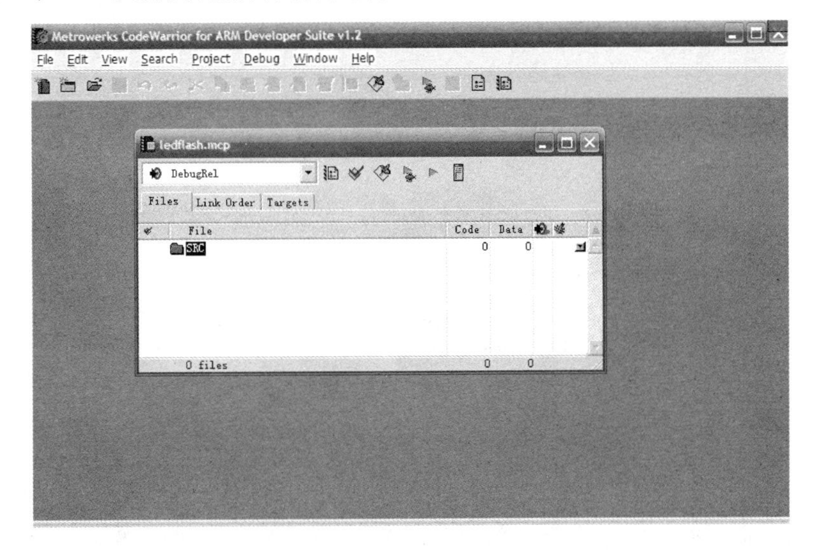

图 5－5　建立 Group

在添加文件的过程中，读者可能已经发现了 CodeWarrior IDE 为用户建立了 3 个 Target，分别是 DebugRel、Release 和 Debug，这 3 个 Target 分别表示 3 种调试方式。

DebugRel　表示在生成目标的时候会为每一个源文件生成调试信息；

Debug　表示为每一个源文件生成最完全的调试信息；

Release　表示不生成任何调试信息。

一般默认选择 DebugRel。同时从图 5－5 可以发现，每次添加文件时都会询问添加到哪个 Target，一般默认 3 个都添加，单击确定。

同样的方法增加 SRC 文件的一些头文件，这些头文件可以加也可以不加，如果不加，则最好放在当前的目录下。至此工程建立完毕，如图 5－6 所示。

工程建立完毕之后暂时还不能进行编译和链接，还需要进行一些配置。可以通过 Edit→DebugRel Settings 或者按组合键 ALT+F7 或者单击图 5－5 中红色小圈内的快捷图标来进入 DebugRel Settings 对话框，如图 5－7 所示。

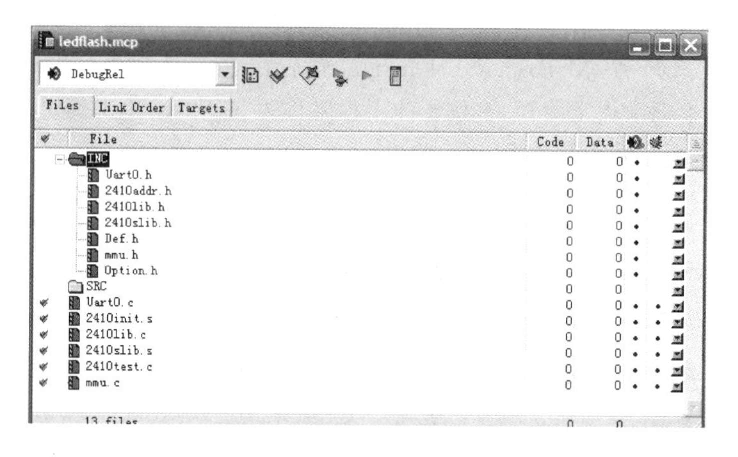

图 5-6　工程建立完毕

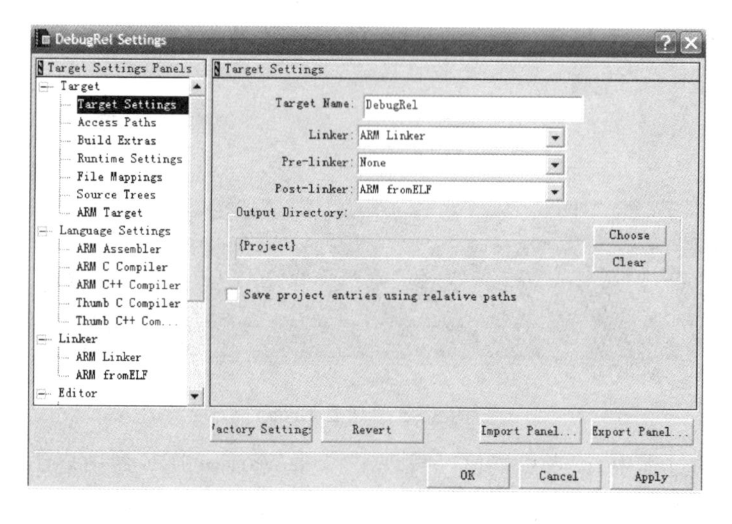

图 5-7　DebugRel Settings 对话框

DebugRel Settings 里面包含很多设置信息，Post-linker 用于对输出文件进行操作，由于本例是需要最终写入到硬件中并运行的，所以必须进行设置。如果纯粹只需要进行软件仿真，则此处可以不进行设置。这里选择 ARM fromELF，表示编译生成映像文件(Image)后再调用 fromELF 命令进行格式转换，以转换成.bin 或者.hex 等可以直接烧写到目标芯片执行的文件。

单击 Target 里面的 File Mappings 即是文件映射，里面放有 ADS 调试时所支持的文件格式，如 CPP、C++、C 等，如图 5-8 所示。

Language Settings 选项是调试程序时所支持的语言格式。本例使用了 ARM Assembler 程序所对应的.s 文件和 ARM C Compiler 程序所对应的是.c 文件，所以请确保在这两个选项中的 Target 子选项内为 ARM920T，因为 MY2410 开发板的体系结构为 ARM920T，其他没

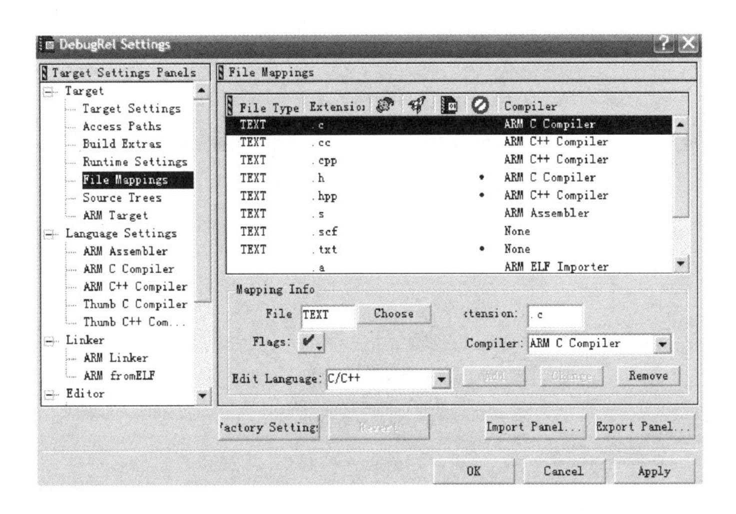

图 5－8　选择 File Mappings

有用到的语言可以不选，因为下载到板上的程序使用了 C 语言和汇编语言。

设置完了 Language Settings 后接下来就是设置 Linker 选项了。

在该选项里面有和硬件紧密相关的设置，首先进入 ARM Linker 子选项，然后再选择 Output 按键，再进入 Simple 选项。在此，需要设置入口地址(entry)：RO 地址、RW 地址，RO Base 只读基址，存放代码段；RW BASE 读写基址，存放数据段本例中可不设。

首先设置 RO/RW 地址，RO 表示 Read Only，RW 表示 Read Write，RO 栏默认是 0x8000，需要根据实际硬件进行更改，一般为 RO 表示本程序运行时 SDRAM 的起始地址，设为 0x30000000。

再选 Linktype(链接类型)，选择 simple(简单链接)，partia(是否分块)，scattered(是否分散)，在 ARM Linker→Options 内还需要设置一个 Image entry point，表示映像文件的入口点——就是 SDRAM 中的起始地址。

设置完 Image entry point 后继续在 Layout 里面设置代码中的哪一段置于 Image 的起始位置(即是整个程序入口的函数调用，因为程序 Make 以后，整个程序生成的入口在 2410init.s 文件当中)，如图 5－9 所示。

Enter 就是程序生成入口点，其中 Area 表示段标识，Init 表示段名，Code 表示代码段，Readonly 表示只读属性，2410init.s 文件要进行编译生成相应的.o 文件，需要在 object/smybol (目标和记号)标上，2410init.o 表示程序执行时生成可执行的.o 文件，section(进入点——即入口的函数名，init 函数)就是 init 函数。通过上述设置后，然后进行编译、链接，这样产生的映像文件，就有了唯一的程序入口点。

在 Linker 选项下还有一个子选项需要进行设置，即 ARM fromELF，在 Target 的 Post－Linker 设置成 fromELF 后，才会有多种输出文件格式的选择：比如要生成 Plain binary 的二进制文件 Plain binary，就选择 Plain binary，一般设置成 Plain binary 或者 Intel 32 bit hex，如图 5－10 所示。

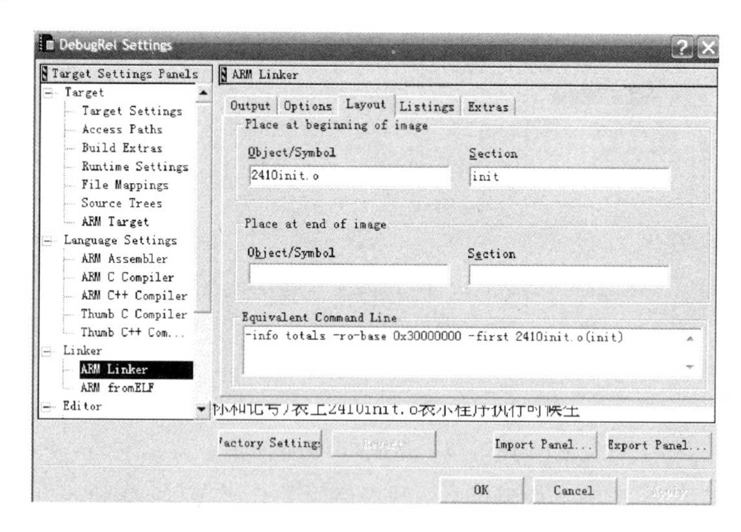

图 5－9　选择 ARM Linker→Layout

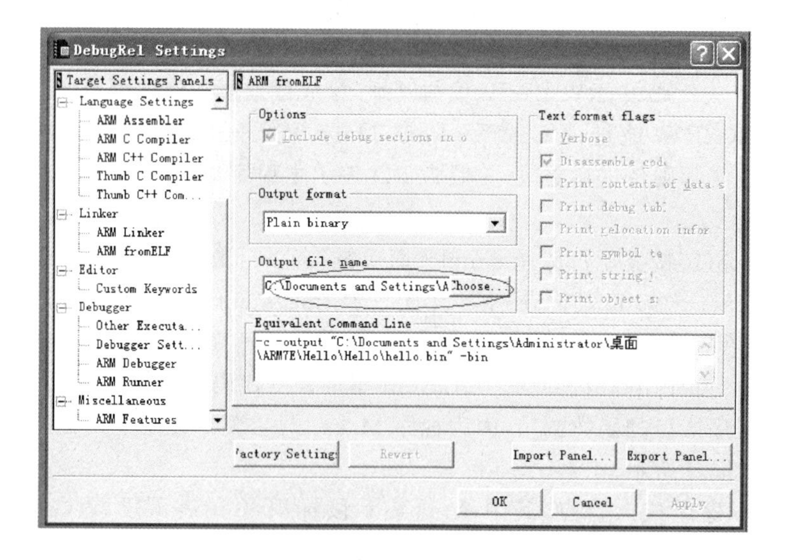

图 5－10　选择 Linker→ARM fromELF→Output format

参照图 5－10 进行输出文件名称和路径的设置，请带上扩展名.bin 或者.hex。当工程文件是从别处复制过来的时候，请记住对该路径重新进行设置，不然将出现警告提示。

如果工程文件是从别处复制过来的，则在编译之前还有一件事情需要做，即 Remove Object Code，选项在 Project 菜单下面。

如果红圈内的.c文件前面没有带勾的图标的话，则表示该工程已经编译、链接通过。如果需要重新编译，则需要先进行 Remove Object Code 操作以去除一些和路径、目标文件等有关联的信息。

到此为止已经完成基本设置，接下来可以进行编译和链接。进行 Remove Object Code 操作，然后执行 Project→Make 或者按 F7 表示只编译不链接，如果一切设置正确，则进行编译。如果有错误和警告请一一改正，直至编译通过。

最终生成可执行文件 led.bin/led.hex(因具体设置而异)和调试文件 led.axf(映像文件)。其中可执行文件的路径由用户在 Linker→ARMfromELF 中的设置所决定；而调试文件(映像文件)led.axf 则默认生成在"..\led\led _Data\DebugRel"下。led.bin/ led.hex 可以通过工具软件直接烧入目标芯片运行，led.axf 可以通过 ADS 里面集成的 AXD 调试工具进行调试，可以软件仿真或者外部通过第三方 JTAG 调试工具进行调试。

5.2.2 AXD 调试

1. 安装调试代理软件

AXD 是 ADS 软件中独立于 CodeWarrior IDE 的图形软件，打开 AXD 软件，默认打开的目标是 ARMulator。这也是调试时最常用的一种调试工具，即软件仿真。要使用 AXD 必须首先要生成包含有调试信息的程序，在前面的 led 工程中，已经生成的 led.axf 就是包含有调试信息的可执行 ELF 格式的映像文件。

在做 ADS 调试之前，首先进行 ARMulator 仿真——就是配置好 AXD 的调试环境，ARMulator 仿真一般是在不具备硬件条件的情况下进行软件仿真，多用于学习状态，并不能完全反映实际硬件运行状态。

下面简单介绍用 JTAG 工具进行硬件调试的流程。很多公司都有支持 ADS 的 JTAG 调试工具，如 ARM 公司、IAR 公司等，但是一般大公司的这些 JTAG 工具虽然功能强大，但是价格较昂贵。初学者可用简易的 JTAG 小板进行调试开发。

1) 方法一

利用 BANYAN II 软件和 Wiggler 板调试。首先需要安装 BANYAN II 软件，并在调试前先运行它。用 JTAG 工具进行硬件调试。注意：BANYAN 支持 Wiggler 和 Predefined 两种简易 JTAG 调试工具，由于这里使用的是兼容的简易 Wiggler 调试工具，所以在 Interface Device 里面设置成 Wiggler，一般默认情况即为 Wiggler，如果设置不正确将不能找到目标芯片 MY2410。

在完成硬件设置后即可检测 JTAG 工具能否连上目标板，请单击 Detect 菜单选项，如果连接正确将真正检测 ARM920T 核，如果连接错误将出现错误提示。

然后在 AXD 软件里面通过 Option→Configure Target 设置 Target Enviroments。

安装完 Banyan 后，选择"开始"→"程序"→"Banyan"中打开 Daemon，选择菜单栏下的

Debug 绿色箭头图标，打开 AXD 调试器，如图 5－11 所示。

接上 Wiggler 仿真器，打开 ARM 开发板电源，单击图 5－11 所示的 Auto Configure 图标。软件会自动检测到开发板上的 CPU。

2）方法二

利用调试代理软件 H－JTAG 进行调试。

将 Wiggler 小板（配件中标注 ARM Wiggler 的小板）与 my2410 板上的 JTAG 口（标注 Jtag）通过 20 芯带线进行连接，Wiggler 25 芯的那端直接接 PC 并口。

开发板上电，打开 H－JTAG，将自动检测到 ARM920T，如果没有检测到，选择 Operations→Detect Target，如图 5－12 所示。

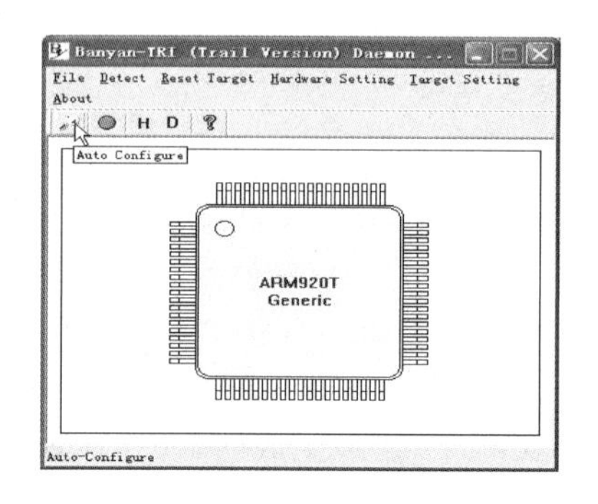

图 5－11　Banyan 调试代理

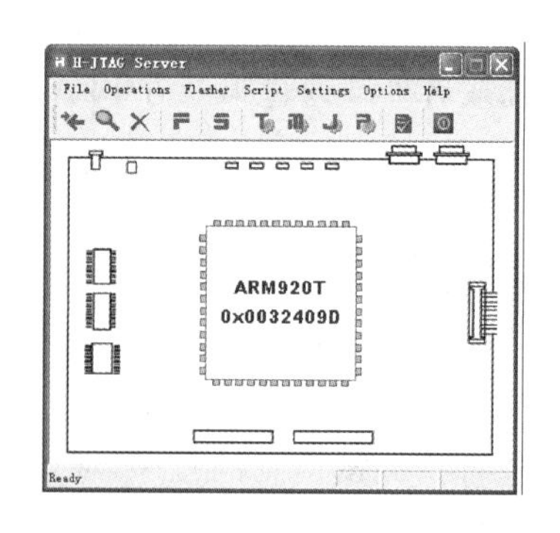

图 5－12　H－JTAG 调试代理

2. 在 AXD 中打开调试文件

可以有两种方法打开.axf 文件，一是在 make 完成后通过 Project→Debug 或者按 F7 进入 AXD，另外也可以通过“开始”→“程序”→“ARM Developer Suite”→“AXD”打开 AXD，然后再在菜单 File 中选择 Load Image 选项，打开 Load Image 对话框，找到要装载的.axf 映像文件，单击“打开”按钮，就把映像文件装载到目标内存中了。在所打开的映像文件中会有一个蓝色的箭头指示当前执行的位置。

3. AXD 环境设置

首先运行 H－JTAG 程序，然后打开 AXD，没有设置之前，默认是 ARM7TDMI。选择 Options→Configure Target，出现如图 5－13 所示对话框。单击 Add 按钮，在相关目录下找到 H－JTAG.dll，然后添加它，单击 OK 退出，发现 AXD 中已经找到 ARM920T。

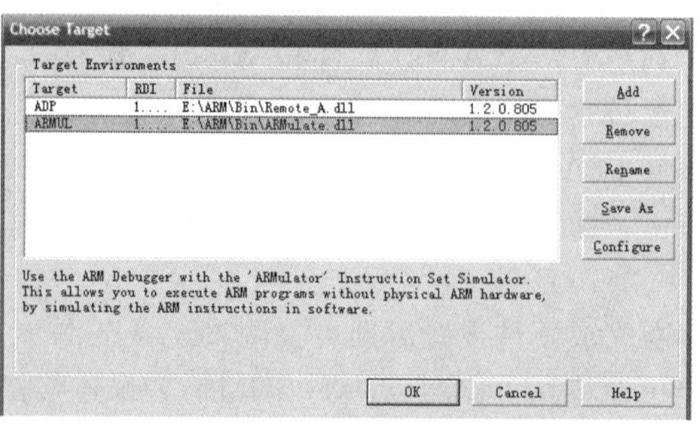

图 5－13　配置对话框

4. 开始调试

选择 File→Load Image，加载 axf 文件。再选择 Execute→Go(或按 F5 按键)，程序将跳转到整个程序的入口点 ENTER 处，就可以进行单步运行调试了，出现如图 5－14 所示窗口。

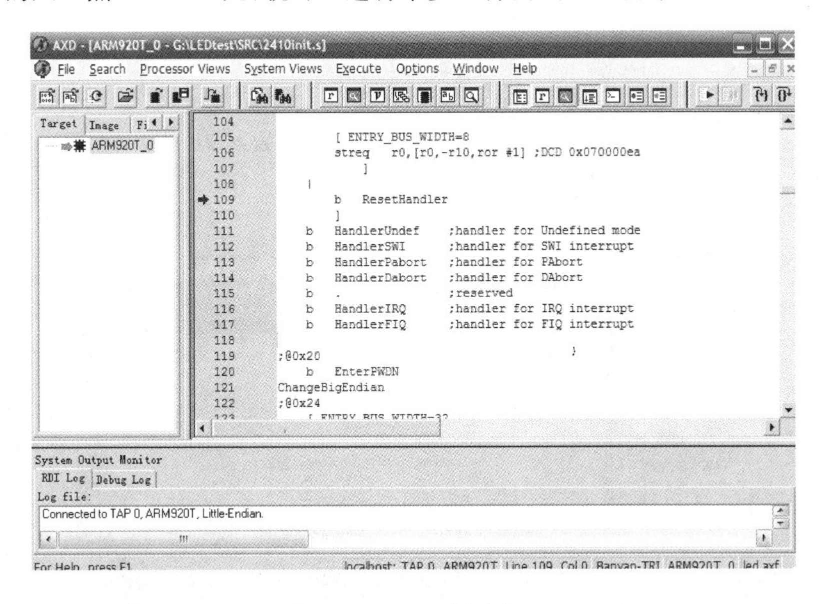

图 5－14　AXD 调试窗口

常用调试工具条如图 5－15 所示。接下来进行单步运行 Step In。

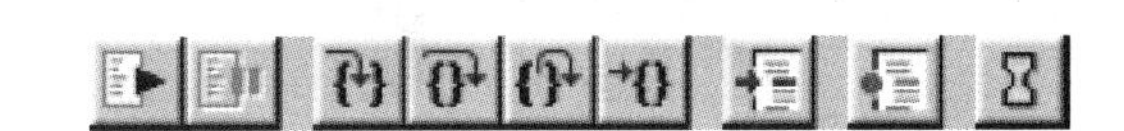

图 5－15　运行调试工具条

- 全速运行(Go)。
- 停止运行(Stop)。
- 单步运行(Step In)，与 Step 命令不同之处在于对函数调用语句，Step In 命令将进入该子函数，进行单步调试。
- 单步运行(Step)，即 Step Over，不进入子函数，直接跳过去进行单步调试。
- 单步运行(Step Out)，从子函数里面跳出来。
- 运行到光标(Run To Cursor)，运行程序直到当前光标所在行时停止。
- 设置断点(Toggle Break Point)。

在 ADS 中所有系统的启动都可以看作是一个复位异常，ResetHandler 是一个复位异常函数，下面执行 Step In，执行 b　ResetHandler 语句就跳转到复位异常处理的处理函数 ResetHandler 当中；HandlerUndef 跳转到未定义异常处理；HandlerSWI 跳转到软中断异常处理；HandlerPabort 跳转到欲取指令异常处理中断；HandlerDabort 跳转欲取数据终止异常处理中断；HandlerIRQ 跳转到普通中断处理中断；HandlerFIQ 跳转到快速中断处理中断；ResetHandler 复位中断处理函数，在这个函数里面设置了一些寄存器的值，按 Step In 可以查看每一步实现的功能。再按 F5，设置断点；如果没有断点，则整个程序开始执行 watch dog disable 关闭看门狗。

```
WTCON    EQU    0x53000000    //定义看门狗寄存器的值为 0x53000000
ldr   r0, = WTCON    //加载看门狗寄存器数据到 r0 寄存器
ldr   r1, = 0x0      //使 r1 寄存器的值为 1
str   r1,[r0]        //0x53000000 地址处写 r1 的值，即把 r1 寄存器的值全部写到 r0 里面
```

如图 5-16 所示是 2410init. s 源程序的调试窗口。

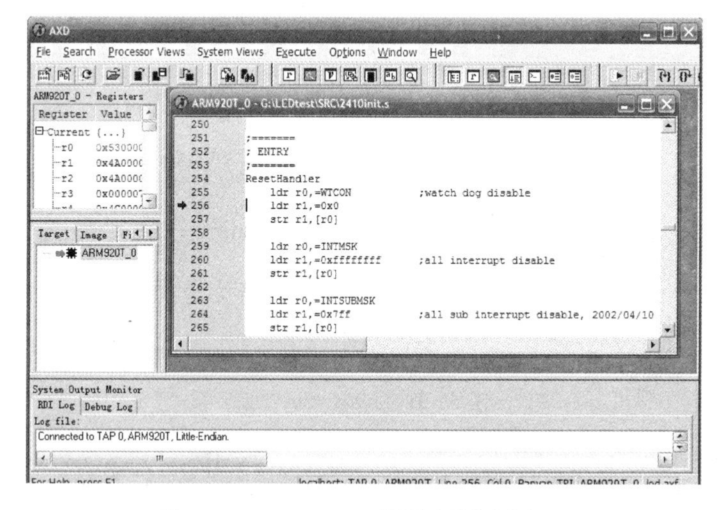

图 5-16　2410init. s 源程序的调试窗口

单击，打开寄存器窗口(Processor Registers)，如图 5-17 所示。

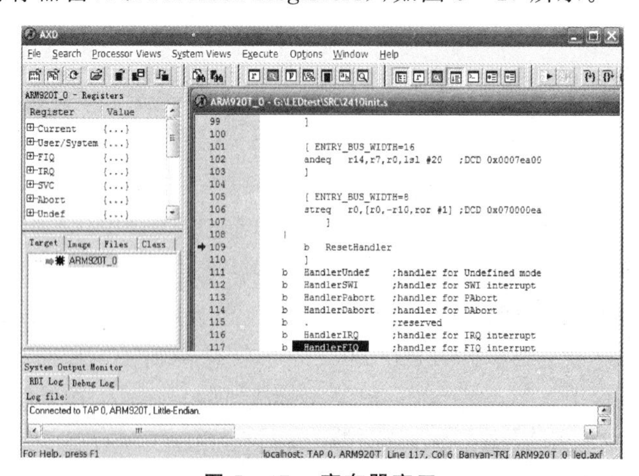

图 5-17　寄存器窗口

ARM 处理器有 7 种工作模式，每个模式里面都用其对应的寄存器的值：Current（当前模式），再次运行 Step In，看到寄存器由 0x00050000 变为 0x53000000。继续运行 Step In，根据程序的执行观察相应的寄存器的值的变化。

单击，表示添加监测点（Processor Watch）。

单击，打开内容变量观察窗口（Context Variable），如图 5－18 所示。它包含标准的错误提示中断_stderr，标准的输入中断_stdin，标准的输出中断_stdout。

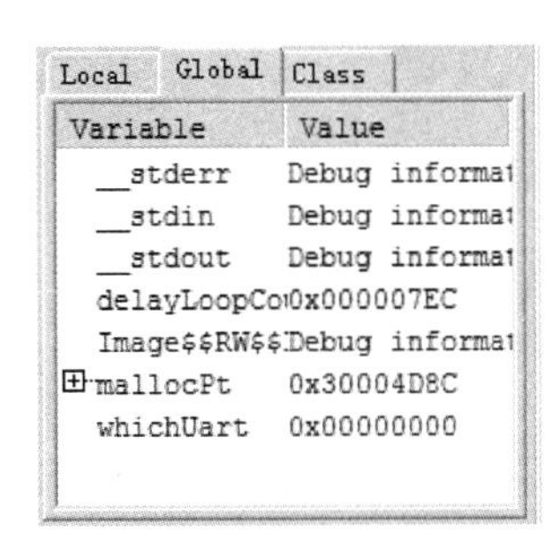

图 5－18　变量观察窗口

单击，打开存储器观察窗口，监测你的内存管理空间到底有哪些，如图 5－19 所示。

ARM920T_0 - Memory　Start addr 0x0

Tab1 - Hex - No prefix | Tab2 - Hex - No prefix | Tab3 - Hex - No prefix | Tab4 - Hex - No prefix

Address	0	1	2	3	4	5	6	7	8	9	a	b	c	d	e	f	ASCII
0x00000000	74	00	00	EA	52	00	00	EA	57	00	00	EA	62	00	00	EA	t...R...W..
0x00000010	5B	00	00	EA	FE	FF	FF	EA	47	00	00	EA	40	00	00	EA	[.......G..
0x00000020	08	00	00	EA	11	EE	10	0F	80	E3	80	00	01	EE	10	0F	....

图 5－19　存储器观察窗口

地址是 0x0，即 0 地址空间存放的 Flash 的内容空间，可以看到全部是十六进制的数，在起始地址中输入 0x30000000，就是 SDRAM 空间存放的地址内容：左侧 Address 是固定的物理地址，右侧是寄存器内存中的值。

单击，打开低级符号表，左侧存放地址，右侧对应相关的变量名或者函数名，如图 5－20 所示。main 函数存放在 0x30000C54 的地址中。

单击，打开控制监视器（Control Monitor），可以看到程序用到的头文件和源文件，如图 5－21 所示。

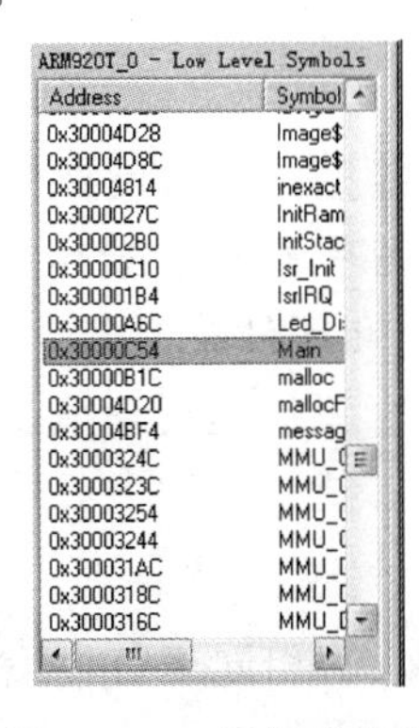

图 5－20　低级符号表

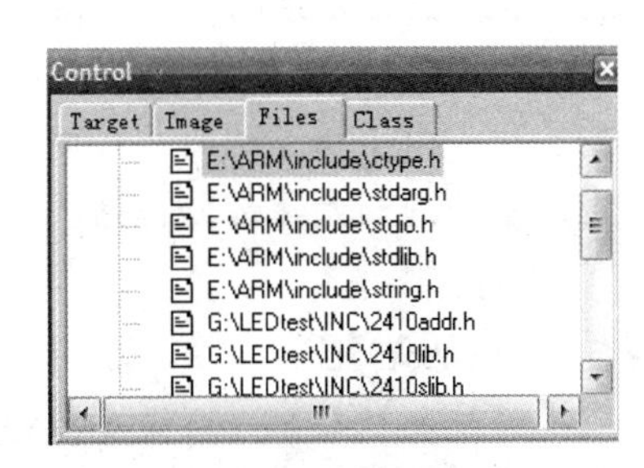

图 5－21　控制监视器

单击，打开反汇编窗口(Disassembly)，如图 5－22 所示。

```
300003ec [0xe1510002]  cmp    r1,r2
300003f0 [0xaa000001]  bge    0x300003fc  ; (Delay + 0x60)
300003f4 [0xe2811001]  add    r1,r1,#1
300003f8 [0xeafffffb]  b      0x300003ec  ; (Delay + 0x50)
300003fc [0xe2400001]  sub    r0,r0,#1
30000400 [0xe3500000]  cmp    r0,#0
30000404 [0xcafffff7]  bgt    0x300003e8  ; (Delay + 0x4c)
30000408 [0xe3530001]  cmp    r3,#1
3000040c [0x1a000007]  bne    0x30000430  ; (Delay + 0x94)
30000410 [0xe58ce000]  str    r14,[r12,#0]
30000414 [0xe59c0008]  ldr    r0,[r12,#8]
30000418 [0xe26000ff]  rsb    r0,r0,#0xff
3000041c [0xe2800cff]  add    r0,r0,#0xff00
30000420 [0xe1a00300]  mov    r0,r0,lsl #6
30000424 [0xe59f11ec]  ldr    r1,0x30000618 ; = #0x007a1200
30000428 [0xeb000315]  bl     __rt_sdiv
3000042c [0xe5840004]  str    r0,[r4,#4]
30000430 [0xe8bd8010]  ldmfd  r13!,{r4,pc}
Port_Init[0xe59f11e0]  ldr    r1,0x3000061c ; = #0x007fffff
30000438 [0xe3a00456]  mov    r0,#0x56000000
3000043c [0xe5801000]  str    r1,[r0,#0]
30000440 [0xe3a01955]  mov    r1,#0x154000
30000444 [0xe5801010]  str    r1,[r0,#0x10]
30000448 [0xe59f31d0]  ldr    r3,0x30000620 ; = #0x000007ff
```

图 5－22　反汇编窗口

单击，打开输出窗口(相关信息)，如图 5－23 所示。

单击，打开命令行窗口，输入 Help，查看帮助信息。

```
System Output Monitor
RDI Log | Debug Log
Log file:
ARM RDI Module Server ADS v1.2 [Build number 805]: 'CP15', 'EICE'
ARM RDI 1.5.1 -> ASYNC RDI Protocol Converter ADS v1.2 [Build number 805]. Copyright (c) ARM Limited 2001.

Banyan V1.6.1. Copyright(C) 2003-2005, Pure Feeling Studio.
Connected to TAP 0, ARM920T, Little-Endian.
```

图 5－23　相关信息输出窗口

5.3　ARM 的启动过程分析

5.3.1　系统的初始化

基于 ARM 的芯片多数为复杂的片上系统，这种复杂系统里的多数硬件模块都是可配置的，需要由软件来设置其需要的工作状态。因此在用户应用程序之前，需要由专门的一段代码来完成对系统的初始化。由于这类代码直接面对处理器内核和硬件控制器进行编程，所以一般都是用汇编语言。系统的初始化部分包括两个级别的操作：系统运行环境初始化和应用程序初始化。

1. 系统运行环境初始化

对于嵌入式应用系统和具有操作系统支持的应用系统来说，相同运行环境初始化部分的工作有时是不同的。对于有操作系统支持的应用系统来说，在操作系统启动时将会初始化系统的工作环境。操作系统在加载应用程序后，将控制权转交到应用程序的main()函数。然后，C运行时库的_main()初始化应用程序。而对于嵌入式应用系统来说，由于没有操作系统的支持，存放在ROM的代码必须进行所有的初始化工作。

系统运行环境的初始化工作主要包括以下的内容：

(1) 设置初始入口点。初始入口点是映像文件运行时的入口点，每个映像文件只有一个唯一的初始入口点，它保存在ELF头文件中。如果映像文件是被操作系统加载的，操作系统正是通过跳转到该初始入口点处执行来加载该映像文件的。初始入口点必须满足下面两个条件：

① 初始入口点必须位于映像文件的可执行区域。

② 包含初始入口点的可执行域不能被覆盖，它加载时地址和运行时地址必须是相同的(这种域称为固定域Root Region)。

(2) 设置中断向量表。如果系统运行时，地址0x00处为ROM，则相同的异常中断向量表是固定的，程序在运行过程中不能修改异常中断向量表。

如果系统运行时，地址0x00处为RAM，则系统初始化时必须重建异常中断向量表。

(3) 初始化存储系统。

(4) 初始化数据栈指针。

(5) 初始化关键的I/O设备。指那些必须在使能IRQ和IFQ之前进行初始化的I/O设备。

(6) 设置中断昔日需要的RAM变量。

(7) 使能异常中断。通过清除CPSR寄存器的中断禁止位实现。

(8) 切换处理器模式。直到目前为止，系统还处于特权模式。如果下面要运行的应用程序是在用户模式下运行，则需要将处理器切换到用户模式。

(9) 切换程序状态。所有的RAM内核都是从ARM状态开始执行的。

2. 应用程序初始化

1) 将已经初始化的数据搬运到可写的数据区

在嵌入式系统中，已经初始化的数据在映像文件运行之前通常保存在ROM中，在程序运行过程中这些数据可能需要被修改。因而，在映像文件运行之前需要将这些数据搬运到可写的数据区。这部分数据就是映像文件中的RW属性的数据。

2) 在可写存储区建立ZI属性的可写数据区

通常在映像文件运行之前，也就是保存在ROM时，映像文件中没有包含ZI属性的数据。在运行映像文件时，在系统的可写的数据区建立ZI属性的数据区。

如果应用程序中包含了函数main()，则编译器在编译该函数时，将引用符号_main。这样，链接器在链接时将包含C运行时库中的相应内容。_main可以完成这部分应用程序的初始化。如果应用程序中没有包含函数main()，则应用程序中需要包括进行这部分应用程序的初始化。

5.3.2 初始化程序分析

2410INIT.S是S3C2410的初始化启动代码程序，现在分析主要程序代码如下：

1. 定义程序入口地址

初始化程序中必须指明入口地址，处理器复位后，PC要找到入口开始执行代码，当各种异常或中断产生时也要找到各个异常的入口开始执行代码。在2410INIT.S程序中，由AREA伪操作定义：

```
AREA     Init,CODE,READONLY


ENTRY
```

2. 建立异常向量以及中断处理

ARM要求中断向量表必须放置在从0地址开始，连续8×4字节的空间内。每当一个中断发生以后，ARM处理器便强制把PC指针置为向量表中对应中断类型的地址值。因为每个中断只占据向量表中1个字的存储空间，只能放置一条ARM指令，使程序跳转到存储器的其他地方，再执行中断处理。

1）建立中断向量入口

```
AREA    Init,CODE, READONLY
ENTRY
    B     ResetHandler
    B     UndefHandler
    B     SWIHandler
    B     PreAbortHandler
    B     DataAbortHandler
    B
    B     IRQHandler
    B     FIQHandler
```

其中关键字ENTRY是指定编译器保留这段代码，因为编译器可能会认为这是一段冗余代码而加以优化。链接的时候要确保这段代码被链接在0地址处，并且作为整个程序的入口。

2）建立中断服务程序入口地址表

下面这段程序是中断服务程序入口地址表。该程序段首先用伪指令AREA定义了一个可以读写的数据段，再用伪指令^(MAP)定义首地址为_ISR_STARTADDRESS的结构化内存表，最后用#(FIELD)定义内存表中的数据域。

```
ALIGN                                   ;字对齐
AREA RamData, DATA, READWRITE
```

```
^       _ISR_STARTADDRESS                    ;_ISR_STARTADDRESS 在 option.inc 中定义,其值为 0x33ffff00
HandleReset      #   4
HandleUndef      #   4
HandleSWI        #   4
HandlePabort     #   4
HandleDabort     #   4
HandleReserved   #   4
HandleIRQ        #   4
HandleFIQ        #   4
;不用中断向量标签
;中断向量表的值与你认为的地址可能不一样
;中断向量表
HandleEINT0      #   4
HandleEINT1      #   4
HandleEINT2      #   4
HandleEINT3      #   4
HandleEINT4_7    #   4
HandleEINT8_23   #   4
HandleRSV6       #   4
HandleBATFLT     #   4
HandleTICK       #   4
HandleWDT        #   4
HandleTIMER0     #   4
HandleTIMER1     #   4
HandleTIMER2     #   4
HandleTIMER3     #   4
HandleTIMER4     #   4
HandleUART2      #   4
HandleLCD        #   4
HandleDMA0       #   4
HandleDMA1       #   4
HandleDMA2       #   4
HandleDMA3       #   4
HandleMMC        #   4
HandleSPI0       #   4
HandleUART1      #   4
HandleRSV24      #   4
HandleUSBD       #   4
HandleUSBH       #   4
HandleIIC        #   4
HandleUART0      #   4
```

```
HandleSPI1      #    4
HandleRTC       #    4
HandleADC       #    4
```

定义完成后，其他的指令通过引用“#”前的标号（如 HandleEINT0 等）来写入或读出对应的中断服务程序的入口地址，下面程序将 IRQ 中断服务程序的 IsrIRQ 标号地址保存到内存表的 HandleIRQ 数据域中。

```
; IRQ 处理设置
ldr r0, = HandleIRQ         ;这个程序是必须的
ldr r1, = IsrIRQ            ;如果没有“subs pc,lr,#4”在 0x18 和 0x1c
str r1,[r0]
```

下面程序表示是从 IRQ 中断入口（0x18）跳转执行的程序，它从内存表的 HandleIRQ 数据域中读取 IRQ 中断服务程序的入口地址（IsrIRQ）给 PC，并执行该中断服务程序。

```
HandlerIRQ
    sub     sp,sp,#4            ;减 sp(存储跳转地址)
    stmfd   sp!,{r0}            ;压工作寄存器入栈
    ldr     r0, = HandleIRQ     ;加载 HandleXXX 的地址到 r0
    ldr     r0,[r0]             ;加载 HandleXXX 的内容(服务程序起始地址)
    str     r0,[sp,#4]          ;存储 HandleXXX 的内容(ISR)到堆栈
    ldmfd   sp!,{r0,pc}         ;取出工作寄存器和 pc(跳到 ISR)
```

注意：

（1）内存表中的中断源排列顺序是固定的，不能随便更改，前面的 8 个（HandleReset～HandleFIQ）是由 ARM 处理器的中断异常入口地址顺序决定的，后面的 32 个（HandleEINT0～HandleADC）是由 S3C2410 的 INTOFFSET 寄存器偏移值对应的中断源顺序决定的，这样就可以根据 INTOFFSET 的值查找到产生中断的中断源在该表中的中断处理函数入口地址。

在上面的 2410addr.h 文件中进行了中断向量地址定义：

```
// ISR
#define pISR_RESET      (*(unsigned *)(_ISR_STARTADDRESS + 0x0))
#define pISR_UNDEF      (*(unsigned *)(_ISR_STARTADDRESS + 0x4))
…
```

在上面的 2410addr.inc 文件中同样进行了中断向量地址定义：

```
; ISR
; ==================================
pISR_RESET     EQU   (_ISR_STARTADDRESS + 0x0)
pISR_UNDEF     EQU   (_ISR_STARTADDRESS + 0x4)
…
```

在 2410INIT. S 中是通过下面语句引用头文件的。

```
GET option.inc
GET memcfg.inc
GET 2410addr.inc
```

(2) 上面的程序是调用下面程序定义了一段宏程序，由于各个中断都有相同的处理代码，后面程序中的语句“Handlerxxx　HANDLER Handlexxx”都将被这段程序展开。这段程序把中断服务程序的首地址装载到 PC 中。在宏位操作中，“$HandlerLabel HANDLER $HandleLabel”语句中，$HandlerLabel 是标号，HANDLER 是宏名称，$HandleLabel 是宏的参数。

```
MACRO
$HandlerLabel HANDLER $HandleLabel

$HandlerLabel
    sub     sp,sp,#4            ;减 sp(存储跳转地址)
    stmfd   sp!,{r0}            ;压工作寄存器入栈
    ldr     r0,=$HandleLabel    ;加载 HandleXXX 的地址到 r0
    ldr     r0,[r0]             ;加载 HandleXXX 的内容(服务程序起始地址)
    str     r0,[sp,#4]          ;存储 HandleXXX 的内容(ISR)到堆栈
    ldmfd   sp!,{r0,pc}         ;取出工作寄存器和 pc(跳到 ISR)
    MEND
```

3) 看门狗与中断禁止

当系统复位后，看门狗与中断要首先禁止与初始化；否则，当看门狗溢出产生的系统复位引起中断，其他中断源产生中断时，CPU 会进入一个未知的状态，出现程序跑飞等现象。

```
;=======
; ENTRY
;=======
ResetHandler
    ldr r0,=WTCON              ;禁止看门狗的所有功能(定时器定时、溢出中断和溢出复位)
    ldr r1,=0x0
    str r1,[r0]

    ldr r0,=INTMSK
    ldr r1,=0xffffffff         ;禁止所有的中断产生
    str r1,[r0]

    ldr r0,=INTSUBMSK
    ldr r1,=0x7ff              ;禁止所有的子中断产生
    str r1,[r0]
```

4）系统时钟初始化

LOCKTIME 是 PLL（锁相环）锁定时间计数寄存器。重新设定分频值时，PLL 进入锁定，输出稳定频率的时钟需要一定时间。下面程序设置 LOCKTIME 为 0xffffff，MPLLCON 为主时钟锁相环控制寄存器，用于设置 MPLL 的分频系数。

```
;减少 PLL lock 时间，调整 LOCKTIME 寄存器
ldr r0, = LOCKTIME
ldr r1, = 0xffffff
str r1,[r0]

[ PLL_ON_START
;Configure MPLL
ldr r0, = MPLLCON
ldr r1, = ((M_MDIV << 12) + (M_PDIV << 4) + M_SDIV)   ;Fin = 12 MHz,Fout = 50 MHz
str r1,[r0]
]
```

5）电源低功耗模式

GSTATUS2 为复位状态寄存器，该寄存器的 0、1、2 三位分别对应上电复位、掉电模式和看门狗复位。下面程序通过判断寄存器的第 2 位来确定处理器是否从掉电模式唤醒，如果是从掉电模式唤醒，则跳到掉电唤醒模式处理程序。

```
    ;检查是否从掉电模式唤醒
    ldr r1, = GSTATUS2
    ldr r0,[r1]
    tst r0,#0x2
        ;如果发生从掉电模式唤醒，进入掉电模式唤醒处理程序
    bne WAKEUP_POWER_OFF

    EXPORT StartPointAfterPowerOffWakeUp
StartPointAfterPowerOffWakeUp


;进入电源休眠模式的功能
; 1. SDRAM 应在刷新模式
; 2. 对 SDRAM/DRAM 刷新的所有中断要屏蔽
; 3. 对 SDRAM/DRAM 刷新,LCD 控制器要关闭
; 4. I - cache 可能要打开
; 5. 以下代码的定位不能改变

;void EnterPWDN(int CLKCON);
EnterPWDN
    mov r2,r0                          ;r2 = rCLKCON
```

```
    tst r0,#0x8                    ;is it POWER_OFF mode
    bne ENTER_POWER_OFF            ;判断 CLKCON 的 POWER_OFF 来确定是否为掉电模式
```

下面是进入 STOP 模式，首先设定使 SDRAM 自刷新，再设置 CLKCON 使其进入 STOP 模式，其中的延时为等待确保进入 STOP 模式。当从 STOP 模式唤醒后，退出 SDRAM 自刷新模式，然后将 LR 寄存器的值传给 PC 而返回到当初调用的 C 语言程序中。

```
ENTER_STOP
    ldr r0, = REFRESH
    ldr r3,[r0]                    ;r3 = rREFRESH
    mov r1, r3
    orr r1, r1, #BIT_SELFREFRESH
    str r1, [r0]                   ;使能 SDRAM 刷新
    mov r1,#16                     ;等待直到发生刷新,这可能是不需要的
0   subs r1,r1,#1
    bne %B0
    ldr r0, = CLKCON               ;进入 STOP 模式
    str r2,[r0]
    mov r1,#32
0   subs r1,r1,#1                  ;①等待直到 STOP 模式生效
    bne %B0                        ;②或等待这儿直到 CPU 和外围设备关闭
                                   ;进入掉电模式,用唤醒才能复位
    ldr r0, = REFRESH              ;退出 SDRAM 刷新模式
    str r3,[r0]
    MOV_PC_LR
```

下面是进入 POWER_OFF 模式，与 STOP 模式基本相同。首先设定使 SDRAM 自刷新，再保护好 SDRAM 时钟，设置 CLKCON 使其进入掉电模式，再调用 b. 指令进行原地死循环。

```
;进入掉电模式
    ;注意
    ;进入掉电模式 rGSTATUS3 应该有返回地址

    ldr r0, = REFRESH
    ldr r1,[r0]                    ;r1 = rREFRESH
    orr r1, r1, #BIT_SELFREFRESH
    str r1, [r0]                   ;进入 SDRAM 刷新
    mov r1,#16                     ;等待直到发生刷新,这可能是不需要的
0   subs r1,r1,#1
```

```
        bne %B0

        ldr r1, = MISCCR
        ldr r0,[r1]
        orr r0,r0,#(7 << 17)  ;启动期间务必使 SCLK0:SCLK→0, SCLK1:SCLK→0, SCKE = L
        str r0,[r1]
        ldr r0, = CLKCON
        str r2,[r0]

        b.                        ;CPU will die here
```

掉电唤醒处理，从掉电唤醒后，先要释放 SDRAM 的时钟 SCLK0、SCLK1 和 SCKE。然后设置内存控制寄存器，初始化各个内存 bank 的总线宽度、各种时序，SDRAM 退出自刷新而转成自动刷新。

```
;唤醒掉电模式
        ;唤醒掉电模式后,释放 SCLKn
        ldr r1, = MISCCR
        ldr r0,[r1]
        bic r0,r0,#(7 << 17)        ;SCLK0:0→SCLK, SCLK1:0→SCLK, SCKE:L→H
        str r0,[r1]

        ;设置内容控制寄存器
        ldr r0, = SMRDATA
        ldr r1, = BWSCON            ;BWSCON 地址
        add r2, r0, #52             ;SMRDATA 的结束地址
0
        ldr r3, [r0], #4
        str r3, [r1], #4
        cmp r2, r0
        bne %B0

        mov r1,#256
0       subs r1,r1,#1               ;一直等待,直到自刷新被释放
        bne %B0

        ldr r1, = GSTATUS3          ;POWER_OFF 唤醒后,GSTATUS3 有一个开始地址
        ldr r0,[r1]
        mov pc,r0
```

6）内存控制器初始化

存储器端口的接口时序优化是非常重要的，这会影响到整个系统的性能。因为一般系统运行的速度瓶颈都存在于存储器访问，所以存储器访问时序应尽可能的快；而同时又要考虑到

由此带来的稳定性问题。

在不同的板子上处理器芯片、存储设备以及其接口差异很大,应根据不同的情况来配置。通常Flash和SRAM同属于静态存储器类型,可以合用同一个存储器端口;而DRAM因为有动态刷新和地址线复用等特性,通常配有专用的存储器端口。

下面完整程序是对S3C2410的存储器Bank[7:0]进行设置,使其用CS[7:0]扩展的存储器或外部设备能够通过处理器的内存控制器正确地读/写。

下面这段程序是功能寄存器数值的定义:

```
LTORG

SMRDATA DATA
;为了更好的性能,存储器将被优化
;下面的参数不优化
;存储器访问周期参数策略
; ① 存储器设置安全的参数是 HCLK = 75 MHz
; ② SDRAM 刷新周期是 HCLK = 75 MHz

DCD   (0 + (B1_BWSCON << 4) + (B2_BWSCON << 8) + (B3_BWSCON << 12)
    + (B4_BWSCON << 16) + (B5_BWSCON << 20) + (B6_BWSCON << 24) + (B7_BWSCON << 28))
DCD   ((B0_Tacs << 13) + (B0_Tcos << 11) + (B0_Tacc << 8) + (B0_Tcoh << 6)
    + (B0_Tah << 4) + (B0_Tacp << 2) + (B0_PMC))                         ;GCS0
DCD   ((B1_Tacs << 13) + (B1_Tcos << 11) + (B1_Tacc << 8) + (B1_Tcoh << 6)
    + (B1_Tah << 4) + (B1_Tacp << 2) + (B1_PMC))                         ;GCS1
DCD   ((B2_Tacs << 13) + (B2_Tcos << 11) + (B2_Tacc << 8) + (B2_Tcoh << 6) + (B2_Tah << 4)
    + (B2_Tacp << 2) + (B2_PMC))                                          ;GCS2
DCD   ((B3_Tacs << 13) + (B3_Tcos << 11) + (B3_Tacc << 8) + (B3_Tcoh << 6)
    + (B3_Tah << 4) + (B3_Tacp << 2) + (B3_PMC))                         ;GCS3
DCD   ((B4_Tacs << 13) + (B4_Tcos << 11) + (B4_Tacc << 8) + (B4_Tcoh << 6)
    + (B4_Tah << 4) + (B4_Tacp << 2) + (B4_PMC))                         ;GCS4
DCD   ((B5_Tacs << 13) + (B5_Tcos << 11) + (B5_Tacc << 8) + (B5_Tcoh << 6)
    + (B5_Tah << 4) + (B5_Tacp << 2) + (B5_PMC))                         ;GCS5
DCD((B6_MT << 15) + (B6_Trcd << 2) + (B6_SCAN))                          ;GCS6
DCD   ((B7_MT << 15) + (B7_Trcd << 2) + (B7_SCAN))                       ;GCS7
;DCD   ((REFEN << 23) + (TREFMD << 22) + (Trp << 20) + (Trc << 18)
     + (Tchr << 16) + REFCNT)                        ;Tchr not used bit
;DCD   ((REFEN << 23) + (TREFMD << 22) + (Trp << 20) + (Trc << 18) + REFCNT)
DCD 0x32     ;SCLK power saving mode, ARM core burst disable, BANKSIZE 128M/128M
DCD 0xb2     ;SCLK power saving mode, ARM core burst enable,BANKSIZE 128M/128M
DCD 0x30              ;MRSR6 CL = 3clk
DCD 0x30              ;MRSR7
```

```
;DCD 0x20                ;MRSR6 CL = 2clk
;DCD 0x20                ;MRSR7
```

上述代码中的参数在下面的memcfg.inc中定义。

```
; NAME      : MEMCFG.A
; DESC      : Memory bank configuration file
; Revision: 02.28.2002 ver 0.0

;Memory Area
;GCS6 16bit(16MB) SDRAM(0x0c000000 - 0x0cffffff)
;GCS7 16bit(16MB) SDRAM(0x0d000000 - 0x0dffffff)
;or
;GCS6 32bit(32MB) SDRAM(0x0c000000 - 0x0dffffff)

;BWSCON
DW8     EQU (0x0)
DW16    EQU (0x1)
DW32    EQU (0x2)
WAIT    EQU (0x1 << 2)
UBLB    EQU (0x1 << 3)

ASSERT:DEF:BUSWIDTH
    [ BUSWIDTH = 16
B1_BWSCON   EQU (DW16)
B2_BWSCON   EQU (DW16)
B3_BWSCON   EQU (DW16)
B4_BWSCON   EQU (DW16)
B5_BWSCON   EQU (DW16)
B6_BWSCON   EQU (DW16)
B7_BWSCON   EQU (DW16)
    | ;BUSWIDTH = 32
B1_BWSCON   EQU (DW32)
B2_BWSCON   EQU (DW16)
B3_BWSCON   EQU (DW16)
B4_BWSCON   EQU (DW16)
B5_BWSCON   EQU (DW16)
B6_BWSCON   EQU (DW32)
B7_BWSCON   EQU (DW32)
]

;BANK0CON

B0_Tacs     EQU   0x0      ;0clk
```

```
B0_Tcos     EQU   0x0     ;0clk
B0_Tacc     EQU   0x7     ;14clk
B0_Tcoh     EQU   0x0     ;0clk
B0_Tah      EQU   0x0     ;0clk
B0_Tacp     EQU   0x0
B0_PMC      EQU   0x0     ;normal
...
;Bank 6 parameter
B6_MT       EQU   0x3     ;SDRAM
;B6_Trcd    EQU   0x0     ;2clk
B6_Trcd     EQU   0x1     ;3clk
B6_SCAN     EQU   0x1     ;9bit

;Bank 7 parameter
B7_MT       EQU   0x3     ;SDRAM
;B7_Trcd    EQU   0x0     ;2clk
B7_Trcd     EQU   0x1     ;3clk
B7_SCAN     EQU   0x1     ;9bit

;REFRESH parameter
REFEN       EQU   0x1     ;Refresh enable
TREFMD      EQU   0x0     ;CBR(CAS before RAS)/Auto refresh
Trp         EQU   0x0     ;2clk
Trc         EQU   0x3     ;7clk

;Tchr       EQU   0x2     ;3clk, S3C2410 not used pin
REFCNT      EQU   1113    ;period = 15.6 μs, HCLK = 60 MHz, (2048 + 1 - 15.6 * 60)

END
```

下面的程序将功能寄存器的数值依次传给实际的内存控制器的每个特殊功能寄存器中。

```
;Set memory control registers
    ldr r0, = SMRDATA
    ldr r1, = BWSCON          ;BWSCON Address
    add r2, r0, #52           ;End address of SMRDATA
0
    ldr r3, [r0], #4
    str r3, [r1], #4
    cmp r2, r0
    bne %B0
```

7) 模式的堆栈初始化地址

因为 ARM 有 7 种执行模式，每一种模式的堆栈指针寄存器(SP)都是独立的。因此，对程序中需要用到的每一种模式都要给SP定义一个堆栈地址。方法是改变状态寄存器内的状态位，使处理器切换到不同的状态，然后给SP赋值。注意：不要切换到User模式进行User模式的堆栈设置，因为进入User模式后就不能再操作CPSR回到别的模式了，可能会对接下去的程序执行造成影响。

因为在初始化过程中，许多操作需要在特权模式下才能进行（比如对CPSR的修改），所以要特别注意不能过早地进入用户模式。

下面程序定义各种模式的堆栈初始化地址，_STACK_BASEADDRESS为堆栈的基地址：0x33ff8000。

```
;The location of stacks
UserStack       EQU  (_STACK_BASEADDRESS - 0x3800)      ;0x33ff4800 ~
SVCStack        EQU  (_STACK_BASEADDRESS - 0x2800)      ;0x33ff5800 ~
UndefStack      EQU  (_STACK_BASEADDRESS - 0x2400)      ;0x33ff5c00 ~
AbortStack      EQU  (_STACK_BASEADDRESS - 0x2000)      ;0x33ff6000 ~
IRQStack        EQU  (_STACK_BASEADDRESS - 0x1000)      ;0x33ff7000 ~
FIQStack        EQU  (_STACK_BASEADDRESS - 0x0)         ;0x33ff8000 ~
```

下面的程序是各种模式的堆栈指针初始化：

```
;function initializing stacks
InitStacks
    ;Don't use DRAM,such as stmfd,ldmfd...
    ;SVCstack is initialized before
    ;Under toolkit ver 2.5, 'msr cpsr,r1' can be used instead of 'msr cpsr_cxsf,r1'
    mrs r0,cpsr
    bic r0,r0,#MODEMASK
    orr r1,r0,#UNDEFMODE|NOINT
    msr cpsr_cxsf,r1                ;UndefMode
    ldr sp,=UndefStack

    orr r1,r0,#ABORTMODE|NOINT
    msr cpsr_cxsf,r1                ;AbortMode
    ldr sp,=AbortStack

    orr r1,r0,#IRQMODE|NOINT
    msr cpsr_cxsf,r1                ;IRQMode
    ldr sp,=IRQStack

    orr r1,r0,#FIQMODE|NOINT
    msr cpsr_cxsf,r1                ;FIQMode
    ldr sp,=FIQStack
```

```
bic r0,r0,#MODEMASK|NOINT
orr r1,r0,#SVCMODE
msr cpsr_cxsf,r1                  ;SVCMode
ldr sp, = SVCStack

;USER mode has not be initialized

mov pc,lr
;The LR register won't be valid if the current mode is not SVC mode
```

8) 初始化用户执行环境

初始化有特殊要求的端口，设备和初始化应用程序执行环境。

一个 ARM 映像文件由 RO、RW 和 ZI 三个段组成，其中 RO 为代码段，RW 是已初始化的全局变量，ZI 是未初始化的全局变量。

映像一开始总是存储在 ROM/Flash 里面，其 RO 部分即可在 ROM/Flash 里面执行，也可转移到速度更快的 RAM 中执行；而 RW 和 ZI 这两部分是必须转移到可写的 RAM 里去。所谓应用程序执行环境的初始化，就是完成必要的从 ROM 到 RAM 的数据传输和内容清 0。

编译器使用下列符号来记录各段的起始和结束地址：

|Image$$RO$$Base| ：RO 段起始地址。

|Image$$RO$$Limit| ：表示 RO 区末地址后面的地址，即 RW 数据源的起始地址。

|Image$$RW$$Base| ：RW 区在 RAM 里的执行区起始地址，也就是编译器选项
：RW_Base 指定的地址。

|Image$$RW$$Limit| ：ZI 段结束地址加 1。

|Image$$ZI$$Base| ：ZI 区在 RAM 里面的起始地址。

|Image$$ZI$$Limit| ：ZI 区在 RAM 里面的结束地址后面的一个地址。

程序先把 ROM 里|Image$$RO$$Limt|开始的 RW 初始数据复制到 RAM 里|Image$$RW$$Base|开始的地址，当 RAM 这边的目标地址到达|Image$$ZI$$Base|后就表示 RW 区的结束和 ZI 区的开始，接下去就对这片 ZI 区进行清 0 操作，直到遇到结束地址|Image$$ZI$$Limit|。

这些标号的值是根据链接器中设置的 ro－base 和 rw－base 的设置来计算的。初始化用户执行环境主要是把 RO、RW、ZI 三段拷贝到指定的位置。

```
IMPORT  |Image$$RO$$Limit|    ; End of ROM code ( = start of ROM data)
IMPORT  |Image$$RW$$Base|     ; Base of RAM to initialise
IMPORT  |Image$$ZI$$Base|     ; Base and limit of area
IMPORT  |Image$$ZI$$Limit|    ; to zero initialise

IMPORT  Main                  ; The main entry of mon program
```

下面是在 ADS 下，一种常用存储器模型的直接实现：

```
        LDR     r0, = |Image$$RO$$Limit|           ;得到 RW 数据源的起始地址
        LDR     r1, = |Image$$RW$$Base|            ;RW 区在 RAM 里的执行区起始地址
        LDR     r2, = |Image$$ZI$$Base|            ;ZI 区在 RAM 里面的起始地址
        CMP     r0,r1                              ;比较它们是否相等
        BEQ     %F1
0       CMP     r1,r3
        LDRCC   r2,[r0],#4STRCC   r2,[r1],#4
        BCC     %B0
1       LDR     r1, = |Image$$ZI$$Limit|
        MOV     r2,#0
2       CMP     r3,r1
        STRCC   r2,[r3],#4
        BCC     %B2
```

程序实现了 RW 数据的拷贝和 ZI 区域的清 0 功能。其中引用到的 4 个符号是由链接器第一输出的。

9）呼叫主应用程序

当所有的系统初始化工作完成之后，就需要把程序流程转入主应用程序。最简单的一种情况是：

```
IMPORT    main
B         main
```

直接从启动代码跳转到应用程序的主函数入口，当然主函数名字可以由用户随便定义。在 ARM ADS 环境中，还另外提供了一套系统级的呼叫机制。

```
IMPORT __main
B      __main
```

__main()是编译系统提供的一个函数，负责完成库函数的初始化和初始化应用程序执行环境，最后自动跳转到 main()函数。

5.4 嵌入式系统中的存储映射

5.4.1 ARM 映像文件

ARM 映像文件其实就是可执行文件，包括 bin 或 hex 两种格式，可以直接烧到 ROM 里执行。在 AXD 调试过程中，调试的是 axf 文件，其实这也是一种映像文件，它只是在 bin 文件中加了一个文件头和一些调试信息。

ARM 映像文件是 ELF 格式。ELF 是 UNIX 系统实验室开发和发布的 Executable and Linking Format(ELF)二进制格式。它主要有 3 种文件类型：

(1) 可执行文件；

(2) 可重定位文件；

(3) 共享 object 文件(又叫共享库)。

ELF 文件的功能主要有两个：

(1) 用作链接器的输入，生成可执行的映像文件。可重定位文件，也就是 arncc 与 armasm 输出的目标文件.o，它们的作用就是作为链接器的输入，生成可执行的映像文件。实现这个功能的文件称为链接文件。

(2) 可装载到内存里运行，完成特定的功能。可执行文件和动态库文件才是真正可执行的程序。在需要它们时，系统将其装载到内存里执行。实现此功能的文件称为可执行文件。

ELF 文件的具体内容根据属性、用途不同，构成不同的 Section。Section 包含目标文件真正有用的信息，如代码、数据、调试表、符号表和重定位数据等。

对于嵌入式系统而言，程序映像都是存储在 Flash 存储器等一些非易失性器件中的，而在运行时，程序中的 RW 段必须重新装载到可读写的 RAM 中。这就涉及程序的加载时域和运行时域。

简单来说，程序的加载时域就是指程序烧入 Flash 中的状态，运行时域是指程序执行时的状态。对于比较简单的情况，可以在 ADS 集成开发环境的 ARM Linker 选项中指定 RO BASE 和 RW BASE，告知链接器 RO 和 RW 的链接基地址。对于复杂情况，如 RO 段被分成几部分并映射到存储空间的多个地方时，需要创建一个称为"分布装载描述文件"的文本文件，通知链接器把程序的某一部分链接在存储器的某个地址空间。

映像文件一般由域组成。域最多由 3 个输出段组成(RO、RW、ZI)，输出段又由输入段组成。

所谓域，指的就是整个 bin 映像文件所处在的区域，它又分为加载域和运行域。加载域就是映像文件被静态存放的工作区域，一般来说 Flash 里的 整个 bin 文件所在的地址空间就是加载域。当然，程序一般都不会放在 Flash 里执行，一般都会搬到 SDRAM 里运行工作，它们在被搬到 SDRAM 里工作所处的地址空间就是运行域。输入的代码，一般有代码部分和数据部分，这就是所谓的输入段，经过编译后就变成了 bin 文件中 RO 段和 RW 段，还有所谓的 ZI 段，这就是输出段。对于加载域中的输出段，一般来说 RO 段后面紧跟着 RW 段，RW 段后面紧跟着 ZI 段。在运行域中这些输出段并不连续，但 RW 和 ZI 一定是连着的。ZI 段和 RW 段中的数据其实可以是 RW 属性。

简单来说，一般的可执行文件都包括代码段、数据段和 BSS 段。也可以简单地看作由两部分组成：RO(ReadOnly)段和 RW(RW BASE)段。RO 段一般包括代码段和一些常量，在运行的时候是只读的。而 RW 段包括一些全局变量和静态变量，在运行的时候是可以改变的(读/写)。如果有部分全局变量被初始化为零，则 RW 段里还包括了 ZI(ZeroInit)段，RW 段中要被初始化为零的变量被称为 ZI 段(Zero Init)。

RO： Read Only

RW： Read Write

ZI： Zero Init

因为 RO 段是只读的，在运行的时候不可以改变，所以，在运行的时候，RO 段可以驻留在 Flash 里(当然也可以在 SDRAM 或者 SRAM 里了)。而 RW 段是可以读写的，所以，在运行的时候必须被装载到 SDRAM 或者 SRAM 里。

在用 ADS 编译时，是需要设置 RO BASE 和 RW BASE 的。通过 RO BASE 和 RW BASE 的设置，告诉链接器(linker)该程序的起始运行地址(RO BASE)和 RW 段的地址 (RW BASE)。

如果一个程序只有 RO 段，没有 RW 段，那么这个程序可以完全在 Flash 里运行，不需要用到 SDRAM 或者 SRAM。如果包括 RW 段和 RO 段，那么该程序的 RW 段必须在被访问以前被拷贝到 SDRAM 或者 SRAM 里去，以保证程序可以正确运行。

如图 5－24 所示，说明了一个程序执行前(Load View)和执行时(Execute View)的状态。从图中可以看到，整个程序在执行前放在 ROM 里的，在执行时，RW 段被拷贝到 RAM 里的合适位置。

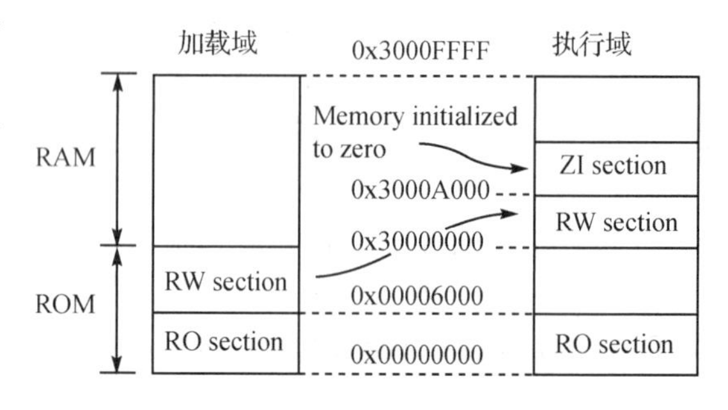

图 5－24 一个程序执行前和执行时的状态

映像文件在运行时做两件事：

(1) 把 RW 输出段复制到 RAM 里正确的位置；

(2) 建立 ZI 输出段并初始化为 0。

下面是 M2410 启动代码的搬运部分：

```
BaseOfROM   DCD     |Image$$RO$$Base|
TopOfROM    DCD     |Image$$RO$$Limit|
BaseOfBSS   DCD     |Image$$RW$$Base|
BaseOfZero  DCD     |Image$$ZI$$Base|
EndOfBSS    vDCD    |Image$$ZI$$Limit|
ldr r0, ResetEntry              ;ResetEntry 是复位运行时域的起始地址，在 boot nand 中一般是 0
ldr r2, BaseOfROM
cmp r0, r2
ldreq r0, TopOfROM              ;TopOfROM = 0x30001de0，代码段地址的结束
beq InitRam
ldr r3, TopOfROM
;part 1，通过比较，将 ro 搬到 SDRAM 里，搬到的目的地址从|Image$$RO$$Base|开始，到|Image
;$$RO$$Limit|结束
0
```

```
        ldmia r0!, {r4 - r7}
        stmia r2!, {r4 - r7}
        cmp r2, r3
        bcc %B0;
;part 2,搬 rw 段到 SDRAM,目的地址从|Image$$RW$$Base|开始,|Image$$ZI$$Base|结束
        sub r2, r2, r3;r2 = 0
        sub r0, r0, r2
        InitRam                    ;carry rw to baseofBSS
        ldr r2, BaseOfBSS          ;TopOfROM = 0x30001de0,baseofrw
        ldr r3, BaseOfZero         ;BaseOfZero = 0x30001de0
0
        cmp r2, r3
        ldrcc r1, [r0], #4
        strcc r1, [r2], #4
        bcc %B0
;part 3,将 SDRAM zi 初始化为 0,地址从|Image$$ZI$$Base|到|Image$$ZI$$Limit|
        mov r0, #0;init 0
        ldr r3, EndOfBSS           ;EndOfBSS = 30001e40
1
        cmp r2, r3
        strcc r0, [r2], #4
        bcc %B1
        …
```

在 ADS 开发环境中,可以设置 RO(地址 1)与 RW 的地址(地址 2)确定运行域地址,也用命令"armlink　-ro-base 地址 1　-rw-base 地址 2　文件 1.o　文件 2.o　-o　文件.axf"确定运行域地址。

ro-base 与 rw-base 不能处理更为复杂的内存映射,当映像文件中的地址关系更复杂时,就需要使用分散装载技术实现地址映射关系。

5.4.2　分散装载技术

1. 分散装载技术

ARM 的链接器提供了一种分散装载机制,在链接时可以根据分散装载文件中指定的存储器分配方案,将可执行镜像文件分成指定的分区并定位于指定的存储器物理地址。当嵌入式系统在复位或重新上电时,在对 CPU 相应寄存器进行初始化后,首先执行 ROM 存储器的 Bootloader 代码,根据链接时的存储器分配方案,将相应代码和数据由加载地址拷贝到运行地址,定位在 RAM 存储器的代码和数据就在 RAM 存储器中运行,而不再从 ROM 存储器中取数据或取指令,从而大大提高了 CPU 的运行速率和效率。

分布装载技术可以把用户的应用程序分割成许多个 RO 运行域和 RW 运行域，并且给它们指定不同的地址。下面是最常用的两种情况：

(1) 把中断程序作为一个单独的运行域，放在 32 位的 RAM，使它的响应时间缩到最短。

(2) 程序在 RAM 中运行，其效率要远远高于在 ROM 中运行，所以将启动代码以外的所有代码都复制到 RAM 中运行，可以提高运行效率。

在实际的嵌入式系统中，ADS 提供的缺省存储器映射是不能满足要求的。用户的目标硬件通常有多个存储器设备位于不同的位置，并且这些存储器设备在程序装载和运行时可能还有不同的配置。

Scatterloading 可以通过一个文本文件来指定一段代码或数据在装载和运行时在存储器中的不同位置。这个文本文件 scatterfile 在命令行中由-scatter 开关指定，例如：

```
armlink _scatterscat.scat  filel.o file2.o
```

在 scatterfile 中可以为每一个代码或数据区在装载和执行时指定不同的存储区域地址，Scatterloading 的存储区块可以分成 2 种类型：

装载域：当系统启动或加载时应用程序的存放区。

执行域：系统启动后，应用程序进行执行和数据访问的存储器区域，系统在实时运行时可以有一个或多个执行域。

映像中所有的代码和数据都有一个装载地址和运行地址，二者可能相同也可能不同，视具体情况而定。

2. 分散装载文件格式与应用

1) 语法格式

在一个实时嵌入式系统中，分散加载文件的语法格式如下：

```
域的头标题定义
{
   根区存储器域名    运行起始地址    [长度]
   {
      根区内容
   }
   运行域存储器域名    运行起始地址    [长度]
   {
      运行域内容
   }
   …
}
```

每个域由一个头标题开始定义，头中至少包含域的名字和起始地址、最大长度和其他一些属性选项。块定义的内容包括在紧接的一对花括号内，依赖于具体的系统情况。

每一个引导区必须至少包含一个执行域，每一个执行域必须至少包含一个代码段或数据段；这些通常来自源文件或库函数等的目标文件；通配符号“*”可匹配指定属性项中所有没有在文件中定义的余下部分。一个引导区可包含几个执行域，每一个执行域只能属于一个引导区。

每一个分散加载文件必须至少包含一个根区，每个根区的加载地址等于执行地址。

2）应用实例

例如：只有一个加载块，包含了所有的代码和数据，起始地址为 0。这个加载块一共对应两个执行块。一个包含所有的 RO 代码和数据，执行地址与装载地址相同；同时另一个起始地址为 0x10000 的执行块，包含所有的 RW 和 ZI 数据。这样当系统开始启动时，从第一个执行块开始运行（执行地址等于装载地址），在执行过程中，有一段初始化代码会把装载块中的一部分代码转移到另外的执行块中。

下面是这个 scatter 描述文件，该文件描述了上述存储器映射方式。

```
LOAD_ROM 0x00000 0x4000
    {
        EXE_ROM 0x00000 x4000           ;Root region
        {
          *〈 + RO〉                    ;All code and constantdata
        }
        RAM 0x100000 x8000
        {
          *〈 + RW,  + ZI〉             ;All non - constant data
        }
    }
```

上述代码中，装载域的名字为 LOAD_ROM，起始地址为 0x0，代码长度为 x4000。包含两个运行域 EXE_ROM 和 RAM。但是，在大多数应用中，并不是上例那样，简单地把所有属性都放在一起，用户需要控制特定代码和数据段的放置位置。这可以通过在 scatter 文件中对单个目标文件进行定义实现，而不是只简单地依靠通配符。

为了覆盖标准的链接器布局规则，可以使用＋FIRST 和＋LAST 分散加载指令。典型的例子是在执行块的开始处放置中断向量表格：

```
LOAD_ROM 0x0000 0x4000
{
    EXEC_ROM 0x0000 0x4000
    {
        vectors.o〈Vect, + FIRST〉
```

```
        *( + RO)
    }
    ;more exec regions...
}
```

在这个scatter文件中，保证了vextors.o中的Vect域被放置于地址0x0000。

3）分散装载与存储器配置

不论是通过ROM/RAM重定向还是MMU配置的方法，假设系统在启动和运行时存储器分布不一致，Scatterloading文件中的定义就要按照系统重定向后的存储器分布情况进行。

以上文ROM/RAM重定向为例：

```
LOAD_ROM 0x10000 0x8000
{
    EXE_ROM 0x10000 0x8000
    {
        reset_handler.o ( + RO, + FIRST)
        …
    }
    RAM 0x0000 0x4000
    {
        vectors.o ( + RO, + FIRST)
        …
    }
}
```

装载区LOAD_ROM被放置在0x10000处，代表了重定向之后代码和数据的装载地址。

4）定位目标外设

使用分散装载，可以将用户定义的结构体或代码定位到指定物理地址上的外设，这种外设可以是定时器、实时时钟、静态SRAM或者是两个处理器间用于数据和指令通信的双端口存储器等。在程序中不必直接访问相应外设，只需访问相应的内存变量即可实现对指定外设的操作，因为相应的内存变量定位在指定的外设上。这样，对外设的访问看不到相应的指针操作，对结构体成员的访问即可实现对外设相应存储单元的访问，让程序员感觉到仿佛没有外设，只有内存。

例如，一个带有两个32位寄存器的定时器外设，在系统中的物理地址为0x04000000，其C语言结构描述如下：

```
Struct
    {
        volatile unsigned tcfg0;        /* 定时器 0 配置 */
```

```
    volatile unsigned tcfg1;        /* 定时器 1 配置 */
    volatile unsigned tcon;         /* 定时器控制 */
    volatile unsigned rtcnt0;       /* 定时器 0 值 */
    volatile unsigned rtcnt1;       /* 定时器 1 值 */
} timer_regs;
```

使用分散加载将上述结构体定位到 0x51000000 的物理地址，可以将上述结构体放在一个文件名为 timer_regs.c 中，并在分散加载文件中指定即可，如下：

```
ROM1 0x01000000 0x00200000
{
    …
    TIMER 0x04000000 UNINIT
    {
        timer_regs.o ( + ZI)
    }
}
```

属性 UNINIT 是避免在应用程序启动时对该执行段的 ZI 数据段初始化为零。

5.5　嵌入式系统中软件设计

5.5.1　嵌入式 C 编程规范

在当前的嵌入式开发中，嵌入式 C 语言是最为常见的程序设计语言，对于程序员来说，能够完成相应功能的代码并不一定是优秀的代码。优秀的代码还要具备易读性、易维护性、可移植性和高可靠性。下面介绍嵌入式 C 编程规范。

1) 嵌入式 C 程序书写规范

C 语言的书写规则如下：

(1) 程序块要采用缩进风格编写；

(2) 较长的语句(例如超过 80 个字符)要分成多行书写；

(3) 循环、判断等语句中若有较长的表达式或语句，则要进行适应的划分；

(4) 若函数或过程中参数较长，也要进行适当的划分；

(5) 一般不要把多个短语句写在一行中；

(6) 程序块的分界符语句的大括号“{”与“}”一般独占一行并且在同一列。

2) 命名规则

(1) 标识符的名称要简明，能够表达出确切的含义，可使用完整的单词或通常可理解的缩写；

(2) 如果在命名中使用特殊约定或缩写，则要进行注释说明；

(3) 对于变量命名,一般不取单个字符 ,例如 i、j、k…;

(4) 函数名一般以大写字母开头;所有常量名字母统一用大写。

3) 注释说明

注释有助于程序员理解程序的整体结构,也便于以后程序代码的维护与升级。常用规则如下:

(1) 注释语言必须准确、简洁且容易理解;

(2) 程序代码源文件头部应进行注释说明;

(3) 函数头部应进行注释;

(4) 程序中所用到的特定含义的常量、变量,在声明时都要加以注释;

(5) 对于宏定义、数据结构声明,如果其命名不是充分自注释的,也要加以注释;

(6) 如果注释单独占用一行,与其被注释的内容进行相同的缩进方式,一般将注释与其上面的代码用空行隔开;

(7) 程序代码修改时,其注释也要及时修改,一定要保证代码与注释保持一致。

5.5.2 ARM汇编语言与C混合编程

在嵌入式系统开发中,目前使用的主要编程语言是C和汇编,C++已经有相应的编译器,但是现在使用得还比较少。在稍大规模的嵌入式软件中,例如含有OS,大部分的代码都是用C编写的,主要是因为C语言的结构比较好,便于理解,而且有大量的支持库。尽管如此,很多地方还是要用到汇编语言,例如开机时硬件系统的初始化,包括CPU状态的设定、中断的使能、主频的设定以及RAM的控制参数及初始化,一些中断处理方面也可能涉及汇编。另外一个使用汇编的地方就是一些对性能非常敏感的代码块,这不能依靠C编译器生成代码,而要手工编写汇编才能达到优化的目的。而且,汇编语言是和CPU的指令集紧密相连的,作为涉及底层的嵌入式系统开发,熟练对汇编语言的使用也是必须的。

汇编程序与C语言混合编程,相互调用时,特别要注意遵守相应的ATPCS。有调用关系的子程序必须遵守同一种ATPCS。编译器或者汇编器再根据ELF格式的目标文件中设置相应的属性,标识用户选定的ATPCS类型。对于不同类型的ATPCS规则,有相应的C语言库,链接器根据用户指定的ATPCS类型链接相应的C语言库。

1. 在C语言中内嵌汇编

在C中内嵌的汇编指令包含大部分的ARM和Thumb指令,不过其使用与汇编文件中的指令有些不同,存在一些限制,主要有下面几个方面:

(1) 不能直接向PC寄存器赋值,程序跳转要使用B或者BL指令;

(2) 在使用物理寄存器时,不要使用过于复杂的C表达式,避免物理寄存器冲突;

(3) R12和R13可能被编译器用来存放中间编译结果,计算表达式值时可能将R0~R3、R12及R14用于子程序调用,因此要避免直接使用这些物理寄存器;

(4) 一般不要直接指定物理寄存器,而让编译器进行分配。

内嵌汇编使用的标记是 __asm 或者 asm 关键字，用法如下：

```
__asm
    {
        Instruction
        [; instruction]
        ...
        [instruction]
    }
asm("instruction [; instruction]");
```

下面通过一个例子来说明如何在 C 中内嵌汇编语言。

```
#include <stdio.h>
void my_strcpy(const char *src, char *dest)
{
    char ch;
    __asm
        {
        loop:
            ldrb ch, [src], #1
            strb ch, [dest], #1
            cmp ch, #0
            bne loop
        }
}
int main()
{
    char *a = "forget it and move on!";
    char b[64];
    my_strcpy(a, b);
    printf("original: %s", a);
    printf("copyed: %s", b);
    return 0;
}
```

在这里，C 和汇编之间的值传递是用 C 的指针来实现的，因为指针对应的是地址，所以汇编中也可以访问。

2. 在汇编中使用 C 定义的全局变量

内嵌汇编不用单独编辑汇编语言文件，比较简洁，但是有诸多限制，当汇编的代码较多时，一般放在单独的汇编文件中。这时就需要在汇编和C之间进行一些数据的传递，最简便的办法就是使用全局变量。

```
/* cfile.c
 * 定义全局变量，并作为主调程序
 */
#include <stdio.h>
int gVar_1 = 12;
extern asmDouble(void);
int main()
  {
    printf("original value of gVar_1 is: %d", gVar_1);
    asmDouble();
    printf(" modified value of gVar_1 is: %d", gVar_1);
    return 0;
  }
```

对应的汇编语言文件为：

```
;called by main(in C),to double an integer, a global var defined in C is used
    AREA asmfile, CODE, READONLY
        EXPORT asmDouble
        IMPORT gVar_1
    asmDouble
            ldr r0, = gVar_1
            ldr r1, [r0]
            mov r2, #2
            mul r3, r1, r2
            str r3, [r0]
            mov pc, lr
    END
```

3. 在C中调用汇编的函数

在C中调用汇编文件中的函数，要做的主要工作有两个，一是在C中声明函数原型，并加extern关键字；二是在汇编中用EXPORT导出函数名，并用该函数名作为汇编代码段的标识，最后用“mov pc,lr”返回。然后，就可以在C中使用该函数了。从C的角度，并不知道该函数的实现是用C还是汇编。更深的原因是因为C的函数名起到表明函数代码起始地址的作用，这个和汇编的label是一致的。

在GNU ARM编译环境下，在汇编程序中要使用.global伪操作声明汇编程序为全局的函数，可被外部函数调用，同时在C程序中要用关键字extern声明要调用的汇编语言程序。

在 ARM 开发工具编译环境下，汇编程序中要使用 EXPORT 伪操作声明本程序可以被其他程序调用。同时也要在 C 程序中用关键字 extern 声明要调用的汇编语言程序。

```
/* cfile.c
* in C,call an asm function, asm_strcpy
* Sep 9, 2004
*/
#include <stdio.h>
extern void asm_strcpy(const char *src, char *dest);
int main()
{
    const char *s = "seasons in the sun";
    char d[32];
    asm_strcpy(s, d);
    printf("source: %s", s);
    printf(" destination: %s",d);
    return 0;
}
;asm function implementation
AREA asmfile, CODE, READONLY
EXPORT asm_strcpy
asm_strcpy
  loop
      ldrb r4, [r0], #1 ;address increment after read
      cmp r4, #0
      beq over
      strb r4, [r1], #1
      b loop
over
      mov pc, lr
END
```

在这里，C 和汇编之间的参数传递是通过 ATPCS(ARM Thumb Procedure Call Standard)的规定来进行的。简单地说就是，如果函数有不多于 4 个参数，对应的用 R0～R3 来进行传递；多于 4 个时借助栈，函数的返回值通过 R0 来返回。

4. 在汇编中调用 C 的函数

在汇编中调用 C 的函数，需要在汇编中 IMPORT 对应的 C 函数名，然后将 C 的代码放在一个独立的 C 文件中进行编译，剩下的工作由连接器来处理。

在 GNU ARM 编译环境下，汇编程序中要使用. extern 伪操作声明将要调用的 C 程序。

在ARM开发工具编译环境下,汇编程序中要使用IMPORT伪操作声明将要调用的C程序。

```
;the details of parameters transfer comes from ATPCS
;if there are more than 4 args, stack will be used
EXPORT asmfile
AREA asmfile, CODE, READONLY
IMPORT cFun
ENTRY
    mov r0, #11
    mov r1, #22
    mov r2, #33
    BL cFun
END
/* C file, called by asmfile */
int cFun(int a, int b, int c)
{
  return a + b + c;
}
```

例如:有5个参数,分别使用寄存器R0存放第1个参数,寄存器R1存放第2个参数,寄存器R2存放第3个参数,寄存器R3存放第4个参数,第5个参数利用数据栈传送。由于利用数据栈传递参数,因此在程序结束后要调整数据栈指针。

```
//C程序g()返回5个整数的和
int g (int a, int b, int c, int d, inte)
{
  return (a+b+c+d+e);
}
//汇编程序调用C程序g()计算5个整数i, 2×i, 3×i, 4×i, 5×i的和
EXPORT f
AREA f, CODE, READONRY
IMPORT g                          //使用伪操作IMPORT声明C程序g()
    STR LR, [SP, # -4]!           //保存返回地址
    ADD R1,R0, R0                 //假设进入程序f时,R0中的值为i,R1值为2×i
    ADD R2, R1, R0                //R2的值为3×i
    ADD R3, R1, R2                //R3的值为5×i
    STR R3, [SP, # -4]!           //第5个参数5×i通过数据栈传递
    ADD R3, R1, R1                //R3的值为4×i
    BL g                          //调用C程序g()
    ADD SP, SP, #4                //调整数据栈指针,准备返回
    LDR PC, [SP], #4              //返回
END
```

在汇编中调用 C 的函数，参数的传递也是通过 ATPCS 来实现的。需要指出的是，当函数的参数个数大于 4 时，要借助 stack，具体见 ATPCS 规范。

在 GNU ARM 编译环境下设计程序，用 ARM 汇编语言调用 C 语言实现 20！的阶乘操作，并将 64 位结果保存到寄存器 R0、R1 中，其中 R1 中存放高 32 位结果。

首先建立汇编源文件 start.s。

```
/*   start   */
.global _start
.extern  Factorial              @申明 Factorial 是一个外部函数
.equ Ni,20                      @要计算的阶乘数
.text
_start
   Mov   r0,# Ni                @将参数装入 r0
   Bl    Factorial              @调用 Factorial,并通过 r0 传递参数
Stop:
   B     stop
  .end
```

然后建立 C 语言源文件 Factorial.c。

```
/* Factorial.c      */
long long Factorial(char N)
  {
    char  i;
    long  long  Nx = 1;
    for (i = 1;i< = n;i + + ) Nx =  Nx * 1;
    return  Nx;                    //通过 r0,r1 返回结果
}
```

5.5.3 中　断

1. 中断分类

ARM 处理器的中断分两类：

(1) 由软件中断指令 SWI 引起的软件中断。软件中断通常用来改变用户模式到特权模式。

(2) 由外设引起的硬件中断。S3C2410X 的 ARM920T 内核有两个中断，IRQ 中断和快速中断 FIQ。

S3C2410X 中断控制器有 56 个中断源，对外提供 24 个外中断输入引脚，内部所有设备都有中断请求信号，例如 DMA 控制器、UART、I^2C 等。

2. 中断仲裁

当中断控制器接收到多个中断请求时，其内的优先级仲裁器裁决后向 CPU 发出优先级最高的中断请求信号或快速中断请求信号。

S3C2410X 中断系统结构主要由中断源和控制寄存器两大部分构成，其寄存器主要有 4 种：模式、屏蔽、优先级、挂起（标志）寄存器等。

1）中断优先级仲裁器及工作原理

中断系统有 6 个分仲裁器和 1 个总仲裁器，每一个仲裁器可以处理 6 路中断。中断优先级仲裁器如图 5-25 所示。

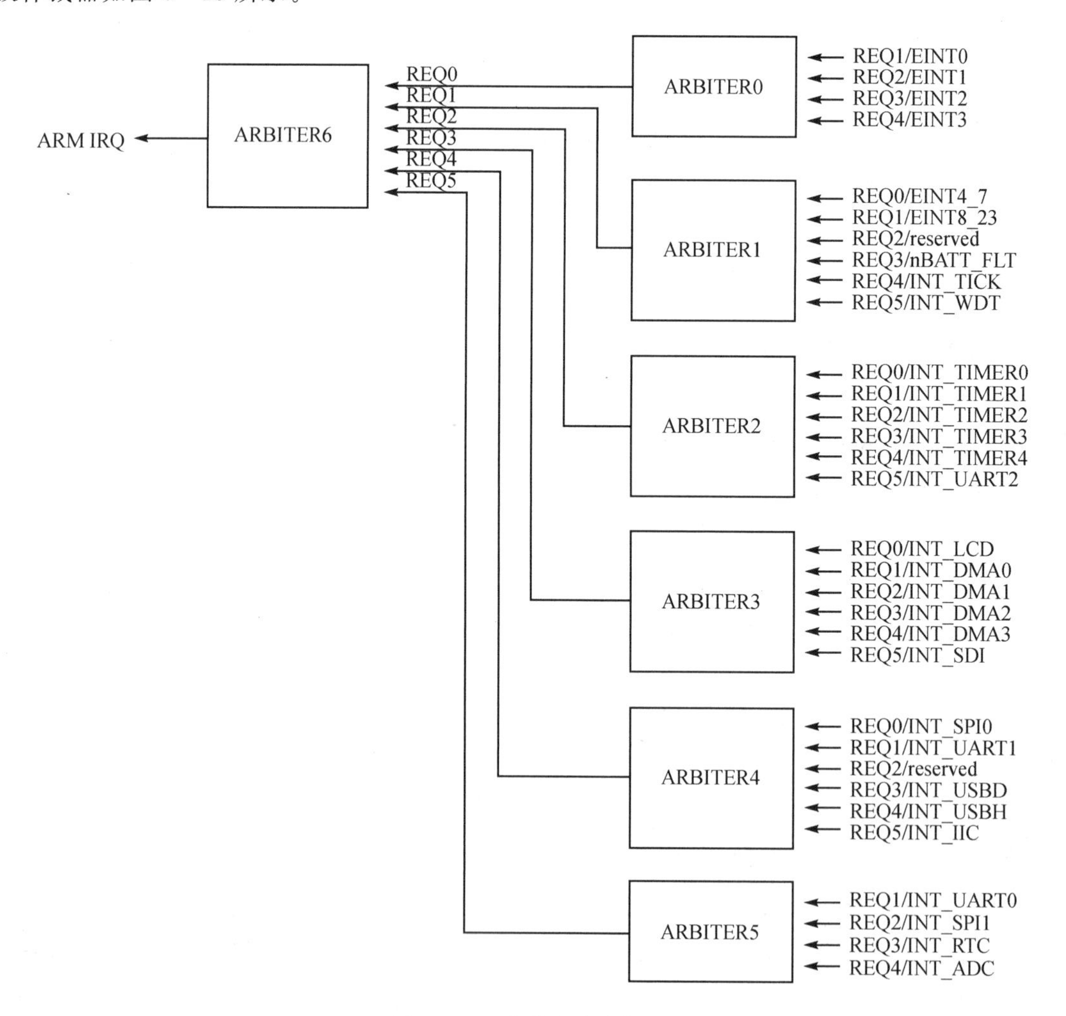

图 5-25 优先级生成模块

SRCPND 寄存器对应的 32 个中断源总共被分为 6 个组，每组由一个 ARBITER(0～5)寄存器对其进行管理。中断必须先由所属组的 ARBITER(0～5)进行第一次优先级判断(即第一级判断)，然后再发往 ARBITER6 进行最终的判断(即第二级判断)。

ARBITER(0～5)六个组的优先级已经由硬件电路所固定。由 ARBITER0 控制的该组中断优先级最高，该组产生的中断进行第一级判断后，以 REQ0 向 ARBITER6 传递过去；其次是 ARBITER1、ARBITER2、ARBITER4、ARBITER4、ARBITER5。但是可以通过寄存器 PRIORITY 控制某个组里面各个中断的优先级顺序。

以 ARBITER2 为例，说明中断组与 PRIORITY 寄存器中 ARB_SEL 和 ARB_MODE 之间的相互关系。

ARBITER2 寄存器管理的该组中断里包括 6 个中断，分别是 INT_TIMER0、INT_TIMER1、INT_TIMER2、INT_TIMER3、INT_TIMER4、INT_UART2。它们的默认中断请求号分别为 REQ0、REQ1、REQ2、REQ3、REQ4、REQ5。

在 PRIORITY 寄存器中的 ARB_SEL2，该参数由两位组成，初始值为 00。从该表可以看出 00 定义了一个顺序 0－1－2－3－4－5，这个顺序就是这组中断组的优先级排列，它指明了以中断请求号为 0(REQ0)的 INT_TIMER0 具有最高的中断优先级，其次是 INT_TIMER1 和 INT_TIMER2。

如果将 ARB_SEL2 的值设置为 01，则一个新的优先级次序将被使用，01 对应的优先级次序为 0－2－3－4－1－5，处于第 2 优先级的 INT_TIMER1 中断现在变成了第 5 优先级。

ARB_SEL2 被设置为 00、01、10、11，各个值所出现的情况可以看出，除最高和最低的优先级不变以外，其他各个中断的优先级其实是在做一个旋转排列(Rotate)。

为了达到对各个中断平等对待这一目标，可以让优先级次序在每个中断请求被处理完之后自动进行一次旋转，可以通过 ARB_MODE2 达到这个目的。该参数只有 1 位，置 1 代表开启对应中断组的优先级次序旋转，0 则为关闭。事实上当该位置为 1 之后，每处理完某个组的一个中断后，该组的 ARB_SEL 便递增加 1(达到 11 后恢复为 00)。

令 ARB_MODE2＝1，ARB_SEL2＝00，则当前 ARBITER2 的优先级顺序为 0－1－2－3－4－5。假设现在该组的 1 号中断请求 INT_TIMER1 和 2 号中断请求 INT_TIMER2 被同时触发，CPU 根据优先级判断后，决定先把 INT_TIMER1 中断向 ARBITER6 进行发送，由 ARBITER6 做最终优先级判断，接着再向 ARBITER6 发送 INT_TIMER2 中断。注意，在 INT_TIMER1 被处理完毕后，该组中段的优先级次序被自动做了一次旋转，旋转后 ARBITER2 的优先级顺序变为 0－2－3－4－1－5。假设之后某个时刻该组的 INT_TIMER1 和 INT_TIMER2 又被同时触发，则此时 CPU 优先处理的会是 INT_TIMER2。若令 ARB_MODE2＝0，则该组的中断优先级次序在任何情况下都不做任何改变，除非人为地重新设置了 ARB_SEL2 的值。

2）中断控制器专用寄存器

S3C2410 的中断控制器包括 8 类寄存器：中断源状态寄存器、中断模式寄存器、中断屏蔽寄存器、中断优先级寄存器、中断服务寄存器、中断偏移寄存器、子源挂起寄存器以及中断子源屏蔽寄存器。各寄存器的含义如表 5-3 所列。

表 5-3　中断控制器专用寄存器

寄存器	地　址	读/写状态	说　明	复位后的值
SRCPND	0x4A000000	读/写	中断标志寄存器	0x00000000
INTMOD	0x4A000004		中断模式寄存器	0x00000000
INTMSK	0x4A000008		中断屏蔽寄存器	0xFFFFFFFF
PRIORITY	0x4A00000C		中断优先级寄存器	0x7F
INTPND	0x4A000010		中断服务寄存器	0x00000000
INTOFFSET	0x4A000014		中断偏移寄存器	0x00000000
SUBSRCPND	0x4A000018		子源挂起寄存器	0x00000000
INTSUBMSK	0x4A00001C		中断子源屏蔽寄存器	0x7FF

(1) SRCPND——中断源挂起(标志)寄存器

SRCPND 寄存器也就是中断标志寄存器。SRCPND 寄存器各位的具体含义如表 5-4 所列。注意，必须在中断处理程序中对其标志位清 0。相应位的值：1，对应中断源有中断请求；0，对应中断源无中断请求。

表 5-4　SRCPND 寄存器各位的具体含义

位　号	中断源	位　号	中断源	位　号	中断源	位　号	中断源
31	INT_ADC	23	INT_UART1	15	INT_UART2	7	nBATT_FLT
30	INT_RTC	22	INT_SPI0	14	INT_TIM4	6	保留
29	INT_SPI1	21	INT_SDI	13	INT_TIM3	5	EINT8_23
28	INT_UART0	20	INT_DMA3	12	INT_TIM2	4	EINT4_7
27	INT_IIC	19	INT_DMA2	11	INT_TIM1	3	EINT3
26	INT_USBH	18	INT_DMA1	10	INT_TIM0	2	EINT2
25	INT_USBD	17	INT_DMA0	9	INT_WDT	1	EINT1
24	保留	16	INT_LCD	8	INT_TICK	0	EINT0

(2) INTMOD——中断模式寄存器

中断模式寄存器是设置各中断源是 FIQ 中断还是 IRQ 中断。中断模式寄存器各位的值：1：对应中断源设为 FIQ 中断模式。0：对应中断源设为 IRQ 中断模式。

(3) INTMSK——中断屏蔽寄存器

中断屏蔽寄存器是设置各中断源是屏蔽还是开放中断。中断屏蔽寄存器各位的值：

1：屏蔽对应中断源。0：开放对应中断源。

(4) PRIORITY——中断优先级寄存器

具体含义如表5-5所列。ARB_SELn(n=0～5)n组优先级顺序控制位：

00：REQ0， 1， 2， 3， 4， 5　　01：REQ0， 2， 3， 4， 1， 5

10：REQ0， 3， 4， 1， 2， 5　　11：REQ0， 4， 1， 2， 3， 5

表5-5 中断优先级寄存器各位的具体含义

位 号	含 义	位 号	含 义	位 号	含 义
31～21	保 留	12～11	ARB_SEL2	4	ARB_MODE4
20～19	ARB_SEL6	10～9	ARB_SEL1	3	ARB_MODE3
18～17	ARB_SEL5	8～7	ARB_SEL0	2	ARB_MODE2
16～15	ARB_SEL4	6	ARB_MODE6	1	ARB_MODE1
14～13	ARB_SEL3	5	ARB_MODE5	0	ARB_MODE0

ARB_MODEn(n=0～5)n组优先级循环控制位：

0：优先顺序固定不变。

1：优先顺序循环，每响应一次中断，其顺序循环改变一次，但REQ0、REQ5位置不变。

(5) INTPND——中断服务(挂起)寄存器

具体含义如表5-6所列。各位的值：

1：对应的中断源被响应，且正在执行中断服务。

0：对应中断源未被响应。

注意：必须在中断处理程序中对其服务标志位清0。即在清除SRCPND中相应位后，要清除该寄存器相应位。

(6) INTOFFSET——中断偏移寄存器

该寄存器的偏移值指示在INTPND中显示的中断源，含义同表5-6。各位的值：1，对应的中断源在INTPND中被置位。

说明：当在中断服务程序中对SRCPND、INTPND中的标志位清0时，该寄存器的对应位自动清0。

(7) SUBSRCPND——子中断源请求标志寄存器

子中断源请求标志寄存器各位的具体含义如表5-7所列，该寄存器对有多个中断源的外设，显示其具体的中断请求。各位的值：

1：对应的子中断源有请求。0：对应的子中断源无请求。

注意：在中断服务程序中，需要对其置1的标志位清0。

表 5-6　中断偏移寄存器的偏移值与 INTPND 中显示的中断源的关系

中断源	偏移值	中断源	偏移值	中断源	偏移值	中断源	偏移值
INT_ADC	31	INT_UART1	23	INT_UART2	15	nBATT_FLT	7
INT_RTC	30	INT_SPI0	22	INT_TIM4	14	保留	6
INT_SPI1	29	INT_SDI	21	INT_TIM3	13	EINT8_23	5
INT_UART0	28	INT_DMA3	20	INT_TIM2	12	EINT4_7	4
INT_IIC	27	INT_DMA2	19	INT_TIM1	11	EINT3	3
INT_USBH	26	INT_DMA1	18	INT_TIM0	10	EINT2	2
INT_USBD	25	INT_DMA0	17	INT_WDT	9	EINT1	1
保留	24	INT_LCD	16	INT_TICK	8	EINT0	0

表 5-7　子中断源请求标志寄存器各位的具体含义

位　号	中断源	位　号	中断源	位　号	中断源
31～11	保 留	7	INT_TXD2	3	INT_RXD1
10	INT_ADC	6	INT_RXD2	2	INT_ERR0
9	INT_TC	5	INT_ERR1	1	INT_TXD0
8	INT_ERR2	4	INT_TXD1	0	INT_RXD0

(8) INTSUBMSK——子中断源屏蔽寄存器

子中断源屏蔽寄存器对有多个中断源的外设，对具体的中断源进行屏蔽。各位的值：1：屏蔽对应的子中断源。0：开放对应的子中断源。

3) 中断的使用

在编写中断服务程序时需要满足如下要求：

(1) 不能向中断服务程序传递参数；

(2) 中断服务程序没有返回值；

(3) 中断服务程序应尽可能短，以减少中断服务程序的处理时间，保证实时系统的性能。

SUBSRCPND 和 SRCPND 寄存器表明有哪些中断被触发了，正在等待处理中，INTSUBMASK 寄存器和 INTMSK 寄存器用于屏蔽某些中断。使用中断的步骤：

(1) 当发生中断 IRQ 时，CPU 进入中断模式，这时使用中断模式下的堆栈；当发生快速中断 FIQ 时，CPU 进入快中断模式，这时使用快中断模式下的堆栈。所以在使用中断前，先设置好相应模式下的堆栈。

(2) 对于 Request Sources 中的中断，将 INTSUBMSK 寄存器中相应位设为 0。

(3) 将 INTMSK 寄存器中相应位设为 0。

(4) 确定使用的方式：是 FIQ 还是 IRQ。

如果是 FIQ,则在 INTMOD 寄存器设置相应位为 1。

如果是 IRQ,则在 RIORITY 寄存器中设置优先级。

(5) 准备好中断处理函数:

① 中断向量:在中断向量设置好 FIQ 或 IRQ 被触发时的跳转函数后,IRQ、FIQ 的中断向量地址分别为 0x00000018、0x000000lc。

② 对于 IRQ,在跳转函数中读取 INTPND 寄存器或 INTOFFSET 寄存器的值来确定中断源,然后调用具体的处理函数。

③ 对于 FIQ,因为只有一个中断可以设为 FIQ,无须判断中断源。

④ 中断处理函数进入和返回。

(6) 设置 CPSR 寄存器中的 F 位对应 FIQ,或 I 位对应 IRQ,其值为 0 时,表示开中断。

例如:利用中断方式,测试按键的硬件电路。开发板的按键的硬件连接与 S3C2410 的连接电路如图 5-26 所示。

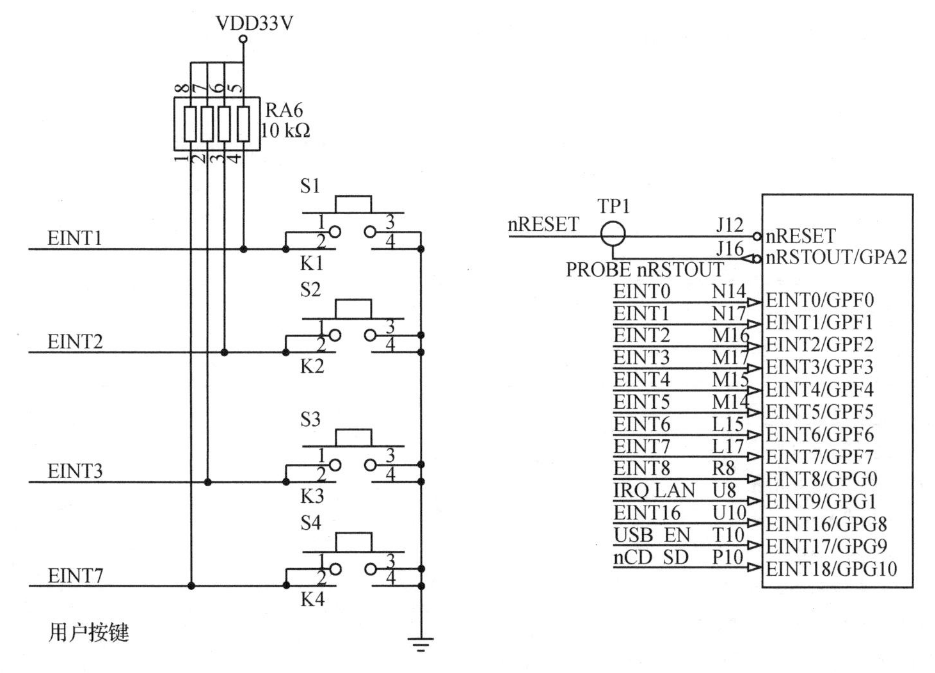

图 5-26　用户按键

从上图中可以看到如下的对应关系:

KEY1　EINT1/GPF1　　KEY2　EINT2/GPF2

KEY3　EINT3/GPF3　　KEY4　EINT7/GPF7

所以,除了设置中断寄存器外,还要设置 GPF 相应的寄存器才可以正常工作。下面是完整的程序代码:

```
void Main(void)
{
    int i = 0;
    MMU_Init(); //初始化 MMU 单元
    #if ADS10
    __rt_lib_init();                              //for ADS 1.0
    #endif

    ChangeClockDivider(1,1);                      //1:2:4
    ChangeMPllValue(0xa1,0x3,0x1);                //FCLK = 202.8 MHz
    Port_Init();                                  //I/O 端口初始化
    Isr_Init();                                   //设中断
    Uart_Init(0,115200);                          //COM 口初始化
    Uart_Printf("\n\nHello MY2410! \n") ;
    while( 1 )
    {
        Uart_Printf("S3C2410 keyboard Test.Please press any key on PC\n") ;  //按任意键进入
                                                                             //按键测试
        Uart_Getch();
        Test_Eint();                              //进入按键测试程序
    }
}
Eint.c
//====================================================================
// File Name : Eint.c
// Function  : S3C2410 Key test program
//====================================================================
#include <string.h>
#include "def.h"
#include "option.h"
#include "2410addr.h"
#include "2410lib.h"
#include "2410slib.h"
static void __irq Eint1Int(void);
static void __irq Eint2Int(void);
static void __irq Eint3Int(void);
static void __irq Eint4_7(void);

void Test_Eint(void)
{
    int extintMode;
    Uart_Printf("[External Interrupt Test through PF1/2/3/7]\n");
    Uart_Printf("1.L - LEVEL    2.F - EDGE   3.R - EDGE   7.B - EDGE\n");
```

```
    rGPFCON = 0xbfab;           //PF1/2/3/7 = EINT1/2/3/7 设置 GPF1/2/3/7 的模式
    rEXTINT0 = 0x530; //1.L - LEVEL  2.F - EDGE  3.R - EDGE  7.B - EDGE 设置 GPF1/2/3/7 的触发方式

    Uart_Printf("Press the EINT1/2/3/7 buttons or Press any key to exit.\n");
//设置相应的中断响应函数
    pISR_EINT1 = (U32)Eint1Int;
    pISR_EINT2 = (U32)Eint2Int;
    pISR_EINT3 = (U32)Eint3Int;
    pISR_EINT4_7 = (U32)Eint4_7;
//相应的中断设置
    rEINTPEND = 0xffffff;
    rSRCPND = BIT_EINT1|BIT_EINT2|BIT_EINT3|BIT_EINT4_7; //to clear the previous pending states
    rINTPND = BIT_EINT1|BIT_EINT2|BIT_EINT3|BIT_EINT4_7;

    rEINTMASK = ~( (1 << 4)|(1 << 7) );
    rINTMSK = ~(BIT_EINT1|BIT_EINT2|BIT_EINT3|BIT_EINT4_7);

    Uart_Getch();

    rEINTMASK = 0xffffff;
    rINTMSK = BIT_ALLMSK;
}
static void __irq Eint1Int(void)
{
    Led_Display(0);
    ClearPending(BIT_EINT1);                            //响应中断后必须清掉相应的位
    Uart_Printf("EINT1 interrupt is occurred.\n");
    Led_Display(1);
}
static void __irq Eint2Int(void)
{
    Led_Display(0);
    ClearPending(BIT_EINT2);
    Uart_Printf("EINT2 interrupt is occurred.\n");
    Led_Display(2);
}
static void __irq Eint3Int( void)
{
    Led_Display(0);
    ClearPending(BIT_EINT3);
    Uart_Printf("EINT3 interrupt is occurred.\n");
    Led_Display(4);
}
static void __irq Eint4_7(void)
{
```

```
    Led_Display(0);
    if(rEINTPEND = = (1 << 4))              //由 rEINTPEND 来判断发生的是哪个中断
    {
    Uart_Printf("EINT4 interrupt is occurred.\n");
    rEINTPEND = (1 << 4);
    }
    else if(rEINTPEND = = (1 << 7))
    {
    Uart_Printf("EINT7 interrupt is occurred.\n");
    rEINTPEND = (1 << 7);
    Led_Display(8);
    }
    else
    {
    Uart_Printf("rEINTPEND = 0x % x\n",rEINTPEND);
    rEINTPEND = (1 << 7)|(1 << 4);
    }
    ClearPending(BIT_EINT4_7);
}
```

练习与思考题

1. 简述一个嵌入式系统开发平台的主要内容与作用。
2. 什么是交叉开发?
3. 说明 ADS 的使用方法,请举例说明。
4. 说明 AXD 的使用方法。
5. 简述 ARM 映像文件的概念。
6. 系统运行环境初始化主要包括哪些内容?
7. 简述分散装载文件,并给出举例说明其使用方法。
8. ARM 处理器的中断分哪两类?
9. 内嵌式汇编有哪些局限性? 编写一段代码采用 C 语言嵌入汇编程序,在汇编程序中实现字符串的拷贝操作。
10. 在 ARM 开发工具编译环境下设计程序,用 C 语言调用 ARM 汇编语言实现 20 的阶乘(20!)操作,并将 64 位结果保存到 0xFFFFFFF0 开始的内存地址单元,按照小端格式低位数据存放在低地址单元。
11. 什么是中断仲裁?

第 6 章

ARM 应用系统硬件设计

本章介绍 S3C2410X 的功能，以及由该芯片组成的嵌入式系统的电源电路、时钟和电源管理、复位电路、存储器系统等主要外围电路以及 I/O 端口、DMA 控制器、UART、USB 接口、A/D 转换与触摸屏、LCD 控制器、I^2C 和 I^2S 等接口电路。

教学建议

本章教学学时建议：8 学时。

S3C2410X 的功能：0.5 学时；

嵌入式系统外围电路：1 学时；

嵌入式系统接口电路：6.5 学时。

要求熟悉 S3C2410X 的功能；熟悉嵌入式系统的电源电路、时钟和电源管理、复位电路、存储器系统等主要功能与设计方法；熟悉与掌握 I/O 端口、DMA 控制器、UART、USB 接口、A/D 转换与触摸屏、LCD 控制器、I^2C 和 I^2S 等接口电路的原理与使用方法。

6.1 S3C2410X 介绍

6.1.1 S3C2410X 功能简介

Samsung 公司推出的 16/32 位 RISC 处理器 S3C2410X，为手持设备和一般类型应用提供了低价格、低功耗、高性能小型微控制器的解决方案。为了降低整个系统的成本，S3C2410X 提供了以下丰富的内部设备：分开的 16 KB 指令 Cache 和 16 KB 数据 Cache，MMU 虚拟存储器管理，LCD 控制器（支持 STN &TFT），支持 NAND Flash 系统引导，系统管理器（片选逻辑和 SDRAM 控制器），3 通道 UART，4 通道 DMA，4 通道 PWM 定时器，I/O 端口，RTC，8 通道 10 位 ADC 和触摸屏接口，I^2C－BUS 接口，USB 主机，USB 设备，SD 主卡和 MMC 卡接口，2 通道的 SPI 以及内部 PLL 时钟倍频器。S3C2410A 采用了 ARM920T 内核，0.18 μm 工艺的 CMOS 标准宏单元和存储器单元。它的低功耗、精简和出色的全静态设计特别适用于对成本和功耗敏感的应用。同样它还采用了AMBA新型总线结构。

S3C2410X为16/32位RISC体系结构和ARM920T内核强大的指令集,加强的ARM体系结构MMU用于支持WinCE、EPOC 32和Linux,指令高速存储缓冲器(I-Cache),数据高速存储缓冲器(D-Cache),写缓冲器和物理地址TAG RAM,减少主存带宽和响应性带来的影响;S3C2410X采用ARM920T CPU内核,支持ARM调试体系结构。它的功能框图如图6-1所示。

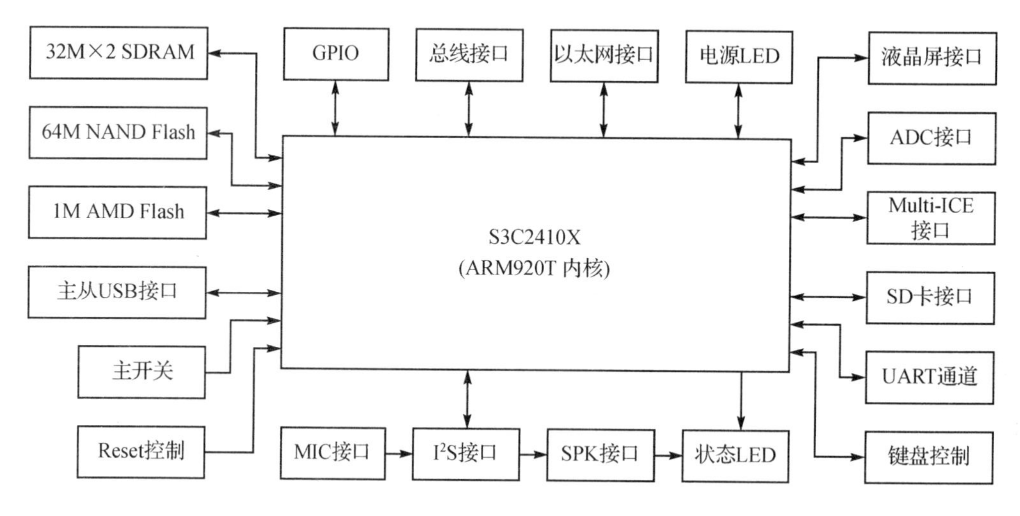

图6-1 S3C2410X功能框图

通过提供一系列完整的系统外围设备,S3C2410X大大降低了整个系统的成本,消除了为系统配置额外器件的需要。S3C2410X处理器的内部结构图如图6-2所示。

1. 体系结构

由图6-2知,S3C2410X由ARM920T内核和片内外设两大部分构成。ARM920T内核由ARM9内核ARM9TDMI、32 KB的Cache和MMU三部分组成,片内外设分为高速外设和低速外设,分别用AHB总线和APB总线连接,PA为物理地址,VA为虚拟地址。

2. 系统管理器

(1) 支持大/小端方式;

(2) 寻址空间:每bank 128 MB(总共1 GB);

(3) 支持可编程的每bank 8/16/32位数据总线带宽;

(4) 从bank 0~bank 6都采用固定的bank起始寻址;

(5) bank 7具有可编程的bank的起始地址和大小;

(6) 8个存储器bank:

— 6个适用于ROM、SRAM和其他,

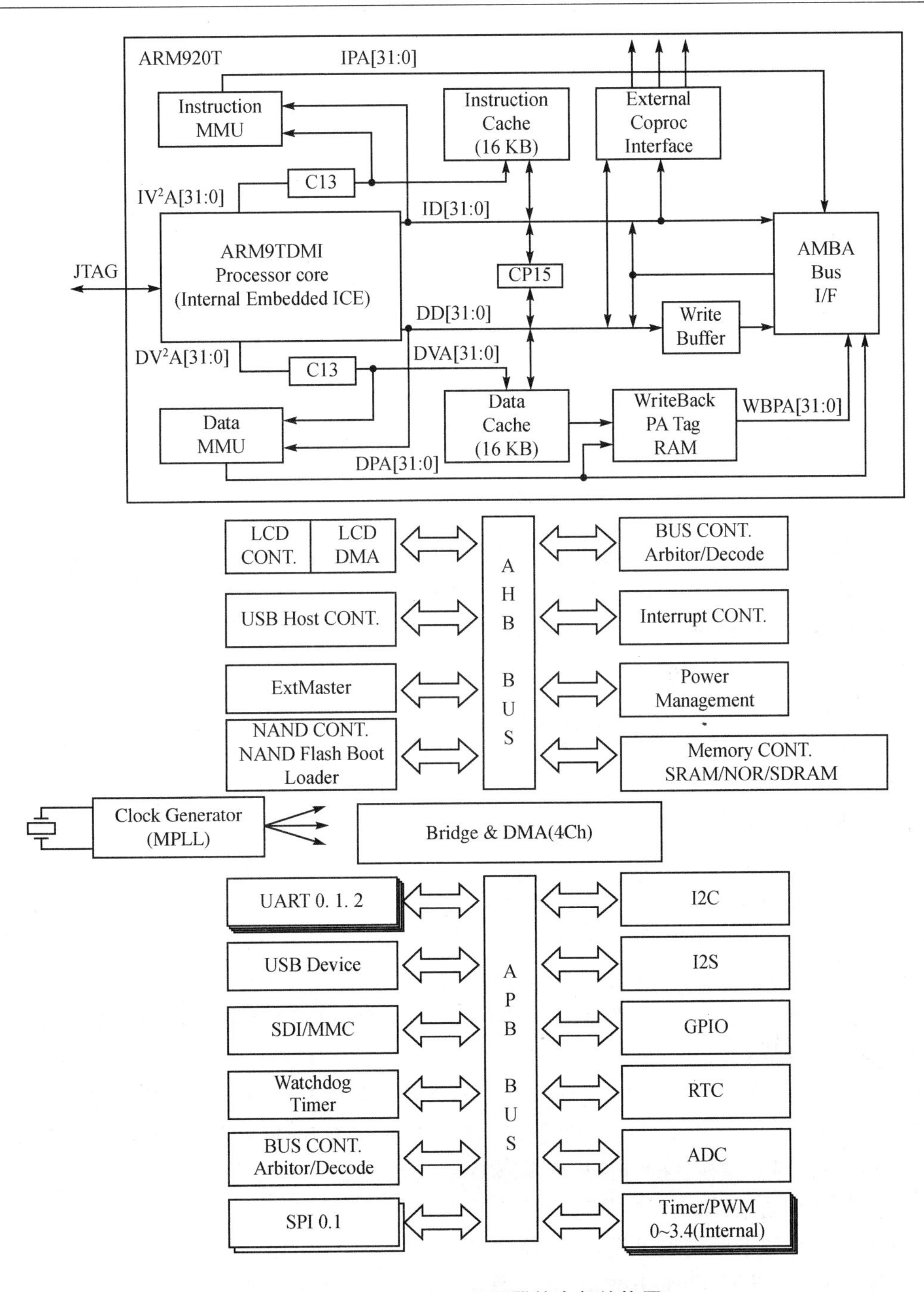

图 6-2　S3C2410X 处理器的内部结构图

— 2 个适用于 ROM/SRAM 和同步 DRAM；

(7) 所有的存储器 bank 都具有可编程的操作周期；

(8) 支持外部等待信号延长总线周期；

(9) 支持掉电时的 SDRAM 自刷新模式；

(10) 支持各种型号的 ROM 引导(NOR/NAND Flash、EEPROM 或其他)。

3. NAND Flash 启动引导

(1) 支持从 NAND Flash 存储器的启动；

(2) 采用 4 KB 内部缓冲器进行启动引导；

(3) 支持启动之后 NAND 存储器仍然作为外部存储器使用。

4. Cache 存储器

(1) 64 项全相连模式，采用 I - Cache(16 KB)和 D - Cache(16 KB)；

(2) 每行 8 字长度，其中每行带有一个有效位和两个页面重写标志位；

(3) 伪随机数或轮转循环替换算法；

(4) 采用写穿式(Write - through)或写回式(Write - back)Cache 操作来更新主存储器；

(5) 写缓冲器可以保存 16 个字的数据和 4 个地址。

5. 时钟和电源管理

(1) 片上 MPLL 和 UPLL：

采用 UPLL 产生操作 USB 主机/设备的时钟；

MPLL 产生最大频率 266 MHz(在 2.0 V 内核电压下)操作 MCU 所需要的时钟。

(2) 通过软件可以有选择性地为每个功能模块提供时钟；

(3) 电源模式：正常、慢速、空闲和掉电模式。

正常模式：正常运行模式；

慢速模式：不加 PLL 的低时钟频率模式；

空闲模式：只停止 CPU 的时钟；

掉电模式：所有外设和内核的电源都切断了。

(4) 可以通过 EINT[15:0]或 RTC 报警中断来从掉电模式中唤醒处理器。

6. 中断控制器

(1) 55 个中断源(1 个看门狗定时器，5 个定时器，9 个 UART，24 个外部中断，4 个 DMA，2 个 RTC，2 个 ADC，1 个 I^2C，2 个 SPI，1 个 SDI，2 个 USB，1 个 LCD，1 个电池故障)；

(2) 电平/边沿触发模式的外部中断源；

(3) 可编程的边沿/电平触发极性；

(4) 支持为紧急中断请求提供快速中断服务。

7. 具有脉冲带宽调制功能的定时器

(1) 4 通道 16 位具有 PWM 功能的定时器，1 通道 16 位内部定时器，可基于 DMA 或中断工作；

(2) 可编程的占空比周期、频率和极性；
(3) 能产生死区；
(4) 支持外部时钟源。

8. RTC(实时时钟)

(1) 全面的时钟特性：秒、分、时、日期、星期、月和年；
(2) 32.768 kHz 工作频率；
(3) 具有报警中断；
(4) 具有节拍中断。

9. 通用 I/O 端口

(1) 24 个外部中断端口；
(2) 多功能输入/输出端口。

10. UART

(1) 3 通道 UART,可以基于 DMA 模式或中断模式工作；
(2) 支持 5 位、6 位、7 位或者 8 位串行数据发送/接收；
(3) 支持外部时钟作为 UART 的运行时钟(UEXTCLK)；
(4) 可编程的波特率；
(5) 支持 IrDA1.0；
(6) 具有测试用的还回模式；
(7) 每个通道都具有内部 16 字节的发送 FIFO 和 16 字节的接收 FIFO。

11. DMA 控制器

(1) 4 通道的 DMA 控制器；
(2) 支持存储器到存储器,IO 到存储器,存储器到 IO 和 IO 到 IO 的传输；
(3) 采用猝发传输模式加快传输速率。

12. A/D 转换和触摸屏接口

(1) 8 通道多路复用 ADC；
(2) 最大 500 KSPS/10 位精度。

13. LCD 控制器 STN LCD 显示特性

(1) 支持 3 种类型的 STN LCD 显示屏：4 位双扫描、4 位单扫描、8 位单扫描显示类型；
(2) 支持单色模式、4 级、16 级灰度 STN LCD、256 色和 4 096 色 STN LCD；
(3) 支持多种不同尺寸的液晶屏；
(4) LCD 实际尺寸的典型值是：640×480,320×240,160×160 及其他；
(5) 最大虚拟屏幕大小是 4 MB；
(6) 256 色模式下支持的最大虚拟屏是：4 096×1 024,2 048×2 048,1 024×4 096 等。

14. TFT 彩色显示屏

(1) 支持彩色 TFT 的 1、2、4 或 8 bbp(像素每位)调色显示;

(2) 支持 16 bbp 无调色真彩显示;

(3) 在 24 bbp 模式下支持最大 16 M 色 TFT;

(4) 支持多种不同尺寸的液晶屏;

(5) 典型实屏尺寸:640×480,320×240,160×160 及其他;

(6) 最大虚拟屏大小 4 MB;

(7) 64 KB 色彩模式下最大的虚拟屏尺寸为 2 048×1 024 及其他。

15. 看门狗定时器

(1) 16 位看门狗定时器;

(2) 在定时器溢出时发生中断请求或系统复位。

16. I^2C 总线接口

(1) 1 通道多主 I^2C 总线;

(2) 可进行串行、8 位、双向数据传输,标准模式下数据传输速度可达 100 kb/s,快速模式下可达到 400 kb/s。

17. I^2S 总线接口

(1) 1 通道音频 I^2S 总线接口,可基于 DMA 方式工作;

(2) 串行,每通道 8/16 位数据传输;

(3) 发送和接收具备 128 字节(64 字节加 64 字节)FIFO;

(4) 支持 I^2S 格式和 MSB-justified 数据格式。

18. USB 主设备

(1) 2 个 USB 主设备接口;

(2) 遵从 OHCI Rev. 1.0 标准;

(3) 兼容 USB ver1.1 标准;

(4) USB 从设备;

(5) 1 个 USB 从设备接口;

(6) 具备 5 个 Endpoint;

(7) 兼容 USB ver1.1 标准。

19. SD 主机接口

(1) 兼容 SD 存储卡协议 1.0 版;

(2) 兼容 SDIO 卡协议 1.0 版;

(3) 发送和接收具有 FIFO;

(4) 基于 DMA 或中断模式工作;

(5) 兼容 MMC 卡协议 2.11 版。

20. SPI 接口

(1) 兼容 2 通道 SPI 协议 2.11 版；

(2) 发送和接收具有 2×8 位的移位寄存器；

(3) 可以基于 DMA 或中断模式工作。

21. 工作电压

(1) 内核：1.8 V 最高 200 MHz (S3C2410A－20)；

2.0 V 最高 266 MHz (S3C2410A－26)。

(2) 存储器和 I/O 口：3.3 V。

22. 工作频率

最高达到 266 MHz。

23. 封　装

272－FBGA。

6.1.2　引脚说明

S3C2410X 微控制器是 272－FBGA 封装，如图 6－3 所示。

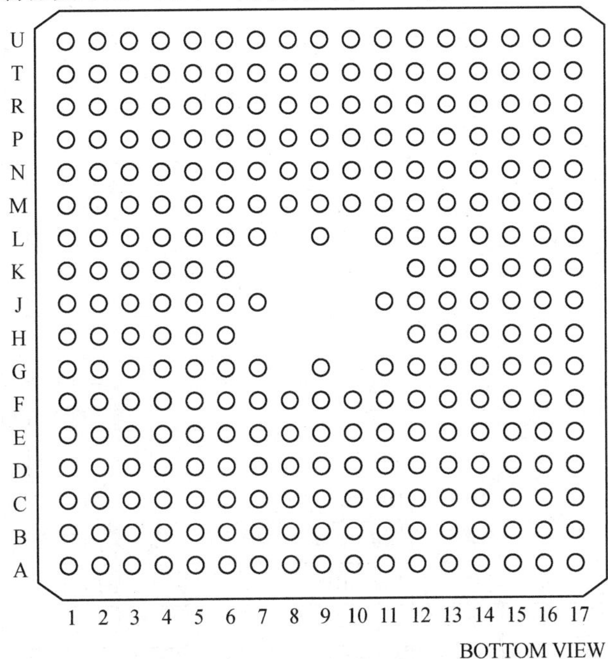

图 6－3　S3C2410X 微控制器 FBGA 封装图

信号可以分成：addr0～addr26 地址总线、data0～data31 数据总线、GPA0～GPA22、GPB10、GPC15、GPD15、GPE15、GPF7、GPG15、GPH10、EINT23、nGCS0～nGCS7、AIN7、IIC、SPI、OM0～OM3 等，而且大部分都是复用的。

S3C2410X 微控制器的 272－FBGA 引脚分配及顺序说明如表 6－1 所列，引脚的信号描述如表 6－2 所列。

表 6－1　272－FBGA 引脚分配及顺序

引脚号	引脚定义	引脚号	引脚定义	引脚号	引脚定义
A1	DATA19	B14	ADDR0/GPA0	D10	ADDR19/GPA4
A2	DATA18	B15	nSRAS	D11	VDDi
A3	DATA16	B16	nBE1:nWBE1:DQM1	D12	ADDR10
A4	DATA15	B17	VSSi	D13	ADDR5
A5	DATA11	C1	DATA24	D14	ADDR1
A6	VDDMOP	C2	DATA23	D15	VSSMOP
A7	DATA6	C3	DATA21	D16	SCKE
A8	DATA1	C4	VDDi	D17	nGCS0
A9	ADDR21/GPA6	C5	DATA12	E1	DATA31
A10	ADDR16/GPA1	C6	DATA7	E2	DATA29
A11	ADDR13	C7	DATA4	E3	DATA28
A12	VSSMOP	C8	VDDi	E4	DATA30
A13	ADDR6	C9	ADDR25/GPA10	E5	VDDMOP
A14	ADDR2	C10	VSSMOP	E6	VSSMOP
A15	VDDMOP	C11	ADDR14	E7	DATA3
A16	nBE3:nWBE3:DQM3	C12	ADDR7	E8	ADDR26/GPA11
A17	nBE0:nWBE0:DQM0	C13	ADDR3	E9	ADDR23/GPA8
B1	DATA22	C14	nSCAS	E10	ADDR18/GPA3
B2	DATA20	C15	nBE2:nWBE2:DQM2	E11	VDDMOP
B3	DATA17	C16	nOE	E12	ADDR11
B4	VDDMOP	C17	VDDi	E13	nWE
B5	DATA13	D1	DATA27	E14	nGCS3/GPA14
B6	DATA9	D2	DATA25	E15	nGCS1/GPA12
B7	DATA5	D3	VSSMOP	E16	nGCS2/GPA13
B8	DATA0	D4	DATA26	E17	nGCS4/GPA15
B9	ADDR24/GPA9	D5	DATA14	F1	TOUT1/GPB1

续表 6-1

引脚号	引脚定义	引脚号	引脚定义	引脚号	引脚定义
B10	ADDR17/GPA2	D6	DATA10	F2	TOUT0/GPB0
B11	ADDR12	D7	DATA2	F3	VSSMOP
B12	ADDR8	D8	VDDMOP	F4	TOUT2/GPB2
B13	ADDR4	D9	ADDR22/GPA7	F5	VSSOP
F6	VSSi	H4	nXDREQ1/GPB8	K13	TXD2/nRTS1/GPH6
F7	DATA8	H5	nTRST	K14	RXD1/GPH5
F8	VSSMOP	H6	TCK	K15	TXD0/GPH2
F9	VSSi	H12	CLE/GPA17	K16	TXD1/GPH4
F10	ADDR20/GPA5	H13	VSSOP	K17	RXD0/GPH3
F11	VSSi	H14	VDDMOP	L1	VD0/GPC8
F12	VSSMOP	H15	VSSi	L2	VD1/GPC9
F13	SCLK0	H16	XTOpll	L3	LCDVF2/ GPC7
F14	SCLK1	H17	XTIpll	L4	VD2/GPC10
F15	nGCS5/GPA16	J1	TDI	L5	VDDiarm
F16	nGCS6：nSCS0	J2	VCLK：LCD_HCLK/GPC1	L6	LCDVF1/GPC6
F17	nGCS7：nSCS1	J3	TMS	L7	IICSCL/GPE14
G1	nXBACK/GPB5	J4	LEND：STH/GPC0	L9	EINT11/nSS1/GPG3
G2	nXDACK1/GPB7	J5	TDO	L11	VDDi_UPLL
G3	TOUT3/GPB3	J6	VLINE：HSYNC：CPV/GPC2	L12	nRTS0/GPH1
G4	TCLK0/GPB4	J7	VSSiarm	L13	UPLLCAP
G5	nXBREQ/GPB6	J11	EXTCLK	L14	nCTS0/GPH0
G6	VDDalive	J12	nRESET	L15	EINT6/GPF6
G7	VDDiarm	J13	VDDi	L16	UEXTCLK/GPH8
G9	VSSMOP	J14	VDDalive	L17	EINT7/GPF7
G11	ADDR15	J15	PWREN	M1	VSSiarm
G12	ADDR9	J16	nRSTOUT/GPA21	M2	VD5/GPC13
G13	nWAIT	J17	nBATT_FLT	M3	VD3/GPC11
G14	ALE/GPA18	K1	VDDOP	M4	VD4/GPC12
G15	nFWE/GPA19	K2	VM：VDEN：TP/GPC4	M5	VSSiarm
G16	nFRE/GPA20	K3	VDDiarm	M6	VDDOP
G17	nFCE/GPA22	K4	VFRAME：VSYNC：STV/GPC3	M7	VDDiarm
H1	VSSiarm	K5	VSSOP	M8	IICSDA/GPE15

续表 6-1

引脚号	引脚定义	引脚号	引脚定义	引脚号	引脚定义
H2	nXDACK0/GPB9	K6	LCDVF0/GPC5	M9	VSSiarm
H3	nXDREQ0/GPB10	K12	RXD2/nCTS1/GPH7	M10	DP1/PDP0
M11	EINT23/nYPON/GPG15	P8	SPICLK0/GPE13	T5	IISLRCK/GPE0
M12	RTCVDD	P9	EINT12/LCD_PWREN/GPG4	T6	SDCLK/GPE5
M13	VSSi_MPLL	P10	EINT18/GPG10	T7	SPIMISO0/GPE11
M14	EINT5/GPF5	P11	EINT20/XMON/GPG12	T8	EINT10/nSS0/GPG2
M15	EINT4/GPF4	P12	VSSOP	T9	VSSOP
M16	EINT2/GPF2	P13	DP0	T10	EINT17/GPG9
M17	EINT3/GPF3	P14	VDDi_MPLL	T11	EINT22/YMON/GPG14
N1	VD6/GPC14	P15	VDDA_ADC	T12	DN0
N2	VD8/GPD0	P16	XTIrtc	T13	OM3
N3	VD7/GPC15	P17	MPLLCAP	T14	VSSA_ADC
N4	VD9/GPD1	R1	VDDiarm	T15	AIN1
N5	VDDiarm	R2	VD14/GPD6	T16	AIN3
N6	CDCLK/GPE2	R3	VD17/GPD9	T17	AIN5
N7	SDDAT1/GPE8	R4	VD18/GPD10	U1	VD15/GPD7
N8	VSSiarm	R5	VSSOP	U2	VD19/GPD11
N9	VDDOP	R6	SDDAT0/GPE7	U3	VD21/GPD13
N10	VDDiarm	R7	SDDAT3/GPE10	U4	VSSiarm
N11	DN1/PDN0	R8	EINT8/GPG0	U5	I2SSDI/nSS0/GPE3
N12	Vref	R9	EINT14/SPIMOSI1/GPG6	U6	I2SSDO/I2SSDI/GPE4
N13	AIN7	R10	EINT15/SPICLK1/GPG7	U7	SPIMOSI0/GPE12
N14	EINT0/GPF0	R11	EINT19/TCLK1/GPG11	U8	EINT9/GPG1
N15	VSSi_UPLL	R12	CLKOUT0/GPH9	U9	EINT13/SPIMISO1/GPG5
N16	VDDOP	R13	R/nB	U10	EINT16/GPG8
N17	EINT1/GPF1	R14	OM0	U11	EINT21/nXPON/GPG13
P1	VD10/GPD2	R15	AIN4	U12	CLKOUT1/GPH10
P2	VD12/GPD4	R16	AIN6	U13	NCON
P3	VD11/GPD3	R17	XTOrtc	U14	OM2
P4	VD23/nSS0/GPD15	T1	VD13/GPD5	U15	OM1
P5	I^2SSCLK/GPE1	T2	VD16/GPD8	U16	AIN0
P6	SDCMD/GPE6	T3	VD20/GPD12	U17	AIN2
P7	SDDAT2/GPE9	T4	VD22/nSS1/GPD14	—	—

表 6-2　S3C2410X 信号描述

内部设备	信　号	I/O	描　述
总线控制器	OM[1:0]	I	OM[1:0]在产品测试时可以将 S3C2410A 置于测速模式下。它还决定 nGCS0 使能区域的总线宽度，接在该引脚上的上拉或下拉电阻决定了它在复位期间的逻辑电平 00:Nand-Boot　01:16-bit　10:32-bit　11:Test Mode
	ADDR[26:0]	O	ADDR[26:0](地址总线)输出对应 bank 区内的要访问的地址
	DATA [31:0]	IO	DATA [31:0] (数据总线)在读取存储器时从该总线输入数据，在写存储器时输出数据。该总线的宽度可以通过编程设定在 8/6/32 位
	nGCS [7:0]	O	nGCS [7:0] (通用片选) 当要访问的地址位于某个 bank 区内，那么该 bank 对应的片选就会被激活。操作周期和 bank 的大小是可编程的
	nWE	O	nWE (写使能) 表示当前总线周期是一个写周期
	nOE	O	nOE (Output Enable) 表示当前总线周期是一个读周期
	nXBREQ	I	nXBREQ (总线占用请求) 允许其他需要占用总线的设备请求当前总线的控制权。BACK 有效时表示总线控制被承认了
	nXBACK	O	nXBACK (总线占用应答) 表示 S3C2410A 同意交出当前总线的控制权给总线的请求者
	nWAIT	I	nWAIT 信号要求延长总线周期。只要 nWAIT 是低电平，当前总线周期就没有结束。如果 nWAIT 信号没有在系统中使用，则必须用一个上拉电阻接在 nWAIT 引脚上
SDRAM/SRAM	nSRAS	O	SDRAM 行地址使能
	nSCAS	O	SDRAM 列地址使能
	nSCS [1:0]	O	SDRAM 片选
	DQM [3:0]	O	SDRAM 数据屏蔽
	SCLK [1:0]	O	SDRAM 时钟
	SCKE	O	SDRAM 时钟使能
	nBE [3:0]	O	高字节/低字节 使能(在 16 位 SDRAM 中使用)
	nWBE [3:0]	O	写字节使能
NAND Flash	CLE	O	命令锁存使能
	ALE	O	地址锁存使能
	nFCE	O	NAND Flash 片选使能
	nFRE	O	NAND Flash 读使能
	nFWE	O	NAND Flash 写使能
	NCON	I	NAND Flash 配置，如果没有使用 NAND Flash 控制器，则它必须接一个上拉电阻
	R/nB	I	NAND Flash 准备好/忙。如果没有使用 NAND Flash 控制器，则它必须接一个上拉电阻

续表 6－2

内部设备	信　号	I/O	描　述
LCD 控制器单元	VD [23:0]	O	STN/TFT/SEC TFT：LCD 数据总线
	LCD_PWREN	O	STN/TFT/SEC TFT：LCD 屏电源使能控制信号
	VCLK	O	STN/TFT：LCD 时钟信号
	VFRAME	O	STN：LCD 帧信号
	VLINE	O	STN：LCD 线信号
	VM	O	STN：VM 改变行和列电压的极性
	VSYNC	O	TFT：垂直同步信号
	HSYNC	O	TFT：水平同步信号
	VDEN	O	TFT：数据使能信号
	LEND	O	TFT：线结束信号
	STV	O	SEC TFT：SEC (Samsung Electronics Company) TFT LCD 屏控制信号
	CPV	O	
	LCD_HCLK	O	
	TP	O	
	STH	O	
	LCDVF [2:0]	O	SEC TFT：特殊 TFT LCD (OE/REV/REVB)的时序控制信号
中断控制单元	EINT [23:0]	I	外部中断请求
DMA	nXDREQ [1:0]	I	外部 DMA 请求
	nXDACK [1:0]	O	外部 DMA 应答
异步串行口	RxD [2:0]	I	异步串行口接收数据输入
	TxD [2:0]	O	异步串行口发送数据输出
	nCTS [1:0]	I	输入信号，被清 0 时，发送数据
	nRTS [1:0]	O	输出信号，请求发送
	UEXTCLK	I	异步串行口时钟信号
ADC	AIN [7:0]	AI	ADC 输入信号 [7:0]。如果不使用，则该引脚接地
	Vref	AI	ADC 参考电压
I^{2}C 总线	IICSDA	IO	I^{2}C 总线数据
	IICSCL	IO	I^{2}C 总线时钟
IIS 总线	IISLRCK	IO	I^{2}S 总线通道选择时钟
	IISSDO	O	I^{2}S 总线串行数据输出
	IISSDI	I	I^{2}S 总线串行数据输入
	IISSCLK	IO	I^{2}S 总线串行时钟
	CDCLK	O	CODEC 系统时钟

续表 6-2

内部设备	信　号	I/O	描　述
触摸屏	nXPON	O	X 轴正端开关控制信号
	XMON	O	X 轴负端开关控制信号
	nYPON	O	Y 轴正端开关控制信号
	YMON	O	Y 轴负端开关控制信号
USB 主设备	DN [1:0]	IO	USB 主设备的 DATA (−)信号(需接下拉电阻 15 kΩ)
	DP [1:0]	IO	USB 主设备的 DATA (+)信号(需接下拉电阻 15 kΩ)
USB 从设备	PDN0	IO	USB 从设备的 DATA (−)信号 (需接下拉电阻 470 kΩ)
	PDP0	IO	USB 从设备的 DATA (+)信号 (需接下拉电阻 1.5 kΩ)
SPI	SPIMISO [1:0]	IO	当 SPI 配置为总线上的主设备,SPIMISO 是主设备的数据输入线。如果 SPI 配置为总线上的从设备,则成为从设备的输出线
	PIMOSI [1:0]	IO	当 SPI 配置为总线上的主设备,PIMOSI 是主设备的数据输出线。如果 SPI 配置为总线上的从设备,则成为从设备的输入线
	SPICLK [1:0]	IO	SPI 时钟
	nSS [1:0]	I	SPI 片选 (针对从设备模式)
SD	SDDAT [3:0]	IO	SD 接收/发送数据
	SDCMD	IO	SD 接收回应/发送命令
	SDCLK	O	SD 时钟
通用端口	GPn [116:0]	IO	通用输入/输出端口 (其中一些只能用作输出)
TIMMER/PWM	TOUT [3:0]	O	定时器输出 [3:0]
	TCLK [1:0]	I	外部定时器时钟输入
JTAG Test Logic	nTRST	I	nTRST (TAP 控制器复位)开始时复位 TAP 控制器。如果使用调试器,则需要连接一个 10 kΩ 的上拉电阻。如果不使用调试器,则 nTRST 引脚必须输入一个低电平脉冲(一般连接到 nRESET)
	TMS	I	TMS (TAP 控制器模式选择) 控制 TAP 控制器状态序列。TMS 引脚需要连接一个 10 kΩ 的上拉电阻
	TCK	I	TCK (TAP 控制器时钟)为 JTAG 逻辑提供时钟输入。TCK 引脚需要连接一个 10 kΩ 的上拉电阻
	TDI	I	TDI (TAP 控制器数据输入) 测试指令和数据串行输入。TDI 引脚需要连接一个 10 kΩ 的上拉电阻
	TDO	O	TDO (TAP 控制器数据输出) 测试指令和数据的串行输出

续表 6-2

内部设备	信　号	I/O	描　述
Reset,Clock	nRESET	ST	nRESET 信号将挂起任何操作,并将 S3C2410A 带入一个可知的复位状态。一个有效的复位信号,必须是在处理器电源稳定之后,将 nRESET 保持低电平至少 4 个 FCLK 的时间
	nRSTOUT	O	外部设备复位控制(nRSTOUT=nRESET & nWDTRST & SW_RESET)
	PWREN	O	2.0 V 内核电压开关控制信号
	nBATT_FLT	I	电池状态探测器(不能够在掉电模式下,因电量低而唤醒处理器)如果它不使用,必须接高电平(3.3 V)
	OM [3:2]	I	OM [3:2]决定采用哪种时钟 OM [3:2]=00b,晶振用于 MPLL CLK 时钟源和 UPLL CLK 时钟源 OM [3:2]=00b,晶振用于 MPLL CLK 时钟源,EXTCLK 用于 UPLL CLK 时钟源 OM [3:2]=10b,EXTCLK 用于 MPLL CLK 时钟源,晶振用于 UPLL CLK 时钟源 OM [3:2]=11b,EXTCLK 用于 MPLL CLK 时钟源和 UPLL CLK 时钟源
	EXTCLK	I	外部时钟源 OM [3:2]=00b,EXTCLK 用于 UPLL CLK 时钟源 OM [3:2]=10b,EXTCLK 用于 MPLL CLK 时钟源,晶振用于 UPLL CLK 时钟源 OM [3:2]=11b,EXTCLK 用于 MPLL CLK 时钟源和 UPLL CLK 时钟源。如果它不使用,则必须接高电平(3.3 V)
	XTIpll	AI	内部振荡电路的晶振输入 OM [3:2]=00b,用于 MPLL CLK 时钟源和 UPLL CLK 时钟源 OM [3:2]=00b,用于 MPLL CLK 时钟源 OM [3:2]=10b,用于 UPLL CLK 时钟源 如果它不使用,则 XTIpll 必须接高电平(3.3 V)
	XTOpll	AO	内部振荡电路的晶振输出 OM [3:2]=00b,用于 MPLL CLK 时钟源和 UPLL CLK 时钟源 OM [3:2]=00b,用于 MPLL CLK 时钟源 OM [3:2]=10b,用于 UPLL CLK 时钟源 如果它不使用,则必须浮空
	MPLLCAP	AI	主时钟的环路滤波电容
	UPLLCAP	AI	USB 时钟的环路滤波电容
	XTIrtc	AI	32.768 kHz 的 RTC 晶振输入。如果不被使用,则必须接高电平(RTCVDD=1.8 V)
	XTOrtc	AO	32.768 kHz 的 RTC 晶振输出。如果不使用,则它必须设为悬空
	CLKOUT [1:0]	O	时钟输出信号。MISCCR 寄存器的 CLKSEL 域设定了时钟输出的模式,包括:MPLL CLK,UPLL CLK,FCLK,HCLK 和 PCLK

续表 6-2

内部设备	信　号	I/O	描　述
电源	VDDalive	P	S3C2410A 复位电路和端口状态寄存器电源(1.8 V/2.0 V)。无论是正常模式还是掉电模式,都应始终提供电源
	VDDi/VDDiarm	P	S3C2410A 的 CPU 内核逻辑电源(1.8 V/2.0 V)
	VSSi/VSSiarm	P	S3C2410A 内核逻辑 VSS
	VDDi_MPLL	P	S3C2410A MPLL 模拟和数字 VDD(1.8 V/2.0 V)
	VSSi_MPLL	P	S3C2410A MPLL 模拟和数字 VSS
	VDDOP	P	S3C2410A I/O 口 VDD (3.3 V)
	VDDMOP	P	S3C2410A 存储器 I/O VDD 3.3V:SCLK 最高 133 MHz
	VSSMOP	P	S3C2410A 存储器 I/O VSS
	VSSOP	P	S3C2410A I/O 口 VSS
	RTCVDD	P	RTC VDD (1.8 V, 不支持 2.0 V 和 3.3 V) (如果 RTC 不使用它必须连接到电源)
	VDDi_UPLL	P	S3C2410A UPLL 模拟和数字 VDD(1.8 V/2.0 V)
	VSSi_UPLL	P	S3C2410A UPLL 模拟和数字 VSS
	VDDA_ADC	P	S3C2410A ADC VDD(3.3 V)
	VSSA_ADC	P	S3C2410A ADC VSS

注:1. I/O 表示输入/输出。2. AI/AO 表示模拟输入/输出。3. ST 表示施密特触发。4. P 表示电源。

6.2　开发板外围电路设计

如图 6-4 所示是基于 S3C2410X 的开发板系统框图,尽管硬件选型与单元电路设计部分的内容是基于 S3C2410X 的,但由于 ARM 体系结构的一致性和常见外围电路的通用性,只要读者能真正理解本部分的设计方法,由此设计出基于其他 ARM 微处理器的系统,应该也是比较容易的。

6.2.1　电源电路

基于 S3C2410X 的应用系统,需要使用+5 V、3.3 V 和 1.8 V 的直流稳压电源,因此,为了简化系统电源电路设计,采用高质量的 5 V 直流稳压电源供电且额定电流大于 2 A。5 V 直流稳压电源与计算机的 USB 输出电压 5 V 可以分别向电路板提供 5 V 直流电压,电压经过稳压电路稳压,分别获得输出 3.3 V 和输出 1.8 V 的直流电压为开发板供,稳压芯片采用 LM117-33 和 LM117-18 两种主芯片,电源电路设计如图 6-5 所示。

电源输出的 3.3 V 经过分压后得到 1.8 V 给 RTC 供电,在没有外接电源供电情况下,由 3 V 锂电池,经过两个二极管降压后得到 1.8 V 给 RTC 供电。

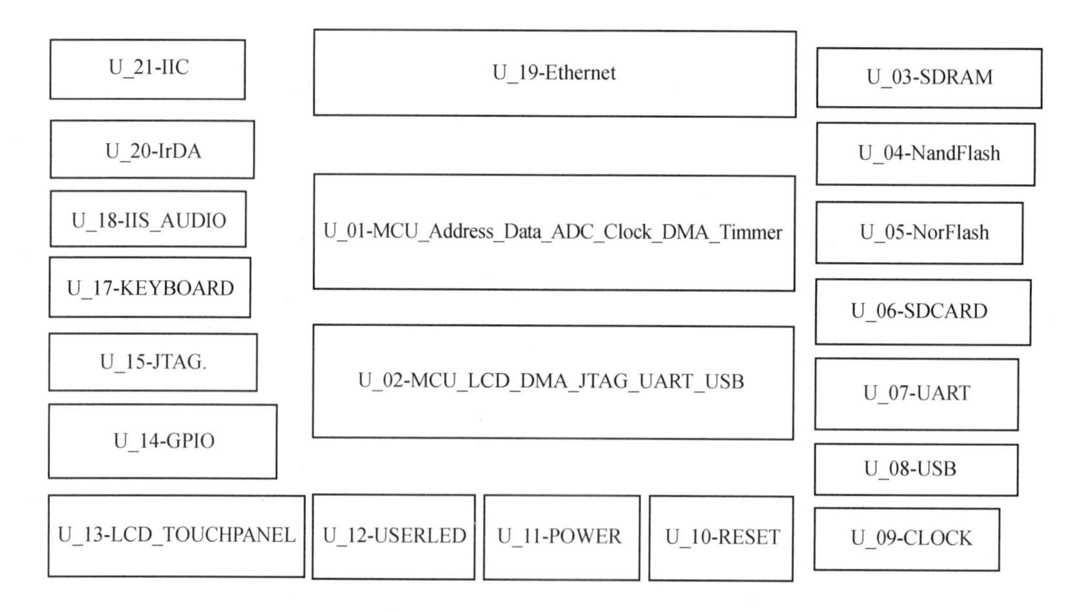

图6-4 基于S3C2410X的系统框图

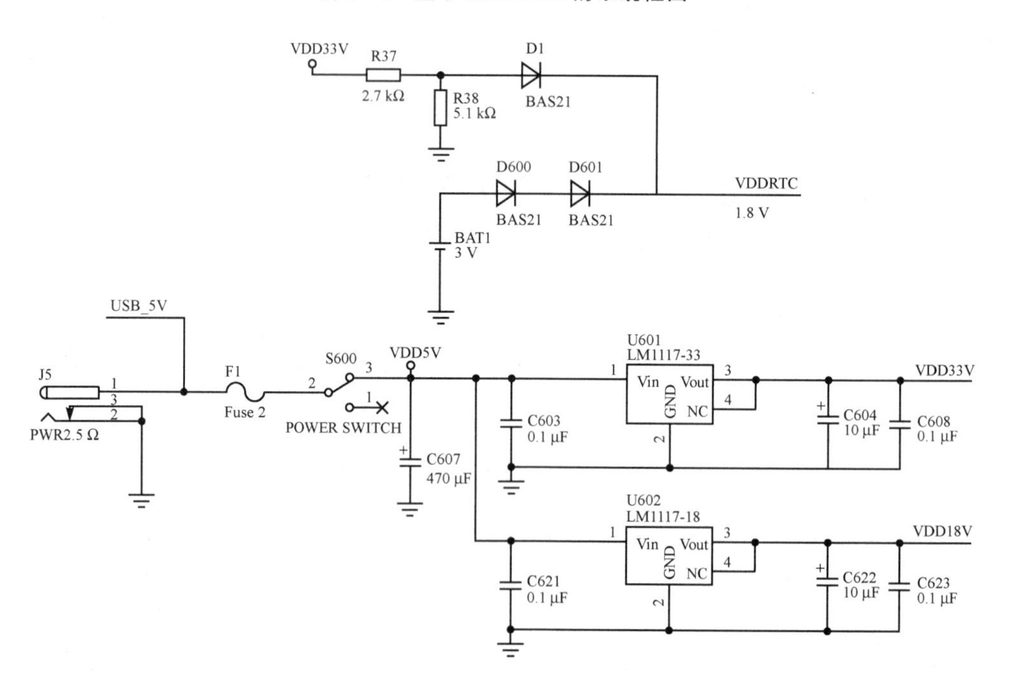

图6-5 电源电路

6.2.2　时钟和电源管理

外部振荡电路用于向S3C2410X及其他电路提供工作时钟。根据S3C2410X的最高工作频率以及PLL电路的工作方式，选择12 MHz的有源晶振，经过S3C2410X片内的PLL电路倍频后，最高可以达到202.8 MHz，如图6-6所示。

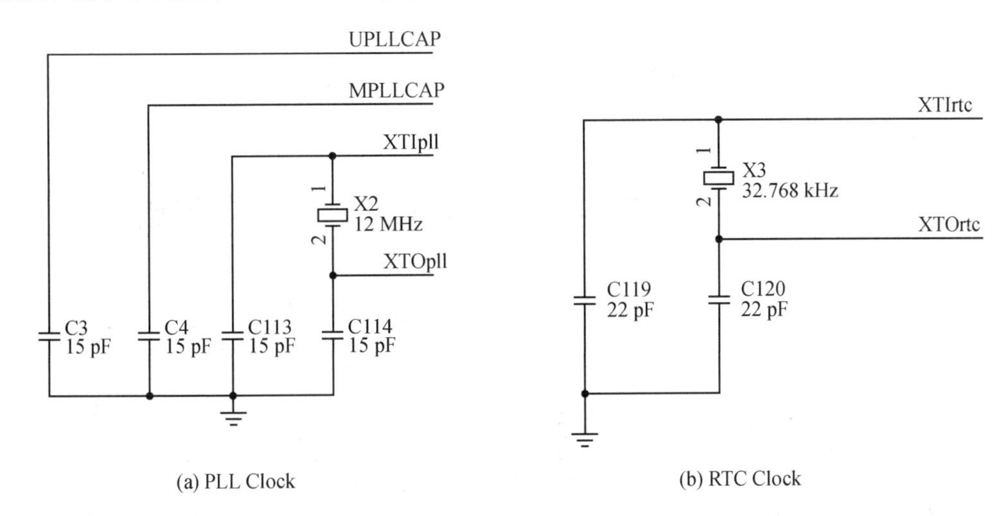

图6-6　外部振荡电路

内部时钟产生电路如图6-7所示。S3C2410X的主时钟由外部晶振或者外部时钟提供，选择后可以生成3种时钟信号，分别是CPU使用的FCLK，AHB总线使用的HCLK和APB总线使用的PCLK。时钟管理模块同时拥有两个锁相环，一个称为MPLL，用于FCLK、HCLK和PCLK；另一个称为UPLL，用于USB设备。对时钟的选择是通过OM[3:2]实现的，其含义如表6-3所列。

表6-3　OM[3:2]取值及其含义

OM[3:2]	含　义
00	晶体为MPLL CLK和UPLL CLK提供时钟源
01	晶体为MPLL CLK提供时钟源，EXTCLK为UPLL CLK提供时钟源
10	EXTCLK为MPLL CLK提供时钟源，晶体为UPLL CLK提供时钟源
11	EXTCLK为MPLL CLK和UPLL CLK提供时钟

1. 时钟控制逻辑

时钟控制逻辑决定了所使用的时钟源，是采用MPLL作为FCLK，还是采用外部时钟。复位后，Fin直接传递给FCLK，即使不想改变默认的PLLCON值，也需要重新写一遍。FCLK由ARM920T核使用，HCLK提供给AHB总线，PCLK提供给了APB总线。

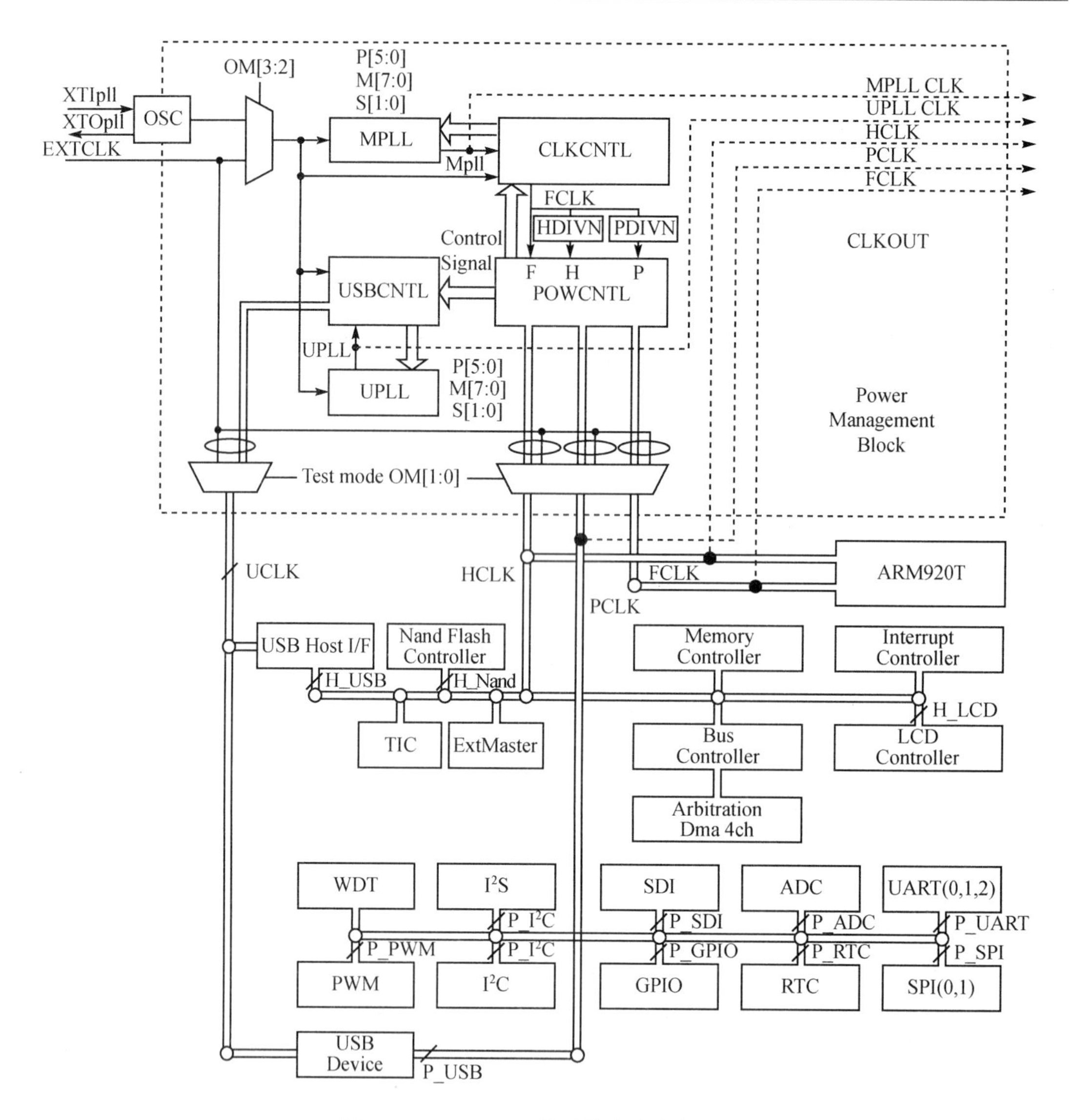

图 6-7 S3C2410X 的时钟产生方框图

S3C2410X 支持 HCLK、FCLK 和 PCLK 的分频选择，其比率是通过 CLKDIV 寄存器中的 HDIVN 和 PDIVN 控制的，其分频选择如表 6-4 所列。

通过函数 ChangeClockDivider(int hdivn, int pdivn)配置 APB 总线时钟和 AHB 总线时钟。

通过函数 ChangeMPllValue(int mdiv,int pdiv,int sdiv)配置系统主时钟，通过选择不同的分频因子 mdiv、pdiv 和 sdiv，可获得不同频率的系统主时钟。常用输出频率配置表如表 6-5 所列。

表 6－4　HCLK、FCLK 和 PCLK 的分频选择

HDIVN	PDIVN	FCLK	HCLK	PCLK	Divide Ratio
0	0	FCLK	FCLK	FCLK	1:1:1 (Default)
0	1	FCLK	FCLK	FCLK/2	1:1:2
1	0	FCLK	FCLK/2	FCLK/2	1:2:2
1	1	FCLK	FCLK/2	FCLK/4	1:2:4 (Recommended)

表 6－5　常用输出频率配置表

输入频率/MHz	输出频率/MHz	MDIV	PDIV	SDIV	输入频率/MHz	输出频率/MHz	MDIV	PDIV	SDIV
12.00	11.289	N/A	N/A	N/A	12.00	113.00	105(0x69)	1	2
12.00	16.934	N/A	N/A	N/A	12.00	118.50	150(0x96)	2	2
12.00	22.50	N/A	N/A	N/A	12.00	124.00	116(0x74)	1	2
12.00	33.75	82(0x52)	2	3	12.00	135.00	82(0x52)	2	1
12.00	45.00	82(0x52)	1	3	12.00	147.00	90(0x5a)	2	1
12.00	50.70	161(0xa1)	3	3	12.00	152.00	68(0x44)	1	1
12.00	48.00	120(0x78)	2	3	12.00	158.00	71(0x47)	1	1
12.00	56.25	142(0x8e)	2	3	12.00	170.00	77(0x4d)	1	1
12.00	67.50	82(0x52)	2	2	12.00	180.00	82(0x52)	1	1
12.00	79.00	71(0x47)	1	2	12.00	186.00	85(0x55)	1	1
12.00	84.75	105(0x69)	2	2	12.00	192.00	88(0x58)	1	1
12.00	90.00	112(0x70)	2	2	12.00	202.80	161(0xa1)	3	1
12.00	101.25	127(0x7f)	2	2					

例：使 FCLK、HCLK 和 PCLK 的频率比为 1:2:4，通过表 6－4 知，HDIVN＝1，PDIVN＝1；如果输入频率＝12 MHz，使输出频率＝202.8 MHz，由表 6－5 知，mdiv＝0xa1，pdiv＝0x3，sdiv＝0x1。将上述参数代入 ChangeClockDivider(int hdivn，int pdivn)和 ChangeMPllValue(int mdiv，int pdiv，int sdiv)就完成了所需的配置。

```
ChangeClockDivider(1,1);            //1:2:4 配置 APB 总线时钟和 AHB 总线时钟
ChangeMPllValue(0xa1,0x3,0x1);      //FCLK = 202.8 MHz 配置系统主时钟
```

2. 电源管理

S3C2410X 电源管理模块通过 4 种模式有效地控制功耗：

(1) Normal 模式：为 CPU 和所有的外设提供时钟，所有的外设开启时，该模式下的功耗最大。这种模式允许用户通过软件控制外设，可以断开提供给外设的时钟以降低功耗。

(2) Slow 模式：采用外部时钟生成 FCLK 的方式，此时电源的功耗取决于外部时钟。

(3) Idle 模式：断开 FCLK 与 CPU 核的连接，外设保持正常，该模式下的任何中断都可唤醒 CPU。

（4）Power - off 模式：断开内部电源，只给内部的唤醒逻辑供电。一般模式下需要两个电源，一个提供给唤醒逻辑；另外一个提供给 CPU 和内部逻辑。在 Power - off 模式下，后一个电源关闭。该模式可以通过 EINT[15:0]和 RTC 唤醒。

3. 时钟和电源管理寄存器

S3C2410X 通过控制寄存器实现对时钟和电源的管理，相关寄存器如表 6 - 6 所列。

表 6 - 6　时钟和电源管理寄存器

寄存器	地　址	读/写状态	说　明	复位后的值
LOCKTIME	0x4C000000	读/写	PLL 锁定时间计数器	0x00FFFFFF
MPLLCON	0x4C000004		MPLL 配置寄存器	0x0005C080
UPLLCON	0x4C000008		UPLL 控制	0x00028080
CLKCON	0x4C00000C		时钟生成控制寄存器	0x7FFF0
CLKSLOW	0x4C000010		慢时钟控制寄存器	0x00000004
CLKDIVN	0x4C000014		分频控制寄存器	0x00000000

6.2.3　复位电路

在系统中，复位电路主要完成系统的上电复位和系统在运行时用户的按键复位功能，复位电路采用较简单的 RC 复位电路，电路如图 6 - 8 所示。

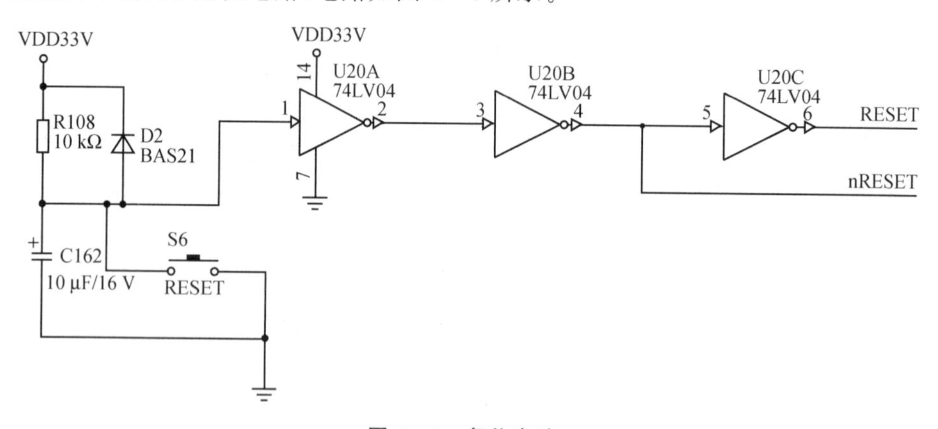

图 6 - 8　复位电路

工作原理：

在系统上电时，通过电阻 R108 向电容 C162 充电，当 C162 两端的电压没有达到高电平的门限电压时，nRESET 端输出为低电平，系统处于复位状态；当 C162 两端的电压达到高电平的门限电压时，nRESET 端输出为高电平，系统进入正常工作状态。

当用户按下按键 S6 时，C162 两端的电荷被泄放掉，nRESET 端输出为低电平，系统处于复位状态；再重复以上的充电过程，系统进入正常工作状态。调整 R108 和 C162 的值，可以调整复位状态的时间。

6.2.4　S3C2410X 与外围电路的连接

由于 S3C2410X 芯片引脚较多，为了设计方便，将其分为 3 部分：A 部分主要为系统地址和数据总线如图 6－9 所示，B 部分为外围电路的连接以及 C 部分为芯片的供电电路，电路如图 6－10 所示。

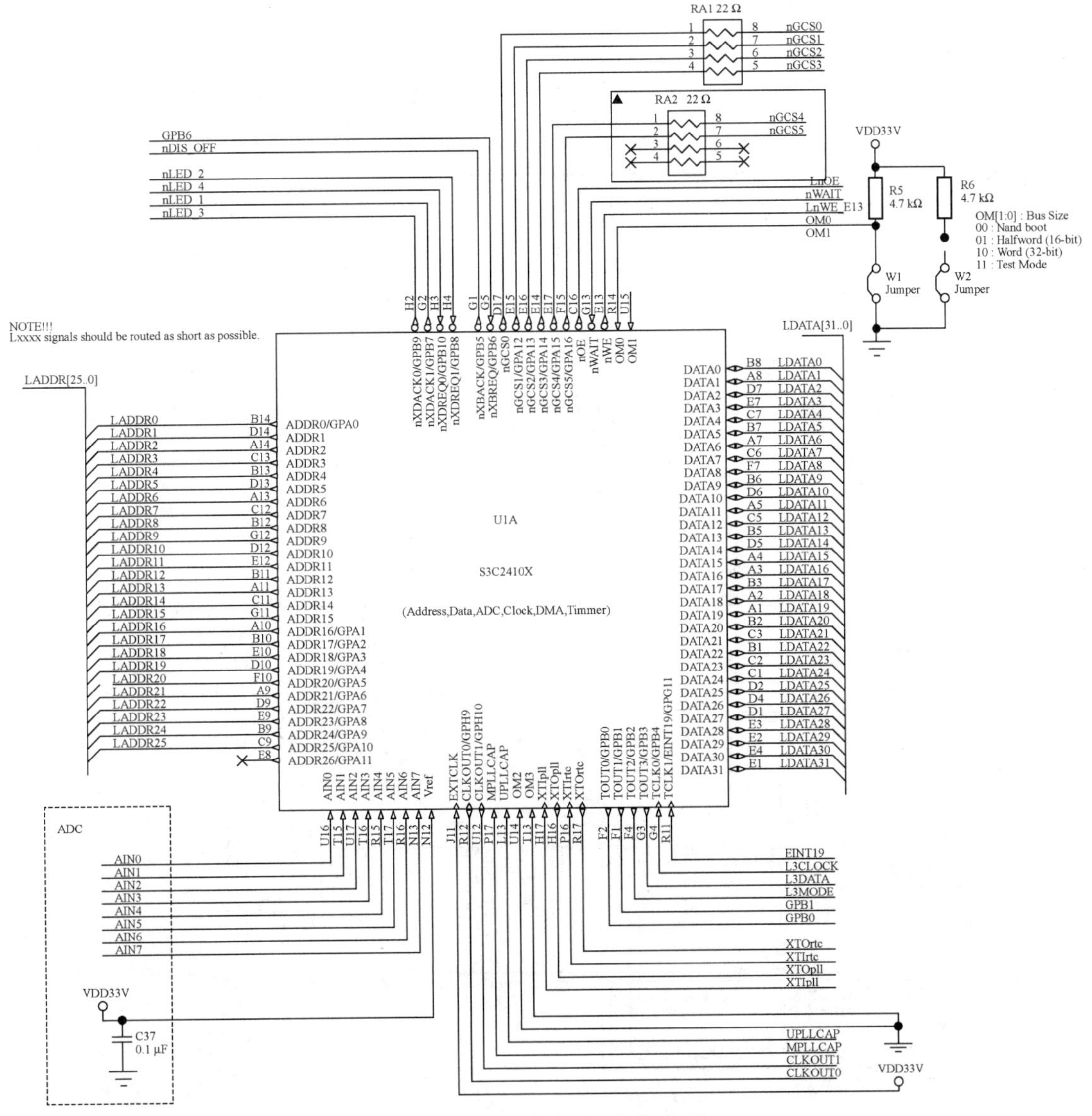

图 6－9　系统地址和数据总线

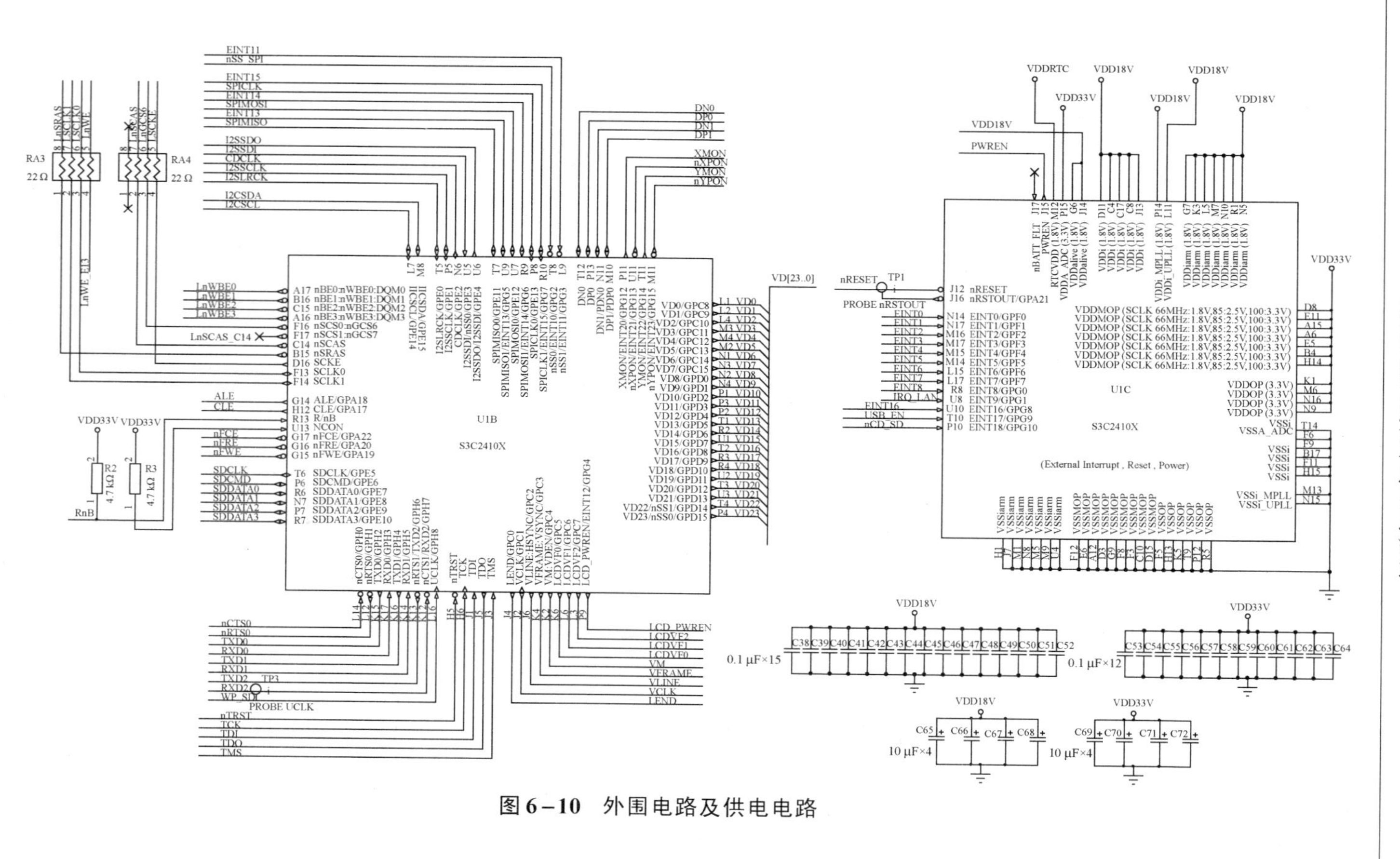

图6-10 外围电路及供电电路

6.2.5 存储器系统设计

S3C2410X的存储器管理器提供访问外部存储器的所有控制信号：26位地址信号、32位数据信号、8个片选信号以及读/写控制信号等。

S3C2410X的存储空间分成8组，最大容量是1 GB，bank0～bank5为固定128 MB，bank6和bank7的容量可编程改变，可以是2、4、8、16、32、64和128 MB，并且bank7的开始地址与bank6的结束地址相连接，但是二者的容量必须相等。

bank0可以作为引导ROM，其数据线宽只能是16位和32位，复位时由OM0、OM1引脚确定；其他存储器的数据线宽可以是8位、16位和32位。

S3C2410X的存储器格式，可以编程设置为大端格式，也可以设置为小端格式。

除bank0外，其余存储器的总线宽度可编程设置为8位、16位或32位，但bank0只能设置为16位或32位。bank0作为引导ROM，地址映射到0x00000000，总线宽度已经在复位时由OM[1:0]确定了。

S3C2410提供8路片选(nGCSn[0:7])，每个片选都指定了固定的地址，每个片选固定间隔为128 MB。开发板内存由两片16 M×16位数据宽度的SDRAM构成，两片拼成32位模式，公用nGCS6，共64 MB的RAM。起始物理实地址为0x30000000，物理地址分布图如图6-11所示。SFR表示专用寄存器。

nGCS0接的是一片512K×16位数据宽度的Nor Flash。

1. Nor Flash和Nand Flash的区别

Nor Flash的特点是XIP(eXecute In Place，芯片内执行)特性，这样，应用程序可以直接在Flash闪存内运行，不必再把代码读到系统RAM中。Nor Flash的传输效率很高，在1～4 MB的小容量时具有很高的成本效益，但是很低的写入和擦除速度大大影响了它的性能。Nand Flash结构能提供极高的单元密度，可以达到高存储密度，并且写入和擦除的速度也很快。AM29LV800容量为8M位(1M×8位/512K×16位)。

Nand Flash执行擦除操作十分简单，而Nor Flash则要求在进行写入前先要将目标块内所有的位都写为0。

Nor Flash的读速度比Nand Flash稍快一些，但Nand Flash的写入速度比Nor Flash快很多。Nand Flash的擦除单元更小，相应的擦除电路更少。

Nand Flash的单元尺寸几乎是Nor Flash的一半，由于生产过程更为简单，Nand Flash可以在给定的模具尺寸内提供更高的容量，也就相应地降低了价格。在Nand Flash中每个块的最大擦写次数是100万次，而Nor Flash的擦写次数是10万次。

Nor Flash带有SRAM接口，Nand Flash使用复杂的I/O口来串行存取数据。

2. S3C2410存储控制器

S3C2410提供了外接ROM、SRAM、SDRAM、NOR Flash和Nand Flash的接口。

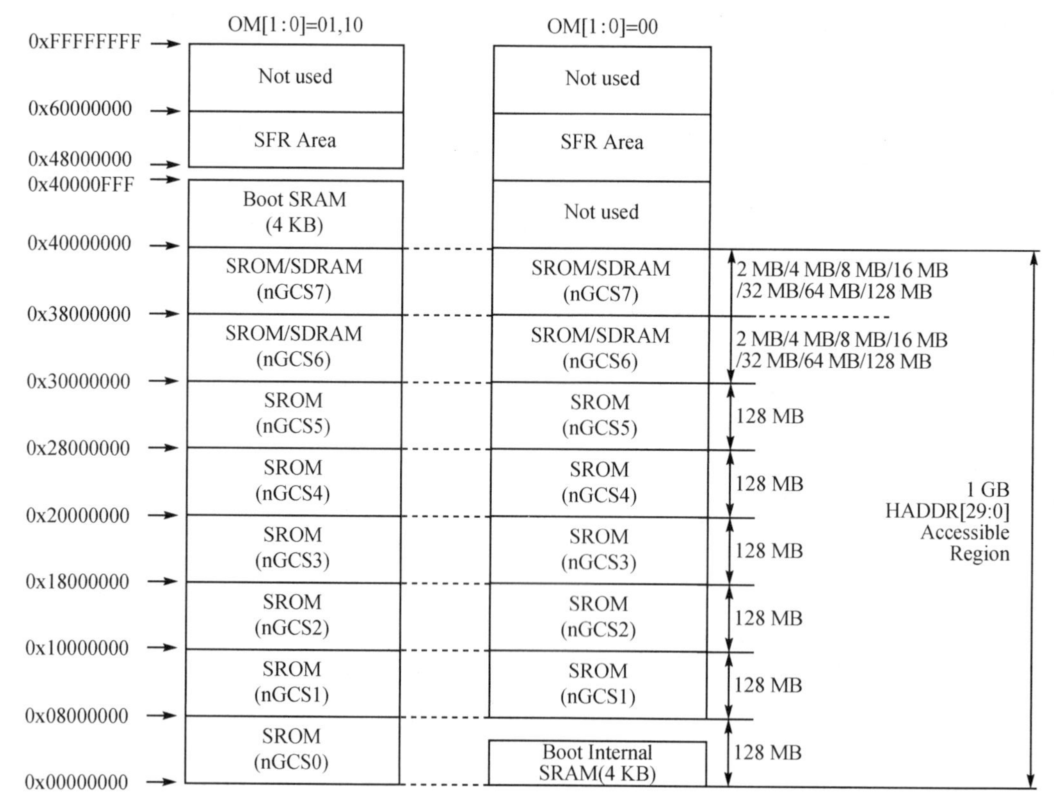

图 6-11　物理地址分布图

S3C2410外接存储器的空间被分为8 banks,每bank容量为128 MB:当访问bankx(x为0～7)所对应的地址范围x×128 M～(x+ 1)×128M-1。

SDRAM使用bank6,它的物理起始地址为6× 128 M=0x30000000。

DRAM要不断进行刷新才能保留住数据,因此它是DRAM最重要的操作。刷新操作分为两种:自动刷新AR(Auto Refresh)与自刷新SR(SelfRefresh)。不论是何种刷新方式,都不需要外部提供行地址信息,因为这是一个内部的自动操作。对于AR,SDRAM内部有一个行地址生成器(也称刷新计数器)用来自动地依次生成行地址。由于刷新涉及所有L-bank,因此在刷新过程中,所有L-bank都停止工作,而每次刷新所占用的时间为9个时钟周期,之后就可进入正常的工作状态,也就是说在这9个时钟期间内,所有工作指令只能等待而无法执行。

SR则主要用于休眠模式低功耗状态下的数据保存,这方面最著名的应用就是STR(Suspend to RAM,休眠挂起于内存)。在发出AR命令时,将CKE置于无效状态,就进入了SR模式,此时不再依靠系统时钟工作,而是根据内部的时钟进行刷新操作。

内存控制器为访问外部存储空间提供存储器控制信号，共有 13 个寄存器，具体说明如表 6－7 所列。其中，BWSCON 为总线宽度和等待控制寄存器，该寄存器用来控制各组存储器的总线宽度和访问周期。BANKCONn 为控制寄存器，该控制寄存器用来控制各组 nGCS 的时序。REFRESH 为刷新控制寄存器，该控制寄存器用来控制 SDRAM 的刷新。BANKSIZE 为组大小编程寄存器。只有清楚地了解内存控制器在系统中的作用与工作原理，才能进行程序设计与系统开发。

表 6－7　内存控制器

寄存器	地　址	读/写状态	说　明	复位后的值
BWSCON	0x48000000	读/写	总线宽度和等待控制寄存器	0x0
BANKCON0	0x48000004		bank0 控制	0x0700
BANKCON1	0x48000008		bank1 控制	0x0700
BANKCON2	0x4800000C		bank2 控制	0x0700
BANKCON3	0x48000010		bank3 控制	0x0700
BANKCON4	0x48000014		bank4 控制	0x0700
BANKCON5	0x48000018		bank5 控制	0x0700
BANKCON6	0x4800001C		bank6 控制	0x18008
BANKCON7	0x48000020		bank7 控制	0x18008
REFRESH	0x48000024		SDRAM 刷新控制	0xAC0000
BANKSIZE	0x48000028		可变的组寄存器大小	0x0
MRSRB6	0x4800002C		bank6 的模式设置寄存器	xxx
MRSRB7	0x48000030		bank7 的模式设置寄存器	xxx

使用 SDRAM，需要设置上面的 13 个寄存器。由于本开发板只使用了 bank6，所以大部分的寄存器这里不必理会。

BWSCON：对应 bank0～bank7，每个 bank 使用 4 位。这 4 位分别表示：

(1) STx：启动/禁止 SDRAM 的数据掩码引脚，对于 SDRAM，此位为 0；对于 SRAM，此位为 1；

(2) WSx：是否使用存储器的 WAIT 信号，通常设为 0；

(3) DWx：使用两位来设置存储器的位宽：00：8 位，01：16 位，10：32 位，11：保留。

(4) 比较特殊的是 bank0 对应的 4 位，它们由硬件跳线决定，且只读。

如果开发板使用两片容量为 32 MB、位宽为 16 的 SDRAM 组成容量为 64 MB、位宽为 32 的存储器，则其 BWSCON 相应位为 0010。因此 BWSCON 可设为 0x22111110。其实，只需要将 bank6 对应的 4 位设为 0010 即可，其他的是什么值没什么影响。

BANKCON0～5：没用到，使用默认值 0x00000700 即可。

BANKCON6～7：设为 0x00018005 在 8 个 bank 中，只有 bank6 和 bank7 可以使用

SRAM 或 SDRAM，所以 BANKCON6～7 与 BANKCON0～5 有点不同：

(1) MT([16:15])：用于设置本 bank 外接的是 SRAM 还是 SDRAM，SRAM：0b00，SDRAM：0b11。

当 MT=0b11 时，还需要设置两个参数：Trcd([3:2])：RAS to CAS del，即设为推荐值 0b01。

(2) SCAN([1:0])：SDRAM 的列地址位数，对于本开发板使用的 SDRAM HY57V561620CT-H，列地址位数为 9，所以 SCAN=0b01。如果使用其他型号的 SDRAM，则需要查看它的数据手册来决定 SCAN 的取值：00：8 位，01：9 位，10：10 位。

(3) REFRESH(SDRAM Refresh Control Register)：设为 0x008E0000+R_CNT 其中 R_CNT用于控制 SDRAM 的刷新周期，占用 REFRESH 寄存器的[10:0]位，它的取值可如下计算(SDRAM 时钟频率就是 HCLK)：

R_CNT=2 ^ 11+1-SDRAM 时钟频率(MHz)×SDRAM 刷新周期(μs)

在未使用 PLL 时，SDRAM 时钟频率等于晶振频率 12 MHz。

SDRAM 的刷新周期在 SDRAM 的数据手册上有标明，在本开发板使用的 SDRAM HY57V561620CT-H 的数据手册上，可查得刷新周期=64 ms/8 192=7.812 5 μs。

对于本实验，R_CNT=2 ^ 11+1-12×7.812 5=1 955，REFRESH=0x008E0000+1 955=0x008e07a3。

(4) BANKSIZE：

位[7]=1　　使能 ARM 内核猝发操作。

位[5]=1　　通过 SCKE_EN 使能控制 SDRAM 电源掉电模式。

位[4]=1　　只有在 SDRAM 访问周期期间，SCLK 才使能，这样才能减少功耗。当 SDRAM 不被访问时，SCLK 变为低电平。SCLK 只有在访问期间(推荐的)激活，推荐设置为 1。

位[2:0]=010　　bank6、bank7 对应的地址空间与 bank0～5 不同。

bank0～5 的地址空间都是固定的 128 MB，地址范围是(x×128M)到(x+1)×128M-1，x 表示 0～5。但是 bank7 的起始地址是可变的。本开发板仅使用 bank6 的 64 MB 空间，可以令位[2:1]=010 (128 MB/128 MB)或 001(64 MB/64 MB)，多出来的空间程序会检测出来，不会发生使用不存在的内存的情况，Bootloader 和 Linux 内核都会作内存检测。位[6]、位[3]没有使用。

(5) MRSRB6 和 MRSRB7：能修改的只有位[6:4](CL)，SDRAM HY57V561620CT-H 不支持 CL=1 的情况，所以位[6:4]取值为 010(CL=2)或 011(CL=3)。

3. Nand Flash

当 OMI 和 OMO 都是低电平——即开发板插上 Boot SEL 跳线时，S3C2410 从 Nand Flash 启动：Nand Flash 的开始 4 KB 代码会被自动地复制到内部 SRAM 中。需要使用这4 KB代码来把更多的代码从 Nand Flash 中读到 SDRAM 中去。Nand Flash 启动示意图如图 6-12 所示。

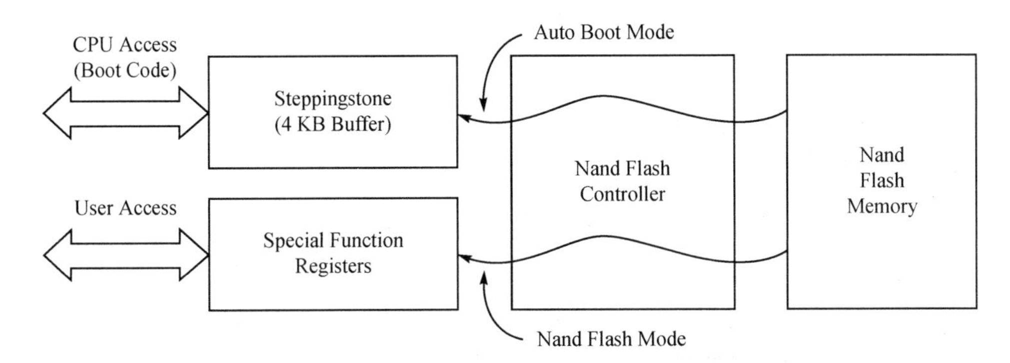

图 6-12　Nand Flash 启动示意图

Nand Flash 控制器的寄存器如表 6-8 所列。NFCON 为 Flash 配置寄存器，NFCMD 为 Flash 命令寄存器，NFADDR 为 Flash 地址寄存器，NFDATA 为 Flash 数据寄存器，NFSTAT 为 Flash 状态寄存器，NFECC 为 Flash 错误校正码寄存器。

表 6-8　Nand Flash 控制器

寄存器	地　址	读/写状态	说　明	复位后的值
NFCONF	0x4E000000	读/写	Nand Flash 配置	—
NFCMD	0x4E000004		Nand Flash 命令	—
NFADDR	0x4E000008		Nand Flash 地址	—
NFDATA	0x4E00000C		Nand Flash 数据	—
NFSTAT	0x4E000010	读	Nand Flash 状态	—
NFECC	0x4E000014		Nand Flash 纠错	—

Nand Flash 的操作通过 NFCONF、NFCMD、NFADDR、NFDATA、NFSTAT 和 NFECC 六个寄存器来完成。

S3C2410 开发系统中读/写 Nand Flash 的操作次序：

(1) 通过 NFCONF 寄存器配置 Nand Flash；

(2) 写 Nand Flash 命令到 NFCMD 寄存器；

(3) 写 Nand Flash 地址到 NFADDR 寄存器；

(4) 在读/写数据时，通过 NFSTAT 寄存器来获得 Nand Flash 的状态信息。应该在读/写操作之前或写入之后检查 R/nB 信号。

Nand Flash 控制器的寄存器的功能如下：

(1) NFCONF：使能 Nand Flash 控制器、初始化 ECC、Nand Flash 片选信号 nFCE=1 (inactive，真正使用时再让它等于 0)。

设置 TACLS、TWRPHO 和 TWRPHI。这 3 个参数控制 Nand Flash 信号线 CLE/ALE 与写控制信号 nWE 的时序关系。这里设置的值为 TACLS=0，TWRPHO=3，TWRPHI=0，其含义为：TACLS=1 个 HCLK 时钟，TWRPHO=4 个 HCLK 时钟，TWRPHI=1 个 HCLK 时钟。

(2) NFCMD：对于不同型号的 Flash，操作命令一般不一样。

(3) NFADDR：地址。

(4) NFDATA：数据，只用到低 8 位。

(5) NFSTAT：状态，只用到位 0。0：busy；1：ready。

(6) NFECC：校验。

4. 系统引导和 Nand Flash 配置

系统引导和 Nand Flash 配置如下：

(1) OM[1:0]=00b：使能 Nand Flash 控制器自动导入模式。

(2) Nand Flash 的存储页面大小应该为 512 字节。

(3) NCON：Nand Flash 寻址步骤数选择，0：3 步寻址；1：4 步寻址。

S3C2410 在写/读操作时，每 512 字节数据自动产生 3 字节的 ECC 奇偶代码(24 位)。

24 位 ECC 奇偶代码=18 位行奇偶+6 位列奇偶

ECC 产生模块执行以下步骤：

① 当 MCU 写数据到 Nand Flash 时，ECC 产生模块生成 ECC 代码。

② 当 MCU 从 Nand Flash 读数据时，ECC 产生模块生成 ECC 代码，同时用户程序将它与先前写入时产生的 ECC 代码比较。

如图 6-13～图 6-14 所示分别为 SDRAM 和 Nand Flash 与 S3C2410 连接电路参考图。

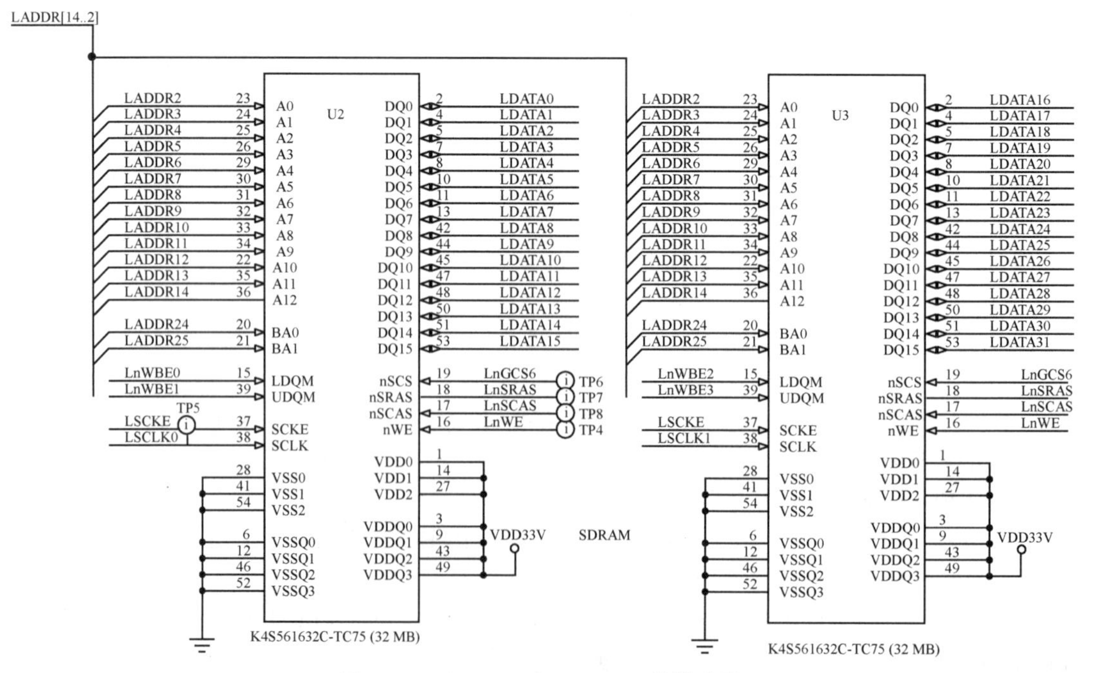

图 6-13　SDRAM 与 S3C2410 连接电路

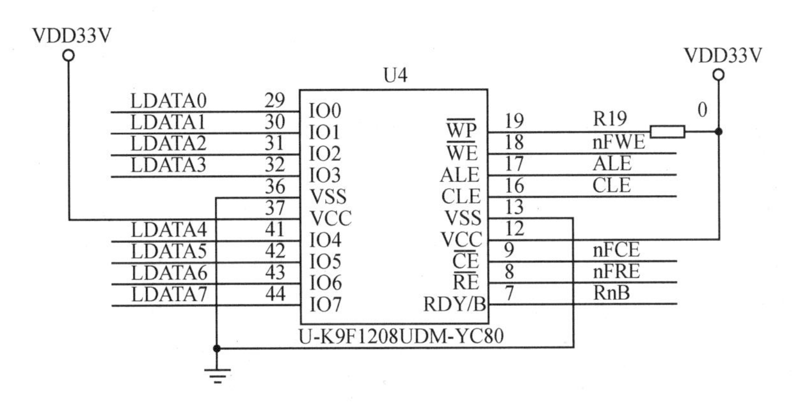

图 6-14 Nand Flash 与 S3C2410 连接电路

6.3 开发板接口电路设计

6.3.1 I/O 端口

S3C2410 微处理器共有 117 个多功能复用输入/输出(I/O)端口,它们分为 8 组。

A 端口(GPA):23 个输出端口

B 端口(GPB):11 个输入/输出端口

C 端口(GPC):16 个输入/输出端口

D 端口(GPD):16 个输入/输出端口

E 端口(GPE):16 个输入/输出端口

F 端口(GPF):8 个输入/输出端口

G 端口(GPG):16 个输入/输出端口

H 端口(GPH):11 个输入/输出端口

这些端口都具有多功能,通过引脚配置寄存器,可以将其设置为所需要的功能,如:I/O 功能、中断功能等。

每一个端口都有 4 个寄存器:① 引脚配置寄存器;② 数据寄存器;③ 引脚上拉寄存器;④ 保留寄存器。这些专用寄存器的地址和使用说明如表 6-9 所列。

表 6-9 输入/输出端口专用寄存器

寄存器	地 址	读/写状态	说 明	复位后的值
GPXCON	0x560000x0	读/写	端口 X 引脚配置寄存器	X
GPXDAT	0x560000x4		端口 X 数据寄存器	X
GPXUP	0x560000x8		端口 X 上拉寄存器	X
RESERVED	0x560000xC		端口 X	—

注:GPXCON、GPXDAT 和 GPXUP 中的 X 代表:A、B、C、D、E、F、G 和 H。

1. 端口 A 寄存器

(1) GPACON 为端口 A 引脚配置寄存器,起始地址为 0x56000000,初始值为 0x7FFFFF。

（2）GPADAT为端口A的数据寄存器，起始地址为0x56000004。寄存器的有效位为23位，即位[22:0]。

注意：① 当A口引脚配置为非输出功能时，其输出无意义；

② 从引脚输入没有意义。

2. 端口B寄存器及引脚配置

（1）GPBCON为端口B引脚配置寄存器，起始地址为0x56000010，初始值为0x0。

（2）GPBDAT为端口B的数据寄存器，起始地址为0x56000014。寄存器的有效位为11位，即位[10:0]。

（3）GPBUP为端口B上拉寄存器，起始地址为0x56000018。位[10:0]有意义。每位含义：0：对应引脚设置为上拉；　1：无上拉功能。

注意：当B口引脚配置为非输入/输出功能时，其寄存器中的值没有意义。

3. 端口C寄存器及引脚配置

（1）GPCCON为端口C的引脚配置寄存器，起始地址为0x56000020，初始值为0x0。

（2）GPCDAT为端口C的数据寄存器，起始地址为0x56000024。寄存器的有效位为16位，即位[15:0]。

（3）GPCUP为端口C上拉寄存器，起始地址为0x56000028。位[15:0]有意义。每位含义：0：对应引脚设置为上拉；　1：无上拉功能。

注意：当C端口引脚配置为非输入/输出功能时，其寄存器中的值没有意义。

4. 端口D寄存器及引脚配置

（1）GPDCON为端口D引脚配置寄存器，起始地址为0x56000030，初始值为0x0。

（2）GPDDAT为端口D的数据寄存器，起始地址为0x56000034。寄存器的有效位为16位，即位[15:0]。

（3）GPDUP为端口D上拉寄存器，起始地址为0x56000038。位[15:0]有意义。每位含义：0：对应引脚设置为上拉；　1：无上拉功能。

初始化时，位[15:12]无上拉功能，而位[11:0]有上拉功能。

注意：当D口引脚配置为非输入/输出功能时，其寄存器中的值没有意义。

5. 端口E寄存器及引脚配置

（1）GPECON为端口E引脚配置寄存器，其地址起始为0x56000040，初始值为0x0。

（2）GPEDAT为端口E的数据寄存器，起始地址为0x56000044。寄存器的有效位为16位，即位[15:0]。

（3）GPEUP为端口E上拉寄存器，起始地址为0x56000048。位[15:0]有意义。

0：对应引脚设置为上拉；　1：无上拉功能。

初始化时，各个引脚都有上拉功能。

注意： 当 E 口引脚配置为非输入/输出功能时，其寄存器中的值没有意义。

6. 端口 F 寄存器及引脚配置

(1) GPFCON 为端口 F 引脚配置寄存器，起始地址为 0x56000050，初始值为 0x0。

(2) GPFDAT 为端口 F 的数据寄存器，起始地址为 0x56000054。寄存器的有效位为 8 位，即位[7:0]。

(3) GPEUP 为端口 F 上拉寄存器，其位[7:0]有意义。初始化时各个引脚都有上拉功能。每位含义：0：对应引脚设置为上拉；　1：无上拉功能。

注意： 当 F 口引脚配置为非输入/输出功能时，其寄存器中的值没有意义。

7. 端口 G 寄存器及引脚配置

(1) GPGCON 为端口 G 的引脚配置寄存器，起始地址为 0x56000060，初始值为 0x0。

(2) GPGDAT 为端口 G 的数据寄存器，起始地址为 0x56000064。寄存器的有效位为 16 位，即位[15:0]。

(3) GPGUP 为端口 G 上拉寄存器，起始地址为 0x56000068。位[15:0]有意义。每位含义：0：对应引脚设置为上拉；　1：无上拉功能。

初始化时，位[15:11]引脚无上拉功能，其他引脚有。

注意： 当 G 口引脚配置为非输入/输出功能时，其寄存器中的值没有意义。

8. 端口 H 寄存器及引脚配置

(1) GPHCON 为端口 H 的引脚配置寄存器，起始地址为 0x56000070，初始值为 0x0。

(2) GPHDAT 为端口 H 的数据寄存器，端口 H 的 GPHDAT 寄存器：地址起始为 0x56000074。寄存器的有效位为 11 位，即位[10:0]。

(3) GPHUP 为端口 H 上拉寄存器，起始地址为 0x56000078。位[10:0]有意义。每位含义：0：对应引脚设置为上拉；　1：无上拉功能。

注意： 当 H 口引脚配置为非输入/输出功能时，其寄存器中的值没有意义。

9. 端口其他控制寄存器

(1) MISCCR 为混合控制寄存器，地址起始为 0x56000080，初始值为 0x10330。该寄存器的每位的含义如表 6-10 所列。

表 6-10　MISCCR 混合控制寄存器功能

MISCCR	位	功　能
保留	[31:20]	其值必须为 0
nEN_SCKE	[19]	SCLK 使能位
nEN_SCLK1	[18]	SCLK1 使能位
nEN_SCLK0	[17]	SCLK0 使能位；它们在电源关闭模式下对 SDRAM 做保护 0：正常状态　1：低电平

续表 6-10

MISCCR	位	功能
nRSTCON	[16]	对nRSTOUT软件复位控制位 0：使nRSTOUT为低(0)　1：使nRSTOUT为高(1)
保留	[15:14]	
USBSUSPND1	[13]	USB端口1模式。0：正常　1：浮空
USBSUSPND0	[12]	USB端口0模式。0：正常　1：浮空
保留	[11]	
CLKSEL1	[10:8]	CLKOUT1引脚输出信号源选择 000：MPLL CLK　001：UPLL CLK　010：FCLK 011：HCLK　100：PCLK　101：DCLK1　11x：保留
保留	[7]	
CLKSEL0	[6:4]	CLKOUT0引脚输出信号源选择 000：MPLL CLK　001：UPLL CLK　010：FCLK 011：HCLK　100：PCLK　101：DCLK0　11x：保留
USBPAD	[3]	与USB连接选择。0：与USB设备连接　1：与USB主机连接
MEM_HZ_CON	[2]	MEM高阻控制位。0：Hi-Z　1：前一状态
SPUCR_L	[1]	数据口低位[15:0]上拉控制位。0：上拉　1：无上拉
SPUCR_H	[0]	数据口高位[31:16]上拉控制位。0：上拉　1：无上拉

(2) DCLKCON为D时钟控制寄存器，起始地址为0x56000084，初始值为0x0。位[27:16]控制DCLK1，位[11:0]控制DCLK0。

例如：用汇编语言控制LED按流水灯的方式运行。试完成设计。开发板的LED的硬件连接与S3C2410的连接电路如图6-15所示。

在编程之前，必须先根据硬件电路配置相关寄存器。

(1) GPBCON寄存器配置。由图6-15电路知，LED1～4由S3C2410的GPB7～10控制，且输出低电平时，LED灯亮。所以，GPB7～10设置为输出，GPBCON(起始地址为0x56000010)寄存器的相应位[21:14]应该设置为01010101，其他位取0(或1)，则GPBCON的值为0x154000。

(2) GPBUP寄存器配置。GPB7～10口禁止上拉，因此，GPBUP(起始地址为0x56000018)寄存器的相应位[10:7]应该设置为1111，其他位取0(或1)，则GPBUP的值为0xFFFF。

(3) GPBDAT寄存器配置。为准备端口输出的数据，由于使用了GPB7～10这4个端口，所以，输出的数据放在位[10:7]上。

配置完成后，可以开始编写程序了。下面是利用C语言编写的源代码。

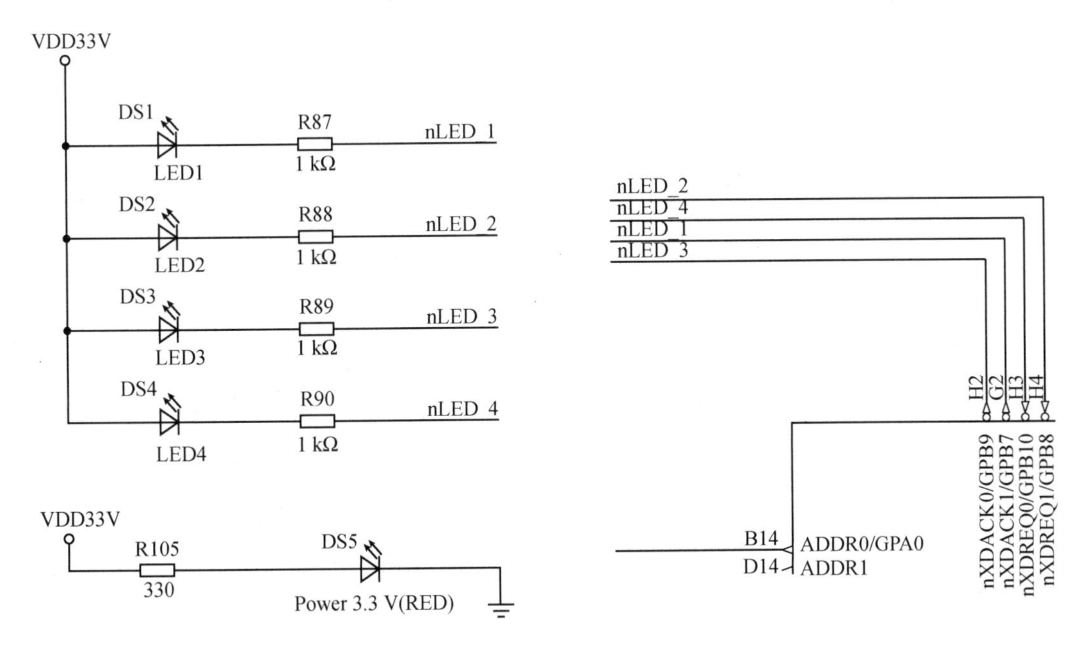

图 6-15　用户指示灯

```
//==============================================================
// File Name : 2410test.c
// Function  : S3C2410 LED test program
//==============================================================
#include <stdlib.h>
#include <string.h>
#include "def.h"
#include "option.h"
#include "2410addr.h"
#include "2410lib.h"
#include "2410slib.h"
#include "uart0.h"
#include "mmu.h"
void Isr_Init(void);
void HaltUndef(void);
void HaltSwi(void);
void HaltPabort(void);
void HaltDabort(void);

extern void __rt_lib_init(void);
//==============================================================
void Main(void)
```

```
{
    int i = 0;

    MMU_Init();                        //初始化 MMU 单元

    #if ADS10
    __rt_lib_init();                   //for ADS 1.0
    #endif

    ChangeClockDivider(1,1);           //1:2:4  配置 APB 总线时钟和 AHB 总线时钟
    ChangeMPllValue(0xa1,0x3,0x1);     //FCLK = 202.8 MHz 配置系统主时钟
    Port_Init();                       //IO 端口初始化
    Isr_Init();                        //设中断
    Uart_Init(0,115200);               //COM 口初始化

    Uart_Printf("\n\nHello MY2410! \n") ;

    while(1)
      {
        Uart_Printf("Show LED\n") ;  //串口返回调试信息
        Delay(2000);                   //延时
        i++;
        if (i>15) i = 0;
        Led_Display(i);                //控制 4 个 LED 显示
      }
}
//==================================================================
void Isr_Init(void)
{
    pISR_UNDEF = (unsigned)HaltUndef;
    pISR_SWI = (unsigned)HaltSwi;
    pISR_PABORT = (unsigned)HaltPabort;
    pISR_DABORT = (unsigned)HaltDabort;

    rINTMOD = 0x0;                    //All = IRQ mode
    rINTMSK = BIT_ALLMSK;             //All interrupt is masked
    rINTSUBMSK = BIT_SUB_ALLMSK;      //All sub - interrupt is masked.  <- April 01, 2002 SOP
}
//==================================================================
void HaltUndef(void)
{
    Uart_Printf("Undefined instruction exception.\n");
```

```
    while(1);
}
//=============================================================
void HaltSwi(void)
{
    Uart_Printf("SWI exception.\n");
    while(1);
}
//=============================================================
void HaltPabort(void)
{
    Uart_Printf("Pabort exception.\n");
    while(1);
}
//=============================================================
void HaltDabort(void)
{
    Uart_Printf("Dabort exception.\n");
    while(1);
}
```

以下函数在 2410lib.c 文件里

```
//=====================[BOARD LED ]===============================
void Led_Display(int data)
{
     rGPBDAT = (~data & 0xf) << 7;    //因为是第 7~10 位,且只有 4 位,故左移 7
}
```

6.3.2 DMA 控制器

S3C2410X 有 4 个通道的 DMA 控制器,它们位于系统总线和外设总线之间。每个 DMA 通道都能没有约束地实现系统总线或者外设总线之间的数据传输,即每个通道都能处理下面 4 种情况:

(1) 源器件和目的器件都在系统总线;

(2) 源器件在系统总线,目的器件在外设总线;

(3) 源器件在外设总线,目的器件在系统总线;

(4) 源器件和目的器件都在外设总线。

每个 DMA 通道都有 4 个 DMA 请求源,通过设置,可以从中挑选一个服务。每个通道的 DMA 请求源如表 6-11 所列。

表 6－11　各通道的 DMA 请求源

通道源	请求源 0	请求源 1	请求源 2	请求源 3	请求源 4
通道 0	nXDREQ0	UART0	SDI	Timer	USB 设备 EP1
通道 1	nXDREQ1	UART1	IIS/SDI	SPI0	USB 设备 EP2
通道 2	IISSDO	IISSDI	SDI	Timer	USB 设备 EP3
通道 3	UART2	SDI	SPI1	Timer	USB 设备 EP4

1. DMA 的工作过程

一般 DMA 的工作过程如图 6－16 所示。

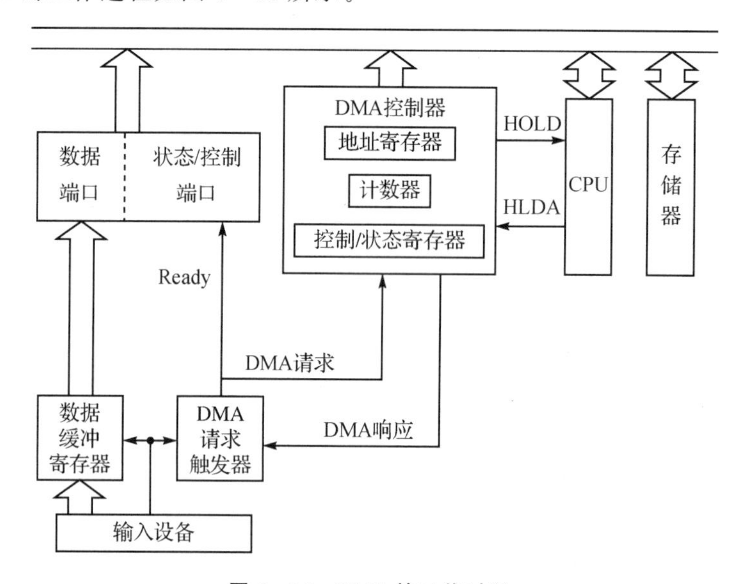

图 6－16　DMA 的工作过程

(1) 外设向 DMAC 发出请求；

(2) DMAC 通过 HOLD 向 CPU 发出总线请求；

(3) CPU 响应释放三总线，并且发应答 HLDA；

(4) DMAC 向外设发 DMA 应答；

(5) DMAC 发出地址、控制信号，为外设传送数据；

(6) 传送完规定的数据后，DMAC 撤销 HOLD 信号，CPU 也撤销 HLDA 信号，并且恢复对三总线的控制。

下面通过包含 3 状态的 FMS(有限状态机)来描述 S3C2410X 的 DMA 工作过程，具体步骤如下：

状态 1：等待状态。DMA 等待一个 DMA 请求。如果有请求到来，则将转到状态 2。在这个状态下，DMA ACK 和 INT REQ 为 0。

状态 2：准备状态。在该状态下，DMA ACK 变为 1，计数器(CURR_TC)装入 DCON[19:0] 寄存器加载计数值。

注意： DMA ACK 保持为 1 直至它被清除。

状态 3：传输状态。在该状态下，DMA 控制器从源地址读入数据并将它写到目的地址，每传输一次，CURR_TC 计数器(在 DSTAT 中)减 1，并且可能做以下操作：

(1) 重复传输：在全服务模式下，将重复传输，直到计数器 CURR_TC 变为 0；在单服务模式下，仅传输一次。

(2) 设置中断请求信号：当 CURR_TC 变为 0 时，DMAC 发出 INT REQ 信号，而且 DCON[29]即中断设定位被设为 1。

(3) 清除 DMA ACK 信号：对单服务模式，或者全服务模式 CURR_TC 变为 0。

注意： 在单服务模式下，DMAC 的 3 个状态被执行一遍，然后停止，等待下一个 DMA REQ 的到来。如果 DMA REQ 到来，则这些状态被重复操作，直到 CURR_TC 减为 0。

2. 外部 DMA 请求/响应规则

DMAC 有 3 种类型的外部 DMA 请求/响应规则：

(1) single service demand，单服务请求(对应于需求模式)；

(2) single service handshake，单服务握手(握手模式)；

(3) whole service handshake，全服务握手(全服务模式)。

每种类型都定义了像 DMA 请求和 DMA 响应这些信号怎样与这些规则相联系。

demand 与 handshake 模式的比较：

在一次传输结束时，DMA 检查 xnxDREQ(DMA 请求)信号的状态。

在 demand 模式下，如果 DMA 请求(xnxDREQ)信号仍然有效，则传输马上再次开始；否则等待。在 handshake 模式下，如果 DMA 请求信号无效，则 DMA 在两个时钟周期后将 DMA 响应(xnxDACK)信号变得无效；否则，DMA 等待直到 DMA 请求信号变得无效。每请求一次则传输一次。

3. DMA 控制器的相关寄存器

要进行 DMA 操作，首先要对 S3C2410 的相关寄存器进行正确配置。每个 DMA 通道有 9 个控制寄存器，因此，4 个通道共计 36 个寄存器。其中每个 DMA 通道的 9 个控制寄存器中有 6 个用来控制 DMA 传输，其他 3 个监视 DMA 控制器的状态。下面是相关寄存器的介绍。

1) DISRCn——DMA 源基地址寄存器

DISRCn 用于存放要传输的源数据的起始地址，如表 6-12 所列。

2) DISRCCn——DMA 源控制寄存器

DMA 源控制寄存器用于控制源数据在 AHB 总线还是在 APB 总线上，并控制地址的增长方式，如表 6-13 所列。

DISRCCn：位[1]为 LOC 即源总线选择：

0：表示源数据在 AHB 总线上；　　1：表示源数据在 APB 总线上。

DISRCCn：位[0]为 INC 即源地址变化设置：

0：传送数据后，源地址增加；　　1：源地址不变。

表 6-12　DMA 源基地址寄存器

寄存器	地　址	读/写状态	说　明	复位后的值
DISRC0	0x4B000000	读/写	DMA0 源基地址寄存器	0x00000000
DISRC1	0x4B000040		DMA1 源基地址寄存器	0x00000000
DISRC2	0x4B000080		DMA2 源基地址寄存器	0x00000000
DISRC3	0x4B0000C0		DMA3 源基地址寄存器	0x00000000

表 6-13　DMA 源控制寄存器

寄存器	地　址	读/写状态	说　明	复位后的值
DISRCC0	0x4B000004	读/写	DMA0 源控制寄存器	0x00000000
DISRCC1	0x4B000044		DMA1 源控制寄存器	0x00000000
DISRCC2	0x4B000084		DMA2 源控制寄存器	0x00000000
DISRCC3	0x4B0000C4		DMA3 源控制寄存器	0x00000000

3）DIDSTn——DMA 目的基地址寄存器

DMA 目的基地址寄存器用于存放传输目标的起始地址，如表 6-14 所列。

表 6-14　DMA 目的基地址寄存器

寄存器	地　址	读/写状态	说　明	复位后的值
DIDST0	0x4B000008	读/写	DMA0 目的基地址寄存器	0x00000000
DIDST1	0x4B000048		DMA1 目的基地址寄存器	0x00000000
DIDST2	0x4B000088		DMA2 目的基地址寄存器	0x00000000
DIDST3	0x4B0000C8		DMA3 目的基地址寄存器	0x00000000

4）DIDSTCn——DMA 初始目的控制寄存器

DMA 初始目的控制寄存器用于控制目标在 AHB 总线还是在 APB 总线上，并控制地址的增长方式，如表 6-15 所列。

表 6-15　DMA 初始目的控制寄存器

寄存器	地　址	读/写状态	说　明	复位后的值
DIDSTC0	0x4B00000C	读/写	DMA0 初始目的控制寄存器	0x00000000
DIDSTC1	0x4B00004C		DMA1 初始目的控制寄存器	0x00000000
DIDSTC2	0x4B00008C		DMA2 初始目的控制寄存器	0x00000000
DIDSTC3	0x4B0000CC		DMA3 初始目的控制寄存器	0x00000000

DIDSTCn：位[1]为 LOC 目的地址所在总线选择：

0：在 AHB 总线上；　　1：在 APB 总线上。

DIDSTCn：位[0]为 INC 即源地址变化设置：

0：传送数据后，目的地址增加；　　1：目的地址不变。

5）DCONn——DMA 控制寄存器

DMA 控制寄存器及寄存器位描述如表 6-16～表 6-18 所列。

表 6-16　DMA 控制寄存器

寄存器	地　址	读/写状态	说　明	复位后的值
DCON0	0x4B000010	读/写	DMA 0 控制寄存器	0x00000000
DCON1	0x4B000050		DMA 1 控制寄存器	0x00000000
DCON2	0x4B000090		DMA 2 控制寄存器	0x00000000
DCON3	0x4B0000D0		DMA 3 控制寄存器	0x00000000

表 6-17　DCONn 每位的含义

位名称	位	功　能
DMD_HS	[31]	DMA 与外设握手模式选择 0：需求模式。为单服务，但只要 DREQ 信号有效便传输 1：握手模式。为单服务，要等待 DREQ 信号变为无效，DREQ 再有效时才传输
SYNC	[30]	DREQ 和 DACK 信号与系统总线时钟同步选择 0：DREQ 和 DACK 与 PCLK(APB CLOCK)同步。慢速外设 1：DREQ 和 DACK 与 HCLK(AHB CLOCK)同步。高速外设
INT	[29]	CURR_TC 的中断请求控制 0：禁止 CURR_TC 产生中断请求 1：当所有的传输结束时，CURR_TC 产生中断请求
TSZ	[28]	传输长度类型选择 0：执行单数据传输 1：执行 4 数据长的突发传输
SERV MODE	[27]	传输服务模式选择 0：单服务传输模式，每传输一次都要查询 DREQ 1：全服务传输模式，不查询 DREQ，但传输一次也要释放总线
HWSRCSEL	[26:24]	DMA 通道请求源设置。含义如表 6-18 所列
SWHW_SEL	[23]	DMA 源选择方式(软件或硬件)设置 0：以软件方式产生 DMA 请求，需要用 DMASKTRIG 控制寄存器中的 SW_TRIG 位设置触发 1：由位[26:24]提供的 DMA 源触发 DMA 操作

续表 6-17

位名称	位	功　能
RELOAD	[22]	再装载选择 0：自动再装载，当传输次数减为0时自动装载DMA初值 1：不自动再装载，传输结束关闭DMA通道
DSZ	[21:20]	传输数据类型设置 00：字节　01：半字　10：字　11：保留
TC	[19:0]	初始化计数器，在此设置计数器的值

表 6-18　HWSRCSEL 设置含义

HWSRCSEL	000	001	010	011	100
通道 0	nXDREQ0	UART0	SDI	Timer	USB 设备 EP1
通道 1	nXDREQ1	UART1	IISSDI	SPI0	USB 设备 EP2
通道 2	IISSDO	IISSDI	SDI	Timer	USB 设备 EP3
通道 3	UART2	SDI	SPI1	Timer	USB 设备 EP4

6）DSTATn——DMA 状态寄存器

DMA 状态寄存器如表 6-19 所列。

STAT：位[21:20]是 DMA 状态。

00：就绪态，可进行传输；　01：DMA 正在传输；　1X：保留。

CURRTC：位[19:0]当前传输计数值。

每传输一次其值减 1。初值在 DCONn 中低 20 位。

表 6-19　DMA 状态寄存器

寄存器	地　址	读/写状态	说　明	复位后的值
DSTAT0	0x4B000014	只读	DMA0 状态寄存器	0x00000000
DSTAT1	0x4B000054		DMA1 状态寄存器	0x00000000
DSTAT2	0x4B000094		DMA2 状态寄存器	0x00000000
DSTAT3	0x4B0000D4		DMA3 状态寄存器	0x00000000

7）DCSRCn——DMA 当前源地址寄存器

DMA 当前源地址寄存器用于保存 DMAn 的当前源地址，如表 6-20 所列。

CURR_SRC：位[30:0]是当前数据源地址。

(1) DMA 每传输一次，其地址可能增加(1、2、4)，也可能不变；

(2) 在 CURR_SRC 为 0，且 DMA ACK 为 1 时，将 S_ADDR 源基地址的值装入。

表 6－20　DMA 当前源地址寄存器

寄存器	地　址	读/写状态	说　明	复位后的值
DCSRC0	0x4B000018	只读	DMA0 当前源地址寄存器	0x00000000
DCSRC1	0x4B000058		DMA1 当前源地址寄存器	0x00000000
DCSRC2	0x4B000098		DMA2 当前源地址寄存器	0x00000000
DCSRC3	0x4B0000D8		DMA3 当前源地址寄存器	0x00000000

8）DCDSTn——DMA 当前目的地址寄存器

DMA 当前目的地址寄存器用于保存 DMAn 的当前目标地址，如表 6－21 所列。

CURR_DST：位[30:0]是当前数据源地址。

(1) DMA 每传输一次，其地址可能增加(1、2、4)，也可能不变；

(2) 在 CURR_DST 为 0，且 DMA ACK 为 1 时，将 D_ADDR 的值装入。

表 6－21　DMA 当前目的地址寄存器

寄存器	地　址	读/写状态	说　明	复位后的值
DCDST0	0x4B00001C	只读	DMA0 当前目的地址寄存器	0x00000000
DCDST1	0x4B00005C		DMA1 当前目的地址寄存器	0x00000000
DCDST2	0x4B00009C		DMA2 当前目的地址寄存器	0x00000000
DCDST3	0x4B0000DC		DMA3 当前目的地址寄存器	0x00000000

9）DMASKTRIGn——DMA 屏蔽触发寄存器

DMA 屏蔽触发寄存器如表 6－22 所示。

位[31:3]保留。

STOP：位[2]是 DMA 运行停止位。

1：DMA 将当前数据传输完立即停止，并且 CURR_TC 变为 0。

注意： 如果 ON/OFF 设置为 OFF，则 DMA 也停止传输。

ON/OFF：位[1]是 DMA 通道屏蔽位。

0：关闭通道；　　1：开放通道。

如果 DCONn[22]设为非自动重装，则 DMA 传输完成后 STOP 位置 1，并且关闭通道。

表 6－22　DMA 屏蔽触发寄存器

寄存器	地　址	读/写状态	说　明	复位后的值
DMASKTRIG0	0x4B000020	读/写	DMA0 屏蔽触发寄存器	0x00000000
DMASKTRIG1	0x4B000060		DMA1 屏蔽触发寄存器	0x00000000
DMASKTRIG2	0x4B0000A0		DMA2 屏蔽触发寄存器	0x00000000
DMASKTRIG3	0x4B0000E0		DMA3 屏蔽触发寄存器	0x00000000

注意：在 DMA 运行期间，不要改变其值，并且也不要使用该位停止 DMA 传输，正确的方法应该使用 STOP 位。

SW_TRIG：位[0]DMA 软件触发位。设为 1 时，实现软件触发 DMA 请求。

注意：只有当 DCONn[23]设为软件触发 DMA 请求时，其软件触发才有效。

6.3.3　UART 通用异步串行接口

S3C2410 的 UART（通用异步串行口）有 3 个独立的异步串行 I/O 端口：UART0、UART1 和 UART2，每个串口都可以在中断和 DMA 两种模式下进行收发。UART 支持的最高波特率达 230.4 kb/s。

每个 UART 包含波特率发生器、接收器、发送器和控制单元。波特率发生器以 PCLK 或 UCLK 为时钟源。发送器和接收器各包含 1 个 16 字节的 FIFO 寄存器和移位寄存器。

S3C2410 的 3 个 UART 都有遵从 1.0 规范的红外传输功能，UART0 和 UART1 有完整的握手信号，可以连接 Modem。

当发送数据的时候，数据先写到 FIFO 然后拷贝到发送移位寄存器，之后从数据输出端口（TxDn）依次被移位输出。被接收的数据也同样从接收端口（RxDn）移位输入到移位寄存器，然后拷贝到 FIFO 中。

S3C2410 的 UART 与 MAX3232 芯片的接口电路如图 6－17 所示。

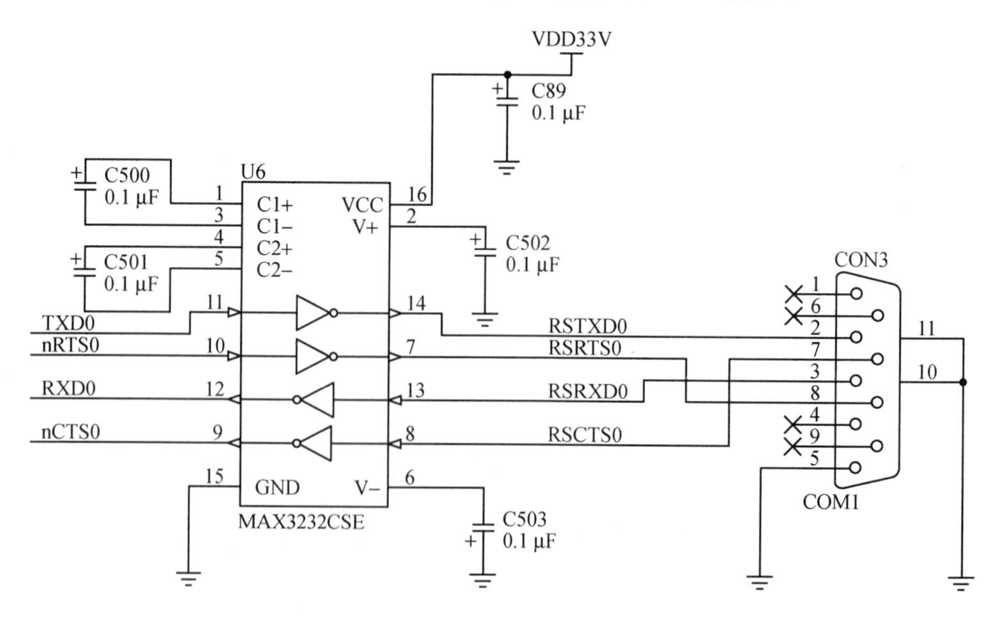

图 6－17　RS232 与 MAX3232 芯片接口

1. 串行口结构

主要由 4 部分构成：接收器(Receiver)、发送器(Transmitter)、波特率发生器(Buad_rate Generator)和控制单元(Control Unit)，如图 6－18 所示。

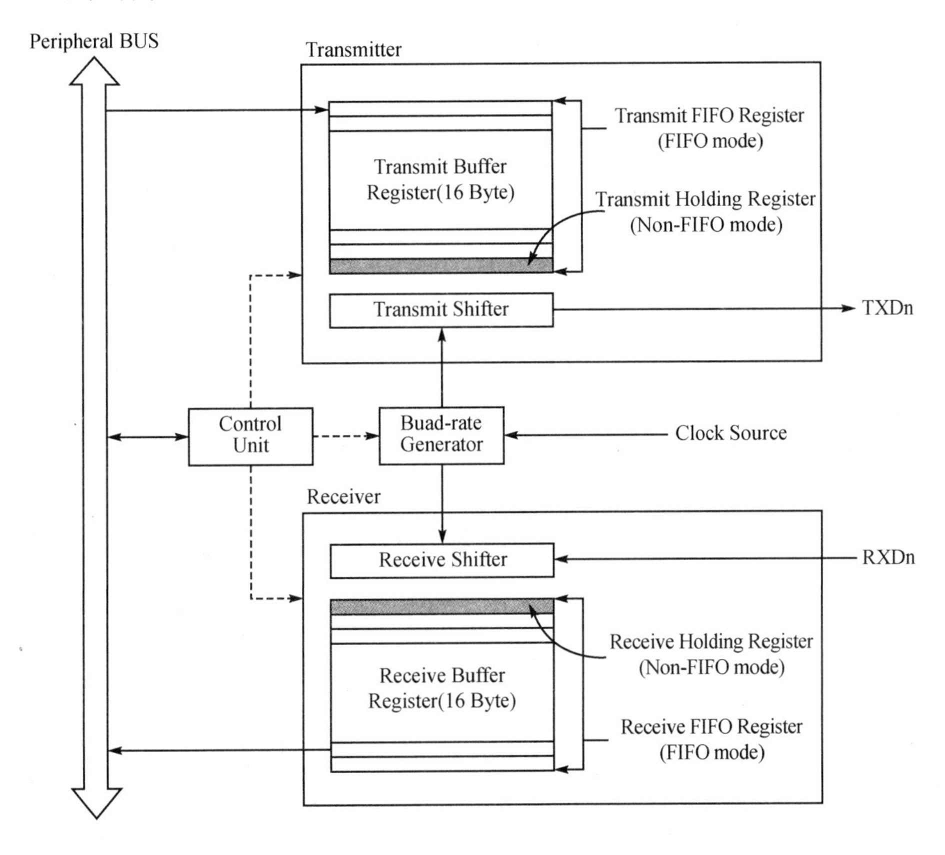

图 6－18　UART 框图

2. 工作原理

1) 串行口的操作

数据帧格式：可编程，包含 1 个开始位、5～8 个数据位、1 个可选的奇偶校验位、1 个或 2 个停止位，通过线路控制器(ULCONn)来设置。

发送中止信号：迫使串口输出逻辑 0，这种状态保持一个传输帧的时间长度。通常在一帧传输数据完整地传输之后，再通过这个全 0 状态将中止信号发送给对方。中止信号发送之后，传送数据连续放到 FIFO 中(在不使用 FIFO 模式下，将被放到输出保持寄存器)。

接收器具有错误检测功能：可以检测出溢出错误、奇偶校验错误、帧错误和中止状况，每种情况下都会用一个错误标志置位接收状态寄存器。

2）串行口的波特率发生器

每个UART的波特率发生器为传输提供了串行移位时钟。波特率产生器的时钟源可以从S3C2410的内部系统时钟PCLK或UCLK中来选择。波特率数值取决于波特率除数寄存器(UBRDIVn)的值，波特率数与UBRDIVn的关系为：

$$UBRDIVn=(int)(CLK/(fB\times 16))-1$$

式中，CLK为所选择的时钟频率，fB为波特率。

$$fB=CLK/16/(UBRDIVn+1)$$

例如：如果波特率为115 200 b/s且PCLK或UCLK为40 MHz，则UBRDIVn为：

$$UBRDIVn=(int)(40\ 000\ 000/(115\ 200\times 16))-1=(int)(21.7)-1=21-1=20$$

3）串行口的自动流控制功能

S3C2410的UART0和UART1使用nRTS、nCTS信号支持自动流控制，如图6-19所示。UART0和UART1不仅有完整的握手信号，而且有自动流控制功能，在寄存器UMCONn中设置实现。在接收数据时，只要接收FIFO中有两个空字节就会使nRTS有效，使对方发送数据；在发送数据时，只要nCTS有效，就会发送数据。

nRTS：请求对方发送；nCTS：清除请求发送。自动流控制应用于对方也是UART设备，不能应用于Modem设备。

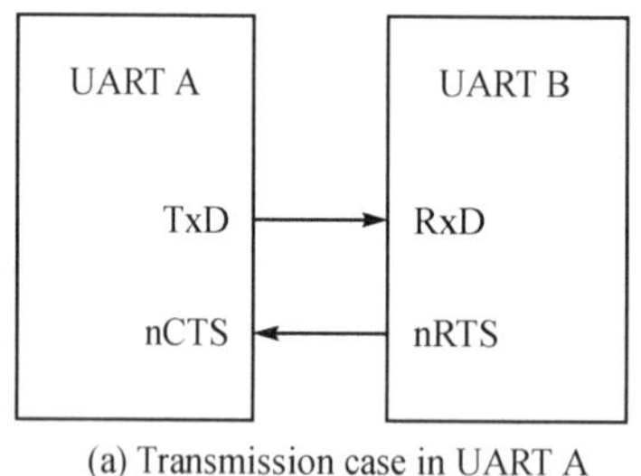

(a) Transmission case in UART A

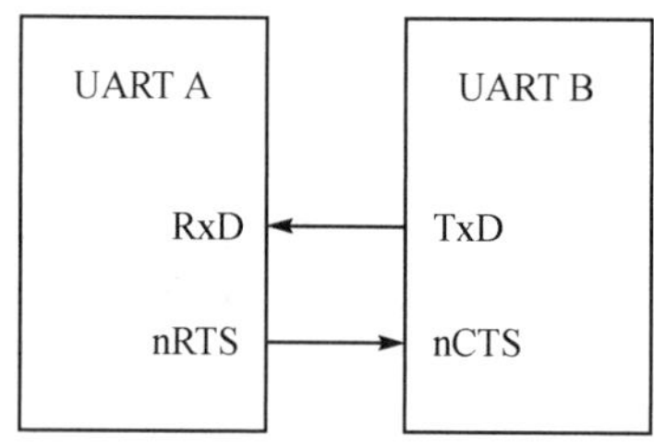

(b) Reception case in UART A

图6-19　UART自动流控制接口

4）使用FIFO进行收发

使用FIFO进行收发主要是通过对FIFO状态寄存器UFSTATn的查询，确定进行收发。

使用FIFO进行发送：

(1) 选择发送模式(中断或者DMA模式)；

(2) 查询对方是否有请求发送要求，由Modem状态寄存器UMSTATn[0]给出，该位为1，则有请求，再查询FIFO状态寄存器UFSTATn的数据满状态位是否为1，如果不是1，则可以向发送缓冲寄存器UTXHn写入发送的数据。上面二者有一个或者两个都不满足，则不发送数据。

使用FIFO进行接收(请求发送):

(1) 选择接收模式(中断或者DMA模式);

(2) 请求发送。先要查询FIFO状态寄存器UFSTATn的数据满状态位是否为1,如果不是1,则可以向对方发出"请求发送信号",对Modem控制寄存器MCONn中的请求发送信号产生位置1,使UARTn发出nRTS信号;如果UFSTATn的数据满状态位是1,则不能请求发送数据。

5) 不使用FIFO进行收发

不使用FIFO进行收发,主要是通过对收/发状态寄存器UTRSTATn 的查询,确定进行收发。

数据发送:

(1) 选择发送模式(中断或者DMA模式);

(2) 查询对方是否有请求发送要求,由Modem状态寄存器UMSTATn[0]给出。该位为1,则有请求,再查询发送/接收状态寄存器UTRSTATn[1]的"发送缓冲器空"状态位是否为1,如果是1,可以向发送缓冲寄存器UTXHn写入发送的数据。

数据接收(请求发送):

(1) 选择接收模式(中断或者DMA模式);

(2) 请求发送。先要查询发送/接收状态寄存器UTRSTATn[0]的接收缓冲器"数据就绪状态位"是否为1,如果是1,需要先读取数据,然后再请求对方发送数据,方法是对Modem控制寄存器MCONn中的请求发送信号产生位置1,使UARTn发出nRTS信号。

6) 中断或DMA请求

每个UART都有3类,7种事件产生中断请求或者DMA请求。

7种中断请求事件是:溢出错误、奇偶校验错误、帧格式错误、传输中断信号错误、接收缓冲器数据就绪、发送缓冲器空和发送移位器空。

它们可以分成3类:错误中断请求、接收中断请求和发送中断请求。

(1) 接收中断

非FIFO模式:当接收缓冲寄存器收到数据后,产生中断请求。

FIFO模式:Rx FIFO中数据的数目达到了触发中断的水平,或者超时(在三帧时间内未收到任何数据),均产生中断请求。

(2) 发送中断

非FIFO模式:当发送缓冲器空时,产生中断请求。

FIFO模式:Tx FIFO中数据的数目达到了触发中断的水平。

(3) 错误中断

共有4种错误中断:溢出错误、奇偶检验错误、帧格式错误和传输中断信号错误。

非FIFO模式:只要有任何一个错误出现,就会产生中断请求。

FIFO模式:Rx FIFO中数据溢出,或者出现了帧格式错误、奇偶校验错误和传输中断信号错误,都会产生中断请求。

说明:

① 对于"奇偶校验错误、帧格式错误、传输中断信号错误"中断,在数据接收时就产生了,但是在数据接收产生时并非出现中断请求,而是在读出错误数据时才出现中断请求。

② 如果设置的是DMA模式,而不是中断请求模式,则对于以上所出现的中断请求,应该是DMA请求。

③ 传输中断信号定义:在超出一帧的时间内,全部输出低电平。

7) 循环检测模式

S3C2410的每一个UART都提供有检测功能,它是一种数据循环流动的自发、自收方式,数据从发送缓冲器传送到TXD,数据不经过引脚输出,在内部将数据传到接收引脚RXD,再传输到接收缓冲器。

3. UART专用寄存器

要使用UART进行串行通信,需要设置以下与UART相关的寄存器。S3C2410有3个UART,每个都有11个专用寄存器,共29个寄存器。

1) ULCONn——行控制寄存器(ULCON)

行控制寄存器如表6-23所列。ULCONn(n为0~2)寄存器位描述如表6-24所列。

表6-23 行控制寄存器

寄存器	地 址	读/写状态	说 明	复位后的值
ULCON0	0x50000000	读/写	UART0行控制寄存器	0x00000000
ULCON1	0x50004000		UART1行控制寄存器	0x00000000
ULCON2	0x50008000		UART2行控制寄存器	0x00000000

表6-24 ULCONn每位含义

ULCONn	位	功 能
保留	[7]	保留
Infra Red Mode	[6]	红外模式设置位 0:正常 1:红外
Parity Mode	[5:3]	奇偶校验模式选择 0xx:不校验 100:奇校验 101:偶校验 110:强制为1 111:强制为0
Num of Stop Bit	[2]	停止位选择。0:1个停止位 1:2个停止位
Word Length	[1:0]	字长 00:5位 01:6位 10:7位 11:8位

2) UCONn —— UART控制寄存器

UART控制寄存器如表6-25所列。UCONn(n为0~2)寄存器位的描述如表6-26所列。

表6-25 UART控制寄存器

寄存器	地 址	读/写状态	说 明	复位后的值
UCON0	0x50000004	读/写	UART0控制寄存器	0x00000000
UCON1	0x50004004		UART1控制寄存器	0x00000000
UCON2	0x50008004		UART2控制寄存器	0x00000000

表6-26 UCONn每位含义

UCONn	位	功 能
Clock Selection	[10]	波特率时钟源选择。0：PCLK　1：UCLK
Tx Int Type	[9]	发送中断请求类型。0：脉冲型　1：电平
Rx Int Type	[8]	接收中断请求类型。0：脉冲型　1：电平
Rx Time OV Ena	[7]	使能/禁止接收超时中断控制。0：禁止　1：允许
Rx ERR Int Ena	[6]	接收错误中断控制。0：禁止　1：允许
Loopback Mode	[5]	回送模式控制。0：正常操作　1：回送模式
Send Break Signal	[4]	发送暂停信号控制。0：正常传输　1：发送暂停信号(全为0)
Transmit Mode	[3:2]	发送模式控制。00：禁止发送　01：中断或查询模式 10：UART0、UART2用DMA0、DMA3　11：UART1用DMA1
Receive Mode	[1:0]	接收模式控制。00：禁止接收　01：中断或查询模式 10：UART0、UART2用DMA0、DMA3　11：UART1用DMA1

3) UFCONn ——FIFO控制寄存器

FIFO控制寄存器如表6-27所列。UFCONn(n为0～2)寄存器位描述如表6-28所列。

表6-27 FIFO控制寄存器

寄存器	地 址	读/写状态	说 明	复位后的值
UFCON0	0x50000008	读/写	UART0 FIFO控制寄存器	0x00000000
UFCON1	0x50004008		UART1 FIFO控制寄存器	0x00000000
UFCON2	0x50008008		UART2 FIFO控制寄存器	0x00000000

表6-28 UFCONn每位含义

UFCONn	位	功 能
Tx FIFO Tri Leve	[7:6]	Tx FIFO的触发电平设置。00：空　01：减少到4字节 10：减少到8字节　11：减少到12字节
Rx FIFO Tri Leve	[5:4]	Rx FIFO的触发电平设置。00:增加到4字节　01：增加到8字节 10：增加到12字节　11：增加到16字节
Reserved	[3]	保留
Tx FIFO Reset	[2]	Tx FIFO清除控制。0：正常　1：清0
Rx FIFO Reset	[1]	Rx FIFO清除控制。0：正常　1：清0
FIFO Enable	[0]	FIFO应用控制。　0：禁止　1：使能

4）UMCONn —— Modem控制寄存器

Modem控制寄存器如表6-29所列。UMCONn(n为0～1)寄存器位描述如表6-30所列。

表6-29 Modem控制寄存器

寄存器	地址	读/写状态	说明	复位后的值
UMCON0	0x5000000C	读/写	UART0 Modem控制寄存器	0x00000000
UMCON1	0x5000400C		UART1 Modem控制寄存器	0x00000000
Reserved	0x5000800C	—	保留	0x00000000

表6-30 UMCONn每位含义

UMCONn	位	功能
Reserved	[7:5]	保留,这些位必须为0
Auto Flow Control (AFC)	[4]	自动流控制。0：一般方式 1：自动流控制
Reserved	[3:1]	保留,这些位必须为0
Request to Send	[0]	nRTS引脚信号控制。0：nRTS为高电平 1：nRTS为低电平,有效

5）UTRSTATn——发送/接收状态寄存器

发送/接收状态寄存器如表6-31所列。UTRSTATn (n为0～2)寄存器位描述如表6-32所列。

表6-31 发送/接收状态寄存器

寄存器	地址	读/写状态	说明	复位后的值
UTRSTAT0	0x50000010	只读	UART0状态寄存器	0x00000006
UTRSTAT1	0x50004010		UART1状态寄存器	0x00000006
UTRSTAT2	0x50008010		UART2状态寄存器	0x00000006

表6-32 UTRSTATn每位含义

UTRSTATn	位	功能
Transmitter Empty	[2]	发送器空状态位 0：发送器未空 1：发送器、发送缓冲器均空
Transmit Buffer Empty	[1]	发送缓冲器空状态位 0：未空 1：空 在非FIFO模式,激发中断或DMA请求
Receive Buffer Data Ready	[0]	接收缓冲器状态 0：空 1：有数据 在非FIFO模式,激发中断或DMA请求

6）UERSTATn——Rx错误状态寄存器

Rx错误状态寄存器如表6-33所列。UERSTATn(n为0～2)寄存器位描述如表6-34所列。

表 6-33　Rx 错误状态寄存器

寄存器	地　址	读/写状态	说　明	复位后的值
UERSTAT0	0x50000014	只读	UART0Rx 错误状态寄存器	0x00000000
UERSTAT1	0x50004014		UART1Rx 错误状态寄存器	0x00000000
UERSTAT2	0x50008014		UART2Rx 错误状态寄存器	0x00000000

表 6-34　UERSTATn 每位含义

UERSTATn	位	功　能
Break Detect	[3]	暂停信号状态。0：无暂停信号　　1：收到暂停信号(产生中断请求)
Frame Error	[2]	帧错误状态位。0：无帧错误　　1：有帧错误(产生中断请求)
Parity Error	[1]	奇偶校验错误状态。0：无奇偶校验错　　1：有奇偶校验错误(产生中断请求)
Overrun Error	[0]	溢出错误状态位。　0：无溢出错误　　1：溢出错误(产生中断请求)

7) UFSTATn——FIFO 状态寄存器

FIFO 状态寄存器如表 6-35 所列。UFSTATn (n 为 0～2)寄存器位描述如表 6-36 所列。

表 6-35　FIFO 状态寄存器

寄存器	地　址	读/写状态	说　明	复位后的值
UFSTAT0	0x50000018	读/写	UART0 FIFO 状态寄存器	0x00000000
UFSTAT1	0x50004018		UART1 FIFO 状态寄存器	0x00000000
UFSTAT2	0x50008018		UART2 FIFO 状态寄存器	0x00000000

表 6-36　UFSTATn 每位含义

UFSTATn	位	功　能
Reserved	[15:10]	保留，值必须为 0
Tx FIFO Full	[9]	发送 FIFO 满状态检测位。0：未满　　1：满
Rx FIFO Full	[8]	接收 FIFO 状态位。　　0：未满　　1：满
Tx FIFO Count	[7:4]	发送 FIFO 中数据的字节大小，单位为字节
Rx FIFO Count	[3:0]	接收 FIFO 中数据的字节大小，单位为字节

8) UMSTATn——Modem 状态寄存器

Modem 状态寄存器如表 6-37 所列。UMSTATn(n 为 0～1)寄存器位描述如表 6-38 所列。

表 6-37　Modem 状态寄存器

寄存器	地　址	读/写状态	说　明	复位后的值
UMSTAT0	0x5000001C	只读	UART0 Modem 状态寄存器	0x00000000
UMSTAT1	0x5000401C		UART1 Modem 状态寄存器	0x00000000
Reserved	0x5000801C		保留	—

表 6-38　UMSTATn 每位含义

UMSTATn	位	功　能
Reserved	[3]	保留，值必须为 0
Delta CTS	[2]	nCTS 引脚信号自上次读后变化状态。0：未改变　　1：已改变
Reserved	[1]	保留，值必须为 0
Clear to Send	[0]	nCTS 引脚信号状态。0：nCTS 为高电平　　1：nCTS 引脚为低电平，有效

9）UTxHn——发送缓冲寄存器

发送缓冲寄存器如表 6-39 所列。

UTxHn（n 为 0～2）寄存器位描述：Tx DATAn：位[7:0]为 UARTn 发送的一个字节数据。

表 6-39　发送缓冲寄存器

寄存器	地　址	读/写状态	说　明	复位后的值
UTxH0	0x50000020(L) 0x50000023(B)	写	UART0 发送缓冲寄存器	—
UTxH1	0x50004020(L) 0x50004023(B)		UART1 发送缓冲寄存器	—
UTxH2	0x50008020(L) 0x50008023(B)		UART2 发送缓冲寄存器	—

10）URxHn——接收缓冲寄存器

接收缓冲寄存器如表 6-40 所列。

表 6-40　接收缓冲寄存器

寄存器	地　址	读/写状态	说　明	复位后的值
URxH0	0x50000024(L) 0x50000027(B)	写	UART0 接收缓冲寄存器	—
URxH1	0x50004024(L) 0x50004027(B)		UART1 接收缓冲寄存器	—
URxH2	0x50008024(L) 0x50008027(B)		UART2 接收缓冲寄存器	—

URxHn（n为0～2）寄存器位描述：Rx DATAn：位[7:0]为UARTn接收的一个字节数据。

11）UBRDIVn——波特率除数寄存器

波特率除数寄存器如表6-41所列。

表6-41 波特率除数寄存器

寄存器	地 址	读/写状态	说 明	复位后的值
UBRDIV0	0x50000028	读/写	UART0 波特率除数寄存器	—
UBRDIV1	0x50004028		UART1 波特率除数寄存器	—
UBRDIV2	0x50008028		UART2 波特率除数寄存器	—

每个UART控制器都有各自的波特率发生器来产生发送和接收数据所用的序列时钟，波特率发生器的时钟源有两种，可以通过设置UCONn寄存器来选择。这两种时钟源一个是CPU内部的系统时钟(PCLK)，另一个是从CPU的UCLK引脚获取的外部UART设备时钟信号(UCLK)。

UBRDIVn（n为0～2）寄存器位的描述：UBRDIVn：位[15:0]为波特率除数值。UBRDIVn >0。

虽然UART寄存器有11×3个(3个UART)之多，但在设计时并不会全部用到。

例1：串口在嵌入式系统中是一个重要的资源，常用来作输入/输出设备，在后续的实验中也将使用串口的功能。串口的基本操作有3个：串口初始化、发送数据和接收数据。这些操作都是通过访问上面描述的串口控制寄存器进行的，利用第5章讲的编写应用程序都要用到的文件，可以完成下面的任务：

(1) 串口初始化程序

```
MMU_Init();                          //初始化内存管理单元
ChangeClockDivider(1,1);             //设置系统时钟 1：2：4
ChangeMPllValue(0xa1,0x3,0x1);       // FCLK = 202.8 MHz
Port_Init();                         //初始化 I/O 口
Uart_Init(0,115200);                 //初始化串口
Uart_Select(0);                      //选择串口 0
```

(2) 发送数据

```
while(!(rUTRSTAT0&0x2));             //等待发送缓冲空
rUTXH0 = data;                       //将数据写到数据端口
```

(3) 接收数据

```
while(rUTRSTAT0&0x1 = = 0x0);        //等待数据
data = rURXH0;                       //读取数据
```

例2：实现查询方式串口的收发功能，接收来自串口(通过超级终端)的字符，并将接收到

的字符发送回超级终端。

```
#define  TXD0READY   (1 << 2)
#define  RXD0READY   (1)
void init_uart( )
  {                                         //初始化 UART
      GPHCON |= 0xa0;                       //GPH2,GPH3 used as TXD0,RXD0
      GPHUP = 0x0c;                         //GPH2,GPH3 内部上拉

      ULCON0 = 0x03;                        //8N1
      UCON0 = 0x05;                         //查询方式
      UFCON0 = 0x00;                        //不使用 FIFO
      UMCON0 = 0x00;                        //不使用流控
      UBRDIV0 = 12;                         //波特率为 57 600
  }

void putc(unsigned char c)
  {
      while(!(UTRSTAT0 & TXD0READY) );      //通过查询 UTRSTAT0 的第 1 位,判断上次的
                                            //数据是否已发送出去,是则发送当前数据
      UTXH0 = c;
  }

unsigned char getc( )
  {
      while(!(UTRSTAT0 & RXD0READY) );      //通过查询 UTRSTAT0 的第 1 位,判断是否
                                            //已接收到数据,是则读取
      return URXH0;
  }
int main()
  {
       unsigned long i = 0, cnt = 0;
       unsigned char c;
       GPBCON = GPB7_out|GPB8_out|GPB9_out|GPB10_out;
       init_uart( );      //波特率 57 600,8N1(8 个数据位,无校验位,1 个停止位)
       while(1)
         { //本程序从串口接收数据后,判断其是否是数字或字母,若是则返回到串口
             GPBDAT = (~( (i++) << 7));
             c = getc( );
             if ((c>= '0' && c<= '9')||(c>= 'a' && c<= 'z')||(c>= 'A' && c<= 'Z'))
```

```
            {
                putc( c );
                cnt++;
              }
            if( cnt == 40)
            {
                cnt = 0;
                putc(0x0d);           //回车
                putc(0x0a);           //换行
            }
        }
        return 0;
    }
```

6.3.4 USB 接口

1. USB 总线概述

1) USB 标准

USB(Universal Serial Bus,通用串行总线)是由 Intel、Compaq 和 Microsorft 等公司联合提出的一种新的串行总线标准,主要用于 PC 与外围设备互连。1996 年 2 月发布 v1.0,2000 年 4 月发布了 v2.0,数据传输速度为:低速 1.5 Mb/s,全速 12 Mb/s,高速 480 Mb/s。

2) USB 接口组成

USB 接口组成主要有以下 5 部分:① USB 芯片及协议程序(固件);② 控制器(控制 USB 芯片);③ 控制器程序;④ USB 设备驱动程序;⑤ USB 设备。

3) USB 传输方式

USB 传输方式有 4 种传输:

(1) 同步传输:设备与主机同步,速度高,一次传输,不确保无错误,用于如声音、视频传输。

(2) 中断传输:实时性强,应用于数据量小、分散、不可预测的数据传输中,如键盘、鼠标和游戏杆操作。

(3) 批量传输:应用于大量数据传输,保证传输数据正确无误。但对数据的实效性要求不高,如打印机、扫描仪等。

(4) 控制传输:传输的不是数据,而是命令和状态信号,主要用于主机对 USB 设备进行配置、控制和查询状态等。该方式数据量小、实效性要求也不高。

4) USB 拓扑结构

USB 设备的连接如图 6-20 所示,对于每个 PC 来说,都有一个或者多个称为 Host 控制器的设备,该 Host 控制器和一个根 Hub 作为一个整体。这个根 Hub 下可以接多级的 Hub,

每个子Hub又可以接子Hub。每个USB作为一个节点接在不同级别的Hub上。

(1) USB主机(Host):控制USB总线上所有的USB设备和所有集线器的数据通信过程。主要作用是:检测、连接和断开设备;控制数据流;收集状态、纠正错误等。

(2) USB Hub:每个USB Host控制器都会自带一个USB Hub,被称为根(Root)Hub。这个根Hub可以接子(Sub)Hub,每个Hub上挂载USB设备。当USB设备插入到USB Hub或从上面拔出时,都会发出电信号通知系统。

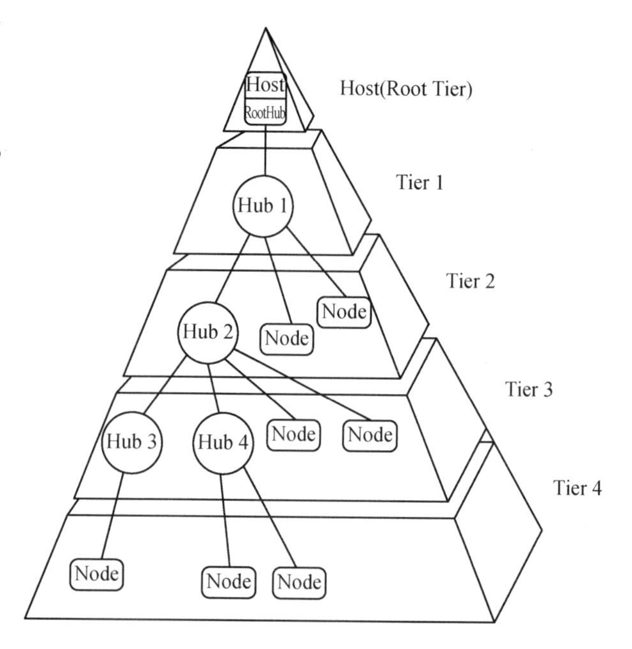

图 6-20 USB设备的连接

(3) USB设备(Device):USB设备就是插在USB总线上工作的设备,广义地讲USB Hub也算是USB设备。所有的USB设备均可接收数据,根据数据包的地址判断是否保存。

(4) 端点(Endpoint):端点是位于USB设备中、与USB主机进行通信的基本单元。USB设备可以有多个端点,各端点的地址由设备地址和端点号确定。在USB设备中,端点就是一个数据缓冲区。

(5) 管道(Pipe):管道是主机与设备之间数据通信的逻辑通道。

5) USB总线主要特点

USB总线主要特点是:① USB端口不区分设备;② 即插即用、可热插拔;③ 传输速度高;④ 易扩展,可扩展到127个USB设备;⑤ 对设备提供电源;⑥ 成本低等。

2. S3C2410 USB的接口结构

S3C2410处理器内部集成的USB 1.1版本的两个Host(主机或称主设备)的通讯端口和1个USB Device端口。其中Host 1和Device 0是复用的。如图6-21所示是USB接口电路原理图。

1) USB控制器的主要特点

USB控制器的主要特点是:① 符合USB 1.1协议规范;② 支持USB低速(1.5 Mb/s)和全速(12 Mb/s)设备连接;③ 支持控制、中断、批量数据传输方式(无同步方式);④ 集成5个配置有FIFO缓冲器的节点,1个有16字节的FIFO(EP0),4个有64字节的FIFO(EP1~

EP4);⑤ 支持 DMA 方式批量传输(EP1～EP4);⑥ 集成了 USB 收发器;⑦ 支持挂起和远程唤醒功能。

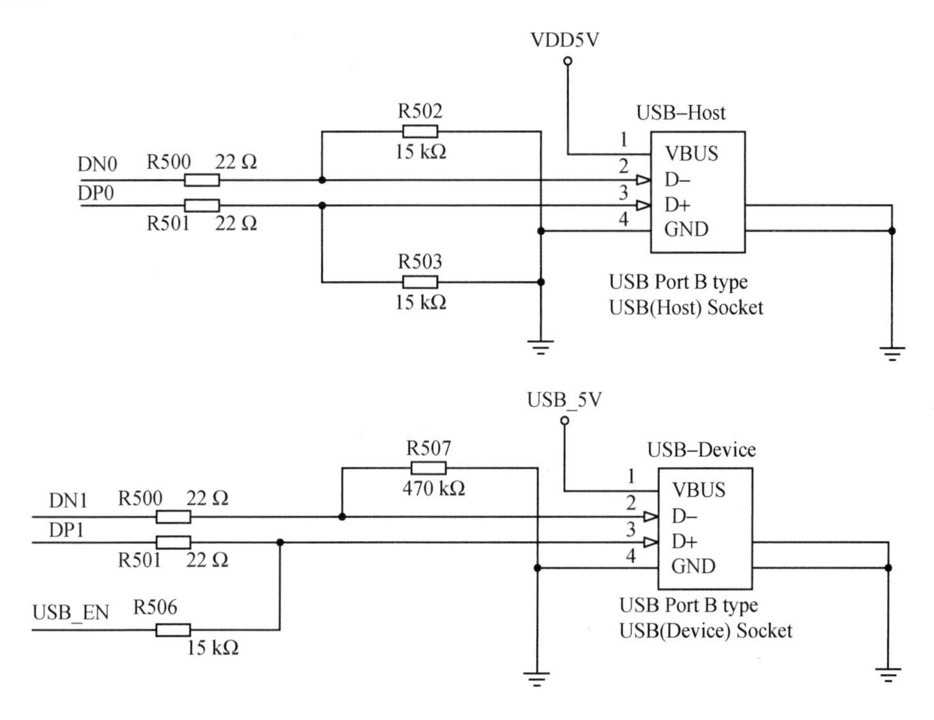

图 6－21 USB 接口电路原理图

2) S3C2410 的 USB 原理结构

主要由 5 部分构成：控制逻辑、USB 协议、5 个 FIFO、4 个 DMA 和 USB 接口，如图 6－22 所示。

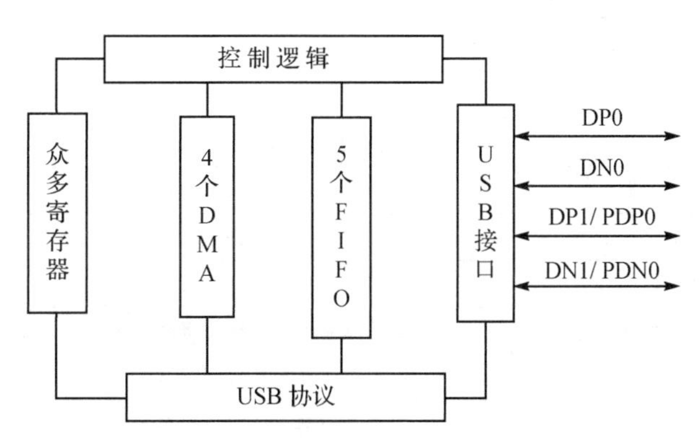

图 6－22 S3C2410 的 USB 原理结构

3. USB Device 专用寄存器

USB Device 专用寄存器共 46 个，其基地址为 0x52000000。寄存器描述如表 6-42 所列。

表 6-42 USB DEVICE 专用寄存器

寄存器	描 述	偏 址
FUNC_ADDR_REG	功能地址寄存器	140
PWR_REG	电源管理寄存器	144
EP_INT_REG(EP0 - EP4)	端点 0～4 中断寄存器	148
USB_INT_REG	USB 中断寄存器	158
EP_INT_EN_REG (EP0 - EP4)	端点中断允许寄存器	15C
USB_INT_EN_REG	USB 中断允许寄存器	16C
FRAME_NUM1_REG	帧序号低字节寄存器	170
FRAME_NUM2_REG	帧序号高字节寄存器	174
INDEX_REG	索引寄存器	178
EP0_FIFO_REG	端点 0 FIFO 寄存器	1C0
EP1_FIFO_REG	端点 1 FIFO 寄存器	1C4
EP2_FIFO_REG	端点 2 FIFO 寄存器	1C8
EP3_FIFO_REG	端点 3 FIFO 寄存器	1CC
EP4_FIFO_REG	端点 4 FIFO 寄存器	1D0
EPn_DMA_CON	端点 n DMA 控制寄存器	2xx
EPn_DMA_UNIT	端点 n DMA 传输单位寄存器	2xx
EPn_DMA_FIFO	端点 n DMA FIFO 计数器	2xx
EPn_DMA_TTC_L	端点 n DMA 传输计数器 L	2xx
EPn_DMA_TTC_M	端点 n DMA 传输计数器 M	2xx
EPn_DMA_TTC_H	端点 n DMA 传输计数器 H	2xx
IN_CSR1_REG/EP0_CSR	端点输入控制状态寄存器 1 /端点 0 控制状态寄存器	184
IN_CSR2_REG	端点输入控制状态寄存器 2	188
MAXP_REG	端点最大包寄存器	18C
OUT_CSR1_REG	端点输出控制状态寄存器 1	190
OUT_CSR2_REG	端点输出控制状态寄存器 2	194
OUT_FIFO_CNT1_REG	端点写输出计数寄存器 1	198
OUT_FIFO_CNT2_REG	端点写输出计数寄存器 2	19C

注：n=1,2,3,4。因此是 4 组，24 个寄存器。

6.3.5 A/D转换与触摸屏

1. A/D转换器的主要技术指标

(1) 分辨率指数字量变化一个最小量时模拟信号的变化量,定义为满刻度与2^n的比值。分辨率又称精度,通常以数字信号的位数来表示。

(2) 转换速率是指完成一次从模拟到数字的A/D转换所需的时间的倒数。积分型A/D的转换时间是毫秒级,属低速A/D,逐次比较型A/D是微秒级,属中速A/D,全并行/串并行型A/D可达到纳秒级。采样时间则是另外一个概念,是指两次转换的间隔。为了保证转换的正确完成,采样速率必须小于或等于转换速率。因此有人习惯上将转换速率在数值上等同于采样速率也是可以接受的。常用单位是ksps和Msps,表示每秒采样千次/百万次。

(3) 量化误差由于A/D的有限分辩率而引起的误差,即有限分辩率A/D的阶梯状转移特性曲线与无限分辩率A/D(理想A/D)的转移特性曲线(直线)之间的最大偏差。通常是1个或半个最小数字量的模拟变化量,表示为1 LSB、1/2 LSB。

(4) 偏移误差是输入信号为零时输出信号不为零的值,可外接电位器调至最小。

(5) 满刻度误差是满度输出时对应的输入信号与理想输入信号值之差。

(6) 线性度是实际转换器的转移函数与理想直线的最大偏移,不包括以上3种误差。其他指标还有:绝对精度、相对精度、微分非线性、单调性和无错码,总谐波失真和积分非线性。

2. S3C2410X的A/D转换器概述

S3C2410X中集成了一个8通道10位A/D转换器,A/D转换器自身具有采样保持功能。并且S3C2410X的A/D转换器支持触摸屏接口。A/D转换器的主要特性:

(1) 分辨率:10位,精度:±1 LSB;

(2) 线性度误差:±(1.5~2.0)LSB;

(3) 最大转换速率:500 ksps;

(4) 输入电压范围:0~3.3 V;

(5) 系统具有采样保持功能;

(6) 常规转换和低能源消耗功能;

(7) 独立/自动的X/Y坐标转换模式;

(8) 等待中断模式。

3. A/D转换器结构与工作原理

S3C2410 A/D转换器和触摸屏接口的功能块图如图6-23所示。主要由:① 信号输入通道;② 8转1切换开关;③ A/D转换器;④ 控制逻辑;⑤ 中断信号发生器;⑥ 触摸屏接口6部分构成。

当nYPON=1,nYMON=0,nXPON=0,nXMON=1处于等待中断状态时,外部晶体管

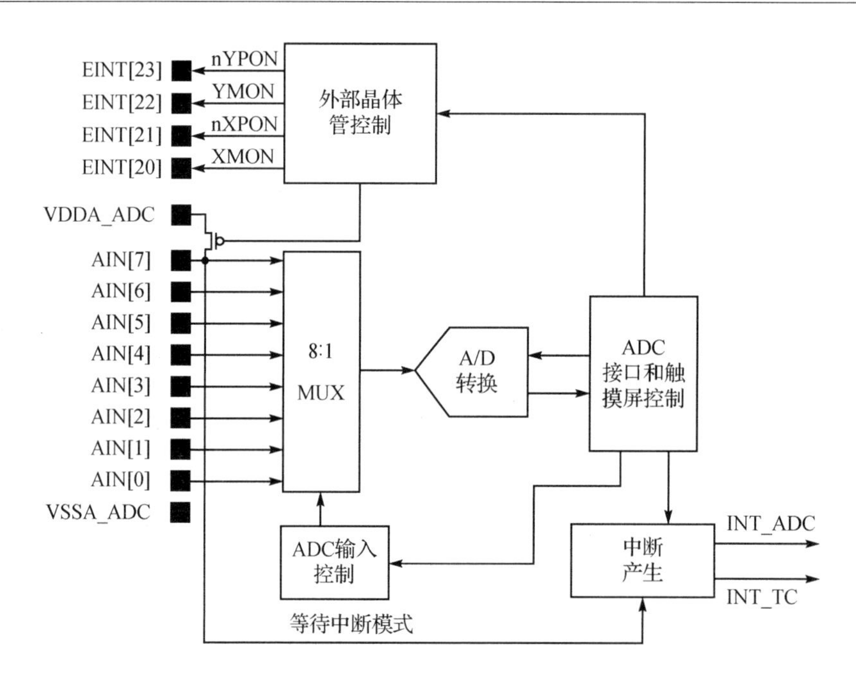

图 6-23　S3C2410 A/D 转换器和触摸屏接口功能图

控制器输出低电平，与 VDDA_ADC 相连的晶体管导通，中断线路处于上拉状态，当有触摸笔单击触摸屏时，与 AIN[7]相连的 XP 出现低电平，AIN[7]也变低电平，进而引发中断。

1）A/D 转换时间计算和分辨率

当 PCLK 频率为 50 MHz，预分频值（PRESCALER）是 49，10 位数字量的转换时间如下：

$$A/D\text{ 转换频率}=50\text{ MHz}/(49+1)=1\text{ MHz}$$

$$\text{转换时间}=1/(1\text{ MHz}/5\text{ 个周期})=1/200\text{ kHz}=5\ \mu s$$

注意：A/D 转换器最大可以工作在 2.5 MHz 时钟下，所以转换速率可以达到 500 ksps。

2）触摸屏的结构及工作原理

对于电阻式触摸屏，由 3 层透明薄膜构成，有一层是电阻层，还有一层是导电层，它们中间有一隔离层。当某一点被按压时，在按压点电阻层与导电层接触，如果在电阻层的一边接电源，另一边接地，便可测量出按压点的电压，从而可算出其坐标。

3）实现方法

S3C2410X 内置 ADC 和触摸屏控制接口，它支持电阻式触摸屏，与触摸屏的连接如图 6-24 所示。由图 6-24 可知，XP 与 S3C2410X 的 A[7]口相连，YP 与 A[5]口相连。当 nYPON、nYMON、nXPON 和 nXMON 输出不同的电平时，外部晶体管的导通状态不同。

测量 X 坐标：从 XP 输出电压给 X+端，从 XM 输出地电位给 X-端；从 YP 脚输入按压点电压。控制信号设置如下：

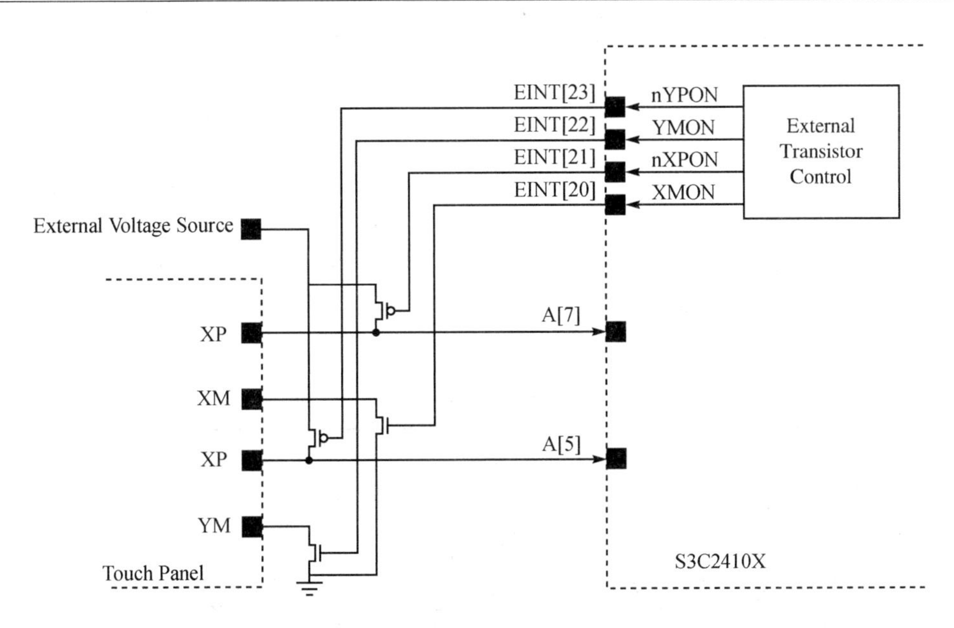

图 6-24　S3C24120X 与触摸屏的连接图

如果 nYPON=1,nYMON=0,nXPON=0,nXMON=1,则此时,XP 与 XM 导通,X 位置通过 A[7]输入。

如果 nYPON=0,nYMON=1,nXPON=1,nXMON=0,则 YP 与 YM 导通,Y 位置通过 A[5]输入。

4. S3C2410X A/D 转换器的工作模式

S3C24120X A/D 转换器的工作模式有 5 种：普通转换模式、分离的 X/Y 坐标转换模式、连续的 X/Y 坐标转换模式、等待中断模式和静态模式。第 2～4 种用于触摸屏。

(1) 普通转换模式。普通转换模式用于一般 A/D 转换,不是用于触摸屏。转换结束后,其数据在 ADCDAT0 中的 XPDATA 域。

(2) 分离的 X/Y 坐标转换模式。分两步进行 X/Y 坐标转换,其转换结果分别存于 ADCDAT0 中的 XPDATA 域和 ADCDAT1 中的 YPDATA 域,并且均会产生 INT_ADC 中断请求。

(3) 自动(连续)的 X/Y 坐标转换模式。X 坐标转换结束启动 Y 坐标转换,其转换结果分别存于 ADCDAT0 中的 XPDATA 域和 ADCDAT1 中的 YPDATA 域,然后产生 INT_ADC 中断请求。

(4) 等待中断转换模式。在该模式下,转换器等待使用者按压触摸屏,一旦触摸屏被按压,则产生 INT_TC 触摸屏中断请求。

中断后,在中断处理程序中再将转换器设置为分离的 X/Y 坐标转换模式、或者连续的 X/Y 坐标转换模式进行处理。触摸屏接口信号：

XP=上拉　　　XM=高阻
YP=AIN[5]　　　YM=接地

(5) 静态模式。当 ADCCON 中的 STDBM 设为 1 时,转换器进入静态模式,停止 A/D 转换。其数据域的数据保持不变。

5. ADC 和触摸屏专用寄存器

ADC 和触摸屏专用寄存器有 5 个,如表 6-43 所列。ADCCONn(n 为 0～15)寄存器位描述如表 6-44 所列。ADCTSCn(n 为 0～8)寄存器位描述如表 6-45 所列。

ADCDLY 为 ADC 起始延迟寄存器,如表 6-46 所列。

表 6-43　ADC 和触摸屏专用寄存器

寄存器	地　址	读/写状态	说　明	复位值
ADCCON	0x58000000	读/写	ADC 控制寄存器	0x3FC4
ADCTSC	0x58000004	读/写	触摸屏控制寄存器	0x058
ADCDLY	0x58000008	读/写	ADC 起始延迟寄存器	0x00FF
ADCDAT0	0x5800000C	只读	ADC 转换数据 0 寄存器	—
ADCDAT1	0x58000010	只读	ADC 转换数据 1 寄存器	—

表 6-44　ADC 控制寄存器 ADCCONn 每位含义

ADCCON	位	功　能
ECFLG	[15]	转换结束标志(只读)。0:转换操作中　　1:转换结束
PRSCEN	[14]	转换器预分频器使能。0:停止预分频器　　1:使能预分频器
PRSCVL	[13:6]	转换器预分频器数值,数值 N 范围:1～255 注意:(1) 实际除数值为 N+1 (2) 对 N 数值的要求:转换速率应该<PCLK/5
SEL_MUX	[5:3]	模拟输入通道选择 000:AIN0　001:AIN1　010:AIN2 011:AIN3　…　111:AIN7
STDBM	[2]	备用模式设置。0:正常工作模式　　1:备用模式,不做 A/D 转换
READ_START	[1]	通过读取启动转换。0:停止通过读取启动转换 1:使能通过读取启动转换
ENABLE_START	[0]	通过设置该位启动转换。0:无效　　1:启动 A/D 转换(启动后被清 0) 注意:如果 READ_START 为 1,则该位无效

表6-45 ADC触摸屏控制寄存器ADCTSCn每位含义

ADCTSC	位	功能
保留	[8]	保留,值为0
YM_SEN	[7]	选择YMON的输出值。0:输出0(YM=高阻) 1:输出1(YM=GND)
YP_SEN	[6]	选择nYPON的输出值 0:输出0(YP=外部电压) 1:输出1(YP连接AIN[5])
XM_SEN	[5]	选择XMON的输出值 0:输出0(XM=高阻) 1:输出1(XM=GND)
XP_SEN	[4]	选择nXP的输出值 0:输出0(XP=外部电压) 1:输出1(XP连接AIN[7])
PULL	[3]	上拉切换使能 0:XP上拉使能 1:XP上拉禁止
AUTO_PST	[2]	自动连续转换X轴和Y轴坐标模式选择 0:普通A/D转换 1:连续X/Y轴转换模式
XY_PST	[1:0]	手动测量X轴和Y轴坐标模式选择 00:无操作模式 01:对X坐标测量 10:对Y坐标测量 11:等待中断模式

表6-46 ADC起始延迟寄存器(ADCDLY)

[31:16]	15	14	13	12	11	10	9	8	7	6	5	4	3	2	1	0
保留为0	起始延迟数值——分两种情况															

第1种情况:对普通转换模式、分离的X/Y轴坐标转换模式、连续的X/Y轴坐标转换模式,为转换延时数值。第2种情况:对中断转换模式,为按压触摸屏后到产生中断请求的延迟时间数值,其时间单位为ms。

ADCDAT0~ADCDAT1寄存器位描述如表6-47~表6-48所列。

表6-47 ADCDAT0寄存器每位含义

ADCDAT0	位	功能
UPDOWN	[15]	等待中断模式的按压状态。0:触笔点击 1:触笔提起
AUTO_PST	[14]	自动X/Y轴转换模式指示 0:普通转换模式 1:X/Y轴坐标连续转换
XY_PST	[13:12]	手动X/Y轴转换模式指示 00:无操作 01:为X轴坐标转换 10:为Y轴坐标转换 11:为等待中断转换
保留(0)	[11:10]	
XPDATA或普通ADC值	[9:0]	为X轴坐标转换数值,或普通ADC转换数值 具体意义由其他位指示。其值为:0~0x3FF

表 6-48　ADCDAT1 寄存器每位含义

ADCDAT1	位	功　能
UPDOWN	[15]	等待中断模式的按压状态。0：触笔点击　　1：触笔提起
AUTO_PST	[14]	自动 X/Y 轴转换模式指示 0：普通转换模式　　1：X/Y 轴坐标连续转换
XY_PST	[13:12]	手动 X/Y 轴转换模式指示 00：无操作　　01:为 X 轴坐标转换 10：为 Y 轴坐标转换　　11:为等待中断转换
保留(0)	[11:10]	
XPDATA 或普通 ADC 值	[9:0]	10 位 Y 轴坐标转换结果。其值为：0～0x3FF

例 1： 编写程序，对模拟输入进行采集和转换，并将结果显示在串口超级终端。通过可变电阻改变模拟量输入，观察显示结果。主要设计程序如下：

```
// 主程序
void main()
  {
    ChangeClockDivider(1, 1);
    ChangeMPllValue(0xa1,0x3,0x1);
    Port_Init();
    Uart_Select(0);
    Uart_Init(0, 115200);
    Test_Adc();
    while(1);
  }
// ADC 测试程序
void Test_Adc(void)
  {
    int adcdata = 0; //Initialize variables
    Uart_Printf( "\nADC INPUT Test, press ESC key to exit !\n" ) ;
    while( Uart_GetKey() ! = ESC_KEY )
    {
        adcdata = ReadAdc(ADC_CH);
        Uart_Printf( "AIN % d: % 04d\n", ADC_CH,adcdata );
        Delay(2000);
    }
 }
//读 ADC 程序
```

```
int ReadAdc(int ch)
  {
     int i;
     static int prevCh = -1;

     //(1 << 14) - ->A/D converter prescaler enable.
     //(preScaler << 6) - ->A/D converter prescaler value.
     //(ch << 3) - ->Analog input channel select.
     rADCCON = (1 << 14)|(49 << 6)|(ch << 3);   //setup channel

     if(prevCh! = ch)
     {
          for(i = 0;i<1000;i + +);   //delay to set up the next channel
          prevCh = ch;
     }
     rADCCON| = 0x1;    //start ADC

     while(!(rADCCON & 0x8000));  //check if EC(End of Conversion) flag is high
        //Normal ADC conversion data value: 0 ~ 3FF
        return ( (int)rADCDAT0 & 0x3ff );
}
```

例 2：编写程序，对 3 通道的模拟量连续做 10 次转换，用查询方式读取转换结果，其数据存于 0x400000 开始的区域。主要设计程序如下：

```
#define rADCCON ( * (volatile unsigned * )0x58000000)
#define rADCDAT0 ( * (volatile unsigned * )0x5800000c)
#define  pref   49
#define  ch     3
void adc(void)
 {       int adc_data[10], i;
         rADCCON = (1 << 14)|(pref << 6)|(ch << 3)|1      //允许预分频
         for(i = 0;i<10;i + +)
             { while(rADCCON&0x8000 = = 0);               //查询转换结束否
                   adc_data[i] = rADCDAT0&0x3ff;          //读取转换结果
                   rADCCON| = 1;                          //再次启动转换
             }
 }
```

6.3.6 LCD控制器

1. LCD概述

LCD(Liquid Crystal Display)即液晶显示器，是一种数字显示技术，可以通过液晶和彩色过滤器过滤光源，在平面面板上产生图像。其种类根据驱动方式可分为静态驱动(Static)、单纯矩阵驱动(Simple Matrix)以及主动矩阵驱动(Active Matrix)3种。而其中，单纯矩阵型又是俗称的被动式(Passive)，可分为扭转式向列型TN(Twisted Nematic)和超扭转式向列型STN(Super Twisted Nematic)两种；而主动矩阵型则以薄膜式晶体管型TFT(Thin Film Transistor)液晶显示屏为主流，俗称真彩液晶显示屏。

早在1888年，人们就发现液晶这一呈液体状的化学物质，像磁场中的金属一样，当受到外界电场影响时，其分子会产生精确的有序排列。如果对分子的排列加以适当的控制，则液晶分子将会允许光线穿越。无论是笔记本电脑还是桌面系统，采用的LCD显示屏都是由不同部分组成的分层结构。位于最后面的一层是由荧光物质组成的可以发射光线的背光层。背光层发出的光线在穿过第一层偏振过滤层之后进入包含成千上万水晶液滴的液晶层。液晶层中的水晶液滴都被包含在细小的单元格结构中，一个或多个单元格构成屏幕上的一个像素。当LCD中的电极产生电场时，液晶分子就会产生扭曲，从而将穿越其中的光线进行有规则的折射，然后经过第二层过滤层的过滤在屏幕上显示出来。

光源的提供方式有两种：透射式和反身式。笔记本电脑的LCD显示屏即为透射式，屏后面有一个光源，因此外界环境可以不需要光源。而一般微控制器上使用的LCD为反射式，需要外界提供光源，靠反射光来工作。

一块LCD屏显示图像，不但需要LCD驱动器，还需要有相应的LCD控制器。通常LCD驱动器会以COG(Chip On Glass)/COF(Chip On Flex)的形式与LCD玻璃基板制做在一起，而LCD控制器则有外部电路来实现。S3C2410内部已经集成了LCD控制器，因此可以很方便地去控制各种类型的LCD屏，例如：STN和TFT屏。由于TFT屏将是今后应用的主流，因此接下来，重点围绕TFT屏的控制来进行讲述。

LCD构成由3部分组成：LCD显示屏、显示控制器和缓冲存储器。

1) LCD显示屏(LCD模块)

主要由玻璃基板、偏振片、电极、胶框、液晶材料和背光等构成。

2) LCD屏的主要技术参数

(1) 像素：一个像素就是LCD上的一个点，是显示屏上所能控制的最小单位。

(2) 分辨率：指LCD上像素的数目，用“横向点数×纵向”，如：320×240、640×480等。

(3) 色深：色深是指在某一分辨率下，每一个像点可以用多少种色彩来描述，它的单位是“bit”(位)，所以，也可以叫位深。例如：16位色深，即64 K色。色深和分辨率之积决定了显示缓存区的大小。

(4) 刷新频率：刷新频率是指图像在屏幕上更新的速度，也即屏幕上的图像每秒钟出现的次数，单位是"Hz"(赫兹)。

(5) 物理尺寸：LCD 的外观尺寸指对角线长度，单位为英寸。一般为 1.8 英寸、3.5 英寸等。

3) 显示控制器

产生各种信号：场、行扫描及同步信号，显示驱动信号等。

显示控制器：如 T6963、LPC3600。

2. S3C2410 LCD 控制器特点

S3C2410 LCD 控制器具有一般 LCD 控制器功能，产生各种信号，传输显示数据到 LCD 驱动器。S3C2410 LCD 控制器的特点如下：

(1) 有专用 DMA，用于向 LCD 驱动器传输数据。

(2) 有中断(INT_LCD)。

(3) 显示缓存可以很大，系统存储器可以作为显示缓存用。

(4) 支持多屏滚动显示，用显示缓存支持硬件水平、垂直滚屏。

(5) 支持多种时序 LCD 屏，通过对 LCD 控制器编程，产生适合不同 LCD 显示屏的扫描信号、数据宽度、刷新率信号等。

(6) 支持多种数据格式：大端、小端格式和 WinCE 格式。

(7) 支持 STN 材料 LCD：

① 单色显示：每像素 2 位数据、4 级灰度；每像素 4 位数据、16 级灰度；

② 单色扫描：4 位单向、双向扫描，8 位单向扫描；

③ 彩色显示：每像素 16 位数据、65 536 种色彩，每像素 24 位数据真色彩；

④ 支持多种 LCD 屏：640×480、320×240、160×160 等；

⑤ 4 MB 显示缓存，支持 256 色的像素数：4 096×1 024、2 048×2 048、1 024×4 096 等。

(8) 支持 TFT 材料 LCD：

① 单色显示：每像素 1 位数据、2 位数据、4 位数据、8 位数据；

② 彩色显示：每像素 16 位数据、65 536 种色彩，每像素 24 位数据、16M 种真色；

③ 支持多种 LCD 屏：640×480、320×240、160×160 等；

④ 4 MB 显示缓存：支持 64 K 色的像素数：2 048×1 024 等。

3. S3C2410 LCD 控制器结构与引脚信号

1) 控制器结构

S3C2410 内部的 LCD 控制器的逻辑示意图如图 6-25 所示。

LCD 控制器结构主要由 6 部分组成：时序发生器、LCD 主控制器(LPC3600)、DMA、视频信号混合器、数据格式转换器和控制逻辑等。

REGBANK 是 LCD 控制器的寄存器组，用来对 LCD 控制器的各项参数进行设置。而 LCDCDMA 则是 LCD 控制器专用的 DMA 信道，负责将视频资料从系统总线(System Bus)上

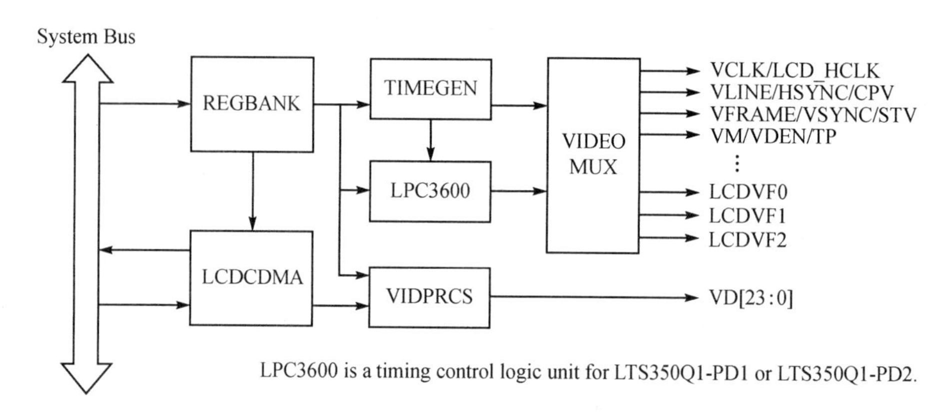

图 6-25　LCD 控制器结构框图

取来，通过 VIDPRCS 从 VD[23:0]发送给 LCD 屏。同时 TIMEGEN 和 LPC3600 负责产生 LCD 屏所需要的控制时序，例如 VSYNC、HSYNC、VCLK、VDEN，然后从 VIDEO MUX 送给 LCD 屏。

对于控制 TFT 屏来说，除了要给它送视频资料(VD[23:0])以外，还有以下一些信号是必不可少的，分别是：

VSYNC(VFRAME) 帧同步信号；　　HSYNC(VLINE)行同步信号；

VCLK 像数时钟信号；　　VDEN(VM)数据有效标志信号。

S3C2410X 与 LCD 连接的电路图如图 6-26 所示。

2) LCD 控制器引脚信号

LCD 控制器引脚信号共 41 个：

VD[23:0]：　LCD 数据　　VDEN：　数据使能

VCLK：　时钟信号　　VLINE：　行扫描信号

LEND：　行结束信号　　VFRAME：　帧扫描信号

HSYNC：　水平同步信号　　VSYNC：　垂直同步信号

VM：　显示驱动交流信号

LCDVF0、LCDVF1、LCDVF2：时序控制信号

LCD_PWREN：面板电源控制信号　　LCD_HCLK：时钟面板控制信号

CPV：　行同步面板控制信号　　STV：　帧同步面板控制信号

TP：　显示驱动面板控制信号　　STH：　面板控制信号

3) TFT 屏时序分析

如图 6-27 所示，是 TFT 屏的典型时序。其中 VSYNC 是帧同步信号，VSYNC 每发出 1 个脉冲，都意味着新的 1 屏视频资料开始发送。而 HSYNC 为行同步信号，每个 HSYNC 脉冲都表明新的 1 行视频资料开始发送。而 VDEN 则用来标明视频资料的有效，VCLK 是用来锁

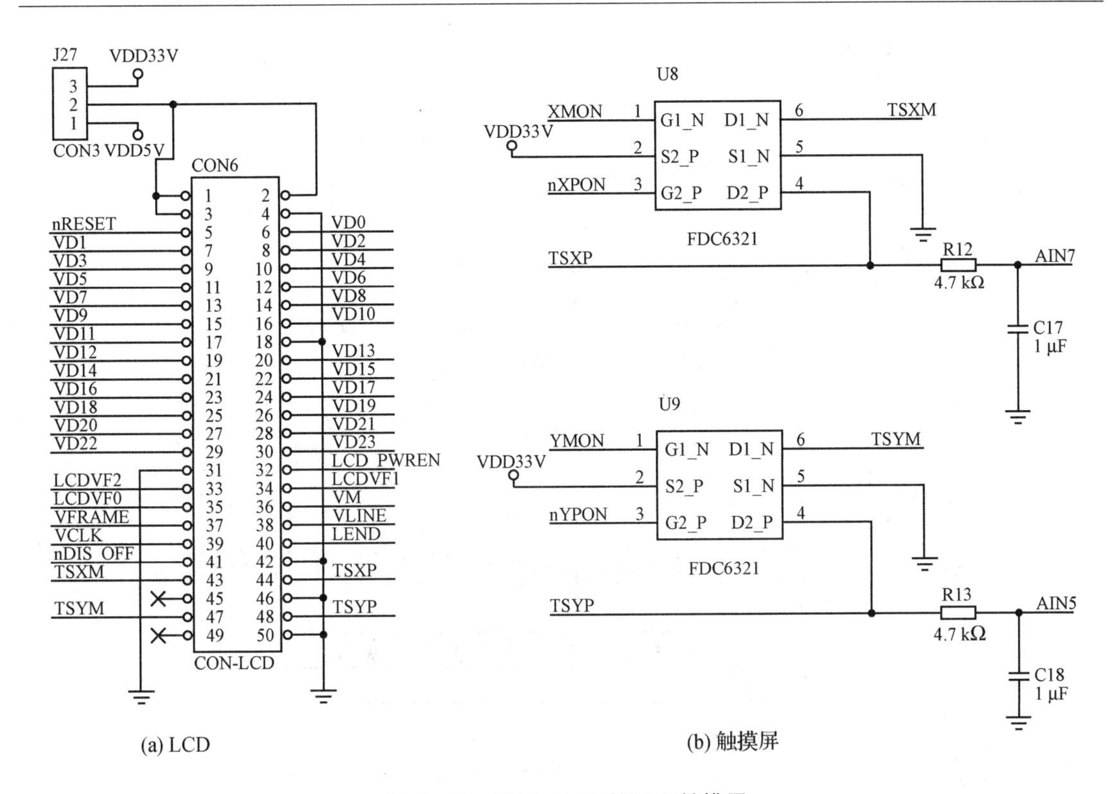

(a) LCD　　(b) 触摸屏

图 6－26　TFT－LCD 接口和触摸屏

存视频资料的像素时钟。

并且在帧同步以及行同步的头尾都必须留有回扫时间，例如对于 VSYNC 来说，前回扫时间就是(VSPW＋1)＋(VBPD＋1)，后回扫时间就是(VFPD＋1)；HSYNC 亦类同。这样的时序要求是当初 CRT 显示器中由于电子枪偏转需要时间，但后来成了实际上的工业标准，乃至以后出现的 TFT 屏为了在时序上于 CRT 兼容，也采用了这样的控制时序。

从上面的时序图中可以很清楚地知道 VSPW、VBPD、LINEVAL、VFPD、HSPW、HBPD、HOZVAL 和 HFPD 这些控制信号的含义。

例如：采用 Samsung 公司的 1 款 3.5 英寸 TFT 真彩 LCD 屏，分辨率为 240×320，根据要求，通过上面时序分析，不难得出：

VSPW＋1＝2→VSPW＝1　　HSPW＋1＝4→HSPW＝3

VBPD＋1＝2→VBPD＝1　　HBPD＋1＝7→HBPW＝6

VFPD＋1＝3→VFPD＝2　　HFPD＋1＝31→HFPD＝30

LINVAL＋1＝320→LINVAL＝319　　HOZVAL＋1＝240→HOZVAL＝239

以上各参数，除了 LINVAL 和 HOZVAL 直接和屏的分辨率有关外，其他的参数在实际操作过程中应以上面的为参考，不应偏差太多。调整后的参数为：

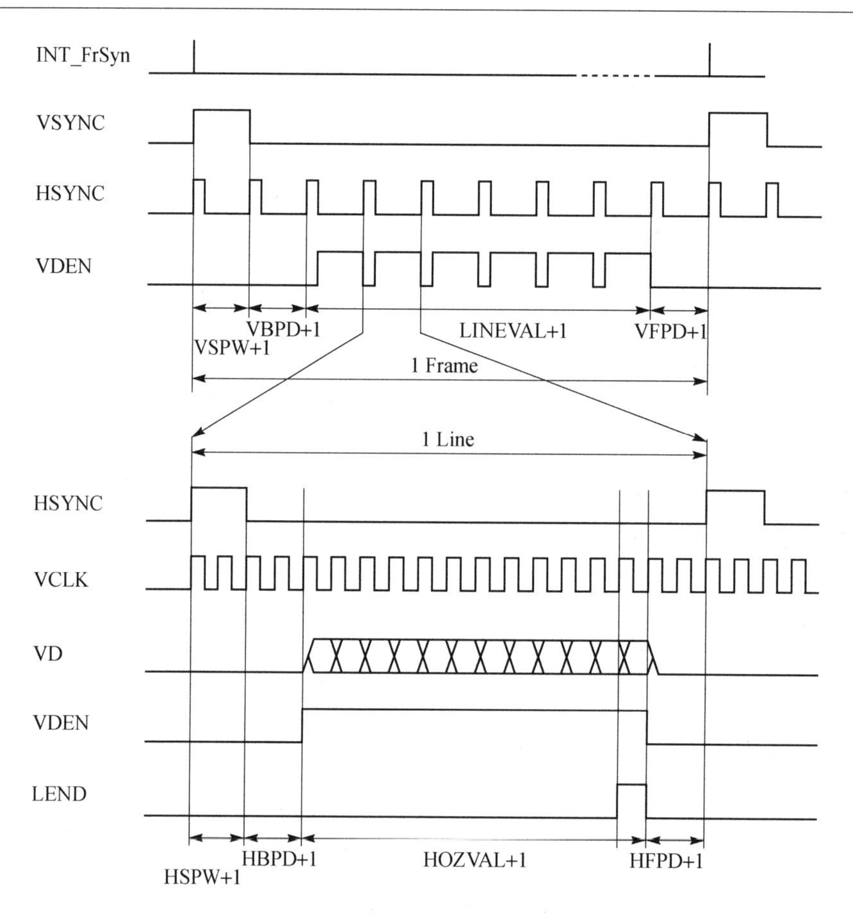

图 6-27　TFT 屏的典型时序

VSPW=4	HSPW=6
VBPD=2	HBPW=8
LINVAL=319	HOZVAL=239
VFPD=2	HFPD=8

4. LCD 控制器专用寄存器

知道了 LCD 控制信号的含义以后，接下来需要知道的是，这些控制信号在 S3C2410 的寄存器中是怎样设置的。

S3C2410 的 LCD 控制器有 17 个专用寄存器，分为 4 类，其基地址均为 0x4D000000。

LCDCON1/2 控制寄存器主要配置 VFRME、VCLK、VLINE 和 VM 控制信号，LCDCON3 控制 LCD 刷新模式。

1）LCDCON 控制寄存器

LCDCON 控制寄存器的几个主要参数，如表 6-49～表 6-53 所列。

2）帧起始地址寄存器

帧起始地址寄存器共有 3 个，LCDSADDR 帧起始地址寄存器的几个主要参数如表 6－54～表 6－56 所列。

表 6－49　LCDCON1 控制寄存器

LCDCON1	位	功　能
LINECNT	[27:18]	当前行扫描计数器值，标明当前扫描到了多少行
CLKVAL	[17:8]	决定 VCLK 的分频比。LCD 控制器输出的 VCLK 是直接由系统总线(AHB)的工作频率 HCLK(一般 100 MHz)直接分频得到的。作为 240×320 的 TFT 屏，应保证得出的 VCLK 为 5～10 MHz
MMODE	[7]	VM 信号的触发模式(仅对 STN 屏有效，对 TFT 屏没有意义)
PNRMODE	[6:5]	选择当前的显示模式，对于 TFT 屏而言，应选择[11]，即 TFT LCD Panel
BPPMODE	[4:1]	选择色彩模式，对于真彩显示而言，选择 16 bpp(64 K 色)即可满足要求
ENVID	[0]	使能 LCD 信号输出

表 6－50　LCDCON2 控制寄存器

LCDCON2	位	功　能
VBPD	[31:24]	TFT：当一帧开始时，行线的数量　　SNT：这些位可以设置为 0
LINEVAL	[23:14]	确定 LCD 面板的垂直尺寸
VFPD	[13:6]	TFT：当一帧结束时，行线的数量　　SNT：可以设置为 0
VSPW	[5:0]	SNT：可以设置为 0

表 6－51　LCDCON3 控制寄存器

LCDCON3	位	功　能
HBPD (TFT)	[25:19]	HSYNC 下降沿到有效的数据之间 VCLK 周期的数量
WDLY (STN)		确定 VLINE 到 VCLK 的延时
HOZVAL	[18:8]	确定 LCD 面板的水平宽度，HOZVAL 必须是 4 的倍数
HFPD (TFT)	[7:0]	行前沿开始，现行的数据开始到 HSYNC 上升沿之间 VCLK 周期的数量
LINEBLANK(STN)		行扫描的空闲时间

表 6－52　LCDCON4 控制寄存器

LCDCON4	位	功　能
MVAL	[15:8]	如果 MMODE 设置成 1 是 VM 信号的速率，则只对 STN 屏有效，对 TFT 屏无意义
HSPW(TFT)	[7:0]	水平同步脉冲宽度
WLH(STN)		HCLK 的数量

表 6-53 LCDCON5 控制寄存器

LCDCON5	位	功 能
VSTATUS	[16:15]	当前 VSYNC 信号扫描状态,指明当前 VSYNC 同步信号处于何种扫描阶段
HSTATUS	[14:13]	当前 HSYNC 信号扫描状态,指明当前 HSYNC 同步信号处于何种扫描阶段
BPP24BL	[12]	设定 24 bpp 显示模式时,视频资料在显示缓冲区中的排列顺序(即低位有效还是高位有效)。对于 16 bpp 的 64 K 色显示模式,该设置位没有意义
FRM565	[11]	对于 16 bpp 显示模式,有 2 种形式,一种是 RGB=5:5:5:1;另一种是 5:6:5。后一种模式最为常用,它的含义是表示 64 K 种色彩的 16 位 RGB 资料中,红色(R)占 5 位,绿色(G)占 6 位,蓝色(B)占 5 位
INVVCLK	[10]	通过图 6-27 的时序图知道,CPU 的 LCD 控制器输出的时序默认是正脉冲,而 LCD 需要 VSYNC(VFRAME)和 VLINE(HSYNC)均为负脉冲,因此 INVLINE 和 INVFRAME 必须设为"1",即选择反相输出
INVLINE	[9]	
INVFRAME	[8]	
INVVD	[7]	
INVVDEN	[6]	控制 VDEN 信号极性 0:正常 1:反向
INVPWREN	[5]	控制 PWREN 信号极性 0:正常 1:反向
INVLEND	[4]	控制 LEND 信号极性 0:正常 1:反向
PWREN	[3]	LCD 电源使能控制
ENLEND	[2]	LEND 使能控制,对普通的 TFT 屏无效,可以不考虑
BSWP	[1]	字节(Byte)交换控制位
HWSWP	[0]	半字(Half Word)交换使能

表 6-54 帧起始地址寄存器 1

LCDSADDR1	位	功 能
LCDBANK	[29:21]	指出在系统存储器中视频缓冲器 A[30:22]的位置
LCDBASEU	[20:0]	双重扫描 LCD,地址计数器中的开始地址 A[21:1] 单扫描 LCD,LCD 结构缓冲器的开始地址 A[21:1]

表 6-55 帧起始地址寄存器 2

LCDSADDR2	位	功 能
LCDBASEL	[20:0]	双重扫描 LCD,帧存储区的开始地址 A[21:1],计算公式: LCDBASEL=LCDBASEU+(PAGEWITH+OFFSIZE)×(LINEVAL+1)

表 6－56　帧起始地址寄存器 3

LCDSADDR3	位	功　能
OFFSIZE	[21:11]	实际 LCD 屏的偏移尺寸
PAGEWIDTH	[10:0]	实际 LCD 屏的宽度

3) 颜色配置寄存器

颜色配置寄存器共有 4 个,1 个抖动模式寄存器,如表 6－57 所列。

表 6－57　颜色配置寄存器

寄存器	描　述	初　值	偏　址
REDLUT	红颜色寄存器	0x00000000	0x20
GREENLUT	绿颜色寄存器	0x00000000	0x24
BLUELUT	蓝颜色寄存器	0x00000000	0x28
DITHMODE	抖动模式寄存器	0x00000000	0x4C
TPAL	临时调色存器	0x00000000	0x50

4) 中断寄存器

中断寄存器共 3 个,如表 6－58 所列。

表 6－58　中断寄存器

寄存器	描　述	初　值	偏　址
LCDINTPND	中断源指示寄存器	0x0	0x54
LCDSRCPND	中断源判断寄存器	0x0	0x58
LCDINTMSK	中断屏蔽寄存器	0x3	0x5C

例如:编写程序,实现在任意位置画长方形的功能以及显示图片。

```
/*****************************************************************
1.LCD 端口初始化:320×240,16 bpp TFT LCD 数据和控制端口初始化
*****************************************************************/
static void Lcd_Port_Init(void)
{
    rGPCUP = 0x0;              // enable Pull - up register
    rGPCCON = 0xaaaa56a9;      // Initialize VD[7:0],LCDVF[2:0],VM,VFRAME,VLINE,VCLK,LEND

    rGPDUP = 0x0;              // enable Pull - up register
    rGPDCON = 0xaaaaaaaa;      // Initialize VD[15:8]
}

/*****************************************************************
```

```
2. LCD 控制器初始化：320×240,16 bpp TFT LCD 功能模块初始化
*************************************************************************/
static void Lcd_Init(void)
{
 //CLKVAL = 5;MMODE = 0;PNRMODE = 11:11 = TFT LCD panel
 //BPPMODE = 1100 = 16 bpp for TFT;ENVID0 = Disable the video output and the LCD control signal.
 rLCDCON1 = (CLKVAL_TFT_240320 << 8)|(MVAL_USED << 7)|(3 << 5)|(12 << 1)|0;
 //VBPD = 2;LINEVAL = 319;VFPD = 2;VSPW = 4

 rLCDCON2 = (VBPD_240320 << 24)|(LINEVAL_TFT_240320 << 14)|(VFPD_240320 << 6)|(VSPW_240320);
 //HBPD = 8;HOZVAL = 239;HFPD = 8
 rLCDCON3 = (HBPD_240320 << 19)|(HOZVAL_TFT_240320 << 8)|(HFPD_240320);
 //MVAL = 13;HSPW = 6
 rLCDCON4 = (MVAL << 8)|(HSPW_240320);
 rLCDCON5 = (1 << 11)|(0 << 9)|(0 << 8)|(0 << 6)|(BSWP << 1)|(HWSWP); //FRM5:6:5,HSYNC
 and  VSYNC
 are //inverted
 rLCDSADDR1 = (((U32)LCD_BUFER >> 22) << 21)|M5D((U32)LCD_BUFER >> 1);
 rLCDSADDR2 = M5D( ((U32)LCD_BUFER + (SCR_XSIZE_TFT_240320 * LCD_YSIZE_TFT_240320 * 2))> >1 );
 //OFFSIZE = 640 - 240 = 400;PAGEWIDTH = 240
 rLCDSADDR3 = (((SCR_XSIZE_TFT_240320 - LCD_XSIZE_TFT_240320)/1) << 11)|(LCD_XSIZE_TFT_24
 0320/1);

 rLCDINTMSK| = (3);        // MASK LCD Sub Interrupt
 rTPAL = 0;                // Disable Temp Palette
}
************************************************************************
3. LCD 开关函数：LCD 视频和控制信号输出或者停止,1 开启视频输出
*************************************************************************/
static void Lcd_EnvidOnOff(int onoff)
{
    if(onoff = = 1)
       rLCDCON1| = 1;                    // ENVID = ON
    else
       rLCDCON1  = rLCDCON1 & 0x3fffe;  // ENVID Off
}

/*************************************************************************
4. LCD 清屏函数：320×240,16 bpp TFT LCD 全屏填充特定颜色单元或清屏
*************************************************************************/
static void Lcd_ClearScr(U16 c)
```

```
{
    unsigned int x,y;

    for( y = 0 ; y < SCR_YSIZE_TFT_240320 ; y+ + )
    {
        for( x = 0 ; x < SCR_XSIZE_TFT_240320 ; x+ + )
    {
        LCD_BUFER[y][x] = c;
    }
    }
}

/*****************************************************************
5. LCD 测试函数：320×240,16 bpp TFT LCD 全屏填充特定颜色单元或清屏
*****************************************************************/
void Test_Lcd_Tft_240X320( void )
{
    Uart_Printf("\nTest 240 * 320 TFT LCD ! \n");

    Lcd_Port_Init();
    Lcd_Init();
    Lcd_EnvidOnOff(1);          //turn on vedio
    Lcd_ClearScr(0xffff);       //fill all screen with white
    Lcd_ClearScr(0x00);         //fill all screen with black

    while(1)
    {
     Paint_Bmp( 0,0,240,320, flower_240_320);          //paint a bmp
     Delay(10000);
         Paint_Bmp( 0,0,240,320, girl13_240_320);      //paint a bmp
     Delay(10000);
    }
    while(1);
}
```

6.3.7 I²C 串行总线接口

1. 概　述

I²C 总线的产生和应用：I²C 总线是 Philips 公司开发的一种串行总线。I²C 总线应用越

来越广泛，现在在很多器件上都配置有 I^2C 总线接口，如 EEPROM、时钟芯片等。

I^2C 总线信号：为两线，一个能够双向传输的数据线 SDA，另一个能够双向传输的时钟线 SCL。它是信号线最少的串行总线。

S3C2410 的 I^2C 总线的特点：

(1) 有一个 I^2C 总线接口。

(2) I^2C 总线的速度：可以标准速度传输(100 kb/s)，也可以高速传输(高达 400 kb/s)。

(3) 可以查询方式和中断方式工作。

(4) 可以主设备身份传输，也可以从设备身份传输，因此共有 4 种操作模式：

主机发送模式，主机接收模式，从机发送模式，从机接收模式。

2. S3C2410 的 I^2C 结构

1) S3C2410 的 I^2C 结构

S3C2410 的 I^2C 主要由 5 部分构成：数据收发寄存器、数据移位寄存器、地址寄存器、时钟发生器和控制逻辑部分，如图 6-28 所示。

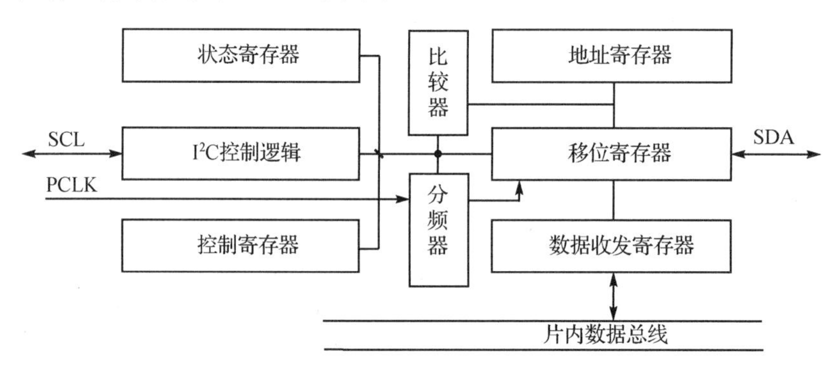

图 6-28　S3C2410 的 I^2C 结构

2) I^2C 总线系统组成

I^2C 总线是多主系统：系统可以由多个 I^2C 节点设备组成，并且可以是多主系统，任何一个设备都可以为主 I^2C；但是任一时刻只能有一个主 I^2C 设备，I^2C 具有总线仲裁功能，保证系统正确运行。

主 I^2C 设备发出时钟信号、地址信号和控制信号，选择通信的从 I^2C 设备和控制收发。

系统要求：① 各个节点设备必须具有 I^2C 接口功能；② 各个节点设备必须共地；③ 两个信号线必须接上拉电阻，如图 6-29 所示。

3. I^2C 总线的工作原理

1) I^2C 总线对数据线上信号的定义

(1) 总线空闲状态：时钟信号线和数据信号线均为高电平。

(2) 起始信号：即启动一次传输，时钟信号线是高电平时，数据信号线由高变低。

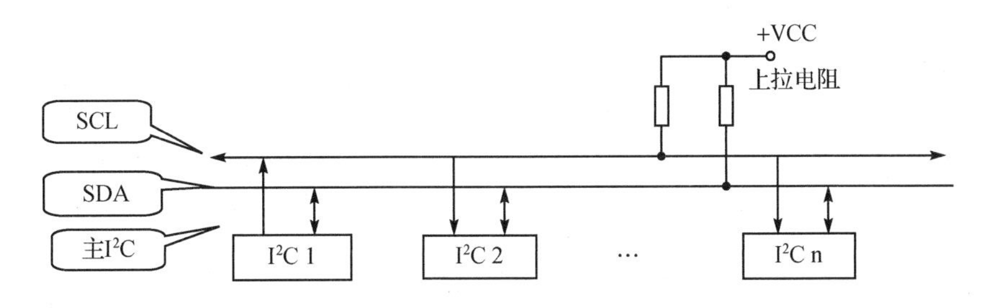

图 6－29　I^2C 总线系统组成

(3) 停止信号：即结束一次传输，时钟信号线是高电平时，数据信号线由低变高。

(4) 数据位信号：时钟信号线是低电平时，可以改变数据信号线电位；时钟信号线是高电平时，应保持数据信号线上电位不变，即时钟是高电平时数据有效。

(5) 应答信号：占 1 位，数据接收者接收 1 字节数据后，应向数据发出者发送一应答信号。低电平为应答，继续发送；高电平为非应答，结束发送，如图 6－30 所示。

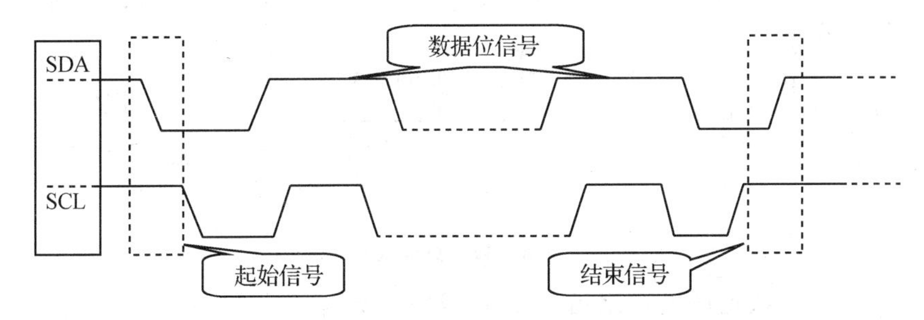

图 6－30　串行总线上的数据传送顺序

(6) 控制位信号：占 1 位，主 I^2C 设备发出的读写控制信号，高为读、低为写(对主 I^2C 设备而言)。控制位在寻址字节中。

(7) 地址信号：为从机地址，占 7 位，称之为“寻址字节”，各字段含义如表 6－59 所列。

器件地址(DA3～DA0)：是 I^2C 总线接口器件固有的地址编码，由器件生产厂家给定。如 I^2C 总线 EEPROM AT24CXX 的器件地址为 1010 等。

表 6－59　控制字节配置表

D7	D6	D5	D4	D3	D2	D1	D0
DA3	DA2	DA1	DA0	A2	A1	A0	读/写

引脚地址(A2、A1、A0)：由 I^2C 总线接口器件的地址引脚 A2、A1、A0 的高低来确定，接电源者为 1，接地者为 0。

读/写控制位(R/ W)：1 表示主设备读，0 表示主设备写。

7 位地址和读/写控制位组成 1 字节。

2) I^2C 总线数据传输

(1) 写操作

写操作分为字节写和页面写两种操作，对于页面写，根据芯片的一次装载的字节不同有所不同。关于页面写的地址、应答和数据传送的时序如图 6－31～图 6－32 所示。

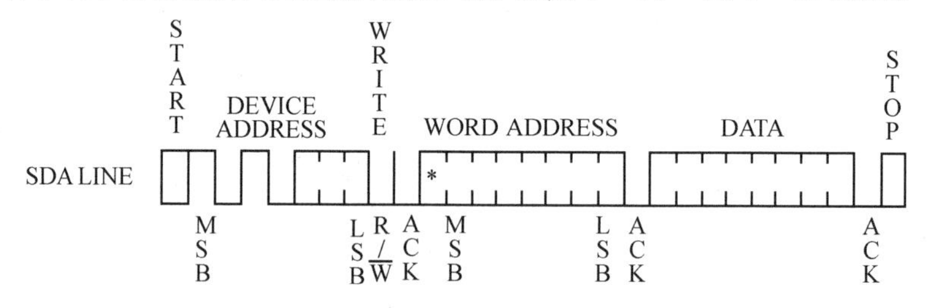

图 6－31 字节写

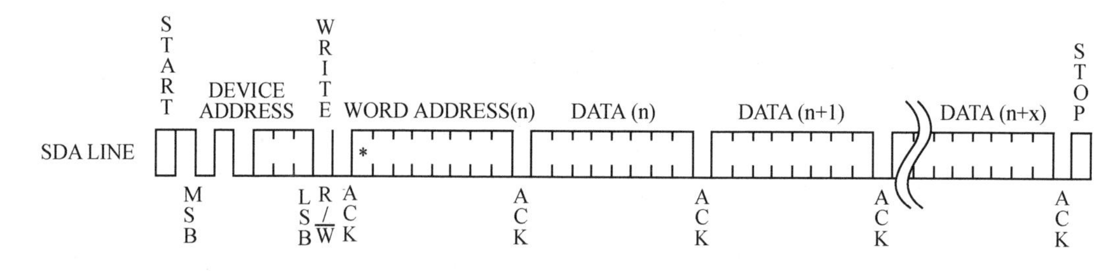

图 6－32 页面写

在发送器模式下，数据被发送之后，I^2C 总线接口会等待直到 IICDS（I^2C 数据移位寄存器）被程序写入新的数据。在新的数据被写入之前，SCL 线都被拉低。新的数据写入之后，SCL 线被释放。

S3C2410X 可以利用中断来判断当前数据字节是否已经完全送出。在 CPU 接收到中断请求后，在中断处理中再次将下一个新的数据写入 IICDS，如此循环。

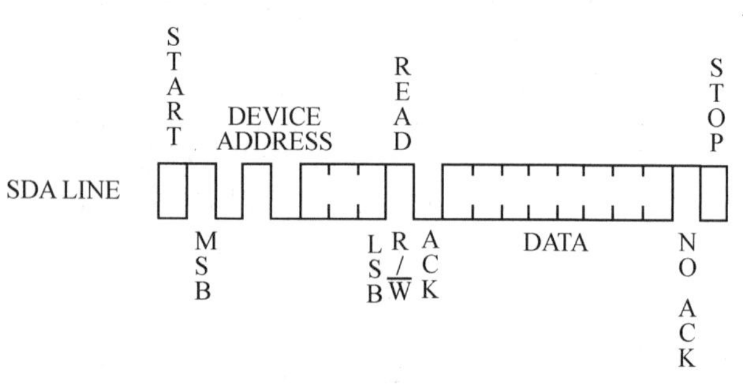

图 6－33 当前地址读时序

(2) 读操作

读操作有 3 种基本操作：当前地址读、随机读和顺序读。图 6－33 给出的是当前地址读的时序图。如图 6－33 所示，为了结束读操作，主机必须在最后第 9 个周期时发出停止条件，或者在第 9 个时钟周期内保持 SDA 为高电平，然后发出停止条件。

在接收模式下，数据被接收到后，I^2C 总线接口将等待直到 IICDS 寄存器被程序读出。在数据被读出之前，SCL 线保持低电平。新的数据从读出之后，SCL 线才释放。

S3C2410X 也利用中断来判别是否接收到了新的数据。CPU 收到中断请求之后,处理程序将从 IICDS 读取数据。

3) 总线仲裁

总线仲裁发生在两个主 I^2C 设备中。如果一个主设备欲使用总线,而测得 SDA 为低电平,则该主设备仲裁不能够使用总线启动传输。这个仲裁过程会延长,直到信号线 SDA 变为高电平。每次操作都要进行仲裁。

4. AT24CXX 系列

目前,通用存储器芯片多为 EEPROM,其常用的协议 I^2C。带 I^2C 总线接口的 EEPROM 有许多型号,其中主要有 AT24CXX 系列。该系列主要包括 AT24C01/02/08/16 等,其容量(bits×页)128×8/256×8/1 024×16/2 048×8 分别使用于 1.8~5.0 V 的低电压操作。具有低功耗和高可靠性。

SCL 为串行时钟。漏极开路,所以需要接上拉电阻。在该引脚的上升沿,系统数据输入到每个 EEPROM 器件,在下降沿输出。

SDA 为串行数据线。漏极开路,所以需要接上拉电阻。双向串行数据线。

A0、A1、A2——器件/页面寻址地址输入端。在 AT24C01/02 中,引脚被硬连接。

WP(WC)为写保护。接低电平可以对整片空间进行写操作。

S3C2410A 处理器内置的 I^2C 控制器作为 I^2C 通信主设备,M24C08 为从设备。电路设计如图 6-34 所示。

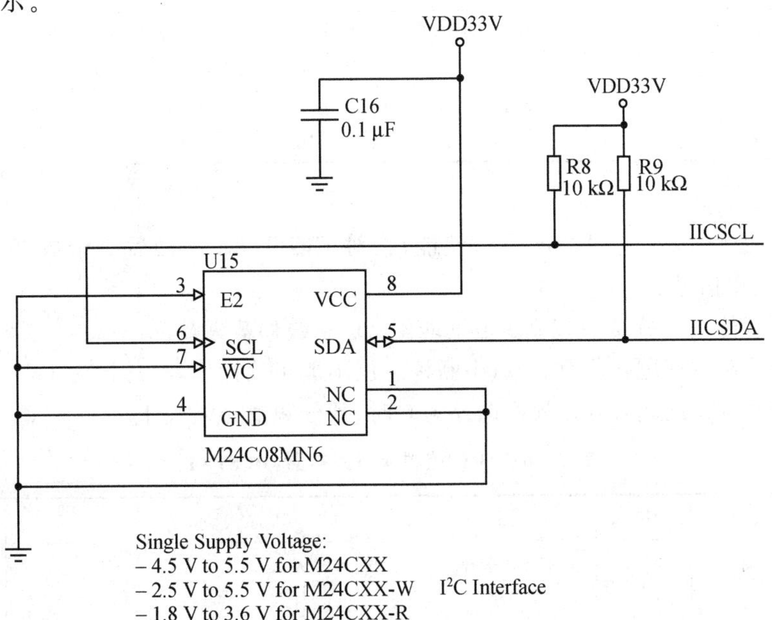

图 6-34　I^2C 电路

5. I²C 专用寄存器

S3C2410 的 4 个 I²C 专用寄存器如表 6-60 所列。每个寄存器位描述如表 6-61～表 6-64 所列。

表 6-60 S3C2410 的 4 个 I²C 专用寄存器

寄存器	地 址	读/写状态	说 明	复位值
CON	0x54000000	读/写	I²C 总线控制寄存器	0x0X
IICSTAT	0x54000004	读/写	I²C 总线控制/状态寄存器	0x0
IICADD	0x54000008	读/写	I²C 总线地址寄存器	0xXX
IICDS	0x5400000C	读/写	I²C 数据发送/接收寄存器	0xXX

表 6-61 I²C 控制寄存器(IICCON)

字段名	位	意 义	初 值
Acknowledge Generation	[7]	应答使能。0：禁止应答;1：自动应答 应答电平：Tx 时为高;Rx 时为低	00
Tx clock source selection	[6]	发送时钟分频选择 0：IICCLK=$f_{PCLK}/16$ 1：IICCLK=$f_{PCLK}/512$	0
Tx/Rx interrupt	[5]	收发中断控制位。0：禁止； 1：允许	0
Interrupt pending flag	[4]	中断标志位。读：0 无中断请求,1 有中断请求 写：写 0 清除中断标志,写 1 不操作	0
Transmit clock value	[3:0]	发送时钟预分频值。 Tx clock = IICCLK/(IICCON[3:0]+1)	0

说明：

(1) 应答使能问题：一般情况下为使能;在对 EEPROM 读最后 1 个数据前可以禁止应答,便于产生结束信号。

(2) 中断事件：① 完成收发;② 地址匹配;③ 总线仲裁失败。

(3) 中断控制位问题：设为 0 时,中断标志位不能正确操作,故总设为 1。

(4) 时钟预分频问题：当分频位选择为 0 时,预分频值必须大于 1。

表 6-62 I²C 控制状态寄存器(IICSTAT)

字段名	位	意 义	初 值
Mode selection	[7:6]	工作模式选择。00：从收；01：从发 10：主收；11：主发	00

续表 6-62

字段名	位	意　义	初　值
Busy/START STOP condition	[5]	忙状态/启、停控制。读：1：忙；0：闲 写：0：产生结束信号，1：产生启动信号	0
Serial output	[4]	数据发送控制。0：禁止　1：允许发送	0
Arbitration Status flag	[3]	仲裁状态标志。0：仲裁成功 1：仲裁失败(因为在连续 I/O 中)	0
Address-as-slave status flag	[2]	从地址匹配状态。0：与 IICADD 不匹配 1：匹配。在收到 SART/STOP 时清 0	0
Address zero status flag	[1]	地址状态标志。0：收到的为非 0 地址 1：收到 0 地址。在收到 SART/STOP 时清 0	0
Last-received bit status flag	[0]	最后收到位状态。0：最后位为 0，收到 ACK 1：最后位为 1，未收到 ACK	0

IICSTAT 控制字：

启动主设备发送：0xF0；结束主设备发送：0xD0。

启动主设备接收：0xB0；结束主设备接收：0x90。

表 6-63　I²C 地址寄存器(IICADD)

字段名	位	意　义	初　值
Slave address	[7:1]	7 位从地址	0xXX
Not mapped	[0]	不用	—

说明：

(1) 对从设备，该地址有意义，对主设备其值无意义。

(2) 只有在不发送数据时(数据传输控制位 IICSTAT [4]=0)才能对其写；任何时间都可以读。

表 6-64　I²C 数据发送/接收寄存器(IICDS)

字段名	位	意　义	初　值
Data shift	[7:0]	8 位移位接收或移位发送的数据	0xXX

说明：

(1) 在本设备接收时，对其作读操作得到对方发来的数据。任何时间都可以读。

(2) 在本设备发送时，对其写操作，将数据发向对方。

(3) 欲发送数据，必须使数据传输控制位 IICSTAT[4] =1 才能对其写。

6. I²C 操作方法

主模式发送流程如图 6-35 所示。主模式接收流程如图 6-36 所示。

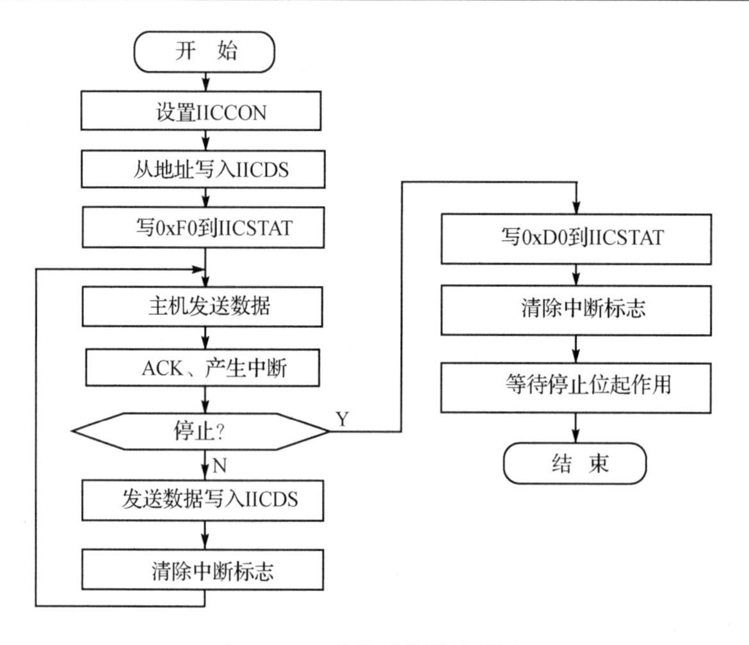

图 6-35 主模式发送流程图

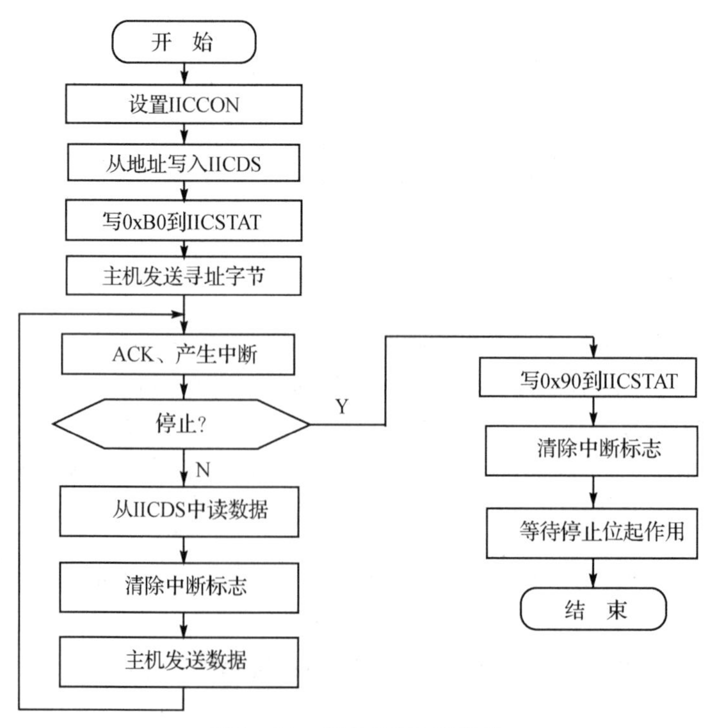

图 6-36 主模式接收流程图

7. I^2C 接口应用举例

例如：用 S3C2410 的 I^2C 接口对串行 EEPROM(I^2C 接口)进行读/写操作，写入一组数据，然后读出并显示出来，检验是否正确。试编写程序流程。

分析：S3C2410 的 I^2C 为主设备，EEPROM 的 I^2C 为从设备，进行的操作为主设备写和主设备读。

解：(1) 设置 I^2C 控制寄存器

① 收发传输：IICCON＝0b 1 0 1 0 1111＝0xAF

含义：应答使能、时钟分频为 IICCLK＝$f_{PCLK}/16$、中断使能、清除中断标志、预分频值取 15。

② 接收结束传输：IICCON＝0b 0 0 1 0 1111＝0x2F

含义：禁止应答(非应答)、时钟分频为 IICCLK＝$f_{PCLK}/16$、中断使能、清除中断标志、预分频值取 15。

(2) I^2C 控制状态寄存器

① 主模式发送、启动传输：IICSTAT＝0b 11 1 1 0 0 0 0＝0xF0

含义：主设备发送、启动传输、输出使能、低 4 位为状态。

② 主模式发送、结束传输：IICSTAT＝0b 11 0 1 0 0 0 0＝0xD0

含义：主设备发送、结束传输、输出使能、低 4 位为状态。

③ 主模式接收、启动传输：IICSTAT＝0b 10 1 1 0 0 0 0＝0xB0

含义：主设备接收、启动传输、输出使能、低 4 位为状态。

④ 主模式接收、结束传输：IICSTAT＝0b 10 0 1 0 0 0 0＝0x90

含义：主设备接收、结束传输、输出使能、低 4 位为状态。

(3) 地址寄存器设置

① S3C2410 地址寄存器：作为从设备地址为 0x10(作为主设备无意义)。

② EEPROM 芯片地址：作为从设备地址为 0xA0。

(4) 寻址字节值

所寻从设备地址＋操作控制命令(R/W)：

① 主设备发送：0xA0。

② 主设备接收：0xA1。

6.3.8　I^2S 串行总线接口

数字音频信号是对模拟信号的一种量化，典型方法是对时间坐标按相等的时间间隔做采样，对振幅做量化。单位时间内的采样次数称为采样频率。这样一段声波就可以被数字化后变成一串数值，每个数值对应相应抽样点的振幅值，按顺序将这些数字排列起来就是数字音频信号了。

音频 ADC/DAC 通俗一点来讲就是录音(音频 ADC)和放音(音频 DAC)。放音是数字音频信号转换成模拟音频信号，以推动耳机、功放等模拟音响设备，而录音则是要将麦克风等产生的模拟音频信号转换成数字音频信号，并最终转换成计算机可以处理的通用音频文件格式。

1. I²S总线格式

I²S总线具有4根信号线，包括串行数据输入(IISDI)、串行数据输出(IISDO)、左/右声道选择(IISLRCK)和串行数据时钟(IISCLK)；产生IISLRCK和IISCLK的是主设备。

串行数据总是以偶数个数据(为奇数时填充)且高位在先(MSB)发送。高位在先是因为发送器和接收器可能具有不同的字长。发送器没有必要了解接收器能够处理多少位数据，接收器也不需要了解多少位的数据正在被发送。被发送器发出的串行数据可以依据时钟信号的下降沿或者上升沿来同步。但是，串行数据必须在上升沿处锁入接收器。左右声道选择线决定被传输的通道。IISLRCK可在下降沿或者上升沿处改变，它并不要求是均匀的。在从设备端，此信号在上升沿处被锁定。IISLRCK信号线改变到MSB发送之间有一个时钟周期的时间。

2. S3C2410X的I²S控制器

S3C2410X的I²S(内部声音集成电路Inter－IC Sound)总线接口可以用来实现对外部8/16位立体声音频数字信号编解码器电路的接口功能，从而实现迷你型放音机和其他便携式的应用。它支持I²S总线数据格式和MSB－justified数据格式。I²S总线接口为FIFO操作提供DMA传输模式，代替中断模式，它可以同时传送或接收数据。

I²S总线特性：兼容I²S、MSB－justified格式数据，每通道8/16位数据，每通道有$16f_s$、$32f_s$、$48f_s$串行位时钟频率(f_s为采样频率)，$256f_s$、$384f_s$主设备采样时钟频率，可编程的分频器提供给主设备时钟和编解码时钟，供给发送和接收用的32字节(216)的FIFO，普通传输模式和DMA传输模式。

S3C2410X I²S总线模块方框图如图6－37所示。

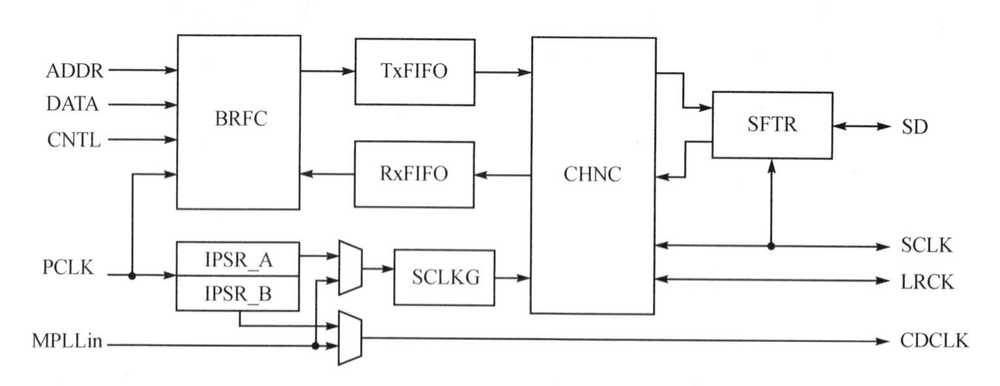

图6－37 I²S总线模块方框图

由图6－37知，由两个5分频器，IPSR－A用于产生I²S总线接口的主时钟，IPSR－B用作外部的CODEC时钟产生器；16字节FIFO，在发送数据时数据被写进TxFIFO，在接受数据时数据从 RxFIFO 读取；主 IISCLK(SCLKG)在主模式，由主时钟产生串行移位时钟；通道产生寄存器和状态寄存器(CHNC)产生 IISCLK 与 IISLRCK 并控制它们；16 位移位寄存器(SFTR)在发送数据时，并行数据经过 SFTR 变成串行数据输出，在接收数据时，串行数据经过 SFTR 转变成并行数据。

UDA1341 是飞利浦公司的一款经济型音频 CODEC，用于实现模拟音频信号的采集（音频 AD)和数字音频信号的模拟输出(DA)，并通过 I^2S 数字音频接口，实现音频信号的数字化处理。UDA1341 的 I^2S 引脚分别连接到 S3C2410A 对应的 I^2S 引脚上，音频输入/输出(VIN，VOUT)分别和麦克风扬声器连接：UDA1341 的 L3 接口相当于一个 Mixer 控制器接口，可以用来控制输入/输出音频信号的音量大小、低音等。L3 接口的引脚 L3MODE、L3DATA 和 L3CLOCK 分别连接到 S3C2410A 的 IICSCL、IICSDA 和 GPF6 引脚上。I^2S 接口电路图如图 6-38 所示。

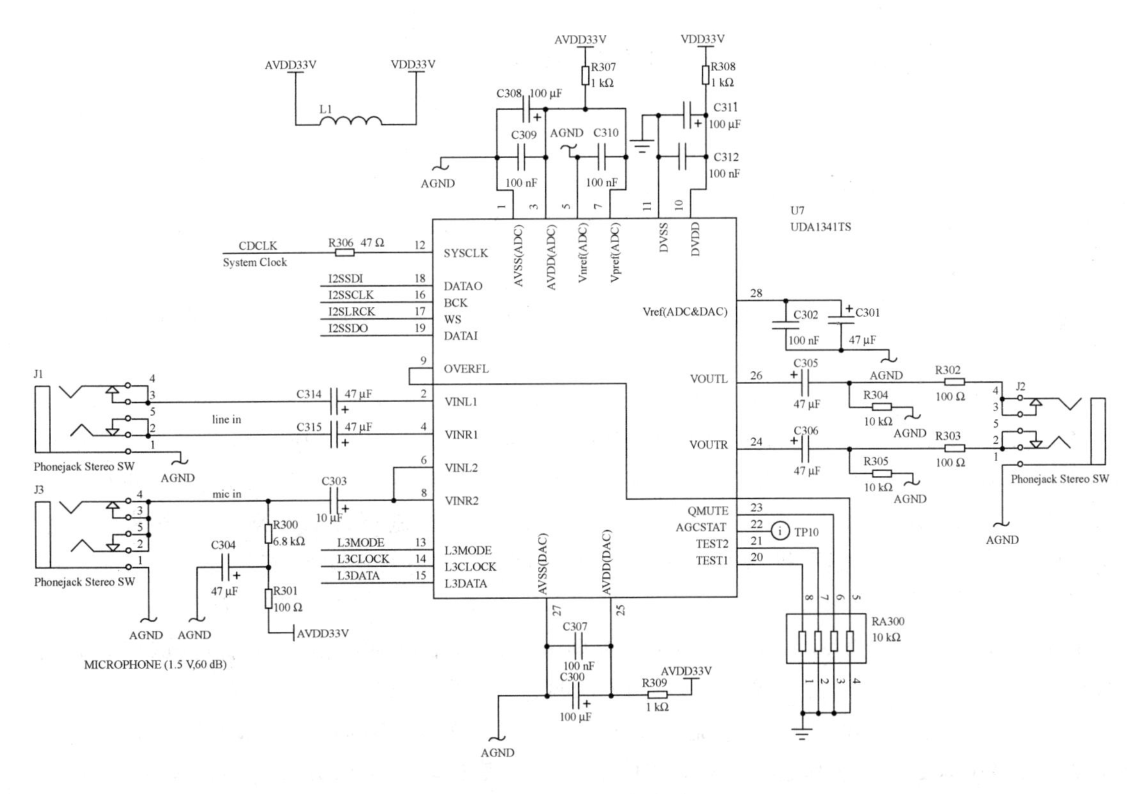

图 6-38　I^2S 音频电路

6.3.9　网络接口

CS8900A 是 Cirrus 公司生产的一种高集成度的全面支持 IEEE802.3 标准的以太网控制

器。CS8900A 支持 8 位、16 位的微处理器,可以工作在 I/O 方式或 Memory 方式。片内集成了工 SA 总线接口,可以直接和有工 SA 总线的微处理器系统无缝连接。片内集成 4 KB 容量 PacketPage 结构的 RAM,这 4 KB 存储器映像结构的 RAM 包括片内各种控制、状态、命令寄存器,以及片内发送、接收缓存。用户可以 I/O 方式、Memory 方式或 DMA 方式访问它们。

CS8900 的工作原理: CS8900 与微处理器按照 8 位方式连接,网卡芯片复位后默认工作方式为 I/O 连接,基址是 300H,下面是它的几个主要工作寄存器:

(1) LINECTL 它决定 CS8900 的基本配置和物理接口。在本系统中,设置初始值为 00d3H,选择物理接口为 10BASE - T,并使能设备的发送和接收控制位。

(2) RXCTL 控制 CS8900 接收特定数据报,接收网络上的广播或者目标地址同本地物理地址相同的正确数据报。

(3) RXCFG 控制 CS8900 接收到特定数据报后会引发接收中断。

(4) BUSCT 可控制芯片的 I/O 接口的一些操作。

(5) ISQ 是网卡芯片的中断状态寄存器,内部映射接收中断状态寄存器和发送中断状态寄存器的内容。

(6) PORT0 发送和接收数据时,CPU 通过 PORT0 传递数据。

(7) TXCMD 发送控制寄存器,如果写入数据 00C0H,则网卡芯片在全部数据写入后开始发送数据。

(8) TXLENG 发送数据长度寄存器,发送数据时,首先写入发送数据长度,然后将数据通过 PORT0 写入芯片。

以上为几个最主要的工作寄存器(为 16 位),CS8900 支持 8 位模式,当读或写 16 位数据时,低位字节对应偶地址,高位字节对应奇地址。例如,向 TXCMD 中写入 00C0H,则可将 00H 写入 305H,将 C0H 写入 304H。系统工作时,应首先对网卡芯片进行初始化,即写寄存器 LINECTL、RXCTL、RCCFG 和 BUSCT。发数据时,写控制寄存器 TXCMD,并将发送数据长度写入 TXLENG,然后将数据依次写入 PORT0 口,如将第一个字节写入 300H,第二个字节写入 301H,第三个字节写入 300H,依此类推。网卡芯片将数据组织为链路层类型并添加填充位和 CRC 校验送到网络,同样 CPU 查询 ISO 的数据,当有数据来到后,读取接收到的数据帧。读数据时,CPU 依次读地址 300H、301H、300H 和 301H。

S3C2410X 使用 CS8900A - CQ3 芯片扩展了网络通讯模块,它的传输速率工作为 10 Mb/s。在电路接口中,CS8900 工作在 16 位模式下,网卡芯片复位默认工作方式为 I/O 连接,寄存器的默认基址是 300H。因为 CS8900 占用了 CPU 的片选线 nGCS3,则 CS8900 寄存器的基址空间为 6000000H+300H。电路原理图如图 6 - 39 所示。

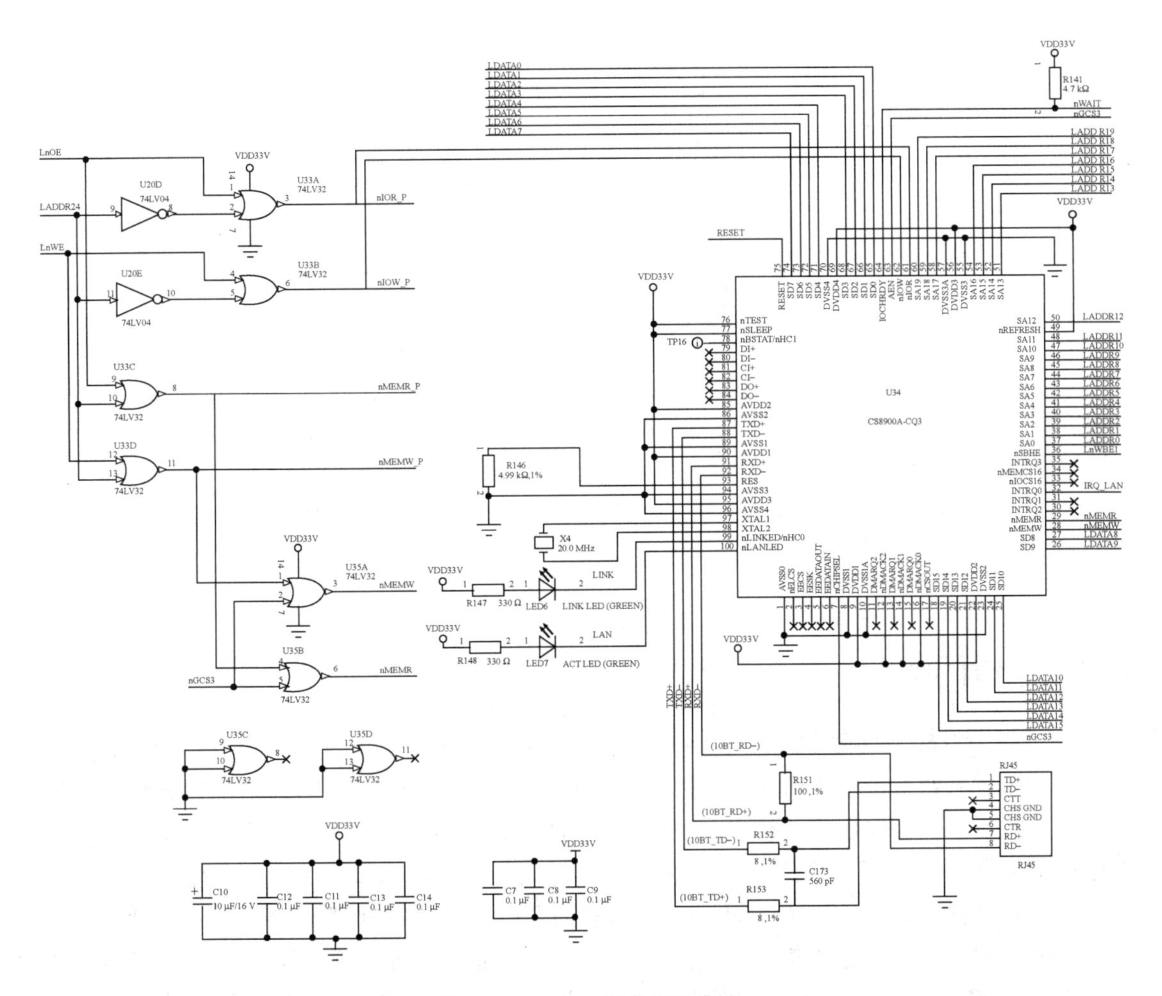

图 6-39　10 M 网卡接口电路

6.4　其他伺服电路

6.4.1　JTAG 接口

S3C2410X 内置标准的 JTAG 接口的 Embedded ICE 调试模块。硬件仿真器可以通过 JTAG 接口对开发板进行在线仿真调试，也可以使用 sjf2410 等烧写工具通过 JTAG 接口对其扩展的 Flash 存储器进行编程。目前普遍使用标准的 20 针 JTAG 接口，如图 6-40 所示。

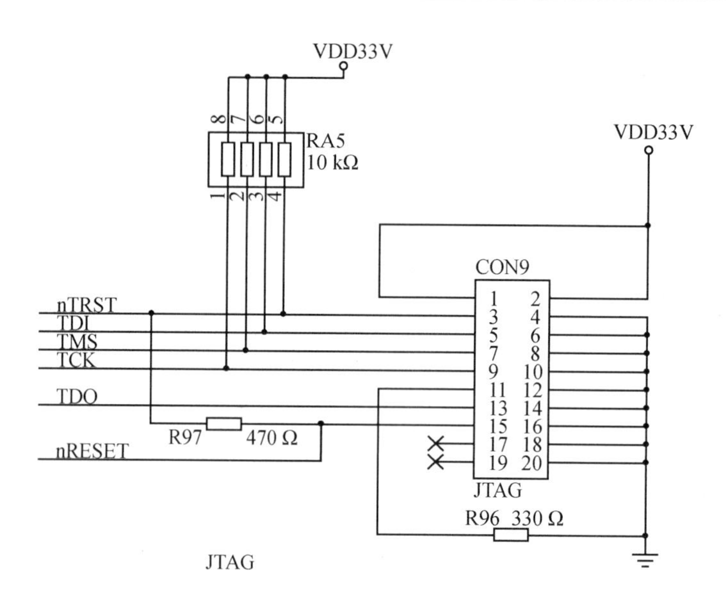

图 6-40 JTAG 接口

6.4.2 看门狗

1. 看门狗及工作原理

当嵌入式系统运行中受到外部干扰或者系统错误时,程序有时会出现“跑飞”,导致整个系统瘫痪。在对系统稳定性要求较高的场合,为了防止这一现象的发生,需要一种叫“看门狗”(Watchdog)的电路。看门狗的作用就是当系统“跑飞”而进入死循环时,恢复系统的运行。看门狗是一种电路,具有监视并恢复程序正常运行的功能,是一个定时器电路。

基本原理:设一系统程序完整运行一周期的时间是 Tp,看门狗的定时周期为 Ti,要求 Ti＞Tp。在程序运行一周期后,修改定时器的计数值,只要程序正常运行,定时器就不会溢出。若由于干扰等原因使系统不能在 Tp 时刻修改定时器的计数值,则定时器将在 Ti 时刻溢出,引发系统复位,使系统得以重新运行,从而起到监控作用。

2. S3C2410 的看门狗

1) S3C2410 的看门狗定时器功能与结构

看门狗定时器有两个功能:

(1) 定时器功能:可以作为常规定时器使用,它是一个 16 位的定时器,并且可以产生中断,中断名为 INT_WDT,中断号是 0x09。

(2) 复位功能:作为看门狗定时器使用,当时钟计数减为 0(超时)时,它将产生一个 128 个时钟周期的复位信号。

S3C2410的看门狗主要由5部分构成：时钟、看门狗计时器、看门狗数据寄存器、复位信号发生器和控制逻辑等，如图6-41所示。

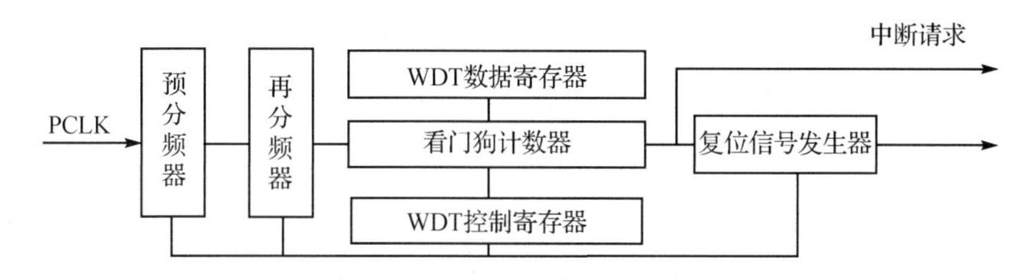

图6-41 S3C2410看门狗结构图

2）S3C2410看门狗定时时间

（1）预分频器为8位，其值为：0～255；

（2）再分频器可选择值为：16、32、64和128；

（3）输入到计数器的时钟周期为：T_wtd＝1/[PCLK/(Prescaler＋1)/Division_factor]；

（4）看门狗的定时周期为：T＝WTDAT×T_wtd。

注意：一旦看门狗的定时器启动工作，其数据寄存器(WTDAT)中的值将不会自动读到时间寄存器中(WTCNT)。

由于这个原因，程序员必须在看门狗计时器启动之前，将一个初始值写入看门狗的时间计数器(WTCNT)中。即先对时间计数器设初值，再启动看门狗工作。

3. 看门狗专用寄存器

看门狗专用寄存器共3个，如表6-65所列，其基地址为0x53000000。每个寄存器位描述如表6-66～表6-68所列。

表6-65 看门狗专用寄存器

寄存器	读/写状态	描　述	初　值	偏移地址
WTCON	读/写	看门狗控制寄存器	0x8021	0
WTDAT		看门狗数据寄存器	0x8000	4
WTCNT		看门狗计数寄存器	0x8000	8

表6-66 看门狗控制寄存器(WTCON)

字段名	位	意　义	初　值
Prescaler Value	[15:8]	预分频值。0～255	0x8021
Reserved	[7:6]	保留(为0)	00
Watchdog Timer	[5]	看门狗控制位。　0：禁止　　1：允许	1

续表 6-66

字段名	位	意 义	初 值
Clock Select	[4:3]	再分频值选择。 00：16 01：32 10：64 11：128	00
Interrupt Generation	[2]	看门狗中断控制。 0：禁止 1：允许	0
Reserved	[1]	保留(为 0)	0
Reset Enable	[0]	看门狗复位功能控制。 0：禁止 1：允许	1

表 6-67 看门狗数据寄存器(WTDAT)

字段名	位	意 义	初 值
Count Value	[15:0]	看门狗计数器重装计数值	0x8000

说明：

(1) 该数据寄存器为对看门狗计数器重装计数值。初始值为 0x8000。

(2) 在初始化看门狗操作中，WTDAT 的值不会自动加载到定时计数器中。

(3) 在计数溢出后，WTDAT 的值将被装载到 WTCNT 寄存器中。

表 6-68 看门狗计数寄存器(WTCNT)

字段名	位	意 义	初 值
Count Value	[15:0]	看门狗的当前计数值	0x8000

说明：在计数中只能读，不能写(写不起作用)。

例如：编写一程序，利用 S3C2410 看门狗中断产生频率为 1 kHz 的方波，并且从 GPB0 引脚输出。设 S3C2410 的 PCLK 为 50 MHz。

解：(1) 计算数据寄存器值

① 取再分频值为 16，分频后的频率为：50 MHz/16＝3 125 000 Hz

② 取预分频值为 25，分频后的频率为：3 125 000 Hz/25＝125 000 Hz

③ 取计数值为 60，则计数器后的频率为：125 000 Hz/60＝2 083.3 Hz

④ 方波频率为：2083.3 Hz/2＝1 042 Hz，不可能实现准确的 1 000 Hz 方波。

(2) 看门狗控制寄存器值

WTCON＝0b 00011000 00 0 00 1 0 0＝0x1804

含义：预分频值为 0x18，保留 00，先禁止看门狗定时器工作，选择再分频 00(分频值为 16)，允许定时器中断，保留 0，禁止看门狗复位。

(3) 看门狗数据寄存器值

WTDAT＝60＝0x3C

```
BIT_WDT       EQU         (0x1 << 9)
```

(4) 主要程序代码

```
#include <string.h>
#include "2410addr.h"
#include "2410lib.h"
#include "timer.h"
void __irq Wdt_Int(void);
void Test_WDT_IntReq(void)
{
    Uart_Printf("WatchDog Timer Interrupt  Request Test! \n");
    rINTMSK & = ~(BIT_WDT);                              //开看门狗中断
    pISR_WDT = (unsigned)Wdt_Int;                        //设置中断向量
    rGPBCON = rGPBCON&0x03|0x01;                         //把 GPB0 设为输出
    rWTCON = 0x1804;                                     //写控制寄存器
    rWTDAT = 60;                                         //写数据寄存器
    rWTCNT = 60;                                         //写计数器
    rWTCON = rWTCON | (1 << 5);                          //启动看门狗定时器工作
    Uart_Printf("Press any Key to Exit! \n");
    Uart_Getch();                                        //等待按键
    rWTCON &= ~(1 << 5);                                 //关闭看门狗定时器
    rINTMSK |= (BIT_WDT);                                //屏蔽看门狗中断
}
void __irq Wdt_Int(void)
{
    rGPBDATA ^= 0x01;                                    //对 GPB0 取反
    rSRCPND | = BIT_WDT;                                 //清除看门狗中断请求标志
    rINTPND | = BIT_WDT;                                 //清除看门狗中断服务标志
}
```

6.4.3 定时器

1. 结构与工作原理

1) 定时器结构组成

如图 6-42 所示，定时器结构由时钟控制、定时器和五选一开关等组成。

(1) 时钟控制：系统为每个定时器设置预分频器与分频器的值。

(2) 定时器组成(5 部分)：由减法计数器、初值寄存器、比较寄存器、观察寄存器和控制逻辑构成。

2) 工作原理

S3C2410 有 5 个 16 位定时器。定时器 0～3 有脉宽调制功能 PWM(Pulse Width Modula-

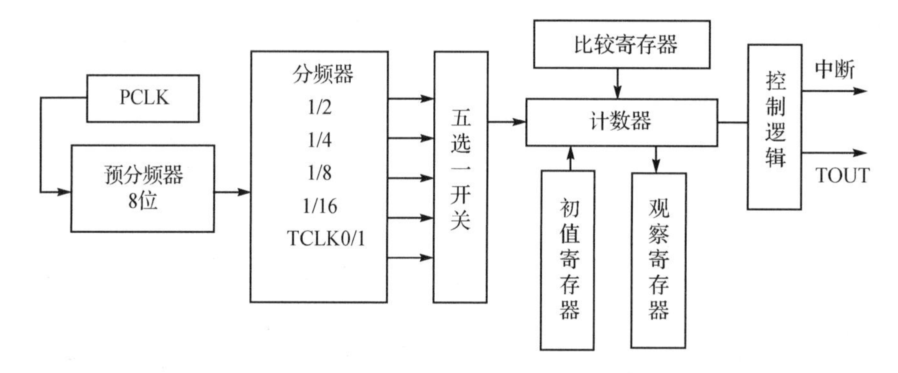

图 6－42　定时器结构图

tion)，定时器 4 是内部定时器，没有输出引脚。定时器 0 有 Dead Zone 发生器，可以保证一对反向信号不会同时改变状态，常用于大电流设备中。S3C2410 内部定时器详细结构如图 6－43 所示。

由图 6－43 知，每个定时器都使用预分频器，并且有时钟分割器。定时器 0 和定时器 1 分享同一个 8 位的预分频器，定时器 2、3、4 分享另一个预分频器。每个定时器有一个时钟分割器，经过它可产生 4 种不同频率的信号(1/2、1/4、1/8 和 1/16)。每个定时器从时钟分割器接收自己的时钟信号，时钟分割器从相应的预分频器接收时钟信号。预分频器的值存在 TCFG0 和 TCFG1 寄存器中。

当定时器被使能之后，定时器计数缓冲寄存器(TCNTBn)中初始的数值就被加载到递减计数器中。定时器比较缓冲寄存器(TCMPBn)中的初始数值被加载到比较寄存器中，以备与递减计数器数值进行比较。这种双缓冲特点可以让定时器在频率和占空比变化时输出的信号更加稳定。

每个定时器都有一个各自时钟驱动的 16 位递减计数器，当计数器数值为 0 时，产生一个定时中断，同时 TCNTBn 中的数值被再次载入递减计数器中再次开始计数。只有关闭定时器才不会重载。TCMPBn 的数值用于 PWM，当递减计数器的数值和比较寄存器数值一样时，定时器改变输出电平，因此，比较寄存器决定了 PWM 输出的开启和关闭。

S3C2410 的 PWM 定时器采用双 Buffer 机制，可以在不停止当前定时器的情况下设置下一轮定时操作。定时器值可以写到 TCNTBn，而当前定时的计数值可以从 TCNTOn 获得，即，从 TCNTBn 获得的不是当前数值而是下一次计数的初始值。

自动加载功能被打开后，当 TCNTn 数值递减到 0 时，芯片自动将 TCNTBn 的数值拷贝到 TCNTn，从而开始下一次循环，若 TCNTBn 数值为 0，则不会有递减操作，定时器停止。

2. PWM 输出

PWM(脉宽调制)：就是只对一方波序列信号的占空比按照要求进行调制，而不改变方波信号的其他参数，即不改变幅度和周期，因此脉宽调制信号的产生和传输，都是数字式的。

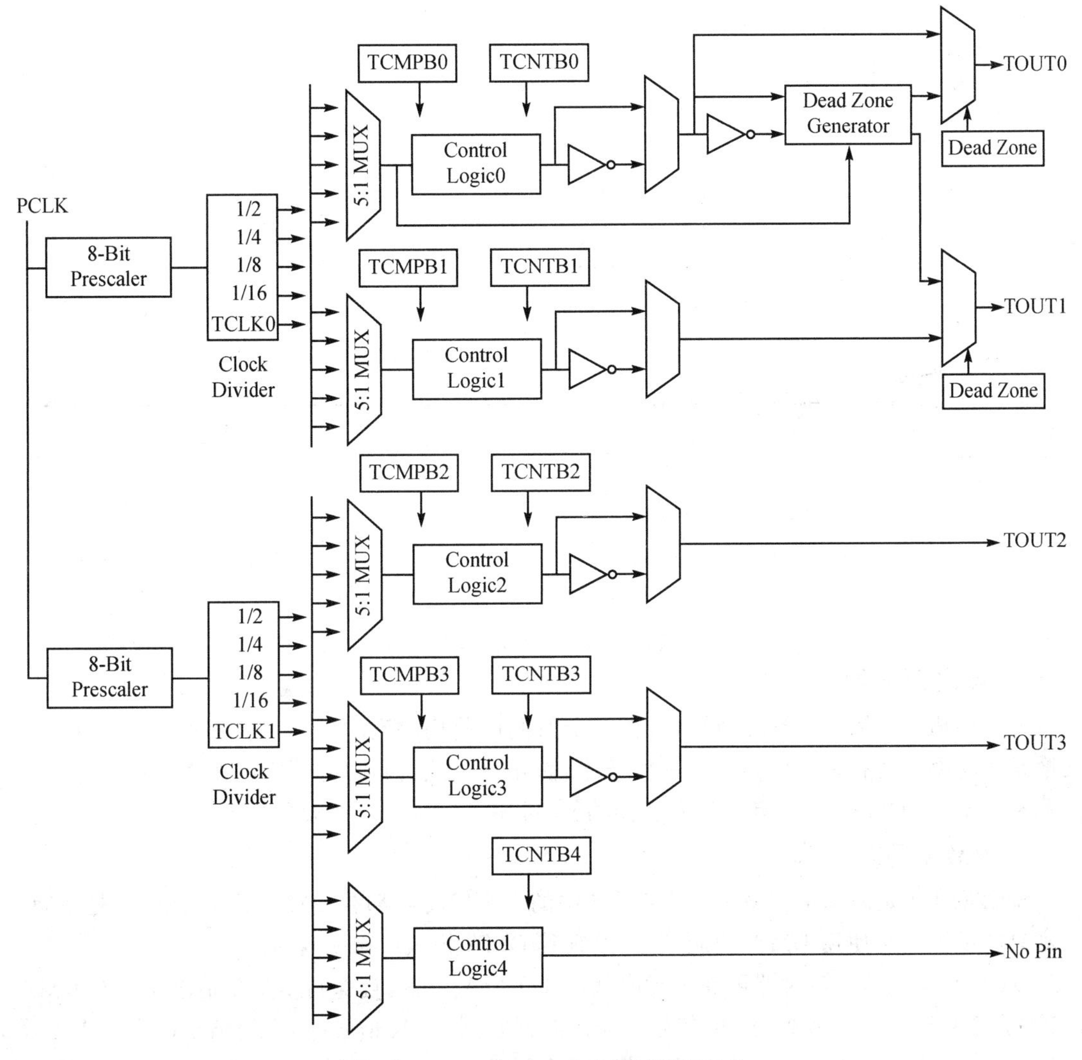

图 6-43　S3C2410 内部定时器详细结构

用脉宽调制技术可以实现模拟信号：如果调制信号的频率远远大于信号接受者的分辨率，则接收者获得的是信号的平均效果，不能感知数字信号的 0 和 1，其信号大小的平均值与信号的占空比有关，信号的占空比越大，平均信号越强，其平均值与占空比成正比。只要带宽足够，任何模拟信号都可以使用 PWM 来实现。

PWM 技术的应用：借助于微处理器，使用脉宽调制方法实现模拟信号是一种非常有效的技术，广泛应用在从测量、通信到功率控制与变换的许多领域中。

寄存器 TCMPB 的作用：当计数器 TCNT 中的值减到与 TCMPB 的值相同时，TOUT 的输出值取反。改变 TCMPB 的值，便改变了输出方波的占空比。

TOUT 的输出可以设置为反相输出，如图 6－44 所示。

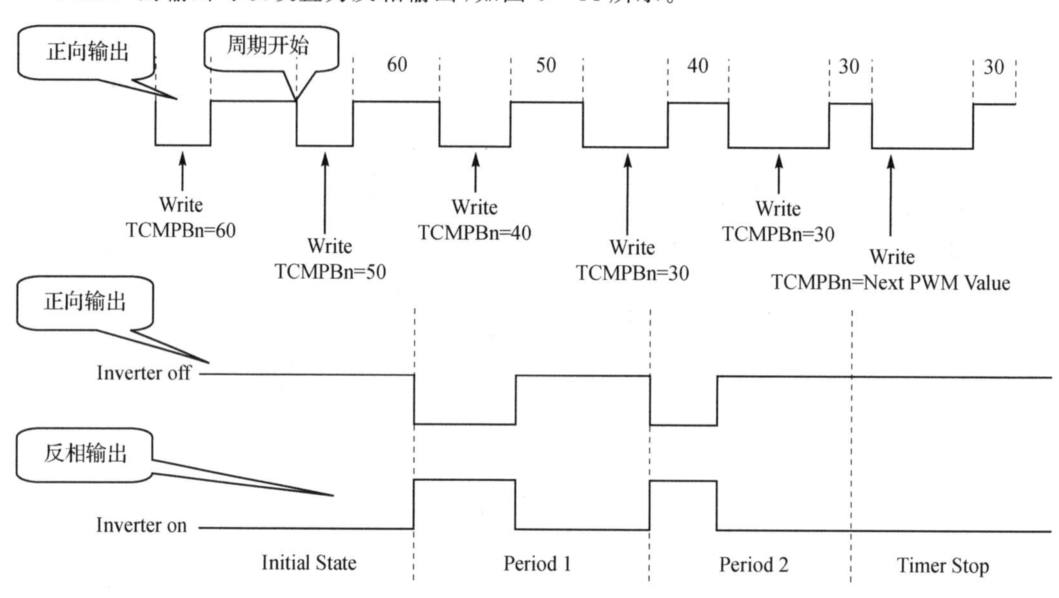

图 6－44 TOUT 的输出

3. 死区产生器

死区的概念：是一小段时间间隔，在这个时间间隔内，禁止两个开关同时处于开启状态。死区是在功率设备控制中常采用的一种技术，防止两个开关同时打开起反作用。

S3C2410 的 Timer0 具有死区发生器功能，可用于控制大功率设备。

4. DMA 请求模式

S3C2410 中定时器的 DMA 功能：系统中的 5 个定时器都有 DMA 请求功能，但是在同一时刻只能设置一个使用 DMA 功能，通过设置其 DMA 模式位来实现。

DMA 请求过程：定时器可在任意时间产生 DMA 请求，且保持 DMA 请求信号（nDMA_REQ）为低直到定时器收到 ACK 信号。当定时器收到 ACK 信号时，它使请求信号变得无效。

DMA 请求与中断的关系：如果一个定时器被配置为 DMA 模式，则该定时器不会产生中断请求了。其他的定时器会正常地产生中断。

5. 计数时钟和输出计算

（1）定时器输入时钟频率 f_{TCLK}（即计数时钟频率）：

$$f_{TCLK} = [f_{PCLK} / (\text{Prescaler} + 1)] \times \text{分频值}$$

式中：Prescaler 为预分频值，取值范围为 0～255；“分频值”为 1/2、1/4、1/8 和 1/16。

（2）PWM 输出时钟频率：

$$\text{PWM 输出时钟频率} = f_{TCLK} / \text{TCNTBn}$$

(3) PWM 输出信号占空比(即高电平持续时间所占信号周期的比例):

PWM 输出信号占空比＝TCMPBn/TCNTBn

设 PCLK 的频率为 50 MHz,经过预分频和分频器后,送给定时器的可能计数时钟频率如表 6－69 所列。

表 6－69　定时器最大、最小输出周期

分割值	最大周期(预分频器＝0)	最小周期(预分频器＝255)
1/2	0.040 0 μs (25.000 MHz)	10.240 0(97.656 2 kHz)
1/4	0.080 0 μs (12.500 MHz)	20.480 0(48.828 1 kHz)
1/8	0.160 0 μs (6.2500 MHz)	40.960 0(24.414 0 kHz)
1/16	0.320 0 μs (3.1250 MHz)	81.920 0(12.207 0 kHz)

6. 定时器专用寄存器

定时器专用寄存器共有 6 种,17 个寄存器,如表 6－70 所列。

表 6－70　定时器专用寄存器

寄存器	地　址	读/写状态	描　述	复位值
TCFG0	0x51000000	R/W	配置寄存器 0	0x00000000
TCFG1	0x51000004	R/W	配置寄存器 1	0x00000000
TCON	0x51000008	R/W	控制寄存器	0x00000000
TCNTBn	0x510000xx	R/W	计数初值寄存器(5 个)	0x0000
TCMPBn	0x510000xx	R/W	比较初值寄存器(4 个)	0x0000
TCNTOn	0x510000xx	R	观察寄存器(5 个)	0x0000

TCNTBn　Timern 计数初值寄存器(计数缓冲寄存器),16 位。

TCMPBn　Timern 比较寄存器(比较缓冲寄存器),16 位。

TCNTOn　Timern 计数读出寄存器,16 位。

GPDDAT　为准备输出或输入的数据。

TCFG0、TCFG1、TCON 3 个寄存器位描述如表 6－71～表 6－73 所列。

表 6－71　TCFG0 预分频器配置寄存器

TCFG0	位	功　能
保留	[31:24]	(保留)为 0
Dead Zone length	[23:16]	死区宽度设置位,其值 N 为:0～255,以 Timer0 的定时时间为单位 死区宽度为:(N＋1)×Timer0 的定时时间
Prescaler1	[15:8]	Timer2、3、4 的预分频值,其值 N 为:0～255,输出频率＝PCLK ÷(N＋1)
Prescaler0	[7:0]	Timer0、1 的预分频值,其值 N 为:0～255,输出频率＝PCLK ÷(N＋1)

表 6-72 TCFG1 时钟分割与 DMA 模式选择寄存器

TCFG1	位	功能
保留	[31:24]	(保留)为 0
DMA mode	[23:20]	DMA mode——DMA 通道选择设置位 0000：不使用 DMA 方式，所有通道都有中断方式 0001：选择 Timer0　0010：选择 Timer1　0011：选择 Timer2 0100：选择 Timer3　0101：选择 Timer4　011X：保留
MUX4	[19:16]	Timer4～Timer0 时钟分割值选择 0000：1/2　0001：1/4　0010：1/8　0011：1/16 01XX：选择外部 TCLK0、1(对 Timer0、1 是选择 TCLK0，对 Timer4、3、2 是选择 TCLK1
MUX3	[15:12]	
MUX2	[11:8]	
MUX1	[7:4]	
MUX0	[3:0]	

表 6-73 TCON 定时器控制寄存器

TCON	位	功能
保留	[31:23]	(保留)为 0
TL4	[22]	计数初值自动重装控制位 0：单次计数　1：计数器值减到 0 时，自动重新装入初值连续计数
TUP4	[21]	计数初值手动装载控制位 0:不操作　1:立即将 TCNTBn 中的计数初值装载到计数寄存器
TR4	[20]	Timer4～Timer0 运行控制位。0：停止　1：启动对应的 Timer
TL3	[19]	计数初值自动重装控制位 0：单次计数　1：计数器值减到 0 时，自动重新装入初值连续计数
TO3	[18]	Timer4～Timer0 输出控制位。0：正相输出　1：反相输出
TUP3	[17]	计数初值手动装载控制位 0：不操作　1：立即将 TCNTBn 中的计数初值装载到计数寄存器
TR3	[16]	Timer4～Timer0 运行控制位。0：停止　1：启动对应的 Timer
TL2	[15]	计数初值自动重装控制位 0：单次计数　1：计数器值减到 0 时，自动重新装入初值连续计数
TO2	[14]	Timer4～Timer0 输出控制位。0：正相输出　1：反相输出
TUP2	[13]	计数初值手动装载控制位 0：不操作　1：立即将 TCNTBn 中的计数初值装载到计数寄存器
TR2	[12]	Timer4～Timer0 运行控制位。0：停止　1：启动对应的 Timer
TL1	[11]	计数初值自动重装控制位 0：单次计数　1：计数器值减到 0 时，自动重新装入初值连续计数
TO1	[10]	Timer4～Timer0 输出控制位。0：正相输出　1：反相输出

续表 6-73

TCON	位	功 能
TUP1	[9]	计数初值手动装载控制位 0：不操作 1：立即将 TCNTBn 中的计数初值装载到计数寄存器
TR1	[8]	Timer4～Timer0 运行控制位。0：停止 1：启动对应的 Timer
保留	[7:5]	保留
DZE	[4]	Timer0 死区操作控制位。0：禁止死区操作 1：使能死区操作
TL0	[3]	计数初值自动重装控制位 0：单次计数 1：计数器值减到 0 时，自动重新装入初值连续计数
TO0	[2]	Timer4～Timer0 输出控制位。0：正相输出 1：反相输出
TUP0	[1]	计数初值手动装载控制位 0：不操作 1：立即将 TCNTBn 中的计数初值装载到计数寄存器
TR0	[0]	Timer4～Timer0 运行控制位。0：停止 1：启动对应的 Timer

7. 定时器的使用

1) 定时器初始化

(1) 写 TCFG0，设置计数时钟的预分频值和 Timer0 死区宽度；

(2) 写 TCFG1，选择各个定时器的分频值和 DMA、中断服务；

(3) 对 TCNTBn 和 TCMPBn 分别写入计数初值和比较初值；

(4) 写 TCON，设置计数初值自动重装、手动装载初值、设置反相输出；

(5) 再写 TCON，清除手动装载初值位、设置正相输出、启动计数。

2) 定时器停止运行

写 TCON，禁止计数初值自动重装(一般不使用运行控制位停止运行)。

3) 定时器操作实例

第一次启动定时器的过程如下：

(1) 初始化 TCNTBn 和 TCMPBn 的数值；

(2) 设置定时器的人工加载位，不管是否使用极性转换功能，都将极性转换位打开；

(3) 设置定时器的启动位来启动定时器，同时清除人工加载位。

若定时器在计数过程中被停止，则 TCNTn 保持计数值，若需要设置新的数值，则需要人工加载。定时器的工作过程如图 6-45 所示。分析如下：

① 使能自动加载功能，设置 TCNTBn＝160，TCMPBn＝110，设置人工加载位并配置极性转换位，人工加载位将使 TCNTBn、TCMPBn 的数值加载到 TCNTn、TCMPn。然后，设置 TCNTBn、TCMPBn 为 80 和 40，作为下一次定时的参数。

② 设置启动位，若人工加载位为 0，极性转换关闭，自动加载开启，则定时器开始递减计数(计数前有一个设定时间，可以理解为与 Setup Time 类似)。

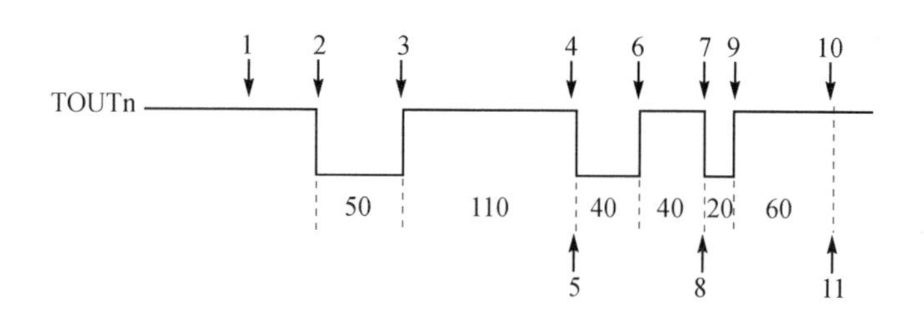

图 6－45　定时器的工作过程

③ 当 TCNTn 的数值和 TCMPn 一致时，TOUTn 从低变为高。

④ 当 TCNTn 计数至 0 时，定时器产生中断请求，同时 TCNTBn、TCMPBn 的数值被自动加载到 TCNTn、TCMPn，前者为 80，后者为 40。

⑤ 中断服务向量(ISR)将 TCNTBn、TCMPBn 设置为 80 和 60。

⑥ 与③相似。

⑦ 与④相似，TCNTn、TCMPn，前者为 80，后者为 60。

⑧ ISR 服务程序中，将自动加载和中断请求关闭。

⑨ 与⑥、③相似。

⑩ TCNTn 为 0，TCNTn 不会自动加载新的数值，定时器被关闭。

⑪ 没有新的中断发生。

同时，由上面的工作过程可以看出，通过 ISR 或别的方法写入不同的 TCMPBn 的数值，就可以调节输出信号的占空比，实现脉宽调制(PWM)。

Dead Zone 主要用在控制外设的使能，其功能主要是在关闭一个设备和开启另一个设备之间，插入一个时间间隙，以防止两个设备同时改变状态。

定时器可以通过 TCFG1 寄存器的 DMA 模式位配置为 DMA 请求源信号(nDMA_REQ)发生器，当定时器被这样配置后，它将 nDMA_REQ 信号一直置低，直到接收到 ACK 信号。当定时器收到 ACK 信号时，它将 nDMA_REQ 信号置高(无效)。当定时器被设置为 DMA 请求模式时，不会产生中断请求。只能有一个定时器被配置为 DMA 请求源。

实验代码：

```
head.s
@ ***********************************************************************
@ File: head.s
@ 功能: 设置 SDRAM,将程序复制到 SDRAM,然后跳到 SDRAM 继续执行
@ ***********************************************************************
.extern        main
.text
.global _start
```

```
_start:
@ ****************************************************************
@中断向量,除 Reset 和 HandleIRQ 外,其他异常都没有使用(如果不幸发生了,将导致死机)
@ ****************************************************************
    b     Reset
@ 0x04: Undefined instruction exception
HandleUndef:
    b     HandleUndef
@ 0x08: Software interrupt exception
HandleSWI:
    b     HandleSWI
@ 0x0c: Prefetch Abort (Instruction Fetch Memory Abort)
HandlePrefetchAbort:
    b     HandlePrefetchAbort
@ 0x10: Data Access Memory Abort
HandleDataAbort:
    b     HandleDataAbort
@ 0x14: Not used
HandleNotUsed:
    b     HandleNotUsed
@ 0x18: IRQ(Interrupt Request) exception
    b     HandleIRQ
@ 0x1c: FIQ(Fast Interrupt Request) exception
HandleFIQ:
    b     HandleFIQ
Reset:                          @函数 disable_watch_dog, memsetup, init_nand, nand_read_ll 在
                                 init.c 中定义
    ldr   sp, = 4096            @设置堆栈
    bl    disable_watch_dog     @关 Watchdog
    bl    memsetup              @初始化 SDRAM
    bl    init_nand             @初始化 NAND Flash
                                @将 NAND Flash 中地址 4 096 开始的 1 024 字节代码(main.c 编译得
                                 到)复制到 SDRAM 中
                                @nand_read_ll 函数需要 3 个参数:
    ldr   r0, = 0x30000000      @1. 目标地址 = 0x30000000,这是 SDRAM 的起始地址
    mov   r1, #4096             @2. 源地址 = 4 096,连接的时候,main.c 中的代码都存在 NAND Flash
                                 地址 4 096 开始处
    mov   r2, #1024             @3. 复制长度 = 1 024 字节,对于本实验的 main.c,这是足够了
    bl    nand_read_ll          @调用 C 函数 nand_read_ll
    msr   cpsr_c, #0xd2         @进入中断模式
    ldr   sp, = 0x33000000      @设置中断模式堆栈
```

```
    msr     cpsr_c, #0xdf         @进入系统模式
    ldr     sp, =0x34000000       @设置系统模式堆栈
    bl      Timer0_init           @调用 Timer0 初始化函数,在 init.c 中
    bl      init_irq              @调用中断初始化函数,在 init.c 中
    msr     cpsr_c, #0x5f         @设置 I-bit=0,开 IRQ 中断
    ldr     lr, =halt_loop        @设置返回地址
    ldr     pc, =main             @b 指令和 bl 指令只能前后跳转 32 MB 的范围,所以这里使用向 pc
                                   赋值的方法进行跳转
halt_loop:
    b       halt_loop
HandleIRQ:
    sub     lr, lr, #4            @计算返回地址
    stmdb   sp!,{ r0-r12,lr }     @保存使用到的寄存器
    ldr     lr, =int_return       @设置返回地址
    ldr     pc, =Timer0_Handle    @调用中断处理函数,在 interrupt.c 中
int_return:
    ldmia   sp!, { r0-r12,pc }^   @中断返回,"^"表示将 SPSR 的值复制到 CPSR
init.c
void init_irq( )
{
    INTMSK &= (~(1 << 10));      //INT_TIMER0 使能
}
/****************************************************************
* Timer input clock Frequency = PCLK / {prescaler value+1} / {divider value}
* {prescaler value} = 0~255
* {divider value} = 2, 4, 8, 16
* 本实验的 Timer0 的时钟频率 = 12 MHz/(119+1)/(16) = 6 250 Hz
* 设置 Timer0 0.5 s 触发一次中断:
****************************************************************/
void Timer0_init()
{
    TCFG0 = 119;                 //Prescaler0 = 119
    TCFG1 = 0x03;                //Select MUX input for PWM Timer0:divider = 16
    TCNTB0 = 3125;               //0.5 s 触发一次中断
    TCON |=  (1 << 1);           //Timer 0 manual update
    TCON = 0x09;                 /* Timer 0 auto reload on
                                    Timer 0 output inverter off
                                    清"Timer 0 manual update"
                                    Timer 0 start */
```

```
}
interrupt.c
#include "s3c2410.h"
#include "interrupt.h"
void Timer0_Handle()
{
    if(INTOFFSET == 10){
        GPBDAT = ~(GPBDAT & (0xf << 7));
    }
    //清中断
    SRCPND = 1 << INTOFFSET;
    INTPND = INTPND;
}
```

练习与思考题

1. S3C2410 有多少组 I/O 口？简要说明每组 I/O 口的功能。

2. 简要说明 S3C2410 的 I/O 端口的控制寄存器、数据寄存器与上拉电阻允许寄存器的作用。

3. 将端口 B 的 7～10 设置为输出端口，并且输出为 0011，不需要上拉电阻，请配置控制寄存器、数据寄存器与上拉电阻允许寄存器。

4. 简要说明 UART 的工作原理。

5. 简要说明 S3C2410 的 UART 中常用的几个控制寄存器的作用。

6. 举例说明采用中断方式 UART 通信程序的编写方法。

7. 简要说明 RTC 控制寄存器各位的作用。

8. 什么是 LCD？主要由哪部分组成？LCD 屏的主要技术参数是什么？

9. 简要说明 S3C2410 LCD 控制器特点。

10. 简要分析 TFT 屏时序关系。

11. 什么是 DMA 传送方式？简要说明 DMA 传输数据的主要步骤。

12. 简述 S3C2410 的 I^2C 结构与工作原理。

13. 什么是看门狗电路？简要说明其工作原理与作用。

14. 简要说明 I^2C 总线的组成以及适用场合。

15. 简要说明 I^2C 总线控制程序的编写。

16. 简要说明 I^2S 总线的概念与作用。

17. 简要说明定时器的结构与工作原理。

18. 简要说明 PWM 的概念与作用。

19. 结合实例说明定时器的使用方法。

第7章 Linux系统简介

本章概要介绍Linux基础知识、Linux内核概念、Linux文件结构、Linux常用命令以及Linux文本编辑等内容。

教学建议

本章教学学时建议：4学时。

Linux基础知识：0.5学时；

Linux入门：3.5学时。

熟悉与了解Linux的一些基础知识，了解Linux内核的基本概念和Linux文件结构，掌握和熟练运用Linux常用命令以及Linux文本编辑。

7.1 Linux基础知识

7.1.1 什么是Linux

随着嵌入式系统的发展，从20世纪80年代末开始相继出现了一些嵌入式操作系统。如：VxWorks、pSOS、Neculeus和Windows CE。当设计的嵌入式系统要完成较复杂功能后，简单控制逻辑就不够用了，这时就需要应用嵌入式操作系统了。

Linux系统和嵌入式设备的结合，将会对智能住宅及数字家电注入无限的活力。操作系统的引入，嵌入式计算设备将变得功能更为强大，同时更加简便易用。对于生产厂家来说，更可以专心致力于根据客户的需求，完善设计。至于相应的软件，要求专业化的软件开发人员去实现厂商的设计要求。

简单地说，Linux是一套免费使用和自由传播的类Unix操作系统。这个系统是由世界各地的成千上万的程序员设计和实现的。其目的是建立不受任何商品化软件的版权制约的、全世界都能自由使用的Unix兼容产品。

嵌入式Linux是对Linux经过小型化裁剪，能够固化在容量相对较小(数百K到数百M)

的存储器芯片中，应用于特定的嵌入式场合的Linux。

目前，嵌入式Linux系统的研发热潮正在蓬勃兴起，并且占据了很大的市场份额。一些传统的Linux公司（如：RedHat、MontaVista等）正在从事嵌入式Linux的开发和应用，IBM、Intel、Freescale等著名企业也在进行嵌入式Linux的研究。

Linux是一个网络操作系统NOS(Network Operating System)。所谓网络操作系统则在一般操作系统的功能上增加了网络功能，具体包括：

(1) 实现网络中各计算机之间的通信和资源共享；

(2) 提供多种网络服务软件；

(3) 提供网络用户的应用程序接口。

Linux与其他商业化的网络操作系统不同，它是由以Linus Torvalds为首的一批Internet上的志愿者开发的，完全免费，并与另一著名的网络操作系统Unix完全兼容，是一个具有很高性能价格比的网络操作系统。

Linux最早是Linus Torvalds于1991年在芬兰赫尔辛基大学原创开发的，并在GNU的GPL(General Public License)原则下发行。

Linux继承了Unix，它们相似和相同的东西很多，所以Linux还是类Unix的操作系统。有一种说法是Linux是Unix的一个变种版本。

Linux内核版本有两种：稳定版和开发版。稳定的内核具有工业级的强度，可以广泛地应用和部署。新的稳定内核相对于较旧的只是修正一些bug或加入一些新的驱动程序。而开发版内核由于要试验各种解决方案，所以变化很快，这两种版本是相互关联、相互循环的。Linux内核的命名机制：

num. num. num

其中第一个数字是主版本号，第二个数字是次版本号，第三个数字是修订版本号。如果次版本号是偶数，那么该内核就是稳定版的；若是奇数，则是开发版的。头两个数字合在一齐可以描述内核系列。如稳定版的2.6.0，它是2.6版内核系列。

一个典型的Linux发行版包括：Linux内核，一些GNU程序库和工具，命令行shell，图形界面的X Window系统和相应的桌面环境，如KDE或GNOME，并包含数千种从办公套件、编译器、文本编辑器到科学工具的应用软件。

发行版有：① Debian；② 红帽(Redhat)；③ Ubuntu；④ Suse；⑤ Fedora。

7.1.2 Linux应用开发

由于其低廉的成本和高度的可定制性，Linux被广泛应用于嵌入式系统，例如机顶盒、移动电话及行动装置等。在移动电话上，Linux已经成为与Symbian OS、Windows Mobile系统并列的三大智能手机操作系统之一；而在移动装置上，则成为Windows CE之外另一个选择。此外，有不少硬件式的网络防火墙及路由器，其内部都是使用Linux，并采用了操作系统提供的防火墙及路由功能。

在Linux应用上，Linux确实跟它的竞争对手Windows相比还有一定的差距。不过在高端的应用上，Linux的市场是越来越大。如：

1. Linux内核开发

(1) PDA个人掌上电脑；

(2) 专用的网络设备；防火墙设备，VPN（虚拟专用网络）设备等是用Linux编写的，国产的，现在销售的十分不错；

(3) 硬件驱动程序。

2. Linux网络编程

(1) php编程，建立动态站点；

(2) jsp编程；

(3) perl和cgi编程。

3. Linux系统下数据库的开发

(1) mysql中小型数据库；

(2) oracle数据库；

(3) DB2数据库、IBM数据库。

7.1.3 Linux特点

Linux特点如下：

(1) 自由软件，开放源代码；

(2) 真正的多用户、多任务操作系统；

(3) 可灵活裁剪配置；

(4) 支持多种硬件平台；

(5) 提供强大的管理功能；

(6) 完全符合POSIX标准；

(7) 具有丰富的图形用户界面；

(8) 具有强大的网络功能。

7.1.4 GNU与POSIX标准

GNU是“GNU's Not Unix”的递归缩写。

Linux的发展离不开GNU（GNU在英文中原意为非洲牛羚，这里是GNU is Not Unix的递归缩写），GNU计划又称革奴计划，是由Richard Stallman在1983年9月27日公开发起的，它的目标是创建一套完全自由的操作系统。

GNU 计划开发出了许多高质量的免费软件，如：GCC、GDB、Bash Shell 等，这些软件为 Linux 的开发创造了基本的环境，是 Linux 发展的重要基础，因此，严格来讲，Linux 应该被称为 GNU/Linux。

为保证 GNU 软件可以自由地“使用、复制、修改和发布”，所有 GNU 软件都在一份在禁止其他人添加任何限制的情况下授权所有权利给任何人的协议条款，GNU 通用公共许可证 GPL(General Public License)。这个就是被称为“反版权”(或称 Copyleft)的概念。GNU 包含 3 个协议条款，它们是：

GPL： GNU 通用公共许可证(GNU General Public License)；

LGPL：GNU 较宽松公共许可证 (GNU Lesser General Public License)，旧称 GNU Library General Public License (GNU 库通用公共许可证)；

GFDL：GNU 自由文档许可证(GNU Free Documentation License)的缩写形式。

POSIX 表示可移植操作系统接口 POSIX(Portable Operating System Interface)。电气和电子工程师协会 IEEE(Institute of Electrical and Electronics Engineers)最初开发 POSIX 标准，是为了提高 Unix 环境下应用程序的可移植性。然而，POSIX 并不局限于 Unix。许多其他的操作系统，例如 DEC OpenVMS 和 Microsoft Windows NT，都支持 POSIX 标准，尤其是 IEEE Std. 1003.1－1990(1995 年修订)或 POSIX.1，POSIX.1 提供了源代码级别的 C 语言应用编程接口(API)给操作系统的服务程序，例如读/写文件。POSIX.1 已被国际标准化组织 ISO(International Standards Organization)所接受，被命名为 ISO/IEC 9945－1:1990 标准。

7.2 Linux 入门

7.2.1 Linux 介绍

Linux 一般由内核、Shell、文件结构和实用工具 4 个主要部分组成，下面分别介绍。

1. Linux 内核

Linux 内核是整个 Linux 系统的灵魂，Linux 内核负责整个系统的内存管理，进程调度和文件管理。它从用户那里接受命令并把命令送给内核去执行。Linux 内核的容量并不大，并且大小可以裁剪，这个特性对于嵌入式系统是非常有好处的。一般一个功能比较全面的内核也不会超过 1 MB。合理的配置 Linux 内核是嵌入式系统开发中很重要的一步，对内核的充分了解是嵌入式 Linux 开发的基本功。

简单介绍一下内核功能的划分，Linux 内核的功能大致分成如下几个部分：

(1) 进程管理：进程管理功能负责创建和撤销进程以及处理它们和外部世界的连接。不同进程之间的通信是整个系统的基本功能，因此也由内核处理。除此之外，控制进程如何共享 CPU 资源的调度程序也是进程管理的一部分。概括地说，内核的进程管理活动就是在单个或多个CPU上实现多进程的抽象。

(2) 内存管理:内存是计算机的主要资源之一,用来管理内存的策略是决定系统性能的一个关键因素。内核在有限的可用资源上为每个进程都创建了一个虚拟寻址空间。内核的不同部分在和内存管理子系统交互时使用一套相同的系统调用,包括从简单的malloc/free到其他一些不常用的系统调用。

(3) 文件系统:Linux在很大程度上依赖于文件系统的概念,Linux中的每个对象几乎都是可以被视为文件。内核在没有结构硬件上构造结构化的文件系统。所构造的文件系统在整个系统中广泛使用。另外,Linux支持多种文件系统类型,即在物理介质上组织的结构不同。

(4) 设备控制:几乎每个系统操作最终都会映射到物理设备上。除了处理器,内存以及其他很有限的的几个实体外,所有的设备控制操作都由与被控制设备相关的代码完成。这段代码叫做设备驱动程序,内核必须为系统中的每件外设嵌入相应的驱动程序。

(5) 网络功能:网络功能也必须有操作系统来管理,因为大部分网络操作都和具体的进程无关。在每个进程处理这些数据之前,数据报必须已经被收集、标识和分发。系统负责在应用程序和网络之间传递数据。另外,所有的路由和地址解析问题都由内核处理。

2. Linux Shell

Shell是系统的用户界面,提供了用户与内核进行交互操作的一种接口。它接收用户输入的命令并把它送入内核去执行。

实际上Shell是一个命令解释器,它解释由用户输入的命令并且把它们送到内核。不仅如此,Shell有自己的编程语言用于对命令的编辑,它允许用户编写由Shell命令组成的程序。Shell编程语言具有普通编程语言的很多特点,比如它也有循环结构和分支控制结构等,用这种编程语言编写的Shell程序与其他应用程序具有同样的效果。

Linux提供了像Microsoft Windows那样的可视的命令输入界面——X Window的图形用户界面(GUI)。它提供了很多窗口管理器,其操作就像Windows一样,有窗口、图标和菜单,所有的管理都是通过鼠标控制。现在比较流行的窗口管理器是KDE和GNOME。

每个Linux系统用户可拥有自己的用户界面或Shell,以满足自己专门的Shell需要。

Linux系统提供多种不同的Shell以供选择。常用的有SH(Bourne Shell)、CSH(C-Shell)、KSH(Korn Shell)和BASH(Bourne Again Shell)。

(1) Bourne Shell是AT&T Bell实验室的Steven Bourne为AT&T的Unix开发的,它是Unix的默认Shell,也是其他Shell的开发基础。Bourne Shell在编程方面相当优秀,但在处理与用户的交互方面不如其他几种Shell。

(2) C Shell是加州伯克利大学的Bill Joy为BSD Unix开发的,与SH不同,它的语法与C语言很相似。它提供了Bourne Shell所不能处理的用户交互特征,如命令补全、命令别名、历史命令替换等。但是C Shell与Bourne Shell并不兼容。

(3) Korn Shell是AT&T Bell实验室的David Korn开发的,它集合了C Shell和Bourne

Shell 的优点，并且与 Bourne Shell 向下完全兼容。Korn Shell 的效率很高，其命令交互界面和编程交互界面都很好。

(4) Bourne Again Shell (即 BASH)是自由软件基金会(GNU)开发的一个 Shell，它是 Linux 系统中一个默认的 Shell。Bash 不但与 Bourne Shell 兼容，还继承了 C Shell、Korn Shell 等优点。

在启动 Linux 桌面系统后，Shell 已经在后台运行起来了，但并没有显示出来。如果想让它显示出来，按如下的组合键就可以：Ctrl＋Alt＋F2 组合键中的 F2 可以替换为 F3、F4、F5 和 F6。如果要回到图形界面，则按如下组合键：Ctrl＋Alt＋F7。另外，在图形桌面环境下运行“系统终端”也可以执行 Shell 命令，与用组合键切换出来的命令行界面是等效的。系统终端启动后是一个命令行操作窗口，可以随时放大或缩小，随时关闭，比较方便，推荐使用。启动系统终端的方法是：选择“开始”→“应用程序”→“附件”→“系统终端”，就是系统终端的界面。该软件允许建立多个 Shell 客户端，它们相互独立，可以通过标签在彼此之间进行切换。

3. Linux 文件结构

内核、Shell 和文件结构一起形成了基本的操作系统结构。它们使用户可以运行程序、管理文件以及使用系统。此外，Linux 操作系统还有许多被称为实用工具的程序，辅助用户完成一些特定的任务。

文件结构是文件存放在磁盘等存储设备上的组织方法，主要体现在对文件和目录的组织上。目录提供了管理文件的一个方便而有效的途径。

使用 Linux，用户可以设置目录和文件的权限，以便允许或拒绝其他人对其进行访问。Linux 目录采用多级树形结构，用户可以浏览整个系统，可以进入任何一个已授权进入的目录，访问那里的文件。

Linux 是一个多用户系统，操作系统本身的驻留程序存放在以根目录开始的专用目录中，有时被指定为系统目录。如图 7-1 所示是 Linux 文件结构目录。

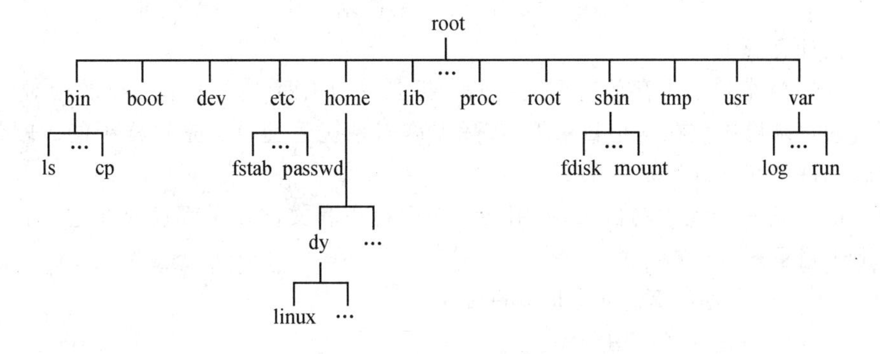

图 7-1　Linux 的目录结构

Linux采用的是树形结构。最上层是根目录，其他的所有目录都是从根目录出发而生成的。微软的DOS和Windows也是采用树形结构，但是在DOS和Windows中这样的树形结构的根是磁盘分区的盘符，有几个分区就有几个树形结构，它们之间的关系是并列的。然而，在Linux中，无论操作系统管理几个磁盘分区，这样的目录树只有一个。从结构上讲，各个磁盘分区上的树形目录不一定是并列的。主要目录含义如下：

(1) /bin　bin是binary的缩写。这个目录沿袭了Unix系统的结构，存放使用者最经常使用的命令，例如cp、ls、cat等。

(2) /boot　这里存放的是启动Linux时使用的一些核心文件。

(3) /home　用户的主目录，比如说有个用户叫wang，那其主目录就是/home/wang，也可以用～wang表示。

(4) /dev　dev是device(设备)的缩写。这个目录下是所有Linux的外部设备，其功能类似DOS下的.sys和Win下的.vxd。在Linux中设备和文件是用同种方法访问的。例如：/dev/hda代表第一个物理IDE硬盘。

(5) /etc　这个目录用来存放系统管理所需要的配置文件和子目录。

(6) /lib　这个目录里存放系统最基本的动态链接共享库，其作用类似于Windows里的.dll文件。几乎所有的应用程序都需要用到这些共享库。

(7) /sbin　s就是Super User的意思，也就是说这里存放的是系统管理员使用的管理程序。

(8) /tmp　这个目录不用说，一定是用来存放一些临时文件的地方了。

(9) /lost+found　这个目录平时是空的，当系统不正常关机后，这里就成了一些无家可归的文件的避难所，有点类似于DOS下的.chk文件。

(10) /mnt　这个目录是空的，系统提供这个目录是让用户临时挂载别的文件系统。

(11) /proc　这个目录是一个虚拟的目录，它是系统内存的映射，可以通过直接访问这个目录来获取系统信息。也就是说，这个目录的内容不在硬盘上而是在内存里。

(12) /root　系统管理员(也叫超级用户)的主目录。作为系统的拥有者，总要有些特权啊！比如单独拥有一个目录。

(13) /var　这个目录中存放着那些不断在扩充着的东西，为了保持usr的相对稳定，那些经常被修改的目录可以放在这个目录下，实际上许多系统管理员都是这样干的。顺带说一下系统的日志文件就在/var/log目录中。

(14) /usr　这是最庞大的目录，要用到的应用程序和文件几乎都存放在这个目录下。其中包含以下子目录；

① /usr/X11R6　存放X-Window的目录。

② /usr/bin　存放许多应用程序。

③ /usr/sbin　给超级用户使用的一些管理程序就放在这里。

④ /usr/doc　这是Linux文档的大本营。

⑤ /usr/include　Linux 下开发和编译应用程序需要的头文件，在这里查找。

⑥ /usr/lib　存放一些常用的动态链接共享库和静态档案库。

⑦ /usr/local　这是提供给一般用户的/usr 目录，在这里安装软件最适合。

⑧ /usr/man　man 在 Linux 中是帮助的同义词，这里就是帮助文档的存放目录。

⑨ /usr/src　Linux 开放的源代码就存在这个目录。

4. Linux 实用工具

标准的 Linux 系统都有一套叫做实用工具的程序，它们是专门的程序，例如编辑器、执行标准的计算操作等。用户也可以产生自己的工具。实用工具可分 3 类：

(1) 编辑器：用于编辑文件。

(2) 过滤器：用于接收数据并过滤数据。

(3) 交互程序：允许用户发送信息或接收来自其他用户的信息。

Linux 的编辑器主要有：Ed、Ex、Vi 和 Emacs。Ed 和 Ex 是行编辑器，Vi 和 Emacs 是全屏幕编辑器，在嵌入式系统开发中主要用 Vi 编辑器。

Linux 的过滤器(Filter)读取从用户文件或其他地方的输入，检查和处理数据，然后输出结果。从这个意义上说，它们过滤了经过它们的数据。Linux 有不同类型的过滤器，一些过滤器用行编辑命令输出一个被编辑的文件。另外一些过滤器是按模式寻找文件并以这种模式输出部分数据。还有一些执行字处理操作，检测一个文件中的格式，输出一个格式化的文件。过滤器的输入可以是一个文件，也可以是用户从键盘键入的数据，还可以是另一个过滤器的输出。过滤器可以相互连接，因此，一个过滤器的输出可能是另一个过滤器的输入。在有些情况下，用户可以编写自己的过滤器程序。

交互程序是用户与机器的信息接口。Linux 是一个多用户系统，它必须和所有用户保持联系。信息可以由系统上的不同用户发送或接收。信息的发送有两种方式：一种方式是与其他用户一对一地链接进行对话；另一种方式是一个用户对多个用户同时链接进行通讯，即所谓广播式通讯。

7.2.2 Linux 的启动运行

1. 启动系统

计算机启动后，进入 Windows 图形界面，在虚拟机下启动 Linux。

2. 用户登录

Linux 是一个真正意义上的多用户操作系统，用户要使用该系统，首先必须登录，使用完系统后，必须退出。用户登录系统时，为了使系统能够识别该用户，必须输入用户名和密码，经系统验证无误后才可以登录系统使用。

Linux 下有两种用户：

(1) root 用户：超级权限者，系统的拥有者，在 Linux 系统中有且只有一个 root 用户，它可以在系统中做任何操作。在系统安装时所设定的密码就是 root 用户的密码。

(2) 普通用户：Linux 系统可以创建许多普通用户，并为其指定相应的权限，使其有限地使用 Linux 系统。

用户登录分两步进行：

(1) 输入用户的登录名，系统根据该登录名来识别用户；

(2) 输入用户的口令，该口令是用户自己选择的一个字符串，对其他用户完全保密，是登录系统时识别用户的唯一根据，因此每一个用户都应该保护好自己的口令！

系统在建立之初，仅有 root 用户，其他的用户则是由 root 用户创建的。由于 root 用户的权限太大了，如果 root 用户误操作将可能造成很大的损失。所以建议系统管理员为自已新建一个用户，只有需要做系统维护、管理任务时才以 root 用户登录。

当用户正确地输入用户名和口令后，就能合法地进入系统。屏幕显示：

```
[root@loclhost/root]#
```

这时即可对系统做各种操作了。超级用户(root)的提示符是"#"，其他用户的提示符是"$"。

3. 控制台切换

Linux 是一个多用户操作系统，它可以同时接受多个用户登录。Linux 还允许一个用户进行多次登录，这是因为 Linux 和 Unix 一样，提供了虚拟控制台的访问方式，允许用户在同一时间从不同的虚拟控制台进行多次登录。虚拟控制台的选择可以通过按下 Ctrl+Alt+一个功能键来实现，通常使用 F1～F7，例如，用户登录后，按一下 Ctrl+Alt+F2 键，用户又可以看到"login:"提示符，说明用户看到了第二个虚拟控制台。然后只需按 Ctrl+Alt+F1 键，就可以回到第一个虚拟控制台。用户可以在某一虚拟控制台上进行的工作尚未结束时，切换到另一虚拟控制台开始另一项工作。

4. 切换用户

如果不指定用户名，则默认将用户身份换至 root。从 root 身份切换到其他任何身份都不需要口令。

```
su [username]  (从 root 身份切换到默认用户)
su   - root  (切换到 root 用户，并将 root 的环境变量同时带入)
```

提示：如果当时在安装时设置为一启动就进入图形界面的话，那么系统启动后，用户登录界面将是图形化的，有点像 Windows，而且当输入正确的用户名与密码时，就会直接进入 X Window。该设置是可以修改的：在/etc 目录下有一个 inittab 文件，其中有一行配置：id:3:default，数字 3 就是代表一启动进入字符终端，如果改为 5，则代表一启动进入 X Window。

5. 退出登录

不论是 root 用户还是普通用户，只需简单地执行 exit 命令就可以退出登录。

在 Linux 系统中，普通用户是无权关闭系统的！只有 root 用户才能够关闭它。当然如果是按关机按钮则另当别论。关闭可以通过以下几种方法实现：

(1) 按下 Ctrl＋Alt＋Del 组合键，这样系统将重新启动；

(2) 执行 reboot 命令，这样系统也将重新启动；

(3) 执行 shutdown -h now 命令，这样系统将关闭计算机；

(4) 执行 halt 命令，可以关闭计算机。

注意： 千万不要随意采用硬关机、重启动键等方式关闭系统，那样会导致 Linux 文件系统遭受破坏！

7.2.3　Linux 的文件系统

Linux 文件有如下几种：

普通文件：包括文本文件、数据文件、可执行的二进制程序等。

目录文件：简称为目录，Linux 中把目录看成是一种特殊文件，利用它构成文件系统的分层树形结构。每个目录文件至少包括两个文件，“..”表示上一级目录，“.”表示该目录本身。

设备文件：设备文件是一种特别文件，Linux 系统用来标识各个设备驱动器，核心使用它们与硬件设备通信。有两类特别设备文件：字符设备文件和块设备文件。

符号链接：一种特殊文件，存放的数据是文件系统中通向某个文件的路径。当调用符号链接文件时，系统自动地访问保存在文件中的路径。

文件系统指文件存在的物理空间，Linux 系统中每个分区都是一个文件系统，都有自己的目录层次结构。Linux 会将这些分属不同分区的、单独的文件系统按一定的方式形成一个系统的总的目录层次结构。一个操作系统的运行离不开对文件的操作，因此必然要拥有并维护自己的文件系统。

Linux 文件系统使用索引节点来记录文件信息，作用像 Windows 的文件分配表。索引节点是一个结构，它包含了一个文件的长度、创建及修改时间、权限、所属关系、磁盘中的位置等信息。一个文件系统维护了一个索引节点的数组，每个文件或目录都与索引节点数组中的唯一一个元素对应。系统给每个索引节点分配了一个号码，也就是该节点在数组中的索引号，称为索引节点号。

Linux 文件系统将文件索引节点号和文件名同时保存在目录中。所以，目录只是将文件的名称和它的索引节点号结合在一起的一张表，目录中每一对文件名称和索引节点号称为一个链接。

对于一个文件来说有唯一的索引节点号与之对应，对于一个索引节点号，却可以有多个文件名与之对应。因此，在磁盘上的同一个文件可以通过不同的路径去访问它。可以用 ln 命令对一个已经存在的文件再建立一个新的链接，而不复制文件的内容。

链接有软链接和硬链接之分，软链接又叫符号链接。它们各自的特点是：

硬链接：原文件名和链接文件名都指向相同的物理地址。目录不能有硬链接，硬链接不能跨越文件系统（不能跨越不同的分区），文件在磁盘中只有一个拷贝，节省硬盘空间；由于删除文件要在同一个索引节点属于唯一的链接时才能成功，因此可以防止不必要的误删除。

符号链接：用 ln -s 命令建立文件的符号链接。符号链接是 Linux 特殊文件的一种，作为一个文件，它的数据是它所链接的文件的路径名。类似 Windows 下的快捷方式。可以删除原有的文件而保存链接文件，没有防止误删除功能。

硬链接和符号链接与后面的驱动移植有紧密的联系。

常用文件系统：

ext3：ext2 的升级版本，是多数 Linux 发行版的默认文件系统类型，其主要优点是在 ext2 的基础上加入了记录数据的日志功能。可方便地从 ext2 迁移至 ext3 且支持异步的日志。

ext2：支持标准 Unix 文件类型，可用于多种存储介质，向上兼容性好，支持长达 255 个字符的文件名。

reiserfs：一种新型的文件系统，通过完全平衡树结构来容纳数据，包括文件数据，文件名以及日志支持。ReiserFS 还以支持海量磁盘和磁盘阵列，并能在上面继续保持很快的搜索速度和很高的效率。

JFS：IBM 提供的基于日志的字节级文件系统，该文件系统是为面向事务的高性能系统而开发的，与非日志文件系统相比，它的优点是其快速重启能力。

vfat：微软 Windows 9X/2000 及 NT 操作系统使用的扩展 DOS 文件系统，提供了对长文件名的支持。

iso9660：标准 CD-ROM 文件系统。其中 Rock Ridge 扩展允许长文件名的自动支持。

Nfs：允许在多台计算机之间共享文件系统的网络文件系统。

7.2.4 Linux 常用命令

下面是 Linux 基本操作命令，并进行了分类说明。对命令的学习，最好针对每一个命令都能亲自练习、掌握。

1. 显 示

ls：　以默认方式显示当前目录文件列表。

ls -a：　显示所有文件包括隐藏文件。

ls -l：　显示文件属性，包括大小，日期，符号连接，是否可读写及是否可执行。

2. 创建目录

目录是一种特殊类型的文件，如果没有特别指明，则文件包括文件和目录。“..”表示上一级目录，“.”表示当前目录，它们是两个特殊目录。

“/”目录为文件系统根目录，所有目录都是它的子目录，绝对路径以“/”起始，相对路径以当前所在目录起始。

使用 mkdir 命令可以创建目录，命令格式为：

mkdir 要创建的目录名

mkdir：创建目录。

例如：(1) mkdir /home/workdir 在/home 目录下创建 workdir 目录。

(2) mkdir -p/home/dir1/dir2 创建/home/dir1/dir2 目录，如果 dir1 不存在，则先创建 dir1。

3. 改变工作目录

cd dir：切换到当前目录下的 dir 目录。

cd..：切换到到上一级目录。

cd～：切换到用户目录，比如是 root 用户，则切换到/root 下。

例如：cd/home/

进入/home 目录。

4. 查看当前路径

pwd：查看当前路径。

5. 删 除

rm file： 删除某一个文件。

rm -rf dir： 删除当前目录下叫 dir 的整个目录。

例如：(1) rm /home/test 删除/home 目录下的 test 文件。

(2) rm -r/home/dir 删除/home 目录下的 dir 目录。

6. 复 制

cp source target：将文件 source 复制为 target。

cp -av soure_dir target_dir：将整个目录复制，两目录完全一样。

cp -fr source_dir target_dir：将整个目录复制，并且是以非链接方式复制，当 source 目录带有符号链接时，两个目录不相同。

7. 显 示

echo message：显示一串字符。

cat file：显示文件的内容，与 DOS 的 type 相同。

cat file|more：显示文件的内容并传输到 more 程序实现分页显示，使用命令 less file 可实现相同的功能。

more：分页命令，一般通过管道将内容传给它，如 ls|more。

8. 移动或更名

mv source target：将文件或者目录 source 更名为 target。

例如：(1) mv/home/test/home/test1 将/home 目录下的 test 文件更名为 test1。

（2）mv/home/dir1/tmp/　将/home 目录下 dir1 目录移动（剪切）到/tmp 目录下。

9．打包与压缩

tar -xfzv file. tgz：将文件 file. tgz 解压。

tar -zcvf file. tgz ＜source＞：将文件或目录＜source＞压缩为 file. tgz。

gzip directory. tar：将覆盖原文件生成压缩的 directory. tar. gz。

gunzip directory. tar. gz：覆盖原文件解压生成不压缩的 directory. tar。

例如：（1）tar -cvf tmp. tar /home/tmp

将/home/tmp 目录下的所有文件和目录打包成一个 tmp. tar 文件。

（2）tar -xvf tmp. tar

将打包文件 tmp. tar 在当前目录下解开。

（3）tar -cvzf tmp. tar. gz/home/tmp

将/home/tmp 目录下的所有文件和目录打包并压缩成一个 tmp. tar. gz 文件。

（4）tar -xvzf tmp. tar. gz

将打包压缩文件 tmp. tar. gz 在当前目录下解开。

10．比　较

diff dir1 dir2：比较目录 1 与目录 2 的文件列表是否相同，但不比较文件的实际内容，不同则列出。

diff file1 file2：比较文件 1 与文件 2 的内容是否相同，如果是文本格式的文件，则将不相同的内容显示，如果是二进制代码，则只表示两个文件是不同的。

11．查看目录大小与查找

du：计算当前目录的容量。

du -sm /root：计算/root 目录的容量并以 M 为单位。

find -name /path file：在/path 目录下查找看是否有文件 file。

grep -ir"chars"：在当前目录的所有文件查找字串 chars，并忽略大小写，-i 为大小写，-r 为下一级目录。

12．访问权限

系统中的每个文件和目录都有访问许可权限，用它来确定谁可以通过何种方式对文件和目录进行访问。或目录的访问权限分为只读、只写和可执行 3 种。有 3 种不同类型的用户可对文件或目录进行访问：文件所有者、与所有者同组的用户、其他用户。所有者一般是文件的创建者。

每一文件或目录的访问权限都有 3 组，每组用 3 位表示，分别为文件所有者的读、写和执行权限；与所有者同组的用户的读、写和执行权限；系统中其他用户的读、写和执行权限。当用 ls -l 命令显示文件或目录的详细信息时，最左边一列为文件访问权限。

例如：$ ls -l sobsrc. tgz

-rw-r--r-- 1 root root 483997 Jul l5 17:3l sobsrc. Tgz

注意这里-rw-r--r--共有 10 个位置。第一个字符指定了文件类型，具体含义如下：

-：普通文件　　d：目录文件　　l：链接文件

b：块设备文件　　c：字符设备文件　　p：管道文件

r 代表只读，w 代表写，x 代表可执行，横线代表无该项权限。

chmod：修改访问权限。格式：chmod[who][＋|－|＝][mode]文件名。

参数说明：

who：u 表示文件的所有者　　g 表示与文件所有者同组的用户

o 表示"其他用户"　　a 表示"所有用户"，它是系统默认值

mode：＋表示添加某个权限　　－表示取消某个权限　　＝表示赋予给定权限

mode 所表示的权限可使用下述字母(数字)的任意组合：r 可读(4)、w 可写(2)、x 可执行(1)。

例如：(1) chmod a＋x file：将 file 文件设置为可执行，脚本类文件一定要这样设置一个，否则得用 bash file 才能执行。

(2) chmod 666 file：将文件 file 设置为可读/写。

(3) chown user /dir：将/dir 目录设置为 user 所有。

13. 网络配置

ifconfig：网络配置。

例如：(1) ifconfig eth0 192.168.1.1 netmask 255.255.255.0

设置网卡 1 的地址 192.168.1.1，掩码为 255.255.255.0，不写 netmask 参数则默认为 255.255.255.0。

(2) ifconfig eth0:0 192.168.1.2

捆绑网卡 1 的第二个地址为 192.168.1.2。

(3) ifconfig eth0 down

暂停 eth0 这一网卡的工作。

(4) ifconfig eth0 up

恢复 eth0 这一网卡的工作。

14. 查看网络状态

netstat：查看网络状态。

例如：netstat -a　　查看系统中所有的网络监听端口。

15. 登录服务器

telnet 192.168.1.1：登录 IP 为 192.168.1.1 的 TELNE 服务器。

ftp 192.168.1.1：　登录到 FTP 服务器。

注意： 使用TELNET和FTP登录远程服务器之前，必须在实验的PC机上Linux系统定制和启动这些服务。

16. 挂　载

mount -t ext2 /dev/hda1 /mnt：把/dev/hda1装载到/mnt目录。

df：显示文件系统装载的相关信息。

mount -t nfs 192.168.1.1:/sharedir /mnt：将nfs服务的共享目录sharedir加载到/mnt/nfs目录。

mount /dev/cdrom /mnt：将光驱挂载到/mnt目录下。

umount /mnt：将/mnt目录卸载，/mnt目录必须处于空闲状态。

17. 其　他

其他的功能如表7-1所列。

表7-1　Linux其他命令

命　令	功　能
man ls	读取关于ls命令的帮助
reboot	重新启动计算机
halt	关闭计算机
init 0	关闭所有应用程序和服务，进入纯净的操作环境
init 1	重新启动应用及服务
init 6	重新启动计算机
su root	切换到超级用户
dmesg	显示kernle启动及驱动装载信息
uname -a	显示操作系统的类型
strings file	显示file文件中的ASCII字符内容
rpm -ihv program.rpm	安装程序program并显示安装进程
mknod /dev/hda1 b 3 1	创建块设备hda1，主设备号为3，从设备号为1，即master硬盘的第一个分区
mknod /dev/tty1 c 4 1	创建字符设备tty1，主设备号为4，从设备号为1，即第一个tty终端
touch /tmp/running	在/tmp下创建一个临时文件running，重新启动后消失
fdisk /dev/hda	就像执行了DOS的fdisk一样
sync	刷新缓冲区，使内容与磁盘同步
mkfs /dev/hda1	格式化/dev/hda1为ext2格式
lilo	运行lilo程序，程序自动查找/etc/lilo.conf并按该配置生效
lilo -C /root/lilo.conf	lilo程序按/root/lilo.conf配置生效
ldd program	显示程序所使用了哪些库
ps	显示当前系统进程信息
ps -ef	显示系统所有进程信息

续表 7-1

命　令	功　能
kill -9 500	将进程编号为 500 的程序杀死
killall -9 netsca	将所有名字为 netsca 的程序杀死，kill 不是万能的，对僵死的程序则无效
top	显示系统进程的活动情况，按占 CPU 资源百分比来分
free	显示系统内存及 swap 使用情况
time program	在 program 程序结束后，将计算出 program 运行所使用的时间
chroot	将根目录切换至当前目录，调试新系统时使用
userdel user	只删除用户账号，不删除用户主目录中的文件
userdel -r user	删除用户账号，同时删除用户主目录中的文件

7.2.5　Linux 文本编辑

Linux 提供了一系列功能强大的编辑器，如 vi 和 Emacs。vi 是 Linux 系统的第一个全屏幕交互式编辑器，从诞生到现在一直得到广大用户青睐。vi 有 3 种工作模式，分别是命令行模式、插入模式、底行模式。

1. 命令行模式

最初进入的一般模式，该模式下主要是移动光标位置进行浏览或整行删除，但无法编辑文字。在输入模式下按 ESC 键或在低行模式下输入了错误的命令，都会回到指令模式，常用命令如表 7-2 所列。

表 7-2　vi 命令行模式指令含义

指　令	实现的功能	指　令	实现的功能
0	光标移至行首	PageUp	向上滚动一页
h	光标左移一格	d+方向键	删除文字
l	光标右移一格	dd	删除整行
j	光标向下移一行	pp	整行复制
k	光标向上移一行	r	修改光标所在字符
$+A	将光标移到该行最后	S	删除光标所在的行，并进入输入模式
PageDn	向下滚动一页		

2. 插入模式

只有在该模式下，用户才能进行文字的编辑输入，用户可以使用 ESC 键回到命令行模式。常用命令如表 7-3 所列。

3. 底行模式

该模式下，光标位于屏幕底行，用户可以进行文件保存或退出操作，也可以设置编辑环境，如寻找字符串、列出行号。常用命令如表 7－4 所列。

表 7－3 vi 插入模式指令含义

指　令	实现的功能	指　令	实现的功能
a	在光标后开始插入	o	在光标所在行下新增一行并进入输入模式
A	在行尾开始插入	O	在光标所在行上方新增一行并进入输入模式
i	从光标所在位置前面开始插入	Esc	返回命令行模式
I	从光标所在行的第一个非空白字元前面开始插入		

表 7－4 vi 底行模式指令含义

指　令	实现的功能	指　令	实现的功能
：q	结束 vi 程序，如果文件有过修改，先保存文件	：wq 或者 x	保存修改并退出程序
：q!	强制退出 vi 程序	：set nu	设置行号

7.2.6 Linux 下的文件名与扩展名

1. 文件名

Linux 下文件名的最大长度可以是 256 个字符，通常由字母、数字、“.”(点号)、“_”(下划线)和“—”(减号)组成。文件名中不能含有“/”符号，因为“/”在 Linux 目录树中表示根目录或路径中的分隔符(如同 DOS 中的“\”)。

Linux 系统中支持文件名中的通配符，具体如下：

*　　　　匹配零个或多个字符；

?　　　　匹配任何一个字符；

[ab1 A-F] 匹配任何一个列举在集合中的字符。本例中，该集合是 a、b、1 或任何一个从 A～F 的大写字符。

Linux 下文字颜色表示的文件类型如下：

蓝色文件　　目录；

白色文件　　一般性文件，如文本文件、配置文件、源码文件等；

浅蓝色文件　链接文件，主要是使用 ln 命令建立的文件；

绿色文件　　可执行文件，可执行的程序；

红色文件　　压缩文件或者包文件。

2. Linux 系统管理配置文件

/etc/group　列出有效的组名称以及组中的用户信息；

/etc/passwd 账号的密码文件；

/etc/shadow 包含加密后的账号信息；

/etc/shells 包含系统的可以使用的 Shell 的列表；

/etc/motd 每日的信息，root 管理员向系统中所有用户传达信息时使用。

3. Linux 扩展名

Linux 扩展名含义如表 7-5 所列。

表 7-5 Linux 扩展名含义

扩展名	含　义	扩展名	含　义
.bz2	bzip2 的压缩文件	.gz	gzip 的压缩文件
.au	audio 文件	.tar	tar 打包文件(是包文件不是压缩文件)
.gif	GIF 图像文件	.tbz	tar 打包并用 bzip 压缩文件
.html/.htm	HTML 文件	.tgz	tar 打包并用 gzip 压缩的文件
.jpg	JPEG 图像文件	.pdf	电子文档(PDF 格式的)
.png	PNG 图像文件	.ps	postscinpt 文件(打印格式文件)
.txt	纯文本文件	.lock	LOCK 文件(用来判断一个文件或设备是否被使用)
.wav	Audio 文件	.rpm	REDHATPackage. Manager 文件(套件包或软件包)
.xpm	图像文件	.conf	配置文件
.c	C 源程序代码文件	.cpp	C++源程序代码文件
.h	C 或 C++程序的头文件	.o	程序目标文件
.pl	Perl 脚本文件	.so	类库文件

练习与思考题

1. 什么是 Linux？它的主要特点是什么？
2. 简要说明 GNU 与 POSIX 标准。
3. Linux 内核的功能大致分成哪几个部分？
4. 简述 Linux Shell 的作用。它有哪几种？
5. 简要说明 Linux 文件结构。
6. 简要说明 Linux 的启动运行方法。
7. 举例说明 Linux 常用命令的使用方法。
8. 简要说明 Linux 文本编辑 vi 的使用方法。

第 8 章

Linux 编程基础

本章概要地介绍嵌入式 Linux 系统开发流程、交叉编译概述、构建交叉工具链的方法、VMWare 与 RedHat9.0 的安装与使用以及配置宿主机的方法，最后介绍了 Shell 脚本与 Makefile 的应用。

教学建议

本章教学学时建议：6 学时。

交叉开发环境的建立：2 学时；

Shell 脚本：2 学时；

Makefile：2 学时。

熟悉嵌入式 Linux 系统开发流程，掌握构建交叉工具链的方法，熟悉 VMWare 与 RedHat9.0 的安装与使用以及配置宿主机的方法，熟悉 Shell 与 Makefile 的基本用法。

8.1 交叉开发环境的建立

8.1.1 嵌入式 Linux 系统开发流程

在学习开发以前，首先了解嵌入式 Linux 系统的软件结构平台和开发流程是非常必要的，如图 8-1 所示，显示了嵌入式 Linux 系统的软件结构。

嵌入式 Linux 系统开发流程如图 8-2 所示。

8.1.2 交叉编译概述

在裁剪和定制 Linux，运用于嵌入式系统之前，由于一般嵌入式开发系统存储大小有限，通常都要在 PC 上建立一个用于目标机的交叉编译环境，完成嵌入式系统的开发。如图 8-3 所示。有时出于减小 libc 库大小的考虑，也可以用别的 C 库来代替 Glibc，例如 μClibc、dietlibc 和 newlib。建立一个交叉编译工具链是一个相当复杂的过程，如果不想自己经历复杂的编译过程,网上有一些编译好的可用的交叉编译工具链可以下载。

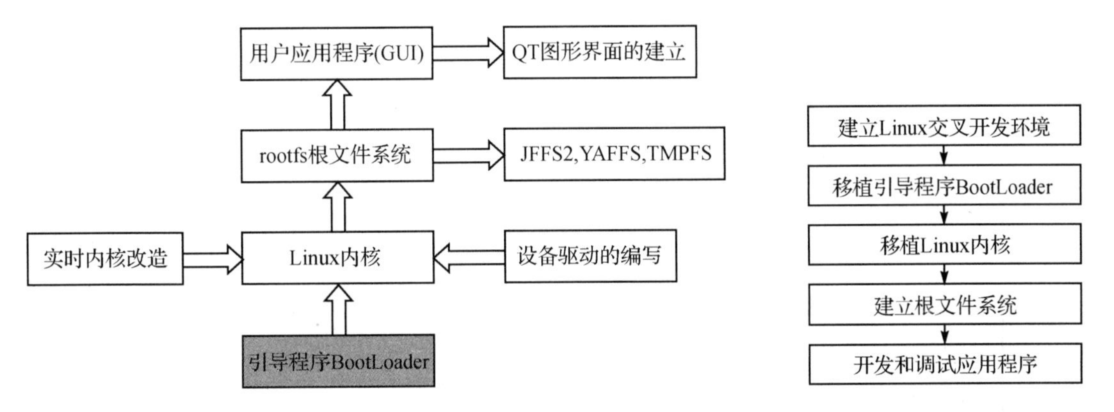

图 8-1　嵌入式 Linux 系统的软件结构平台　　**图 8-2　嵌入式 Linux 系统开发流程**

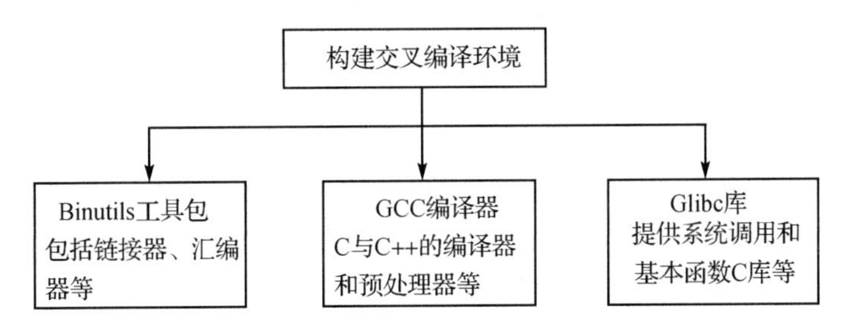

图 8-3　交叉编译环境

GNU 的工具和软件都是开放源码的,可以从网上下载源码编译。各种软件包存在版本冲突问题,并且不同版本都有一些补丁。一个完整的工具链对嵌入式 Linux 开发非常重要。发行版的 Linux 都包含一个完整的工具链,它的维护和升级是 Linux 公司非常重要的一项工作。

GNU 的工具链源码包可以到 http:www. gnu. org 上下载,这个网站有很多 GNU 软件,其中 Linux 使用的工具链软件是:Binutils、GCC、Glibc、GDB。

通过这些软件包,可以生成 GCC、g++、AR、AS、ID 等编译链接工具,还可以生成 Glibc 库和 GDB 调试器,对于交叉开发工具链来说,从文件名字上加上一个前缀,用来区别本地的工具链,如:arm-linux-gcc,除了体系结构相关的编译选项外,它的使用方法与 Linux 主机上的 GCC 相同。所以 Linux 编程技术对于嵌入式 Linux 同样适用。

1) Binutils

Binutils 是一组针对目标系统的二进制开发工具,包括连接器、汇编器和其他用于目标文件和档案的工具。Binutils 工具包内容如表 8-1 所列。

表 8-1 Binutils 工具包

名　称	功　能
add2line	把程序地址转换为文件名和行号
ar	建立、修改、提取归档文件
as	编译 GNU C 编译器 GCC 输出的汇编文件，产生的目标文件由链接器 ID 链接
c++filt	过滤 C++和 Java 符号，防止重载函数冲突
ld	GNU 链接器
Nm	列出目标文件中的符号
Objcopy	文件格式转换
Objdump	显示一个或更多目标文件的信息，主要是反编译
Ranlib	产生归档文件索引，并将其保存到这个归档文件中
Readelf	显示 elf 格式可执行文件信息
Size	列出目标文件每一段的大小以及总体的大小
Strings	打印某个文件的可打印字符串
Strip	丢弃目标文件中的全部或者特定符号，减小文件体积

2）GCC

GCC(GNU Compiler Collection)是编译器，GCC 不但能够支持 C/C++语言的编译，而且能够支持 FORTRAN Java ADA 等编程语言。不过，一般不需要配置其他语言的选项，就可以避免编译其他语言功能而导致的错误。对于 C/C++语言的完整支持，需要支持 Glibc 库。如表 8-2 所列是 GCC 软件包内容。

表 8-2 GCC 软件包

名　称	功　能
cpp	C 预处理器
g++	C++编译器
gcc	C 编译器
gccbug	创建 bug 报告的 Shell 脚本
gcov	覆盖测试工具，用来分析在程序的哪里进行优化的效果好
libgcc	GCC 的运行库
libstdc++	标准 C++库，包含许多常用的函数
libsupc++	提供支持 C++语言的库函数

使用 GCC 编译程序时，编译过程可以被细分为 4 个阶段：

(1) 预处理(Pre-Processing)；

(2) 编译(Compiling)；

(3) 汇编(Assembling)；

(4) 链接(Linking)。

GCC 通过后缀来区别输入文件的类别。文件的类别在第 7 章已经介绍。

GCC 最基本的用法是：

gcc [options][filenames]

options： 编译器所需要的编译选项；

filenames：要编译的文件名。

编译选项：

GCC 编译器的编译选项大约有 100 多个，其中多数根本就用不到，这里只介绍其中最基本、最常用的参数。

-o output_filename：确定可执行文件的名称为 output_filename。如果不给出这个选项，GCC 就给出预设的可执行文件 a.out。

-c：只编译，不链接成为可执行文件，编译器只是由输入的.c 等源代码文件生成.o 为后缀的目标文件。

-g：产生调试工具（GNU 的 gdb）所必要的符号信息，要想对编译出的程序进行调试，就必须加入这个选项。

-O：对程序进行优化编译、链接，采用这个选项，整个源代码会在编译、链接过程中进行优化处理，这样产生的可执行文件的执行效率可以提高，但是，编译、链接的速度就相应地要慢一些。

-O2：比-O 更好的优化编译、链接，当然整个编译、链接过程会更慢。

3）Glibc

Glibc 库是提供系统调用和基本函数的 C 库，可以编译生成静态库和动态库。完整的 GCC 需要支持 Glibc 库。一般存放在/lib 和/usr/lib 目录中。Glibc 库的工具如表 8－3 所列。

表 8－3 Glibc 库的工具

名 称	功 能
catchsegv	当程序发生段故障的时候，用来建立一个堆栈跟踪
gencat	建立消息列表
getconf	针对文件系统的指定变量显示其系统设置值
getent	从系统管理数据库获取一个条目
iconv	字符集转换
iconvconfig	建立快速加载的 iconv 模块所使用的配置文件
ldconfig	配置动态链接库的实时绑定
ldd	列出每个程序或者命令需要的共享库
lddlibc4	帮助 ldd 操作目标文件
locale	告诉编译器为内建的操作启用或禁用 locale 支持的 Perl 程序
localedef	编译 locale 标准

续表 8-3

名 称	功 能
mtrace	读取并解释一个内存跟踪文件,然后以可读的格式显示一个摘要
nscd	为最常用的名称服务请求提供缓存的守护进程
nscd_nischeck	检查在进行 NIS+查找时是否需要安全模式
pcprofiledump	转储 PC profiling 产生的信息
pt_chown	一个辅助程序,帮助 grantpt 设置子虚拟终端的属主、用户组、读/写权限
rpcgen	产生实现远程过程调用(RPC)协议的 C 代码
rpcinfo	对 RPC 服务器产生一个 RPC 呼叫
sln	程序使用静态链接编译的版本,在 ln 不起作用的时候,sln 仍然可以建立符号链接
sprof	读取并显示共享目标的特征描述数据
tzselect	对用户提出关于当前位置的问题并输出时区信息到标准输出
xtrace	通过打印当前执行的函数跟踪程序执行情况
zdump	显示时区
zic	时区编译器
ld. so	帮助动态链接库执行的辅助程序
libBrokenLocale	帮助应用程序(如 Mozilla)处理破损
libSegFault	段故障信号处理器
libanl	异步名称查询库
libbsd-compat	为了在 Linux 下执行一些 BSD 程序,libbsd-compat 提供了必要的可移植性
libc	主 C 库,集成了最常用函数
libcrypt	用于加密库
libdl	动态链接接口库
libg	g++运行时库
libieee	IEEE 浮点运算库
libm	数学函数库
libmcheck	包括了启动(boot)时需要的代码
libmemusage	帮助 memusage 搜集程序运行时的内存占用信息
libnsl	提供网络服务的库
libnss	名称服务切换库,包含了解释主机名、用户名、组名、别名、服务、协议等的函数
libpcprofile	包含用于跟踪某些特定源代码
libpthread	POSIX 线程库
libresolv	创建、发送、解释到互联网域名服务器的数据包
librpcsvc	提供 RPC 的其他杂项服务
librt	提供大部分的 POSIX. 1b 运行时扩展接口
libthread_db	对多线程程序的调试很有用
libutil	包含了在很多不同的 Unix 程序中使用的“标准”函数

4) GDB

作为 GNU 的成员之一,GDB(GNU Debug)也是免费的。GDB 可以调试 C 和 C++语言程序,功能非常强大。GDB 主要完成下面 3 个方面的功能:

(1) 启动被调试程序。

(2) 让被调试的程序在指定的位置停住。

(3) 当程序被停住时,可以检查程序状态(如变量值)。

启动 GDB 方法:

gdb 调试程序名

例:gdb helloworld

例如:

```
#include<stdio.h>
void main()
{
    int i;
    long result = 0;
    for(i = 1;i< = 100;i + + )
{
result + = i;
}
    printf("result = %d\n",result);
}
```

(1) 编译生成可执行文件:gcc -g tst.c

(2) 启动 GDB:gdb tst

(3) 在 main 函数处:break main

(4) 运行程序:run

(5) 单步运行:next

(6) 继续运行:continue

主要命令如表 8-4 所列。

表 8-4 GDB 命令

命 令	含 义
awatch	指定一个变量,如果这个变量被读或者被写,则暂停程序运行,在调试器中显示信息,并等待下一个调试命令。参考 rwatch 和 watch 命令
backtrace	显示函数调用的所有栈框架(stack frames)的踪迹和当前函数的参数值,bt 是这个命令的简写

续表 8-4

命　令	含　义
break	设置一个断点，这个命令需要指定代码行或者函数名作为参数
clear	删除一个断点，这个命令需要制定代码行或者函数名作为参数
continue	调试器停止的地方继续执行
Ctrl-C	在当前位置停止执行正在执行的程序，断点在当前行
disable	禁止断点功能，这个命令需要禁止的断点在断点列表索引值作为参数
display	在断点的停止的地方，显示指定的表达式的值(显示变量)
enable	允许断点功能，这个命令需要允许的断点在断点列表索引值作为参数
finish	继续执行，直到当前函数返回
ignore	忽略某个断点制定的次数。例：ignore 4 23 忽略断点 4 的 23 次运行，在第 24 次时中断
info breakpoints	查看断点信息
info display	查看设置的需要显示的表达式的信息
kill	终止当前 debug 的进程
list	显示 10 行代码。如果没有提供参数给这个命令，则从当前行开始显示 10 行代码。如果提供了函数名作为参数，则从函数开头显示。如果提供代码行的编号作为参数，这一行作为开头显示
load	动态载入一个可执行文件到调试器
next	执行下一行的源代码的所有指令。如果是函数调用，则也当作一行源代码，执行到此函数返回
nexti	执行下一行的源代码中的一条汇编指令
print	显示变量的值
ptype	显示变量的类型
return	强制从当前函数返回
run	从程序开始的地方执行
rwatch	指定一个变量，如果这个变量被读，则暂停程序运行，在调试器中显示信息，并等待下一个调试命令。参考 rwatch 和 watch 命令
set	设置变量的值。例如：set nval=54 将把 54 保存到 nval 变量中
step	继续执行程序下一行源代码的所有指令。如果是调用函数，这个命令将进入函数的内部，单步执行函数中代码
stepi	继续执行程序下一行源代码中的汇编指令。如果是函数调用，这个命令将进入函数的内部，单步执行函数中的汇编代码
txbreak	在当前函数的退出的点上设置一个临时的断点(只可使用一次)
undisplay	删除一个 display 设置的变量显示。这个命令需要将 display list 中的索引做参数
watch	指定一个变量，如果这个变量被写，则暂停程序运行，在调试器中显示信息，并等待下一个调试命令。参考 rwatch 和 watch 命令
whatis	显示变量的值和类型
xbreak	在当前函数的退出点上设置一个断点

5）Crosstool

Crosstool 软件实际上是一个脚本，用于编译和测试大多数体系结构的各 GCC 和 Glibc 的版本组合。从 Crosstool 网站上可以下载到这些编译脚本。它包含了体系结构和 GCC 和 Glibc 各种组合配置的最小补丁。如表 8－5 所列是 Crosstool 测试支持范围。

表 8－5　Crosstool 测试支持范围

处理器体系结构	Alpha，ARM，i686，IA64，MIPS，PowerPC，S390
GCC 版本	gcc-2.95.3　gcc-4.0.0
Glibc 版本	glibc-2.1.3　glibc-2.3.5

Binutils、GCC 和 Glibc 的版本需要匹配，越新的版本功能越强大，但是最新版本有可能有存在 BUG。这需要不断地测试修正。

对于 GCC 来说，2.95.x 曾经统治了 Linux2.4 内核时代，它表现得极为稳定，但随着内核的升级，Linux2.6 内核需要更高的工具链版本来支持。所以 Linux2.6 内核最好用 GCC 3.3 以上的版本。

2.4 内核和 2.6 内核的工具链版本的基本组合如表 8－6 所列。

表 8－6　内核与工具链版本组合

工具链版本	Linux 2.4.x	Linux 2.6.x
Binutils	2.14	2.14
GCC	2.95.3	3.3.2
Glibc	2.2.5	2.2.5
glibc-threads	2.2.5	2.2.5
GDB	5.3	6.0

8.1.3　构建交叉工具链

构建交叉编译器首先就是确定目标平台。在 GNU 系统中，每个目标平台都有一个明确的格式，这些信息用于在构建过程中识别要使用的不同工具的正确版本。因此，当在一个特定目标机下运行 GCC 时，GCC 便在目录路径中查找包含该目标规范的应用程序路径。GNU 的目标规范格式为 CPU-PLATFORM-OS。例如 x86/i386 目标机名为 i686-pc-linux-gnu。本章的目的是讲述建立基于 ARM 平台的交叉工具链，所以目标平台名为 arm-linux-gnu。

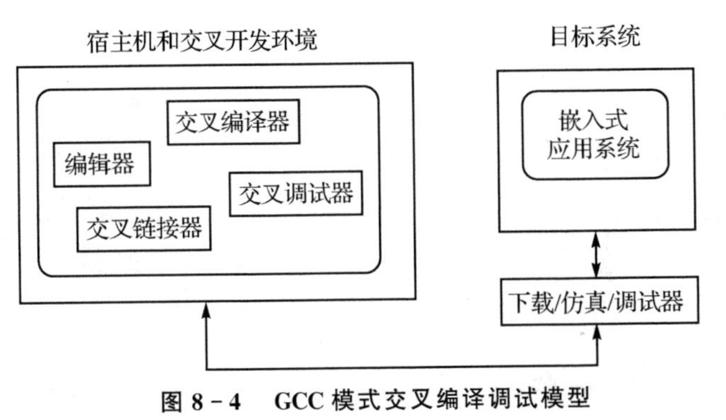

图 8－4　GCC 模式交叉编译调试模型

GCC 模式交叉编译调试模型如图 8－4 所示。

通常构建交叉工具链有 3 种方法。

方法一：分步编译和安装交叉编译工具链所需要的库和源代码，最终生成交叉编译工具链。该方法相对比较困难，适合想深入学习构建交叉工具链的读者。如果只是想使用交叉工具链，建议使用方法二或方法三构建交叉工具链。

方法二：通过Crosstool脚本工具来实现一次编译生成交叉编译工具链，该方法相对于方法一要简单许多，且出错机会也非常少，建议大多数情况下使用该方法构建交叉编译工具链。

方法三：直接通过网上(ftp.arm.kernel.org.uk)下载已经制作好的交叉编译工具链。该方法的优点不用多说，当然是简单省事，但与此同时该方法有一定的弊端就是局限性太大，因为毕竟是别人构建好的，也就是固定的没有灵活性，所以构建所用的库以及编译器版本也许并不适合自己要编译的程序；同时也许会在使用时出现许多莫名错误，建议读者慎用此方法。

为了让读者真正地学习交叉编译工具链的构建，下面将重点详细地介绍前两种构建ARM Linux交叉编译工具链的方法。

1. 分步构建交叉编译链

分步构建，顾名思义就是一步一步地建立交叉编译链。下面尽可能详细地介绍构建的每一个步骤，读者完全可以根据本节内容自己独立实践，构建自己的交叉工具链。通过实践可使读者更加清楚交叉编译器的构建过程以及各个工具包的作用。该方法所需资源如表8-7所列。

表8-7 所需资源

安装包	下载地址	安装包	下载地址
linux-2.6.30.tar.gz	ftp.kernel.org	glibc-2.3.2.tar.gz	ftp.gnu.org
binutils-2.15.tar.bz2	ftp.gnu.org	glibc-linuxthreads-2.3.2.tar.gz	ftp.gnu.org
gcc-3.3.6.tar.gz	ftp.gnu.org		

通过相关站点下载以上资源后，就可以开始建立交叉编译工具链了。

1) 建立工作目录

工作目录就是在什么目录下构建交叉工具链，目录构建一般没有特别要求，可根据个人喜好建立。以下所建立的目录是作者自定义的，当前的用户定义为mike，因此用户目录为/home/mike，在用户目录下首先建立一个工作目录(armlinux)，建立工作目录的命令行操作如下：

```
# cd /my2410
# mkdir armlinux
```

再在此工作目录armlinux下建立3个目录build-tools、kernel和tools。具体操作如下：

```
# cd armlinux
# mkdir build-tools kernel tools
```

其中各目录的作用如下。

(1) build-tools：用来存放下载的Binutils、GCC、Glibc等源代码和用来编译这些源代码的目录；

(2) kernel：用来存放内核源代码；

(3) tools：用来存放编译好的交叉编译工具和库文件。

2）建立环境变量

该步骤的目的是方便重复输入路径，因为重复操作每件相同的事情总会让人觉得很麻烦，如果读者不习惯使用环境变量就可以略过该步，直接输入绝对路径就可以。声明以下环境变量的目的是在之后编译工具库的时候会用到，很方便输入，尤其是可以降低输错路径的风险。

```
# export PRJROOT = /home/mike/armlinux
# export TARGET = arm-linux
# export PREFIX = $PRJROOT/tools
# export TARGET_PREFIX = $PREFIX/$TARGET
# export PATH = $PREFIX/bin:$PATH
```

注意：用 export 声明的变量是临时的变量，也就是当注销或更换了控制台时，这些环境变量就消失了。如果还需要使用这些环境变量，就必须重复 export 操作，所以有时会很麻烦。值得庆幸的是，环境变量也可以定义在 bashrc 文件中，这样当注销或更换控制台时，这些变量就一直有效，就不用总是 export 这些变量了。

3）编译、安装 Binutils

Binutils 是 GNU 工具之一，包括链接器、汇编器和其他用于目标文件和档案的工具，它是二进制代码的处理维护工具。安装 Binutils 工具包含的程序有 addr2line、ar、as、c＋＋filt、gprof、ld、nm、objcopy、objdump、ranlib、readelf、size、strings、strip、libiberty、libbfd 和 libopcodes。

Binutils 工具安装依赖于 Bash、Coreutils、Diffutils、GCC、Gettext、Glibc、Grep、Make、Perl、Sed、Texinfo 等工具。

下面将分步介绍安装 binutils-2.15 的过程。

首先解压 binutils-2.15.tar.bz2 包，命令如下：

```
# cd $PRJROOT/build-tools
# tar -xjvf binutils-2.15.tar.bz2
```

接着配置 Binutils 工具，建议建立一个新的目录用来存放配置和编译文件，这样可以使源文件和编译文件独立开，具体操作如下：

```
# cd $PRJROOT/build-tools
# mkdir build-binutils
# cd build-binutils
# ./binutils-2.15/configure --target = $TARGET --prefix = $PREFIX
```

其中选项--target 的含义是制定生成的是 arm-linux 的工具，--prefix 是指出可执行文件安装的位置。执行上述操作会出现很多 check 信息，最后产生 Makefile 文件。接下来执行 make 和安装操作，命令如下：

```
# make
# make install
```

该编译过程较慢，需要数十分钟，安装完成后查看/my2410/armlinux/tools/bin 目录下的文件，如果查看结果如下，表明此时 Binutils 工具已经安装结束。

```
# ls $PREFIX/bin
arm-linux-addr2line   arm-linux-ld        arm-linux-ranlib    arm-linux-strip
arm-linux-ar          arm-linux-nm        arm-linux-readelf
arm-linux-as          arm-linux-objcopy   arm-linux-size
arm-linux-c++filt     arm-linux-objdump   arm-linux-strings
```

4）获得内核头文件

编译器需要通过系统内核的头文件来获得目标平台所支持的系统函数调用所需要的信息。对于 Linux 内核，最好的方法是下载一个合适的内核，然后复制获得头文件。需要对内核做一个基本的配置来生成正确的头文件；不过，不需要编译内核。对于本例中的目标 arm-linux，需要以下步骤。

（1）在 kernel 目录下解压 linux-2.6.30.4.tar.gz 内核包，执行命令如下：

```
# cd $PRJROOT/kernel
# tar -xvzf inux-2.6.30.4.tar.gz
```

（2）接下来配置编译内核使其生成正确的头文件，执行命令如下：

```
# cd linux-2.6.30.4
# make ARCH = arm CROSS_COMPILE = arm-linux-menuconfig
```

其中 ARCH=arm 表示是以 ARM 为体系结构，CROSS_COMPILE=arm-linux-表示是以 arm-linux-为前缀的交叉编译器。也可以用 config 和 xconfig 来代替 menuconfig，推荐用 make menuconfig，这也是内核开发人员用的最多的配置方法。注意在配置时一定要选择处理器的类型，这里选择三星公司的 S3C2410（System Type→ARM System Type→SMDK2410/ARM920T），如图 8-5 所示。

配置完退出并保存，检查一下内核目录中的 include/linux/version.h 和 include/linux/autoconf.h 文件是不是生成了，这是编译 Glibc 时要用到的，如果 version.h 和 autoconf.h 文件存在，说明生成了正确的头文件。

复制头文件到交叉编译工具链的目录，首先需要在/home/mike/armlinux/tools/arm- linux 目录下建立工具的头文件目录 inlcude，然后复制内核头文件到此目录下，具体操作如下：

```
# mkdir -p $TARGET_PREFIX/include
# cp -r $PRJROOT/kernel/linux-2.6.30.4/include/linux $TARGET_PREFIX/include
# cp -r $PRJROOT/kernel/linux-2.6.30.4/include/asm-arm $TARGET_PREFIX/include/asm
```

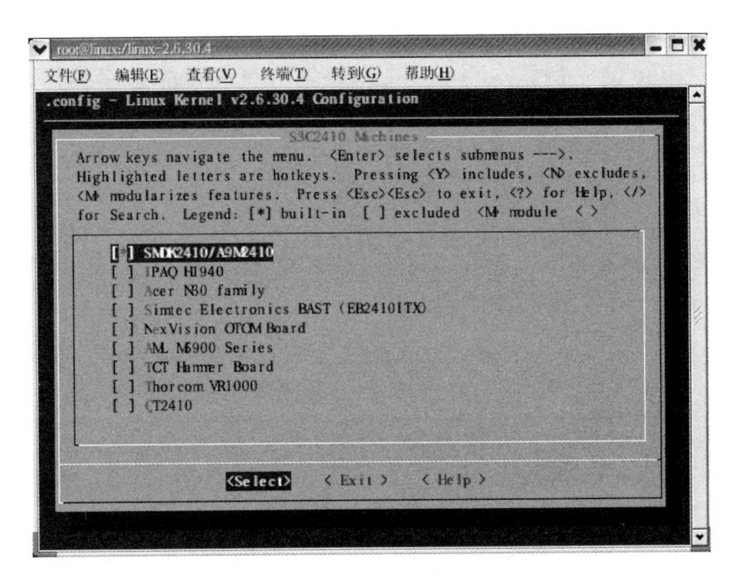

图 8-5　Linux 2.6.30 内核配置界面

5）编译安装 boot-trap gcc

这一步的目的主要是建立 arm-linux-gcc 工具，注意这个 GCC 没有 Glibc 库的支持，所以只能用于编译内核、BootLoader 等不需要 C 库支持的程序，后面创建 C 库也要用到这个编译器，所以创建它主要是为创建 C 库做准备。如果只想编译内核和 BootLoader，那么安装完这个就可以到此结束。安装命令如下：

```
# cd $PRJROOT/build-tools
# tar -xvzf gcc-3.3.6.tar.gz
# mkdir build-gcc
# cd gcc-3.3.6
# vi gcc/config/arm/t-linux
```

由于是第一次安装 ARM 交叉编译工具，没有支持 libc 库的头文件，所以在 gcc/config/arm/t- linux 文件中给变量 TARGET_LIBGCC2_CFLAGS 增加操作参数选项-Dinhibit_libc -D__gthr_ posix_h 来屏蔽使用头文件，否则一般默认会使用/usr/inlcude 头文件。

将"TARGET_LIBGCC2-CFLAGS = -fomit-frame-pointer -fPIC"改为"TARGET_ LIBGCC2- CFLAGS=-fomit-frame-pointer-fPIC-Dinhibit _ libc -D _ _ gthr _ posix _ h"。修改完 t-linux 文件后保存，紧接着执行配置操作，如下命令：

```
# cd build-gcc
# ./ build-gcc /configure --target = $TARGET --prefix = $PREFIX --enable-languages = c
--disable-threads --disable-shared(注意：./ 表示执行命令)
```

其中选项--enable-languages＝c表示只支持C语言，--disable-threads表示去掉thread功能，这个功能需要Glibc的支持。--disable-shared表示只进行静态库编译，不支持共享库编译。接下来执行编译和安装操作，命令如下：

```
# make
# make install
```

安装完成后，在/home/mike/armlinux/tools/bin下查看，如果arm-linux-gcc等工具已经生成，则表示boot-trap gcc工具已经安装成功。

6）建立Glibc库

Glibc是GUN C库，它是编译Linux系统程序很重要的组成部分。安装glibc-2.3.2版本之前推荐先安装以下的工具：

（1）GNU make 3.79或更新；

（2）GCC 3.2或更新；

（3）GNU binutils 2.13或更新。

首先解压glibc-2.2.3.tar.gz和glibc-linuxthreads-2.2.3.tar.gz源代码，操作如下：

```
# cd $PRJROOT/build-tools
# tar -xvzf glibc-2.2.3.tar.gz
# tar -xzvf glibc-linuxthreads-2.2.3.tar.gz --directory = glibc-2.2.3
```

然后进行编译配置，glibc-2.2.3配置前必须新建一个编译目录，否则在glibc-2.2.3目录下不允许进行配置操作，此处在$PRJROOT/build-tools目录下建立名为build-glibc的目录，配置操作如下：

```
# cd $PRJROOT/build-tools
# mkdir build-glibc
# cd build-glibc
# CC = arm-linux-gcc ../glibc-2.2.3 /configure --host = $ TARGET --prefix = "/usr"
--enable-add-ons --with-headers = $ TARGET_PREFIX/include
```

选项CC＝arm-linux-gcc是把CC(Cross Compiler)变量设成刚编译完的GCC，用它来编译Glibc。--prefix＝"/usr"定义了一个目录用于安装一些与目标机器无关的数据文件，默认情况下是/usr/local目录。--enable-add-ons是告诉Glibc用linuxthreads包，在上面已经将它放入Glibc源代码目录中，这个选项等价于-enable-add-ons＝linuxthreads。--with-headers告诉Glibc Linux内核头文件的目录位置。

配置完后就可以编译和安装Glibc了，具体操作如下：

```
# make
# make  install
```

7）编译安装完整的 GCC

由于第一次安装的 GCC 没有交叉 Glibc 的支持，现在已经安装了 Glibc，所以需要重新编译来支持交叉 Glibc。并且上面的 GCC 也只支持 C 语言，现在可以让它同时支持 C 语言和 C++语言。具体操作如下：

```
# cd $PRJROOT/build-tools/gcc-2.3.6
# ./configure --target = arm-linux --enable-languages = c,c ++ --prefix = $PREFIX
# make
# make install
```

安装完成后会发现在 $PREFIX/bin 目录下又多了 arm-linux-g++、arm-linux-c++等文件。

```
# ls $PREFIX/bin
arm-linux-addr2line  arm-linux-g77        arm-linux-gnatbind   arm-linux-ranlib
arm-linux-ar         arm-linux-gcc        arm-linux-jcf-dump   arm-linux-readelf
arm-linux-as         arm-linux-gcc-3.3.6  arm-linux-jv-scan    arm-linux-size
arm-linux-c ++       arm-linux-gccbug     arm-linux-ld         arm-linux-strings
arm-linux-c ++ filt  arm-linux-gcj        arm-linux-nm         arm-linux-strip
arm-linux-cpp        arm-linux-gcjh       arm-linux-objcopy    grepjar
arm-linux-g ++       arm-linux-gcov       arm-linux-objdump    jar
```

8）测试交叉编译工具链

到此为止，已经介绍完了用分步构建的方法建立交叉编译工具链。下面通过一个简单的程序测试刚刚建立的交叉编译工具链看是否能够正常工作。写一个最简单的 hello.c 源文件，内容如下：

```
#include <stdio.h>
int main( )
{
    printf("Hello,world!\n");
    return 0;
}
```

通过以下命令进行编译，编译后生成名为 hello 的可执行文件，通过 file 命令可以查看文件的类型。当显示以下信息时表明交叉工具链正常安装了，通过编译生成了 ARM 体系可执行的文件。注意，通过该交叉编译链接的可执行文件只能在 ARM 体系下执行，不能在基于 x86 的普通 PC 上执行。

```
# arm-linux-gcc  -o hello hello.c
# ./hello
hello: ELF 32-bit LSB executable, ARM, version 1 (ARM), for GNU/Linux 2.4.3,
```

```
dynamically linked (uses shared libs), not stripped
```

注意：当执行生成的 hello 时，它是针对 ARM 平台，所以出现上述问题而不可以执行。

2. 用 Crosstool 工具构建交叉工具链

Crosstool 是一组脚本工具集，可构建和测试不同版本的 GCC 和 Glibc，用于那些支持 glibc 的体系结构。它也是一个开源项目，下载地址是 http://kegel.com/crosstool。用 Crosstool 构建交叉工具链要比上述分步编译容易得多，并且也方便许多，对于仅仅为了工作需要构建交叉编译工具链的读者建议使用此方法。用 Crosstool 工具构建所需资源如表 8－8 所列。

表 8－8 所需资源

软件包名称	下载站点
crosstool-0.43.tar.gz	http://kegel.com/crosstool/crosstool-0.43.tar.gz
binutils-2.15.tar.bz2	http://ftp.gnu.org/gnu/binutils/
gcc-3.4.5.tar.bz2	http://ftp.gnu.org/gnu/gcc
glibc-2.3.6.tar.bz2	http://ftp.gnu.org/gnu/glibc
glibc-linuxthreads-2.3.6.tar.bz2	http://ftp.gnu.org/gnu/glibc
linux-2.6.30.4.tar.bz2	http://ftp.kernel.org/pub/linux/kernel/v2.6/
linux-libc-headers-2.6.12.0.tar.bz2	http://ep09.pld-linux.org/～mmazur/linux-libc-headers/

1) 下载资源文件

首先从网上下载上述资源文件：binutils-2.15.tar.bz2，gcc-3.4.5.tar.bz2，glibc-2.3.6.tar.bz2，glibc-linuxthreads-2.3.6.tar.bz2，linux-2.6.28.2.tar.bz2 和 linux-libc-headers-2.6.12.0.tar.bz2。然后将这些工具包文件放在开放主机的/opt/my2410/down 目录（该目录根据个人使用习惯不同可修改）下，最后在/opt/my2410 目录下解压 crosstool-0.43.tar.gz，命令如下：

```
# cd  /opt/my2410
# tar  -xvzf crosstool-0.43.tar.gz
```

2) 建立脚本文件

在 Crosstool 文件夹中，可以看到目录下有很多.sh 脚本和.dat 配置文件。找到要交叉编译的 CPU 所对应的脚本，如要交叉编译的 CPU 是 S3C2410A，则选用 demo-arm-softfloat.sh（支持浮点运算，编译高版本的 UBOOT 时需要这项支持）。

后面将执行 crosstool-0.43 目录下 demo-arm-softfloat.sh 脚本进行编译，具体操作如下：

```
# cd crosstool-0.43
# vi demo-arm-softfloat.sh
```

修改后的 demo-arm-softfloat.sh 的脚本内容如下：

```
#!/bin/sh
# This script has one line for each known working toolchain
# for this architecture. Uncomment the one you want.
# Generated by generate-demo.pl from buildlogs/all.dats.txt

set -ex
TARBALLS_DIR = /opt/my2410/down  (定义工具链源码所存放位置)
RESULT_TOP = /opt/crosstool  (定义工具链的安装目录)
//注意：这两行是需要修改的参数,TARBALLS_DIR 是下载的工具源码压缩包的存放目录
//RESULT_TOP 是要生成的工具链的存放目录,一定要改到有写权限的目录,不然无法编译
//如用 root 登录进行编译,可能会出错
//以上是本书作者的修改,他人可以根据实际情况修改
export TARBALLS_DIR RESULT_TOP
GCC_LANGUAGES = "c,c++,java"  (定义支持 C, C++ 语言,如果要支持其他语言可以在这里面添加：如
在这里添加支持 JAVA)
export GCC_LANGUAGES

# Really, you should do the mkdir before running this,
# and chown /opt/crosstool to yourself so you don't need to run as root.
mkdir -p $RESULT_TOP  (# 编译工具链,该过程需要数小时完成)
#eval 'cat arm-softfloat.dat gcc-2.95.3-glibc-2.1.3.dat' sh all.sh --notest
#eval 'cat arm-softfloat.dat gcc-2.95.3-glibc-2.2.2.dat' sh all.sh --notest
#eval 'cat arm-softfloat.dat gcc-2.95.3-glibc-2.2.5.dat' sh all.sh --notest
#eval 'cat arm-softfloat.dat gcc-3.2.3-glibc-2.2.5.dat' sh all.sh --notest
#eval 'cat arm-softfloat.dat gcc-3.2.3-glibc-2.3.2.dat' sh all.sh --notest
#eval 'cat arm-softfloat.dat gcc-3.2.3-glibc-2.3.2-tls.dat' sh all.sh --notest
#eval 'cat arm-softfloat.dat gcc-3.3.6-glibc-2.2.2.dat' sh all.sh notest
#eval 'cat arm-softfloat.dat gcc-3.3.6-glibc-2.2.5.dat' sh all.sh --notest
#eval 'cat arm-softfloat.dat gcc-3.3.6-glibc-2.3.2.dat' sh all.sh --notest
#eval 'cat arm-softfloat.dat gcc-3.3.6-glibc-2.3.2-tls.dat' sh all.sh --notest
#eval 'cat arm-softfloat.dat gcc-3.4.5-glibc-2.2.5.dat' sh all.sh --notest
#eval 'cat arm-softfloat.dat gcc-3.4.5-glibc-2.3.5.dat' sh all.sh --notest
eval 'cat arm-softfloat.dat gcc-3.4.5-glibc-2.3.6.dat' sh all.sh --notest
//上面表示要选工具链的版本号！"#"起注释功能！可以选择一行！
//这行是默认的工具链的版本号(最新的),本书作者就是用这一行,也可以选别的
echo Done.
```

3）建立配置文件

在 arm.sh 脚本文件中需要注意 arm.dat 和 gcc-3.4.5-glibc-2.3.6.dat 两个文件,这两个文件是作为 Crosstool 的编译的配置文件。其中 arm.dat 文件内容如下,主要用于定义配置

文件，定义生成编译工具链的名称以及定义编译选项等。

```
KERNELCONFIG = 'pwd'/arm.config        # 内核的配置
TARGET = arm-linux                     # 编译生成的工具链名称
TARGET CFLAGS = "-O"                   # 编译选项
```

gcc-3.4.5-glibc-2.3.6.dat 文件内容如下，该文件主要定义编译过程中所需要的库以及它定义的版本。如果当在编译过程中发现有些库不存在时，则 Crosstool 会自动在相关网站上下载，该工具在这点上相对非常智能，也非常有用。

4）执行脚本

将 Crosstool 的脚本文件和配置文件准备好之后，开始执行 demo-arm-softfloat.sh 脚本来编译交叉编译工具。具体执行命令如下：

```
[root@zxl-linux crosstool-0.43]# cd crosstool-0.43
[root@zxl-linux crosstool-0.43]# ./demo-arm-softfloat.sh
```

编译 2～3 小时后，将在/opt/crosstool 目录下生成 gcc-3.4.5- glibc-2.3.6 的子目录，交叉编译器、库、头文件都包含里面。经过数小时的漫长编译之后，会在/opt/crosstool/gcc-3.4.5-glibc-2.3.6/arm-linux/bin 目录下生成新的交叉编译工具，其中包括以下内容：

```
arm-linux-addr2line   arm-linux-g++           arm-linux-ld           arm-linux-size
arm-linux-ar          arm-linux-gcc           arm-linux-nm           arm-linux-strings
arm-linux-as          arm-linux-gcc-3.4.5     arm-linux-objcopy      arm-linux-strip
arm-linux-c++
arm-linux-gccbug      arm-linux-objdump       fix-embedded-paths
arm-linux-c++filt     arm-linux-gcov          arm-linux-ranlib
arm-linux-cpp         arm-linux-gprof         arm-linux-readelf
```

5）添加环境变量

安装上述生成的 gcc-3.4.5-glibc-2.3.6 交叉工具链，如图 8-6 所示。

export PATH=/opt/crosstool/gcc-3.4.5-glibc-2.3.6/arm-linux/bin:$PATH

设置完环境变量，也就意味着交叉编译工具链已经构建完成，然后就可以用前面介绍的方法进行测试刚刚建立的工具链，此处不再赘述。

8.1.4 嵌入式 Linux 开发环境组建方案

在进行嵌入式开发之前，首先要建立一个交叉编译环境，包括操作系统以及连接器、编译器、调试器在内的软件开发工具。

个人在进行嵌入式开发时，可分别建立以 Linux 为操作系统的开发环境或者在 Windows 下安装模拟 Linux 环境的软件（VMware Workstation、Cygwin）。在进行的某项目开发如果

```
# /etc/profile

# System wide environment and startup programs, for login setup
# Functions and aliases go in /etc/bashrc

pathmunge () {
        if ! echo $PATH | /bin/egrep -q "(^|:)$1($|:)" ; then
           if [ "$2" = "after" ] ; then
              PATH=$PATH:$1
           else
              PATH=$1:$PATH
           fi
        fi
}

# Path manipulation
if [ `id -u` = 0 ]; then
        pathmunge  /sbin
        pathmunge  /usr/sbin
        pathmunge  /usr/local/sbin
        pathmunge  /usr/local/arm/gcc-3.4.5-glibc-2.3.6/bin
```

图8-6 用vi编辑器在bashrc文件中添加环境变量

有多名工程师组成，不可能每人安装建立一套开发环境，也难以控制版本的一致性，造成不必要的麻烦。最好的解决办法就是架设一台Linux服务器，项目开发的工程师可以通过客户端使用Telnet或SSH登录服务器，开发板也可以连接在同一局域网内。在程序开发的时候使用服务器的Linux环境下的GCC编译生成目标代码，通过FTP传到项目开发人员的PC，然后使用串口或者网络下载到目标板子上。

下面介绍几种组建的方案仅供参考。

(1) Windows+Linux+目标系统。安装多个操作系统，可以解决问题，但是，如果在调试应用程序的时候，同时需要两个操作系统，则需要在两个系统之间来回切换，这样很繁琐，很浪费时间。

(2) Windows+cygwin+目标系统。Cygwin是一个运行于Windows下的Linux模拟环境。但是，在使用某些特殊功能时，需要打一些补丁，对于初学者来说，比较困难。

(3) Windows+虚拟机(Linux)+目标系统。Vmware可以在不破坏原有操作系统的情况下，虚拟出一台“真实”的计算机出来，我们只需要在这台虚拟的计算机上安装Linux就可以了，和操作真实机器上的Linux完全一样。对于初学者这是一个不错的选择方案。

(4) Windows+Linux服务器+目标系统。Windows客户机+Linux服务器的方式，对实验室而言，应该是最适合的方案了，只需多一台Linux服务器就可以了，对客户机和服务器的硬件要求都不没有什么特殊高要求。

8.1.5 VMWare 的安装与使用

GCC for ARM 主要是基于 Linux 系统的，所以在安装它之前必须要安装 Linux 系统。

这里推荐使用 Windows+虚拟机 VMware+RedHat 的配置方案。共分 3 步来完成 GCC 交叉开发环境的配置：

(1) 在 Windows 系统上安装虚拟机软件 VMware。

(2) 在 VMware 中安装并配置 RedHat。

(3) 在 RedHat 中安装并配置 GCC for ARM。

VMWare Workstation 软件可以从 http://www.crsky.com/soft/1863.html 下载，它是一个不错的虚拟机，能够在 Windows 环境中虚拟一个 Linux 操作系统，目前能下载到 5.0 以上的版本。同时还需要下载 Linux 相关的 ISO 映像文件。

安装后在桌面上有 VMWare Workstation 图标，如图 8-7 所示。

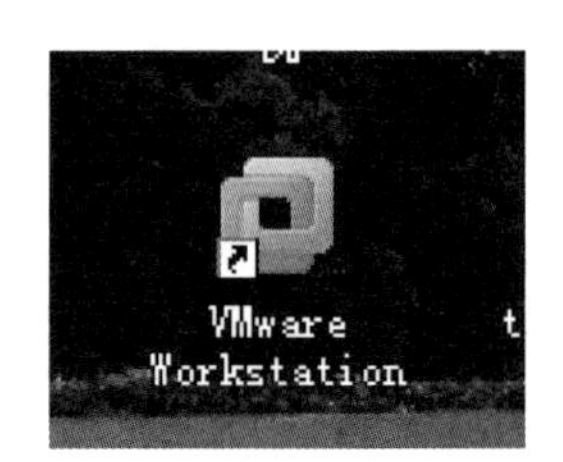

图 8-7 桌面上的 VMWare Workstation 图标

可以注意到“网络连接”里多了两个虚拟的连接。

注意：如果系统中有检测到多网卡就不能正常工作的软件，可能会产生冲突，这时可以停止该软件的运行或禁用这两个虚拟的连接。

8.1.6 安装 RedHat9.0

在 VMware 中安装并配置 RedHat。

(1) 打开 VMware workstation，运行虚拟机。

(2) 建立一台虚拟机。选择 FILE→NEW→NewVirtual Machine，弹出虚拟机创建对话框。

(3) 选择客户操作系统。因为要装的是 Redhat，所以这里选择 Linux。

配置好一个新的虚拟机后，双击 CD-ROM1，如图 8-8 所示。

选择 Use ISO image，然后单击 Browse，选择 RedHat 和第一张光盘，一般采用的是 Redhat 的镜像安装方式。为了以后使用网络方便，在安装过程出现防火墙配置时，这里选择“无防火墙”，一直单击“下一步”，直到出现如图 8-9 所示画面。

根口令用 123456，确认也填 123456。至此，系统的基本参数已经设置完，单击“下一步”，开始安装系统。

在以后的安装过程中，按屏幕给出的提示，把不同的 Linux 安装盘的 ISO 加载进 VMware 就可以了。具体过程是：

(1) 出现 请插入第 2 张光盘后再继续。提示符时，打开虚拟机菜单面板，如图 8-10 所示。

(2) 修改 ISO image 的路径，如图 8-11 所示。

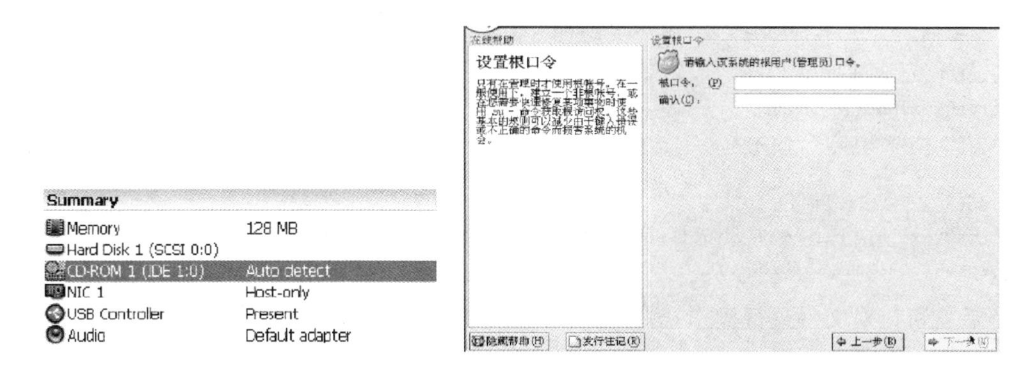

图 8-8　虚拟机设备　　　　图 8-9　设置根口令

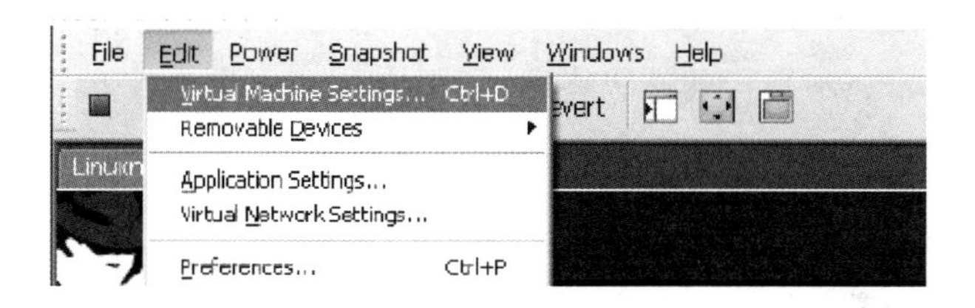

图 8-10　虚拟机菜单

安装好系统第一次启动后会让配置 X 桌面，直接单击“前进”，使用其默认参数即可。

(3) 设置共享目录，选择 Options 中的 Shared Folders，如图 8-12 所示。

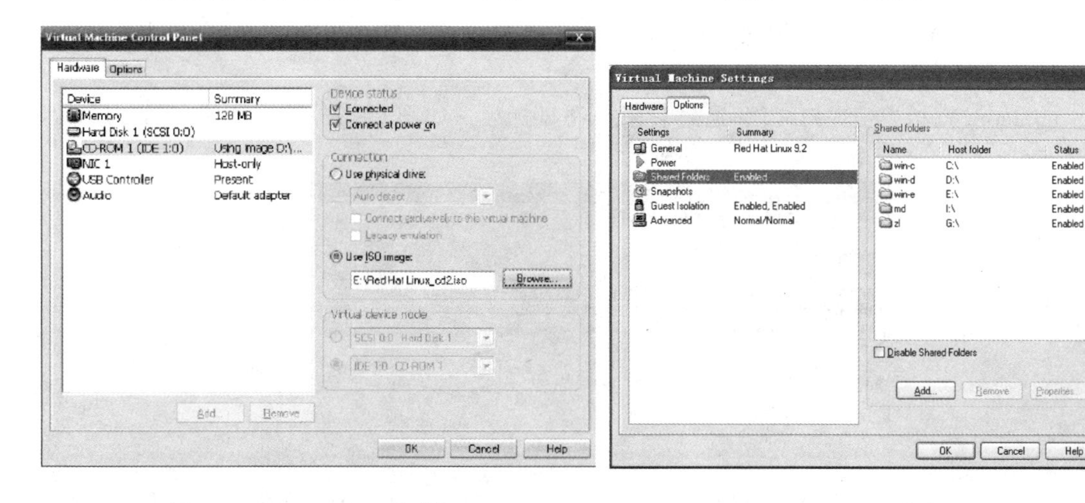

图 8-11　ISO image 的路径　　　　图 8-12　设置共享目录

(4) 共享目录建立完成后，就可以将 Windows 硬盘中的文件复制到建立的共享目录，在虚拟环境里，然后再次复制到 Linux 目录下。

打开“终端”，在终端方式下，输入下列命令：

```
[root@zxl root]# cd mnt
[root@zxlmnt]# cd hgfs
[root@zxl cdrom]# cd zxl                      //进入共享目录
[root@zxl linux]# cp vivi.tar.gz   /          //拷贝文件到根目录
[root@zxl linux]# cd /                        //回到根目录
[root@zxl /]#tar -zxvf vivi.tar.gz            //解压 vivi.tar.gz 包
[root@localhost /]#cd /vivi                   //进入//zxl2410 目录
```

然后就可以对文件进行操作，为以后的开发提供了方便。

8.1.7 配置宿主机

1. 配置 minicom

minicom 很像 Windows 下面的超级终端，利用 minicom 作为被开发目标板的终端，开发前需要正确的配置 minicom。

在宿主机 Linux 系统下的终端中输入：

```
minicom -s
```

对 minicom 进行设置。选择 Serial port setup，将串口配置为：波特率为 115 200，8 位数据位，1 位停止位，没有流控和校验。并将设置存为默认值。

选择 Save setup as dfl。然后选择 Exit 退回到 minicom 界面。

正确连接串口线，PC 机端使用在 minicom 中被配置的串口，ttyS0 或 ttyS1。目标板请使用串口 0。

minicom 就相当于虚拟终端，通过它来操作目标板。如图 8-13 所示为 minicom 启动后的状态。

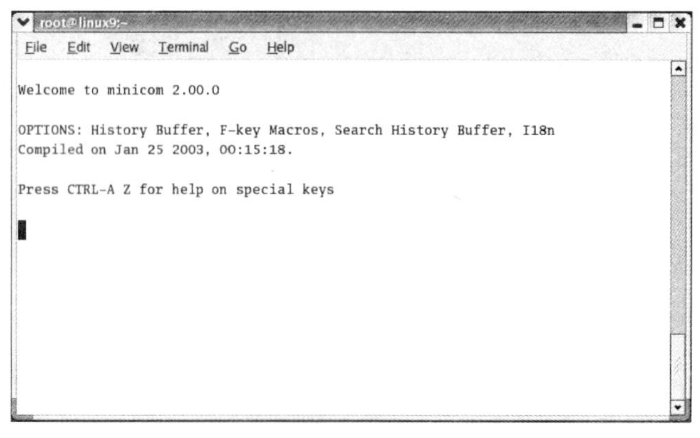

图 8-13 minicom 启动后的状态

对图 8-13 请注意，如果要退出 minicom，可以先按 CTRL+A 键，再按 X 键。按 CTRL+A 再按 Z 键为进入帮助。

2. 配置 TFTP

TFTP 的全称是 Trivial File Transfer Protocol，即简单文件传输协议。使用此服务传送文件时没有数据校验、密码验证，非常适合小型文件的传输。在通过 TFTP 传送文件时，需要服务端和客户端，对于嵌入式系统来讲，服务端就是宿主机，下边来对它进行配置。

首先检查宿主机端的 TFTP 服务是否已经开通。对于 REDHAT7.2 以上的版本，如 REDHAT9.0，则在宿主机上执行：

```
setup
```

选择 System services，将 tftp 一项选中，出现[*]表示选中，并去掉 ipchains 和 iptables 两项服务，即去掉它们前面的“ * ”号。然后还要选择 Firewall configuration，选中 No firewall。最后，退出 setup，执行如下命令以启动 TFTP 服务：

```
service xinetd restart
```

配置完成后，简单测试一下 TFTP 服务器是否可用，即自己 TFTP 自己，例如在宿主机上执行：

```
cp /s3c2410_linux/Image/zImage /tftpboot/        /* 在本地准备一个文件 */
tftp 192.168.2.xxx                               /* 用 TFTP 服务登录本机 */
tftp >get zImage                                 /* 使用 TFTP 服务得到文件 zImage */
tftp >q                                          /* 退出 TFTP 服务 */
```

若出现信息 Received 741512 bytes in 0.7 seconds，就表示 TFTP 服务器配置成功了。若弹出信息 Timed out，则表明未成功。此时可用如下命令确认 TFTP 服务是否开通：

```
netstat -a|grep tftp
```

若 TFTP 服务器没有配置成功，则需按照上述步骤重新检查一遍。

3. 配置 NFS 服务

NFS(Network File System)指网络文件系统，它是 Linux 系统中经常使用的一种服务，NFS 是一个 RPC service，很像 Windows 中的文件共享服务。它的设计是为了在不同的系统间使用，所以它的通讯协议设计与主机及作业系统无关。当使用者想用远端档案时，只需用 mount 就可把 remote 档案系统挂接在自己的档案系统之下，使得远端的档案在使用上和local 的档案没两样。

在 NFS 服务中，宿主机(Servers)是被挂载(Mount)端，为了远端客户机(Clients)可以访问主机的文件，需要主机配置两方面内容：打开 NFS 服务，允许“指定用户”使用。

打开宿主机的 NFS 服务可以使用命令：

```
setup
```

选择 System services，将 nfs 一项选中，出现[*]表示选中，并去掉 ipchains 和 iptables 两项服务，即去掉它们前面的“ * ”号。然后退出。

“指定用户”是通过编辑文件 exports：

```
vi /etc/exports
```

在 exports 文件中加入：

```
/s3c2410_linux/nfs
192.168.0.16(rw,insecure,no_root_squash,no_all_squash)
```

然后按 ESC 键再输入“:”，再输入 wq，然后回车，存储退出。其中/s3c2410_linux/nfs 是一个可以被 IP 地址 192.168.0.16 的计算机访问并读/写的文件夹。可以更改这个 IP，以使不同的计算机访问。

重新启动服务，使设置生效：

```
/etc/rc.d/init.d/nfs restart
```

现在 NFS 就可以使用了。

要启动或停止 NFS 服务，必须以 root 登录并使用以下命令来启动 NFS 守护进程：

```
/etc/rc.d/init.d/nfs  start  stop  restart
```

要启动 NFS，在“#”提示符下键入以下命令行：

```
/etc/rc.d/init.d/nfs  start
```

注：在 Linux 的 Terminal 下，可以使用 ifconfig 命令设定本机 IP。例如：

```
# ifconfig eth0 192.168.0.xxx
```

同样在 minicom 中也可以用该命令给实验箱设置 IP 地址。宿主机和开发板 IP 要配成同一网段内的。在 exports 文件中设置宿主机可以被访问的文件目录，和开发板的 IP 地址，就可以在 minicom 下，让开发板通过网络挂接(Mount)到宿主机的相应文件夹。

可以看到，在 Linux 下的实验，使用 minicom 通过串口给开发板发送指令，这一点类似于基础篇中的超级终端，只是没有使用仿真器，而通过网络传送数据。

4. Samba

Linux 与 Linux 之间通过 NFS 实现共享，Windows 与 Windows 之间通过共享目录实现共享，Linux 与 Windows 之间怎么实现共享呢？利用 Samba 实现共享。

一个 Samba 服务器实际上包括两个守护进程：smbd 和 nmbd。

Samba 服务器配置工具如图 8-14 所示，它是用来管理 Samba 共享、用户以及基本服务器设置的图形化界面。

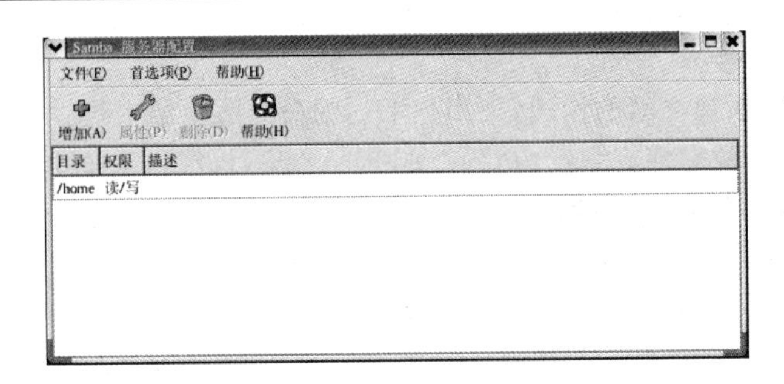

图 8-14　Samba 服务器配置

配置 Samba 服务器首先是配置服务器的基本设置和几个安全选项。然后添加 Samba 用户、添加共享。

启动和停止 Samba 服务器，使用以下命令来启动守护进程：

```
/etc/rc.d/init.d/smb  start
```

使用以下命令来停止守护进程：

```
/etc/rc.d/init.d/smb  stop
```

链接 Samba 共享：

要从 Microsoft Windows 机器上链接 Linux Samba 共享，可以使用“网上邻居”或图形化文件管理器。也可用以下 DOS 命令“\\192.168.0.221”。

smbclient 命令用来存取远程 Samba 服务器上的资源。

8.2　Shell 脚本

8.2.1　什么是 Shell

Linux 系统的 Shell 作为操作系统的外壳，为用户提供使用操作系统的接口。它是命令语言、命令解释程序及程序设计语言的统称。Shell 是用户和操作系统之间最主要的接口。通过 Shell，可以同时在后台运行多个应用程序，并且在把需要与用户交互的程序放在前台运行。

用户、Shell 以及与 Linux 操作系统内核的关系如图 8-15 所示。

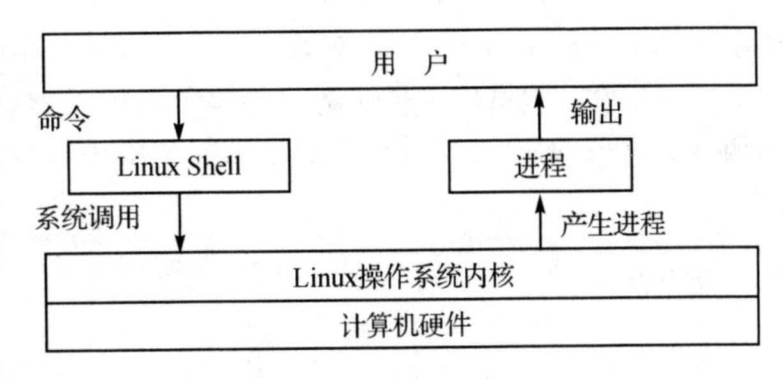

图 8-15　用户、Shell 以及与 Linux 操作系统内核的关系

1. Shell称为命令解释器

负责用户和操作系统之间的沟通，把用户下达的命令解释给系统去执行，并将系统传回的信息再次解释给用户，故它拥有自己内建的Shell命令集，也能被系统中其他应用程序调用。

2. Shell还是一种高级程序设计语言

它有变量、关键字，有各种控制语句，如if、case、while、for等语句，有自己的语法结构。利用Shell程序设计语言可以编写出功能强大的代码程序。

3. Shell有很多种

Shell有很多种，如：csh、tcsh、pdksh、ash、sash、zsh、bash等。Linux的缺省Shell为bash（Bourne Again Shell）。其中最常见的是Bourne Shell（bsh）、C Shell（csh）和Korn Shell（ksh）。3种Shell各有优缺点。

(1) Bourne Shell是Unix最初始的Shell，并且在每种Unix上都可以使用。Bourne Shell在Shell编程方面相当优秀，但在处理与用户的交互方面做得不如其他几种Shell。

(2) Bash(Bourne Again Shell)是Bourne Shell的扩展，与Bourne Shell完全向下兼容，并且增加了许多特性。它还包含了很多C Shell和Korn Shell中的优点，有灵活和强大的编程接口，同时又有很友好的用户界面。

Bash是大多数Linux系统的默认Shell。Bash有以下的优点：

(1) 补全命令。在Bash命令提示符下输入命令或程序名时，若没有输全命令或程序名，按Tab键，Bash将自动补全命令或程序名。

(2) 通配符。在Bash下可以使用通配符“*”和“?”。“*”可以替代多个字符，而“?”则替代一个字符。

(3) 历史命令。Bash能自动跟踪用户每次输入的命令，并把输入的命令保存在历史列表缓冲区中。

(4) 别名。在Bash下，可用alias和unalias命令给命令或可执行程序起别名和删除别名，这样就可以用自己习惯的方式输入命令。

(5) 输入/输出重定向。输入重定向用于改变命令的输入，输出重定向用于改变命令的输出。系统默认的输入为键盘，输出为显示器，输入/输出重定向可以改变输入输出。

(6) 管道。管道用于将一系列的命令连接起来，也就是把前面命令的输出作为后面命令的输入。管道的命令是“|”。管道的功能和用法与DOS/Windows系统的完全相同。例如：

```
cat dir.out|grep "test "|wc -l
```

命令演示：

```
last
last |grep root
last |grep root |wc -l
```

8.2.2 Shell 脚本编程

由于 Shell 擅长系统管理任务，所以用户可以通过使用 Shell 使大量的任务自动化，就像使用 DOS 操作系统的过程当中，会执行一些重复性的命令，将这些大量的重复性的命令写成批处理命令，通过执行这个批处理命令来代替执行重复性的命令。在 Linux 系统中也有类似的批处理命令，被称为 Shell 脚本。

1. 建立脚本

使用 vi、Emacs 等编 Shell 脚本。Linux 系统下的 Shell 默认 Bash。

在建立 Shell 脚本程序的开始，首先应指明使用哪种 Shell 来解释所写的脚本，第一行必须是如下格式：

```
#! /bin/sh
```

符号“#!”用来指定该脚本文件的解析程序。在上面例子中使用/bin/sh 来解析该脚本。当编辑好脚本后，如果要执行该脚本，还必须使其具有可执行属性。可以利用下面的语句改变文件的属性为可执行属性。

```
chmod + x filename
```

在进行 Shell 编程时，以“#”开头的句子表示注释，直到这一行的结束。

2. Shell 变量

Shell 脚本中主要有系统变量、环境变量和用户变量。其中用户变量在编程过程中使用较多，系统变量在对参数判断和命令返回值判断中会使用，环境变量主要是在程序运行的时候需要设置，由于是解释型的，所以变量不必事先对它进行定义。

1) 常用的环境变量

在用户登录过程中系统要做的一件事就是建立用户环境，就是 Shell 下的控制及设置，包括文件搜索路径、用户目录和系统提示符等。Linux(Shell)环境由许多变量和这些变量的值组成，通过设置这些环境变量来控制用户环境。

(1) HOME：用户主目录的全路径名。主目录是开始工作的位置，默认情况下，普通用户的主目录为/home/用户名，root 用户的主目录为/root。

例如：如果用户名为 myname，则 HOME 的值为/home/myname。不管当前路径在哪里，都可以通过命令 cd $HOME 返回到主目录。在 Linux 系统中用“～”(波浪线)表示用户的主目录。

要使用环境变量或其他 Shell 变量，必须在变量名前加上一个“$”符号而不能直接使用变量名。

(2) LOGNAME：用户名(注册名)，由 Linux 自动设置，系统通过与 LOGNAME 变量确认文件的所有者，有权执行某个命令等。

(3) PATH：Shell从中查找命令的目录列表。PATH变量包含有带冒号分界符的字符串，这些字符串指向含有所使用命令的目录。PATH变量中的字符串顺序决定了先从哪个目录查找。PATH环境变量的功能和用法与DOS/Windows系统的几乎完全相同。例如：

```
PATH = $PATH:$HOME/bin
```

(4) PS1：Shell的主提示符，即在Shell准备接受命令时显示的字符串，PS1定义用户的主提示符是怎样构成的。一般设为PS1="[\u@\h \W]\\ $ "，其意思是：[用户名@主机名 当前目录]。

(5) PWD：用户当前的工作目录的路径，它指出目前用户在什么位置。

(6) SHELL：当前使用的Shell和Shell放在什么位置。例如，查看用户登录系统时默认使用的Shell。

2) 系统变量

在Shell中有一些变量是由系统设置好的，用户不能重新设置，如表8-9所列。

表8-9 系统变量

变 量	含 义	变 量	含 义
$#	表示命令行上参数的个数	$*	表示Shell程序的所有参数串
$?	表示上一条命令执行后的返回值	$@	表示命令行上输入的所有参数串
$$	当前进程的进程号	$0	命令行上输入的Shell程序名

用echo命令查看任何一个环境变量的值，也可以在命令中将环境变量的值作为参数，使用环境变量时，要在其名称前面加上“$”符号。例如：

```
echo $SHELL
/bin/bash
cd $HOME/bin
```

3) Shell用户变量

Shell用户变量是使用最多的变量，可以使用任何不包含空格字符的字串作为变量名称，可以用复制符号(=)给变量赋值。变量赋值时，“=”左右两边都不能有空格，Bash中的语句结尾不需要分号。下面是变量示例：

```
# varname = value:赋值
# readonly varname: 标记只读
# export varname: 标记移出,变量可以被子进程继承
# setenv PATH = /home:/usr:/etc:/bin:/usr/bin: (csh中)
# varname = ' expr $varname + 1: 变量值增1    # x = $[ $x + 1 ]
# echo $PATH
```

在 Shell 编程中，所有的变量都由字符串组成，并且不需要预先对变量进行声明。例如：

```
#!/bin/sh
#set variable a
a = "hello world"
#print a
Echo "A is:"
echo $a
```

3. 流程控制

1) 条件控制

(1) test 命令

测试文件、变量的属性，表达式的值，或命令执行返回值。

```
test -d   /usr→[ -d /usr ]
test -f   .bashrc→[ -f .bashrc ]
test $ count  -gt 0→[ $ count -gt 0 ]
```

(2) if 语句

```
if (expression) then
      command-list
  else
      command-list
fi
```

(3) case 语句

```
case $ var in
pattern1) command-list   ;
pattern2) command-list   ;
...
esac
```

(4) 逻辑运算符 && 和||

```
# test -f myfile.c && echo "file found"
If  test -f myfile.c  then
    echo  "file found"
fi
# test  -f myfile.c || echo  "file not found"
If  test !  -f myfile.c  then
    echo  "file not found"
fi
```

2）循环控制

（1）for 语句

```
for var in word-list
do
    command-list
done
```

例如：

```
#!/bin/bash
for day in"Sun Mon Tue Wed Thu Fri Sat"
do
    echo $ day
done
```

在该例中，在 for 所在行，变量 day 是没有加“$”符号的，而在循环体内，echo 所在行变量 $ day 是必须加上“$”符号的。

（2）while 语句

```
while (expression)
do
    command-list
done
```

例如：

```
#greeting = 'hello world'
i = 1
while test $i -le 100 ; do
   case $i in
           *0) echo "**********">file $i ;
           *)  echo $i > file $i ;
   esac
   i = ' expr $i + 1 '
done
```

4. Shell 脚本的执行

执行 Shell 脚本的方式基本上有下述 3 种。

1）设置好脚本的执行权限之后再执行脚本

可以用下面的方式设置脚本的权限：

（1）chmod u+x scriptname 只有自己可以执行，其他人不能执行。

(2) chmod ug+x scriptname 只有自己以及同一群可以执行,其他人不能执行。

(3) chmod +x scriptname 所有人不能执行。

设置好执行权限之后就可以执行脚本程序了。

例如:编辑好脚本文件 test1. sh。

```
$ chmod  + x test1
$  ./ test1
```

2) 使用 Bash 内部命令 source

```
$ source   test1
```

3) 直接使用 sh 命令来执行

```
$ sh   test1
```

4) 输入重定向

即用输入重定向方式让 shell 从给定文件中读入命令行,并进行相应处理。其一般形式:

```
bash < 脚本名
$ sh < dircmp
```

8.2.3 Shell 命令的集成

1. 元字符和文件名生成

1) Unix 元字符(通配符)的定义

* 　　匹配任何字符串,包括空字符串;

? 　　匹配任何单个字符;

[.,-,!] 按照范围、列表或不匹配等形式匹配指定的字符;

\ 　　转意符,使元字符失去其特殊的含义。

例如:

[a-d,x,y] 　匹配字符 a、b、c、d、x、y;

z* 　　匹配以字符 z 开始的任何字符串。

2) 元字符作为文件扩展名的使用

例如:

[a-f]* 　匹配字符 a 到字符 f 开头的文件名,如 abc、d2、e3. c、f. dat;

*z 　　匹配以字符 z 结尾的任何字符串,如 win. z、core. zz、a-c-5z;

rc?. d 　匹配以 rc 开始,以. d 结束,中间为任何单个字符的文件名,如 rc0. d、rc2. d、rcS. d;

*[!o] 　匹配不以 o 结尾的文件名。

2. 管道和命令表

在 Shell 中有两种结构类型：管道线和命令表。当 Shell 检测到一个管道操作符时，就建立一个系统管道文件。这是一个先进先出的数据结构，它允许在同一时刻对管道线上的命令或程序进行读和写，即允许两个无关的命令通过管道连接交换信息。

1) 管　道

管道：一个命令的标准输出与另一个命令的标准输入之间的连接，不经过任何中间文件；

管道线：由管道操作符分隔的一个命令序列，最简单的管道线是一个简单命令；

管道操作符：用符号"|"表示。例如：

```
w|wc -l
ps aux|grep ftp
```

2) 命令表

命令表：一串管道线构成了一个命令表，最简单的命令表是一个管道线，一个命令表送回的值是该命令表中最后一个管道线的出口状态。

管道线分隔符：分隔命令表元素，确定管道线执行的条件。各分隔符含义如下：

; 　　表示按顺序执行管道线；

&& 　表示根据条件(True)，执行其后面的管道线；

|| 　表示根据条件(False)，执行其后面的管道线；

& 　　表示前面的管道线在后台(异步)执行。

例 1：4 个管道线构成一个命令表。

```
ls  -l  /tmp  /root
w|wc  -l
ps
```

例 2：与例 1 等价。

```
ls -l /tmp  /root ;w|wc -l ;ps
```

例 3：

```
sys  -account &
```

3. 输入、输出重定向

1) 使用标准改向符进行重定向(改向)

< 　　输入改向

<< 　追加输入改向

> 　　输出改向

>> 　追加输出改向

2) 使用标准文件描述字进行重定向(改向)

在 Linux 系统中,定义了用于输入、输出的标准文件,其文件描述字 0 为进程的标准输入、文件描述字 1 为标准输出、文件描述字 2 为标准错误输出。

3. 标准错误输出的改向(> 、>>)

格式为:

```
command  2 >file
command  2 >>file
```

例 1:将 myfile1 作为 sort 的输入。

```
sort <myfile1
```

例 2:将 date 的输出转向到 myfile2 文件中。

```
date  >myfile2
```

例 3:将 ls \|l 的输出追加到 myfile3 文件中。

```
ls -l>>myfile3
```

例 4:将错误输出改向到 err-file 文件。

```
$ myprog  2> err-file
```

例 5:将标准输出和错误输出改向 out 文件。

```
$ myprog>out 2>>out
$ myprog>out 2>>&1
```

8.3　Makefile

8.3.1　GNU make

1. GNU 的 make

使用 make 工具,可以将大型的开发项目分解成为多个易于管理的模块,对于一个包含众多源文件的应用程序,使用 make 和 Makefile 工具就可以高效处理各个源文件之间的复杂的相互关系,进而取代了复杂的命令行操作,也大大提高了应用程序的开发效率。

2. Makefile

make 在执行时,需要一个命名为 Makefile 的文件。Makefile 文件描述了整个工程的编译、链接等规则。其中包括:工程中哪些源文件需要编译及如何编译;需要创建哪些库文件以及如何创建这些库文件;如何最后产生想要的可执行文件。大型程序维护工具如图 8-16 所示。

Makefile 或 makefile:告诉 make 维护一个大型程序,该做什么。Makefile 说明了组成程序的各模块间的相互关系及更新模块时必须进行的动作,make 按照这些说明自动地维护这些模块,如图 8-17 所示。

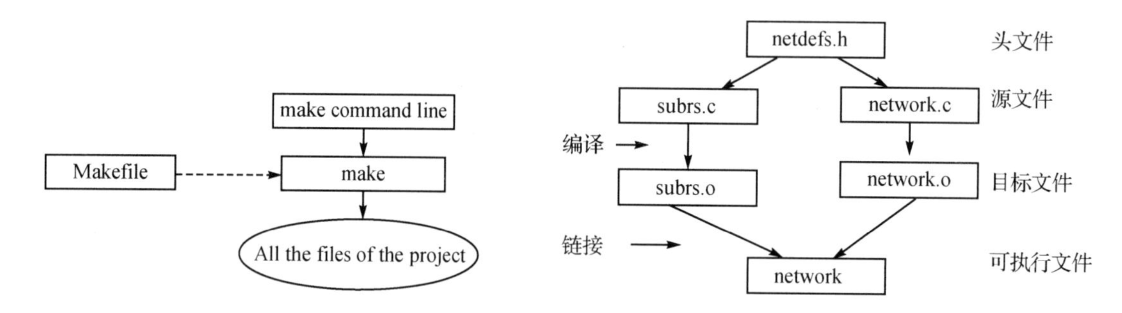

图 8-16　大型程序维护工具　　　　图 8-17　模块间的相互关系

在 Makefile(makefile)中,自顶向下说明各模块之间的依赖关系及实现方法:

```
network: network.o subrs.o                          (1)
        gcc  -o network network.o subrs.o            (2)
network.o: network.c netdefs.h                       (3)
        gcc  -c network.c                            (4)
subrs.o: subrs.c netdefs.h                           (5)
        gcc  -c subrs.c                              (6)
```

其中第(3)~(6)行可以简化为(隐含的规则):

```
network.o subrs.o: netdefs.h
```

注意:命令需要以 TAB 键开始。

执行:

```
#make
#make network
#make -f makefile
```

例如:考虑以下的 makefile:

```
=== makefile 开始 ===
myprog : foo.o bar.o
gcc foo.o bar.o -o myprog
foo.o : foo.c foo.h bar.h
```

```
gcc -c foo.c -o foo.o
bar.o : bar.c bar.h
gcc -c bar.c -o bar.o
=== makefile 结束 ===
```

这是一个非常基本的 Makefile— make，从最上面开始，把上面第一个目标 myprog 做为它的主要目标，一个它需要保证其总是最新的最终目标。给出的规则说明只要文件 myprog 比文件 foo.o 或 bar.o 中的任何一个旧，下一行的命令将会被执行。但是，在检查文件 foo.o 和 bar.o 的时间戳之前，它会往下查找那些把 foo.o 或 bar.o 做为目标文件的规则。它找到的关于 foo.o 的规则，该文件的依靠文件是 foo.c，foo.h 和 bar.h。它从下面再找不到生成这些依靠文件的规则，它就开始检查硬盘上这些依靠文件的时间戳。

假如这些文件中任何一个的时间戳比 foo.o 的新，命令 gcc -o foo.o foo.c' 将会执行，从而更新文件 foo.o。接下来对文件 bar.o 做类似的检查，依靠文件在这里是文件 bar.c 和 bar.h。现在，make 回到 myprog 的规则。假如刚才两个规则中的任何一个被执行，myprog 就需要重建，因为只要其中任何一个 .o 文件比 myprog 新，则链接命令将被执行。

8.3.2　Makefile 规则

Makefile 是一个 make 的规则描述脚本，包括 4 种类型行：目标行、命令行、宏定义行和 make 伪指令行。Makefile 文件中注释以“#”开关。

规则：用于说明如何生成一个或多个目标文件，格式如下：

```
targets: prerequisites
command
⋮
```

1) 目　标

在 Makefile 中，规则的顺序是很重要的，因为，Makefile 中只应该有一个最终目标，其他的目标都是被这个目标所连带出来的，所以一定要让 make 知道设计的最终目标是什么。

一般来说，定义在 Makefile 中的目标可能会有很多，但是第一条规则中的目标将被确立为最终的目标。

2) 依赖文件

目标文件所依赖的文件，一个目标文件可以依赖一个或多个文件。

3) 文件名

make 命令默认在当前目录下寻找名字为 makefile 或者 Makefile 的工程文件，当名字不为这两者之一时，可以使用如下方法指定：

```
make -f 文件名
```

4) 伪目标

Makefile中把那些没有任何依赖只有执动作的目标称为“伪目标”(Phony Targets)。

```
.PHONY:clean
clean:
rm -f hello main.o func1.o func2.o
```

.PHONY将clean目标声明为伪目标。

5) 变　量

要设定一个变量,只要在一行的开始写下这个变量的名字,后面跟一个“=”号,后面跟要设定的这个变量的值。以后要引用这个变量时,写一个“$”变量,后面是围在括号里的变量名。比如在下面,把前面的makefile利用变量重写一遍:

```
===makefile 开始 ===
    OBJS = foo.o bar.o
    CC = gcc
    CFLAGS = -Wall -O -g
    myprog : $(OBJS)
     $(CC) $(OBJS) -o myprog
    foo.o : foo.c foo.h bar.h
     $(CC) $(CFLAGS) -c foo.c -o foo.o
    bar.o : bar.c bar.h
     $(CC) $(CFLAGS) -c bar.c -o bar.o
===makefile结束 ===
```

还有一些设定好的内部变量,它们根据每一个规则内容定义。3个比较有用的变量是:“$@”、“$<”和“$∧”,这些变量不需要括号括住。

$@　扩展成当前规则的目标文件名。

$<　扩展成依靠列表中的第一个依靠文件。

$∧　扩展成整个依靠的列表,去掉了里面所有重复的文件名。

利用这些变量,可以把上面的makefile写成:

```
===makefile开始 ===
OBJS = foo.o bar.o
CC = gcc
CFLAGS = -Wall -O -g
myprog : $(OBJS)
$(CC) $^ -o $@
foo.o : foo.c foo.h bar.h
$(CC) $(CFLAGS) -c $< -o $@
```

```
bar.o : bar.c bar.h
$(CC) $(CFLAGS) -c $< -o $@
=== makefile 结束 ===
```

练习与思考题

1. 简要说明嵌入式 Linux 系统的软件结构平台的组成以及嵌入式 Linux 系统开发流程。
2. 简要说明 Linux 系统交叉编译环境主要由哪些软件工具组成的软件工具的作用是什么?
3. 简要说明构建交叉工具链的方法。
4. 用 Crosstool 工具如何构建交叉工具链?
5. 简述嵌入式 Linux 开发环境组建方案。
6. 简述 VMware 中安装 RedHat9.0 并配置 RedHat 的方法。
7. 简述配置 minicom 的方法。
8. 简述配置 TFTP 的方法。
9. 简述用户、Shell 以及与 Linux 操作系统内核的关系。
10. 举例说明 Shell 脚本编程的方法。
11. 简述 Makefile 文件的作用。
12. 举例说明 Makefile 文件的编写方法。
13. 简要说明 Makefile 的规则。

第9章

BootLoader

本章概要地介绍了 BootLoader 的概念与种类以及作用，ViVi 命令、ViVi 的配置与编译以及 ViVi 代码分析，最后介绍了 U－Boot 的概念、启动过程及工作原理、移植与使用方法。

教学建议

本章教学学时建议：4 学时。

BootLoader 基础：1 学时；

ViVi：1.5 学时；

U－Boot：1.5 学时。

要求深刻理解 BootLoader 的概念与作用，熟悉 ViVi 的配置与编译，了解 ViVi 代码的主要结构与作用，熟悉 U－Boot 移植与使用方法以、启动过程与工作原理。

9.1 BootLoader 基础

9.1.1 BootLoader 简介

系统上电之后，需要一段程序来进行初始化：关闭 Watchdog、改变系统时钟、初始化存储控制器、将更多的代码复制到内存中等。如果它能将操作系统内核（从本地 Flash 或通过网络）复制到内存中运行，就称这段程序为 BootLoader。

简单地说，BootLoader 就是这么一小段程序，它在系统上电时开始执行，初始化硬件设备，准备好软件环境，最后调用操作系统内核。

BootLoader 软件通常会通过串口来输入/输出。例如：输出出错或者执行结果信息到串口终端，从串口终端读取用户控制命令等。

BootLoader 的实现严重依赖于具体硬件，在嵌入式系统中硬件配置千差万别，即使是相同的 CPU，它的外设（比如 Flash）也可能不同，所以需要进行一些移植。

大多数 BootLoader 包含两种不同的操作模式：

(1) 启动加载(Bootloading)模式：这种模式也称为自主(Autonomous)模式，也即 BootLoader 从目标机上的某个固态存储设备上将操作系统加载到 RAM 中运行，整个过程并没有用户的介入。这种模式是 BootLoader 的正常工作模式，因此在嵌入式产品发布的时侯，BootLoader 工作在这种模式下。

(2) 下载(Downloading)模式：在这种模式下，目标机上的 BootLoader 将通过串口连接或网络连接等通信手段从主机(Host)下载文件，比如下载内核映像和根文件系统映像等。从主机下载的文件通常首先被 BootLoader 保存到目标机的 RAM 中，然后再被 BootLoader 写到目标机上的 Flash 类固态存储设备中。BootLoader 的这种模式通常在第一次安装内核与根文件系统时被使用；此外，以后的系统更新也会使用 BootLoader 的这种工作模式。工作于这种模式下的 BootLoader 通常都会向它的终端用户提供一个简单的命令行接口。

板子与主机间传输文件时，可以使用串口的 xmodem/ymodem/zmodem 协议，它们使用简单，只是速度比较慢；还可以使用网络通过 TFTP、NFS 协议来传输，这时，主机上要开启 TFTP、NFS 服务；还有其他方法，比如 USB 等。

像 ViVi 或 U－Boot 等这样功能强大的 BootLoader 通常同时支持这两种工作模式，而且允许用户在这两种工作模式之间进行切换。比如，U－Boot 在启动时处于正常的启动加载模式，但是它会延时若干秒(这可以设置)等待终端用户按下任意键而将 U－Boot 切换到下载模式。如果在指定时间内没有用户按键，则 U－Boot 继续启动 Linux 内核。

本地加载模式和远程下载模式。这两种操作模式的区别仅对于开发人员才有意义，也就是不同启动方式的使用。从最终用户的角度看，BootLoader 的作用就是用来加载操作系统，而并不存在所谓的本地加载模式与远程下载模式的区别。

因为 BootLoader 的主要功能是引导操作系统启动，所以详细讨论一下各种启动方式的特点。

1. 网络启动方式

这种方式开发板不需要配置较大的存储介质。但是使用这种启动方式之前，需要把 BootLoader 安装到板上的 EPROM 或者 Flash 中。BootLoader 通过以太网接口远程下载 Linux 内核映像或者文件系统。网络启动方式对于嵌入式系统开发来说非常重要。

使用这种方式，目标板要有串口、以太网接口或者其他连接方式。串口一般可以作为控制台，同时可以用来下载内核影像和文件系统。串口通信传输速率过低，不适合用来挂接 NFS 文件系统。所以以太网接口成为通用的互连设备，一般的开发板都可以配置 10 M 以太网接口。

对于开发的嵌入式系统，可以把 USB 接口虚拟成以太网接口通信。这种方式在开发主机和开发板两端都需要驱动程序。

另外，可在服务器上配置启动相关网络服务。BootLoader 下载文件一般都使用 TFTP 网络协议，还可以通过 DHCP 的方式动态配置 IP 地址。

DHCP/BOOTP 服务为 BootLoader 分配 IP 地址并配置网络参数后，才能够支持网络传输功能。如果 BootLoader 可以直接设置网络参数，则可不使用 DHCP。

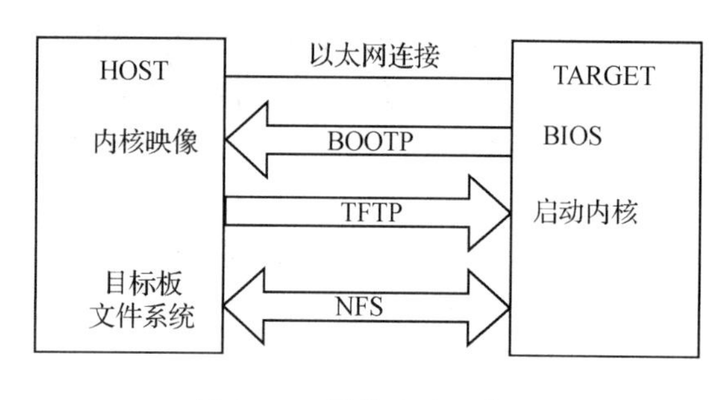

图 9-1　网络启动示意图

TFTP 服务为 BootLoader 客户端提供文件下载功能，把内核映像和其他文件放在/tftpboot 目录下。这样 BootLoader 可以通过简单的 TFTP 协议远程下载内核映像到内存，如图 9-1 所示。

大部分引导程序都能够支持网络启动方式。例如：ViVi 与 U-Boot 也支持网络启动功能。

2. 磁盘启动方式

传统的 Linux 系统运行在台式机或者服务器上，这些计算机一般都使用 BIOS 引导，并且使用磁盘作为存储介质。进入 BIOS 设置菜单，可以探测处理器、内存、硬盘等设备，也可以设置 BIOS 从软盘、光盘或者某块硬盘启动。也就是说，BIOS 并不直接引导操作系统。那么在硬盘的主引导区，还需要一个 BootLoader，这个 BootLoader 可以从磁盘文件系统中把操作系统引导起来。

3. Flash 启动方式

大多数嵌入式系统上都使用 Flash 存储介质。Flash 有很多类型，包括 NOR Flash、Nand Flash 和其他半导体盘。其中，NOR Flash(也就是线性 Flash)使用最为普遍。

NOR Flash 可以支持随机访问，所以代码可以直接在 Flash 上执行。BootLoader 一般是存储在 Flash 芯片上的。另外，Linux 内核映像和 RAMdisk 也可以存储在 Flash 上。通常需要把 Flash 分区使用，每个区的大小应该是 Flash 擦除块大小的整数倍。如图 9-2 所示，是 Flash 存储示意图。

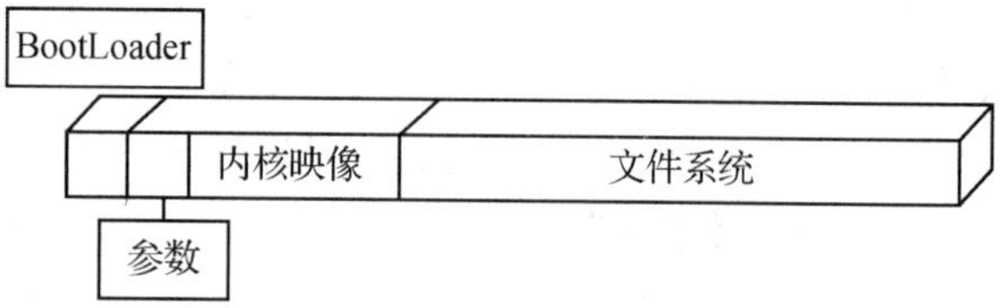

图 9-2　Flash 存储示意图

BootLoader 一般存储在 Flash 的底端或者顶端，这要根据处理器的复位向量来设置，要使 BootLoader 的入口位于处理器上电执行第一条指令的位置。接着需要分配参数区，可以作为 BootLoader 的参数保存区域。然后是内核映像区。BootLoader 引导 Linux 内核，就是要从此处把内核映像解压到 RAM 中去，然后跳转到内核映像入口执行。最后是文件系统区。如果使用 RAMdisk 文件系统，则需要 BootLoader 解压文件系统到 RAM 中。如果使用 JFFS2 文件系统，将直接挂接为根文件系统。最后还可以分出一些数据区，这要根据实际需要和 Flash 大小来考虑。

这些分区是开发者定义的，BootLoader 一般直接读/写对应的偏移地址。在 Linux 内核空间，可以配置成 MTD 设备来访问 Flash 分区。但是，有的 BootLoader 也支持分区的功能，例如：Redboot 可以创建 Flash 分区表，并且内核 MTD 驱动可以解析出 Redboot 的分区表。

除了 NOR Flash，还有 Nand Flash、Compact Flash、DiskOnChip 等。这些 Flash 具有芯片价格低、存储容量大的特点。但是这些芯片一般通过专用控制器的 I/O 方式来访问，不能随机访问，因此引导方式跟 NOR Flash 也不同。在这些芯片上，需要配置专用的引导程序。通常，这种引导程序起始的一段代码将整个引导程序复制到 RAM 中运行，从而实现自举启动，与磁盘启动相似。

9.1.2　BootLoader 的种类

现在 BootLoader 种类繁多，比如 X86 上有 LILO、GRUB 等。对于 ARM 架构的 CPU，有 U - Boot、ViVi 等。它们各有特点，下面列出 Linux 的开放源代码的 BootLoader 及其支持的体系架构，如表 9 - 1 所列。多种 BootLoader 的比较如图 9 - 3 所示。

表 9 - 1　开放源码的 Linux 引导程序

BootLoader	Monitor	描　述	X86	ARM	PowerPC
LILO	否	Linux 磁盘引导程序	是	否	否
GRUB	否	GNU 的 LILO 替代程序	是	否	否
Loadlin	否	从 DOS 引导 Linux	是	否	否
ROLO	否	从 ROM 引导 Linux 而不需要 BIOS	是	否	否
Etherboot	否	通过以太网卡启动 Linux 系统的固件	是	否	否
LinuxBIOS	否	完全替代 BUIS 的 Linux 引导程序	是	否	否
BLOB	否	LART 等硬件平台的引导程序	否	是	否
U - Boot	是	通用引导程序	是	是	是
RedBoot	是	基于 eCos 的引导程序	是	是	是

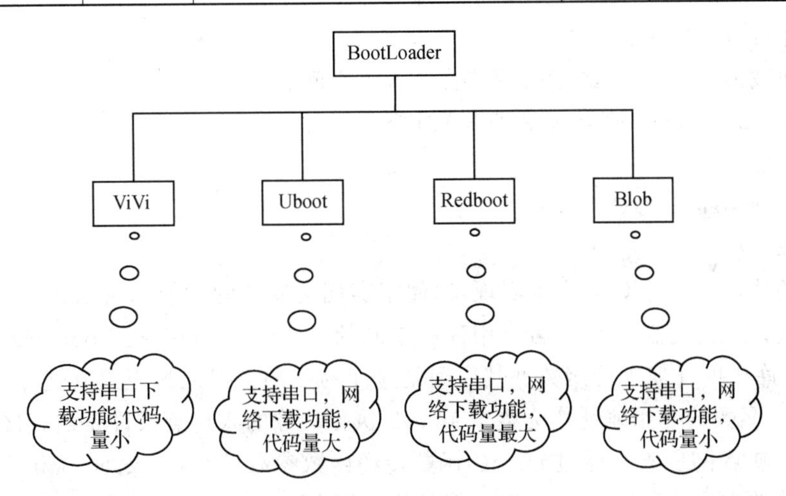

图 9 - 3　多种 BootLoader 的比较

9.1.3 BootLoader 的基本原理

BootLoader 是依赖于硬件而实现的，特别是在嵌入式领域。因此，在嵌入式领域里建立通用的 BootLoader 几乎是不可能的。尽管如此，仍然可以对 BootLoader 归纳出通用的概念，以指导用户对特定的 BootLoader 设计与实现。

1. 操作模式

大多数 BootLoader 都包含启动加载模式和下载模式两种不同的操作模式。

2. 通信设备及协议

目标机上的 BootLoader 一般可通过串口与主机之间进行文件传输，传输协议通常是 xmodem/ymodem/zmodem 协议中的一种。但是，串口传输的速度是有限的，因此通过以太网连接并借助 TFTP 协议来下载文件是个更好的选择。

此外，在通过以太网连接和 TFTP 协议来下载文件时，主机方必须有一个软件用来提供 TFTP 服务。

3. BootLoader 的功能与结构

由于 BootLoader 的实现依赖于 CPU 的体系结构，大多数 BootLoader 都分为 stage1 和 stage2 两大部分。依赖于 CPU 体系结构的代码，比如设备初始化代码等，通常都放在 stage1 中，而且通常都通过汇编语言来实现，以达到短小精悍的目的；而 stage2 则通常用 C 语言来实现，这样可以实现更复杂的功能，而且代码会具有更好的可读性和可移植性。

1）stage1

BootLoader 的 stage1 通常包括以下工作：

（1）硬件设备初始化。

（2）为加载 BootLoader 的 stage2 准备 RAM 空间。

（3）复制 BootLoader 的 stage2 到 RAM 空间中。

（4）设置堆栈。

（5）跳转到 stage2 的 C 入口点。

2）stage2

stage2 的代码通常用 C 语言来实现，以便于实现更复杂的功能以及取得更好的代码可读性和可移植性。但是与普通 C 语言应用程序不同的是，在编译和链接 BootLoader 程序时，不能使用 Glibc 库中的任何支持函数。其原因是显而易见的。但从哪里跳转进 main()函数呢？直接把 main()函数的起始地址作为整个 stage2 执行映像的入口点或许是最直接的想法，但是这样做有两个缺点：① 无法通过 main()函数传递函数参数；② 无法处理 main()函数的返回。一种更为巧妙的方法是利用 trampoline（弹簧床）的概念。

用汇编语言写一段 trampoline 小程序，并将这段 trampoline 小程序来作为 stage2 可执行映像的执行入口点。然后在 trampoline 汇编小程序中用 CPU 跳转指令跳入 main()函数中去执行；而当 main()函数返回时，CPU 执行路径显然再次回到 trampoline 程序。简而言之，这种方法的思想是：用这段 trampoline 小程序来作为 main()函数的外部包裹(External Wrapper)。

BootLoader 的 stage2 可执行映像刚被复制到 RAM 空间时的系统内存布局如图 9－4 所示。

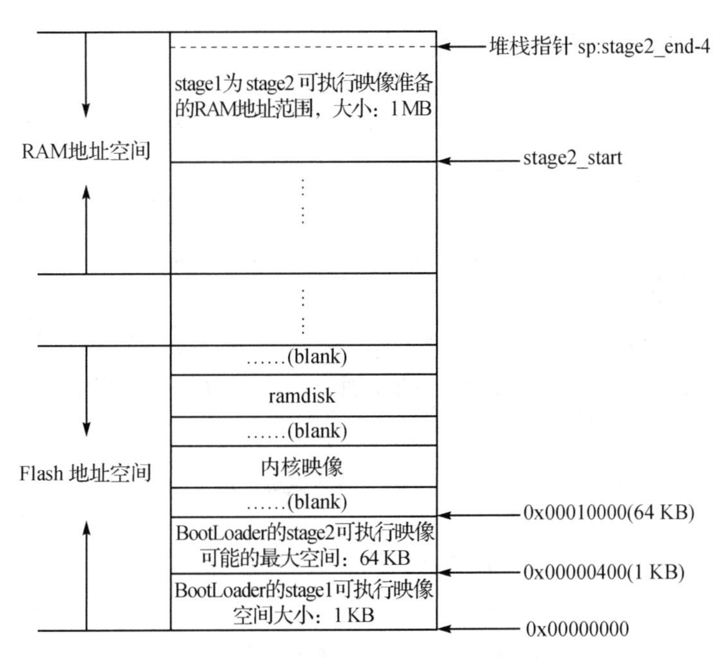

图 9－4　RAM 空间时的系统内存布局

9.2　ViVi

ViVi 是 Mizi 公司针对 Samsung 的 ARM 架构 CPU 专门设计的，基本上可以直接使用，命令简单方便。不过其初始版本只支持串口下载，速度较慢。在网上出现了各种改进版本：支持网络功能、USB 功能、烧写 YAFFS 文件系统映像等。

9.2.1　ViVi 命令

ViVi 有两种工作模式：启动加载模式和下载模式。启动加载模式可以在一段时间后(时间可更改)自行启动 Linux 内核，这是 ViVi 的默认模式。在下载模式下，ViVi 为用户提供一个命令行接口，通过接口可以使用 ViVi 提供的一些命令。下面将介绍这些命令的意义。

(1) reset 命令：复位 ARM9 系统。

（2）help 命令：显示开发板上 ViVi 支持的所有命令。

param help：显示 param 命令的用法。

（3）part 命令：用于对分区进行操作。通过 part help，可以显示系统对 part 系列命令的帮助提示，如表 9-2 所列。

表 9-2　帮助提示

提　示	含　义
part show	显示分区信息
part add partname part_start_addr part_leng flag	添加分区，参数 flag 为分区类型
part del partname	删除分区
part save	保存 part 分区信息
part reset	恢复为系统默认的 part 分区

（4）load 命令。下载程序到存储器（Flash 或者 RAM 中）。通过 load help，显示系统对 load 系列命令的帮助提示。

load flash partname x：使用 xmodom 协议通过串口下载文件并且烧写到 partname 分区，例如：

```
-load flash vivi x                //注意，这里的 ViVi 是分区名
-load flash kernel x
-load flash root x
```

load ram partname or addr x：使用 xmodom 协议通过串口下载文件到内存中。

（5）param 命令：用于对 BootLoader 参数进行操作。通过 param help，显示系统对 param 系列命令的帮助提示。

param show：显示 BootLoader 的当前参数值。

param reset：将 BootLoader 参数值复位成系统默认值。

param set paramname value：设置参数值。

param set linux_cmd_line "linux bootparam"：设置 Linux 启动参数，参数 linux bootparam 表示要设置的 Linux Kernel 命令行参数。

param save：保存参数设置。

（6）boot 命令：用于引导 Linux Kernel 启动。通过 boot help，显示系统对 boot 命令的帮助提示。

boot：以默认方式启动。

boot ram ramaddr lenth：启动 SDRAM 中 ramaddr 处长度为 lenth 的 Linux 内核。

（7）bon 命令：用于对 bon 分区进行操作。通过 bon help，显示系统对 bon 系列命令的帮助提示。bon 分区是 Nand Flash 设备的一种简单的分区管理方式。

bon part info：显示系统中 bon 分区的信息。

bon part：建立系统的 bon 分区表。bon 分区表被保存到 Nand Flash 的最后 0x4000 字节中，即在 Nand Flash 的 0x03FFC000～0x33FFFFFF 范围内，分区表起始于 0x03FFC000。

例如：下列代码分为 3 个区：0～192 KB、192 KB～1 MB、1 MB 以上。

```
vivi> bon part 0 192k 1M
doing partition
size = 0
size = 196608
size = 1048576
check bad block
part = 0 end = 196608
```

9.2.2 ViVi 的配置与编译

ViVi 的配置与编译过程如下：

1. 在宿主机上安装交叉编译器

首先以 root 用户的身份登录到 Linux 下，进入/usr/local 目录，创建名为 arm 的目录：

```
cd /usr/local
mkdir arm
```

将 cross-2.95.3.tar.bz2 文件解压到/usr/local/arm 目录：

```
tar jxvf cross-2.95.3.tar.bz2 -C  /usr/local/arm
```

然后修改 PATH 变量：为了可以方便使用 arm-linux-gcc 编译器系统，把 arm-linux 工具链目录加入到环境变量 PATH 中。

修改/etc/profile 文件，添加 pathmunge /usr/local/arm/2.95.3/bin，如下所示：

```
# Path manipulation
  if [ 'id -u' = 0 ]; then
      pathmunge /sbin
      pathmunge /usr/sbin
      pathmunge /usr/local/sbin
      pathmunge /usr/local/arm/2.95.3/bin
  fi
  pathmunge /usr/X11R6/bin after
```

然后保存上述修改，进入终端控制台输入：

```
source  /etc/profile          //使刚才的环境变量生效
```

注意：设置环境变量后，重启或注销，设置的环境变量才能生效。

最后检测环境变量是否安装成功，在终端控制台输入：

```
arm-linux-gcc  -v
```

2. 配置和编译ViVi

如果ViVi的源代码已根据开发板作了相应改动，则需要对源代码进行配置和编译，以生成烧入Flash的ViVi二进制映像文件。

由于ViVi要用到Kernel的一些头文件，需要Kernel的源代码，所以先要把Linux的Kernel准备好。将ViVi和Kernel都解到相应目录下。例如：将ViVi源代码解压到/home/exam目录下，Linux Kernel源码kernel-h2410eb.041024.tar.gz也解压到/home/exam目录下。

由于ViVi要用到一些头文件，因此需要将ViVi和内核都解压到相应的目录下。然后需修改/vivi/Makefile里变量设置如下：

```
LINUX_INCLUDE_DIR = /kernel/include/
```

LINUX_INCLUDE_DIR为kernel/include的对应目录，例如：

```
/home/XXX/kerne-my2410eb /include/
```

因此修改为：

```
LINUX_INCLUDE_DIR = /home/XXX/ kerne-my2410eb/include/
CROSS_COMPILE = /usr/local/arm/2.95.3/bin/arm-linux-
```

CROSS_COMPILE为arm-linux安装的相应目录，例如：

```
/usr/local/arm/2.95.3/bin/arm-linux-
```

因此修改为：

```
CROSS_COMPILE = /usr/local/arm/2.95.3/bin/arm-linux-
ARM_GCC_LIBS = /usr/local/arm/2.95.3/lib/gcc-lib/arm-linux/2.95.3
```

需根据arm-linux的安装目录进行修改，例如/usr/local/arm/2.95.3/lib/gcc-lib/ arm-linux /2.95.3。

进入/vivi目录，执行make distclean，目的是确保编译的有效性，在编译之前将ViVi里所有的*.o和*.o.flag文件删掉。

进入/vivi目录里，输入“make menuconfig”，开始选择配置。可以安装一个写好的配置文件，也可以自己修改。注意退出时要选“Yes”保存配置。

最后输入“make”正式开始编译，过程比较快。如果不报错，在/vivi目录里面有编译完成了的vivi，即为要烧写到Flash中的BootLoader。

9.2.3　ViVi 代码分析

ViVi 的代码包括 arch、drivers、init、lib 和 include 等目录，共 200 多个文件。主要目录有：

arch：此目录包括所有 ViVi 支持的目标板的子目录，例如 s3c2410 目录。

drivers：包括引导内核需要的设备的驱动程序（MTD 和串口）。MTD 目录下又分 map、nand 和 nor 三个目录。

init：这个目录只有 main. c 和 version. c 两个文件。和普通的 C 程序一样，ViVi 将从 main 函数开始执行。

lib：包括一些平台公共的接口代码，比如 time. c 里的 udelay() 和 mdelay()。

include：头文件的公共目录，其中的 s3c2410. h 定义了处理器的一些寄存器。platform/smdk2410. h 定义了与开发板相关的资源配置参数，往往只需要修改这个文件就可以配置目标板的参数，如波特率、引导参数、物理内存映射等。

9.3　U－Boot

9.3.1　U－Boot 介绍

U－Boot 是德国 DENX 小组的开发的用于多种嵌入式 CPU 的 BootLoader 程序，U－Boot 不仅仅支持嵌入式 Linux 系统的引导，当前它还支持 NetBSD、VxWorks、QNX、RTEMS、ARTOS、LynxOS 嵌入式操作系统。U－Boot 除了支持 PowerPC 系列的处理器外，还能支持 MIPS、x86、ARM、NIOS、XScale 等诸多常用系列的处理器。

U－Boot 的源代码的下载地址是：http://sourceforge. net/projects/uboot。

U－Boot 的源代码是通过 GCC 和 Makefile 组织编译的，顶层目录下的 Makefile 首先可以设置开发板的定义，然后递归调用子目录下的 Makefile，最后把编译过的目标文件链接成 U－Boot 映像。U－Boot 目录结构如表 9－3 所列。

表 9－3　U－Boot 目录结构

目　录	内　容
Board	和一些已有开发板有关的文件。每一个开发板都以一个子目录出现在当前目录中，比如说：SMDK2410，子目录中存放与开发板相关的配置文件
Common	实现 U－Boot 命令行下支持的命令，每一条命令都对应一个文件。例如 go 命令对应就是 cmd_boot. c
Cpu	与特定 CPU 架构相关目录，每一款 U－Boot 下支持的 CPU 在该目录下对应一个子目录，比如有子目录 arm920t 等
Disk	对磁盘的支持

续表 9-3

目 录	内 容
Doc	文档目录。U-Boot有非常完善的文档,推荐大家参考阅读
drivers	U-Boot支持的设备驱动程序都放在该目录,比如各种网卡、支持CFI的Flash、串口和USB等
Fs	支持的文件系统,U-Boot现在支持cramfs、fat、fdos、jffs2和registerfs
include	U-Boot使用的头文件,还有对各种硬件平台支持的汇编文件,系统的配置文件和对文件系统支持的文件。该目录下configs目录有与开发板相关的配置头文件,如smdk2410.h。该目录下的asm目录有与CPU体系结构相关的头文件,asm对应的是asmarm
lib_xxxx	与体系结构相关的库文件。如与ARM相关的库放在lib_arm中
Net	与网络协议栈相关的代码,BOOTP协议、TFTP协议、RARP协议和NFS文件系统的实现
Tools	U-Boot的工具,如:mkimage、crc等

9.3.2 U-Boot的启动过程及工作原理

大多数BootLoader都分为阶段1(stage1)和阶段2(stage2)两大部分,U-Boot也不例外。依赖于CPU体系结构的代码(如CPU初始化代码等)通常都放在阶段1中且通常用汇编语言实现,而阶段2则通常用C语言来实现,这样可以实现复杂的功能,而且有更好的可读性和移植性。

1. 阶段1介绍

U-Boot的stage1代码通常放在start.s文件中,它用汇编语言写成,其主要代码如下:

1) 定义入口

由于一个可执行的Image必须有一个入口点,并且只能有一个全局入口,通常这个入口放在ROM(Flash)的0x0地址,因此,必须通知编译器以使其知道这个入口,该工作可通过修改链接器脚本来完成。

(1) board/gec2410/uboot.lds: ENTRY(_start) ==> cpu/arm920t/start.S: .globl _start

(2) U-Boot代码区(TEXT_BASE = 0x33F80000)定义在board/gec2410/config.mk

2) 设置异常向量

```
_start: b reset @ 0x00000000
ldr pc, _undefined_instruction @ 0x00000004
ldr pc, _software_interrupt @ 0x00000008
ldr pc, _prefetch_abort @ 0x0000000c
ldr pc, _data_abort @ 0x00000010
ldr pc, _not_used @ 0x00000014
ldr pc, _irq @ 0x00000018
ldr pc, _fiq @ 0x0000001c
```

当发生异常时,执行cpu/arm920t/interrupts.c中定义的中断处理函数。

3) 设置 CPU 的模式为 SVC 模式

```
mrs r0,cpsr
bic r0,r0,#0x1f
orr r0,r0,#0xd3
msr cpsr,r0
```

4) 关闭看门狗

```
#if defined(CONFIG_S3C2400) || defined(CONFIG_S3C2410)
ldr r0, =pWTCON
mov r1, #0x0
str r1, [r0]
```

5) 禁止所有中断

```
mov r1, #0xffffffff
ldr r0, =INTMSK
str r1, [r0]
# if defined(CONFIG_S3C2410)
ldr r1, =0x3ff
ldr r0, =INTSUBMSK
str r1, [r0]
```

6) 设置 CPU 的频率

```
ldr r0, =CLKDIVN
mov r1, #3
str r1, [r0]
```

7) 设置 CP15

设置 CP15，失效指令(I)Cache 和数据(D)Cache 后，禁止 MMU 与 Cache。

```
cpu_init_crit:
mov r0, #0
mcr p15, 0, r0, c7, c7, 0      /* 失效 I/D Cache，见 S3C2410 手册附录的 2-16 */
mcr p15, 0, r0, c8, c7, 0      /* 失效 TLB，见 S3C2410 手册附录的 2-18 */
/*
 * 禁止 MMU 和 Caches,详见 S3C2410 手册附录 2-11
 */
mrc p15, 0, r0, c1, c0, 0
bic r0, r0, #0x00002300
/* 清除 bits 13, 9:8 (--V- --RS)
 * Bit 8: Disable System Protection
```

```
 * Bit 7: Disable ROM Protection
 * Bit 13: 异常向量表基地址: 0x0000 0000
 */
bic r0, r0, #0x00000087
/* 清除 bits 7, 2:0 (B----CAM)
 * Bit 0: MMU disabled
 * Bit 1: Alignment Fault checking disabled
 * Bit 2: Data cache disabled
 * Bit 7: 0 = Little-endian operation
 */
orr r0, r0, #0x00000002      /* set bit 2 (A) Align, 1 = Fault checking enabled */
orr r0, r0, #0x00001000      /* set bit 12 (I) I-Cache, 1 = Instruction cache enabled */
mcr p15, 0, r0, c1, c0, 0
```

8）配置内存区控制寄存器

配置内存区控制寄存器，寄存器的具体值通常由开发板厂商或硬件工程师提供。如果对总线周期及外围芯片非常熟悉，也可以自己确定，在 U-Boot 中的设置文件是 board/gec2410/lowlevel_init.S，该文件包含 lowleve_init 程序段。

```
mov ip, lr
bl lowlevel_init
mov lr, ip
```

9）安装 U-Boot 使用的栈空间

下面这段代码只对不是从 Nand Flash 启动的代码段有意义，对从 Nand Flash 启动的代码，没有意义。因为从 Nand Flash 中把 U-Boot 执行代码搬移到 RAM。

```
#ifndef CONFIG_SKIP_RELOCATE_UBOOT
...
#endif
stack_setup:
ldr r0, _TEXT_BASE                    /*代码段的起始地址 */
sub r0, r0, #CFG_MALLOC_LEN           /*分配的动态内存区 */
sub r0, r0, #CFG_GBL_DATA_SIZE        /*U-Boot 开发板全局数据存放 */
#ifdef CONFIG_USE_IRQ
/* 分配 IRQ 和 FIQ 栈空间 */
sub r0, r0, #(CONFIG_STACKSIZE_IRQ + CONFIG_STACKSIZE_FIQ)
#endif
sub sp, r0, #12                       /*留下 3 个字为 Abort */
```

10）BSS 段清 0

```
clear_bss:
ldr r0, _bss_start                  /* BSS 段的起始地址 */
ldr r1, _bss_end                    /* BSS 段的结束地址 */
mov r2, #0x00000000                 /* BSS 段置 0 */
clbss_l:str r2, [r0]                /* 循环清除 BSS 段 */
add r0, r0, #4
cmp r0, r1
ble clbss_l
```

11）搬移 Nand Flash 代码

从 Nand Flash 中，把数据拷贝到 RAM，是由 copy_myself 程序段完成。

```
#ifdef CONFIG_S3C2410_NAND_BOOT
bl copy_myself
@ jump to ram
ldr r1, = on_the_ram
add pc, r1, #0
nop
nop
1: b 1b @ infinite loop
on_the_ram:
#endif
```

12）进入 C 代码部分

```
ldr pc, _start_armboot
_start_armboot: .word start_armboot
```

2. 阶段 2 介绍

lib_arm/board.c 中的 start armboot 是 C 语言开始的函数，也是整个启动代码中 C 语言的主函数，同时还是整个 U-Boot(armboot)的主函数，该函数主要完成如下操作：

1）指定初始函数表，调用一系列的初始化函数

```
init_fnc_t *init_sequence[] = {
cpu_init,                     /* CPU 的基本设置 */
board_init,                   /* 开发板的基本初始化 */
interrupt_init,               /* 初始化中断 */
env_init,                     /* 初始化环境变量 */
init_baudrate,                /* 初始化波特率 */
serial_init,                  /* 串口通信初始化 */
```

```
console_init_f,                    /* 控制台初始化第一阶段 */
display_banner,                    /* 通知代码已经运行到该处 */
dram_init,                         /* 配制可用的内存区 */
display_dram_config,
#if defined(CONFIG_VCMA9) || defined (CONFIG_CMC_PU2)
checkboard,
#endif
NULL,
};
```

执行初始化函数的代码如下：

```
for (init_fnc_ptr = init_sequence; *init_fnc_ptr; ++init_fnc_ptr) {
if ((*init_fnc_ptr)() != 0) {
hang ();
}
}
```

2）配置可用的 Flash 区

```
flash_init ();
```

3）初始化内存分配函数

```
mem_malloc_init();
```

4）Nand Flash 初始化

```
#if (CONFIG_COMMANDS & CFG_CMD_NAND)
puts ("NAND:");
nand_init();                        /* 初始化 NAND */
```

5）初始化环境变量

```
env_relocate ();
```

6）外围设备初始化

```
devices_init()
```

7）I^2C 总线初始化

```
i2c_init();
```

8）LCD 初始化

```
drv_lcd_init();
```

9) VIDEO 初始化

```
drv_video_init();
```

10) 键盘初始化

```
drv_keyboard_init();
```

11) 系统初始化

```
drv_system_init();
```

12) 初始化网络设备

初始化相关网络设备,填写 IP、MAC 地址等。

```
/* IP Address */
gd->bd->bi_ip_addr = getenv_IPaddr ("ipaddr");
/* MAC Address */
{
int i;
ulong reg;
char *s, *e;
uchar tmp[64];
i = getenv_r ("ethaddr", tmp, sizeof (tmp));
s = (i > 0) ? tmp : NULL;
for (reg = 0; reg < 6; ++reg) {
gd->bd->bi_enetaddr[reg] = s ? simple_strtoul (s, &e, 16) : 0;
if (s)
s = (*e) ? e + 1 : e;
}
}
```

13) 进入主 U-Boot 命令行

进入命令循环(即整个 Boot 的工作循环),接受用户从串口输入的命令,然后进行相应的工作。

```
for (;;) {
main_loop (); /* 在 common/main.c */
}
```

9.3.3 U-Boot 的移植

1. 下载源码,建立工作目录

U-Boot 的源码可以从以下网址下载:

http://downloads.sourceforge.net/u-boot/u-boot-1.1.6.tar.bz2

把下载的源码拷贝到/usr目录，解压：tar jxvf u-boot-1.1.6.tar.bz2

交叉编译工具：gcc-3.4.5-glibc-2.3.6.tar.bz2

2. 移植步骤如下：

(1) 在board子目录中建立自己的目录my2410。

```
[root@localhost u-boot-1.1.6]# cp -rf board/smdk2410 board/my2410
[root@localhost u-boot-1.1.6]# cp include/configs/smdk2410.h include/configs/my2410.h
[root@localhost u-boot-1.1.6]# cd board/my2410
[root@localhost my2410]# mv smdk2410.c  my2410.c
```

同时，修改board/my2410/Makefile，将OBJS:= smdk2410.o flash.o改为：

OBJS:= my2410.o flash.o

my2410.h是开发板的配置文件，它包括开发板的CPU、系统时钟、RAM、Flash系统及其他相关的配置信息，由于U-Boot已经支持三星公司的SMDK2410开发板，所以移植的时候直接拷贝SMDK2410的配置文件，做相应的修改即可，需修改my2410.c文件，将系统时钟修改为200 MHz，以便与内核的配置相对应。由于U-Boot对SMDK2410板的Nand Flash初始化部分没有写，即lib_arm/board.c中的start_armboot函数中有这样的语句：

```
#if (CONFIG_COMMANDS & CFG_CMD_NAND)
  puts ("NAND:");
  nand_init(); /* go init the NAND */
#endif
```

但是在board/smdk2410目录下源文件中都没有定义nand_init这个函数，所以需要补充这个函数以及该函数涉及的底层操作，Nand Flash的读写操作相对复杂一些。

(2) 修改顶层Makefile，回到u-boot-1.1.6目录。

[root@localhost u-boot-1.1.6]# vi Makefile

找到1 879行：

smdk2410_config : unconfig

@$(MKCONFIG) $(@:_config=) arm arm920t smdk2410 NULL s3c24x0

在后面添加自己的配置：

my2410_config : unconfig

@$(MKCONFIG) $(@:_config=) arm arm920t my2410 NULL s3c24x0

各项的意思如下：

arm:　　　CPU的架构(ARCH)。

arm920t:　CPU的类型(CPU)，其对应于cpu/arm920t子目录。

my2410：　开发板的型号(Board)，对应于 board/my2410 目录。

NULL：　开发者/或经销商(Vender)。

s3c24x0：　片上系统(SoC)。

(3) 依照自己开发板的内存地址分配情况修改 board/my2410/lowlevel_init.S 文件。

#define REFCNT 0x4f4　//HCLK=100 MHz

(4) 在 board/my2410 下加入 Nand Flash 读函数，建立 nand_read.c，可拷贝 ViVi 源码中 arch/s3c2410/nand_read.c。并且要修改 board/my2410/Makefile。

OBJS := m2410.o flash.o nand_read.o

(5) 修改 cpu/arm920t/start.S 文件，使 2410 的启动代码可以在外部的 Nand Flash 上执行，启动时，Nand Flash 的前 4 KB(地址为 0x00000000，OM[1:0]=0)将被装载到 SDRAM 中被称为 Setppingstone 的地址中，然后开始执行这段代码。启动以后，这 4 KB 的空间可以做其他用途，在 start.S 加入搬运代码如下，以使 U-Boot 可以从 Nand Flash 启动(参考 ViVi 的搬运代码 arch/s3c2410/head.S)：

```
        180 行
        …
        #ifdef CONFIG_S3C2410_NAND_BOOT        /* 这个一定要放在堆栈设置之前 */
          bl copy_myself
        #endif      /* CONFIG_S3C2410_NAND_BOOT */
        #endif      /*  CONFIG_SKIP_RELOCATE_UBOOT  */
stack_setup:
        …
        @copy u-boot to ram      放在 start.S 靠后的位置（231 行处）
        #ifdef CONFIG_S3C2410_NAND_BOOT
        /*
         @ copy_myself: copy u-boot to ram
         */
        copy_myself: …
```

(6) 修改 include/configs/my2410.h 文件，以支持 Nand，添加如下内容：

首先修改 111 行为：# define　CFG_PROMPT　"my2410 >"

这是 U-Boot 的命令行提示符。

```
/* Nand Flash Boot */
#define     CONFIG_S3C2410_NAND_BOOT      1
#define     STACK_BASE                0x33f00000
#define     STACK_SIZE                0x8000
#define     UBOOT_RAM_BASE            0x33f00000
#define     NAND_CTL_BASE             0x4e000000
```

```
#define    bINT_CTL(Nb)            _REG(INT_CTL_BASE + (Nb))
#define    oNFCONF                 0x00
#define    oNFCMD                  0x04
#define    oNFADDR                 0x08
#define    oNFDATA                 0x0c
#define    oNFSTAT                 0x10
#define    oNFECC                  0x14
#define    NAND_MAX_CHIPS          1
#define    CFG_NAND_BASE           0
#define    CFG_MAX_NAND_DEVICE     1
```

修改 #define CONFIG_COMMANDS \,去掉 CFG_CMD_NAND 两边的注释符。

```
#define CFG_ENV_IS_IN_NAND          1
#define CFG_ENV_SIZE                0x10000
#define CFG_ENV_OFFSET              0x80000
```

修改启动参数：

```
#define CONFIG_BOOTDELAY            5
#define CONFIG_BOOTARGS             "noinitrd root = /dev/mtdblock/3
init = /linuxrc console = ttyS0,115200"
#define CONFIG_ETHADDR              08:00:3e:26:0a:5b
#define CONFIG_NETMASK              255.255.255.0
#define CONFIG_BOOTCOMMAND          "nboot 0x32000000 0 0x100000;bootm   0x32000000"
```

3. 建立 cpu/arm920t/s3c24x0/nand_flash.c

实现 board_nand_init 函数：

cpu/arm920t/s3c24x0/nand_flash.c

```
#include <common.h>
#if (CONFIG_COMMANDS & CFG_CMD_NAND) && ! defined(CFG_NAND_LEGACY)
#include <s3c2410.h>
#include <nand.h>
DECLARE_GLOBAL_DATA_PTR;
#define S3C2410_NFSTAT_READY      (1 << 0)
#define S3C2410_NFCONF_nFCE       (1 << 11)

/* select chip, for s3c2410 */
static void s3c2410_nand_select_chip(struct mtd_info * mtd, int chip)
{
    S3C2410_NAND * const s3c2410nand = S3C2410_GetBase_NAND();
```

```
        if (chip = =  -1)
         {
           s3c2410nand>NFCONF | = S3C2410_NFCONF_nFCE;
         }
        else
         {
             s3c2410nand>NFCONF &= ~S3C2410_NFCONF_nFCE;
         }
  }
  static void s3c2410_nand_hwcontrol(struct mtd_info *mtd, int cmd)
  {
      S3C2410_NAND * const s3c2410nand = S3C2410_GetBase_NAND();
      struct nand_chip * chip = mtd>priv;
      switch (cmd)
        {
          case NAND_CTL_SETNCE:
          case NAND_CTL_CLRNCE:
               printf(" %s: called for NCE\n", __FUNCTION__);
               break;
          case NAND_CTL_SETCLE:
             chip>IO_ADDR_W = (void *)&s3c2410nand>NFCMD;
             break;
          case NAND_CTL_SETALE:
             chip>IO_ADDR_W = (void *)&s3c2410nand>NFADDR;
             break;
          default:
             chip>IO_ADDR_W = (void *)&s3c2410nand>NFDATA;
             break;
        }
}
static int s3c2410_nand_devready(struct mtd_info *mtd)
{
      S3C2410_NAND * const s3c2410nand = S3C2410_GetBase_NAND();
      return (s3c2410nand>NFSTAT & S3C2410_NFSTAT_READY);
}
static void s3c24x0_nand_inithw(void)
{
      S3C2410_NAND * const s3c2410nand = S3C2410_GetBase_NAND();

      #define TACLS 0
      #define TWRPH0 4
```

```
        #define TWRPH1 2
        s3c2410nand>NFCONF = (1 <<15)|(1 <<12)|(1 <<11)|(TACLS <<8)|(TWRPH0 <<4)|(TWRPH1 <<0);
}
void board_nand_init(struct nand_chip * chip)
{
        S3C2410_NAND * const s3c2410nand = S3C2410_GetBase_NAND();
        s3c24x0_nand_inithw();
        chip>IO_ADDR_R = (void *)&s3c2410nand>NFDATA;
        chip>IO_ADDR_W = (void *)&s3c2410nand>NFDATA;
        chip>hwcontrol = s3c2410_nand_hwcontrol;
        chip>dev_ready = s3c2410_nand_devready;
        chip>select_chip = s3c2410_nand_select_chip;
        chip>options = 0;
        chip>eccmode = NAND_ECC_SOFT;
}
#endif
```

将 nand_flash.c 编入 U-Boot，修改 cpu/arm920t/s3c24x0/Makefile 文件。

```
COBJS = i2c.o interrupts.o serial.o speed.o \
usb_ohci.o nand_flash.o
```

4. 重新测试编译能否成功

```
[root@localhost u-boot-1.1.6]#make my2410_config
[root@localhost u-boot-1.1.6]#make all
```

至此，就可以使用 U-Boot 引导内核了。

遇到的问题与解决思路

(1) 编译 U-Boot1.1.6 时需使用 GCC3.4.5 的，当使用 2.95.3 与 3.4.1 时都报错了，可能是库的问题；

(2) 启动 U-Boot 时，出现下面警告：

```
*** Warning-bad CRC or NAND, using default environment
```

出现这种警告时，用 saveenv 命令保存一下环境变量就可以了，下次运行就不会再有了。

(3) 引导内核时出现下列错误：

```
my2410 > bootm 30008000
## Booting image at 30008000 ...
   Image Name:   Linux Kernel Image
   Created:      2009-06-19    8:23:36 UTC
   Image Type:   ARM Linux Kernel Image (gzip compressed)
```

```
    Data Size:      628750 Bytes = 614 kB
    Load Address: 30008000
    Entry Point:   30008000
    Verifying Checksum ... OK
    Uncompressing Kernel Image ... Error: inflate() returned - 3
GUNZIP ERROR - must RESET board to recover
```

加载地址错误；因为在使用 mkimage 制作 uImage 时，-a -e 指定的地址为 30008000；所以在使用 bootm 30008000 时会出现覆盖，因为 Linux-Kernel is expected to be at 30008000，entry 30008000；所以可用 nboot 32000000 0 100000；bootm 32000000 时，就可以顺利引导了。

9.3.4　U-Boot 的使用

U-Boot 是通过输入命令来操作的。下面简单介绍几个常用的 U-Boot 命令：

1) printenv

打印环境变量。在 U-Boot 的提示符下输入 printenv 命令，就可以打印出 U-Boot 的环境变量。

2) setenv

设置环境变量。例如：

```
setenv ipaddr 172.22.60.44
Setenv serverip 172.22.60.88
```

3) saveenv

保存设定的环境变量。经常要设置的环境变量有 ipaddr、serverip、bootcmd 和 bootargs。

4) tftp

即将内核镜像文件从 PC 中下载到 SDRAM 的指定地址，然后通过 bootm 来引导内核，前提是所用 PC 要安装设置 TFTP 服务。例如：

```
tftp 30008000 zImage
```

5) nand erase

擦除 Nand Flash 中数据块。

例如：nand erase 0x40000 0x1c0000（nand erase 起始地址大小）。

6) nand write

把 RAM 中的数据写到 Nand Flash 中。

例如：nand write 要烧写文件在内存中的起始地址，烧写到 Flash 中的地址、大小。

```
nand write 0x30008000 0x40000 0x1c0000
```

7) nand read

从 Nand Flash 中读取数据到 RAM。

例如：nand read 内存地址，Flash 地址、大小。

```
nand read 0x30008000 0x40000 0x1c0000
```

8) go

直接跳转到可执行文件的入口地址，执行可执行文件。

练习与思考题

1. 简述 BootLoader 的概念与作用。
2. 简述 BootLoader 包含两种不同的操作模式。
3. 简述 BootLoader 的种类与特点。
4. 简述 BootLoader 的基本原理。
5. 说明 ViVi 的概念，并举例说明 ViVi 的常用命令的使用方法。
6. 简要说明 ViVi 的配置与编译方法。
7. U-Boot 的作用是什么？
8. 简要说明 U-Boot 的启动过程及工作原理。
9. 说明 U-Boot 的移植方法和 U-Boot 的使用方法。

第 10 章

Linux 内核的移植

本章概要介绍 Linux 内核移植的概念、Linux 内核概念和结构以及移植方法，最后给出 Linux 2.4 和 2.6 内核配置、编译的实例。

教学建议

本章教学学时建议：4 学时。

移植的概述：1 学时；

Linux 内核和结构：0.5 学时；

Linux 2.4 与 2.6：2.5 学时。

要求理解移植的概念，掌握 Linux 2.4 和 2.6 移植的方法。

10.1 Linux 移植概述

10.1.1 Linux 移植的概念

Linux 移植就是把 Linux 操作系统针对具体的目标平台做必要改写之后，安装到该目标平台，使其正确地运行起来，即把内核从一种硬件平台转移到另外一种硬件平台上运行。

对于嵌入式 Linux 系统来说，有各种体系结构的处理器和硬件平台，并且用户需要根据需求自己定制硬件板。只要硬件平台有变化，即使是非常小的变化，也需要做一些移植工作。

内核移植工作主要是修改与硬件平台相关的代码，一般不涉及 Linux 内核通用的程序。移植的难度也取决于两种硬件平台的差异。

Linux 针对于特定的硬件平台的软件包叫做 BSP(Board Support Package)。

目前 Linux 内核的社区已经对常见的硬件平台做了很多工作，移植工作已经简单了。通常都可以找到相同处理器的参考板，并且可以获取到 Linux 内核源代码。

10.1.2 Linux 移植的准备

移植之前，需要做一些准备工作：

(1) 选择参考板，获取 Linux 内核源代码。

(2) 分析内核代码，弄清楚哪些设备有驱动程序，哪些还没有。确信 Linux 对参考板的支持情况，配置编译 Linux 内核，在目标板上运行测试。最新的 Linux 内核版本对开发板可能支持得最好，但是也可能需要在老内核版本上打补丁。

分析平台相关的部分代码实现；分析内核编译组织方式；分析内核启动的初始化程序；分析驱动程序的实现。

10.1.3 移植过程的基本内容

获取某一版本的 Linux 内核源码，根据具体目标平台对源码进行必要的改写(主要是修改体系结构相关部分)，然后添加一些外设的驱动，打造一款适合需要的目标平台(可以是嵌入式便携设备也可以是其他体系结构的 PC 机)的新操作系统，对该系统进行针对具体目标平台的交叉编译，生成一个内核映像文件，最后通过一些手段把该映像文件烧写(安装)到目标平台中。

通常，对 Linux 源码的改写工作难度较大，它要求不仅对 Linux 内核结构要非常熟悉，还要求对目标平台的硬件结构要非常熟悉，同时还要求对相关版本的汇编语言较熟悉，因为与体系结构相关的部分源码往往是用汇编写的。所以这部分工作一般由目标平台提供商来完成。开发者所要做的就是从目标平台提供商的网站上下载相关版本 Linux 内核的补丁(Patch)。把它打到 Linux 内核上，再进行交叉编译就行。

10.2 Linux 内核和结构

10.2.1 Linux 内核概念

内核(Kernel)是操作系统的内部核心程序，它向外部提供了对计算机系统资源进行请求和管理的调用接口和服务。

内核是一个操作系统的核心，它负责管理系统的进程、内存、设备驱动程序、文件和网络系统，决定着系统的性能和稳定性。

Linux 内核以独占的方式执行最底层任务，保证系统正常运行，协调多个并发进程，管理进程使用的内存，使它们相互之间不产生冲突，满足进程访问磁盘的请求等。

在 Linux 操作系统中，可以将操作系统的代码分成两部分：内核所在的地址空间称为内核空间；而在内核以外，剩下的程序统称为外部管理程序，它们大部分是对外围设备的管理和界面操作，外部管理程序与用户进程所占据的地址空间称为外部空间。

通常，一个程序会跨越两个空间：当执行到内核空间的一段代码时，称程序处于内核态。当程序执行到外部空间代码时，称程序处于用户态。

在普通单一内核系统中，所有内核代码都是被静态编译和链接的。而在 Linux 中，可以动态装入和卸载内核中的部分代码。Linux 中将这样的代码段称做模块（Module），并对模块给予了强有力的支持。在 Linux 中，可以在需要时自动装入和卸载模块。

10.2.2　Linux 内核的结构

Linux 内核主要由 5 个模块构成，它们分别是：

(1) 进程调度模块：控制进程对 CPU 资源的使用。

(2) 内存管理模块：确保所有进程能够安全地共享机器主内存区；虚拟内存管理。

(3) 文件系统模块：支持对外部设备的驱动和存储。

(4) 进程间通信模块：支持多种进程间的信息交换方式。

(5) 网络接口模块：提供对多种网络通信标准的访问并支持许多网络硬件。

Linux 内核结构如图 10-1 所示。

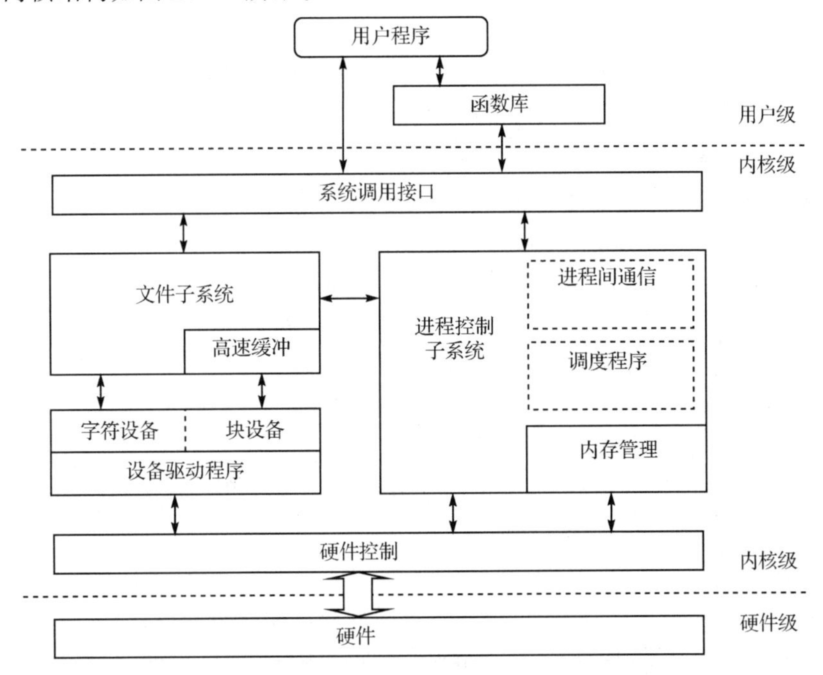

图 10-1　Linux 内核结构图

所有的模块都与进程调度模块存在依赖关系。因为它们都需要依靠进程调度程序来挂起（暂停）或重新运行它们的进程。通常，一个模块会在等待硬件操作期间被挂起，而在操作完成后才可继续运行。

进程调度子系统需要使用内存管理器来调整一特定进程所使用的物理内存空间。

进程间通信子系统则需要依靠内存管理器来支持共享内存通信机制。

虚拟文件系统也会使用网络接口来支持网络文件系统(NFS),同样也能使用内存管理子系统来提供内存虚拟盘(ramdisk)设备。而内存管理子系统也会使用文件系统来支持内存数据块的交换操作。

Linux 内核模块之间的依赖关系如图 10－2 所示。

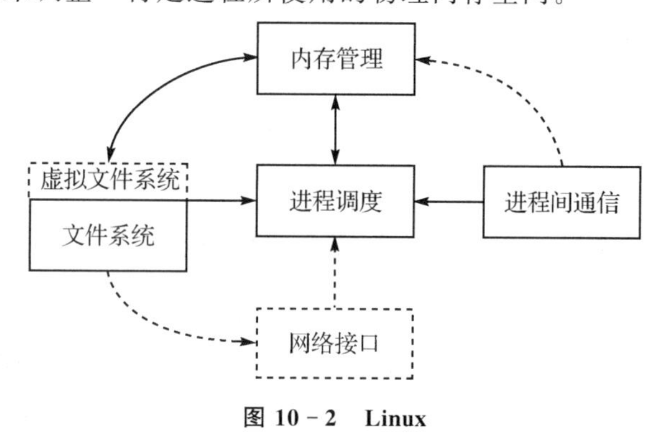

图 10－2　Linux

10.2.3　嵌入式 Linux 的代码结构

Linux 的最大优点就是它的源码公开。但是,随着 Linux 的发展,现在的 Linux 内核代码高达上百万行,如果对内核的代码结构一无所知的话,那么这个工作是不可能完成的。因此对内核代码结构的了解非常重要。

安装好的 Linux 或从 www.kernel.org 等内核网站下载的 Linux 内核,展开后都在一个名为 Linux 的目录中。该目录下的 ReadMe,该文件对 Linux 内核安装、编译、配置方法等的简单介绍;该目录下的 Makefile 是第一个 Makefile 文件,用来组织内核的各模块,记录各模块相互之间的联系和依赖关系,编译时使用。仔细阅读各子目录下的 Makefile 文件对弄清各个文件之间的联系和依赖关系很有帮助。

内核源代码布局：安装的时候,如果选择了 Kernel Develop,则会在/usr/scr/linux 下找到源代码。根据各个目录的名字,可以容易猜出各个目录里面的文件的功能。

Linux 2.4 的内核目录结构如图 10－3 所示。

Rules.make：各种 Makefile 所使用的一些共同规则。

documentation/：文档目录,没有内核代码。

arch/：包括了所有和体系结构相关的核心代码。每一个子目录都代表一种支持的体系结构,例如 m68k 就代表由 Freesale 开发的 68000 系列 CPU。

Linux 内核庞大,结构复杂,对 Linux 内核的统计：接近 1 万个文件,4 百万行代码。

drivers/：放置系统所有的设备驱动程序,包括各种块设备和字符设备的驱动程序。每种驱动程序各占用一个子目录,如/block 下为块设备驱动程序,即 ide(ide.c)。

fs/：所有的文件系统代码和各种类型的文件操作代码,它的每一个子目录都支持一个文件系统,如 FAT 和 Ext2。还有一些共同的源程序则用于“虚拟文件系统 VFS”。

include/：包括编译核心所需要的大部分头文件。与平台无关的头文件在 include/linux 子目录下,与 Intel CPU 相关的头文件在 include/asm－i386 子目录下,而 include/scsi 目录则

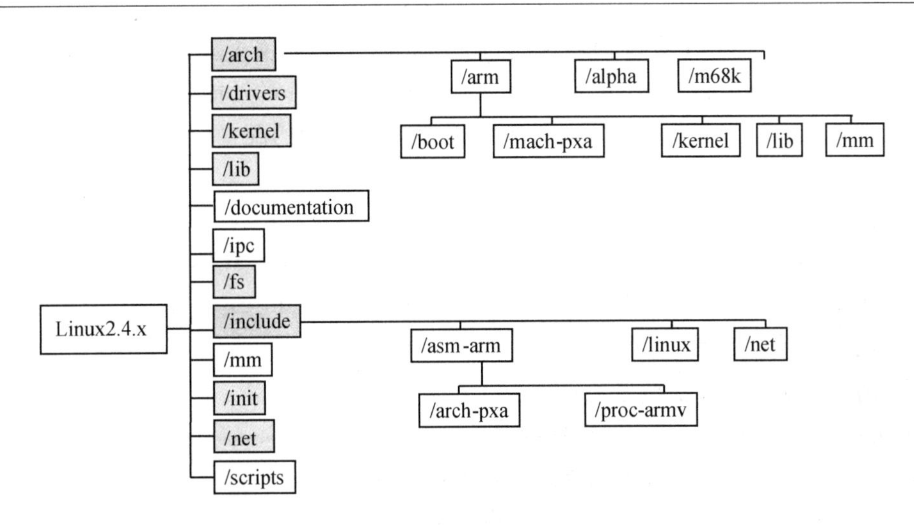

图 10-3　Linux 2.4 的内核目录结构

是有关 scsi 设备的头文件目录。

通用的子目录 asm 则根据系统的配置而"符号连接"到具体 CPU 的专用子目录，如 asm-i386、asm-m68k 等。除此之外，还有通用的子目录 Linux、net 等。

init/：包含核心的初始化代码（注意：不是系统的引导代码），即内核的 main()函数及其初始化过程，包含两个文件 main.c 和 version.c，这是研究核心如何工作的起点之一。

ipc/：包含核心的进程间通信的代码，包括 util.c、sem.c 和 msg.c 等文件。

kernel/：主要的核心代码，此目录下的文件实现了大多数 Linux 系统的内核函数，其中最重要的文件当属 sched.c；同样，和体系结构相关的代码在 arch/*/kernel 中。

lib/：放置核心的库代码。

mm/：包括所有独立于 CPU 体系结构的内存管理代码，如页式存储管理内存的分配和释放等；而和体系结构相关的内存管理代码则位于 arch/*/mm/，如 arch/i386/mm/Fault.c。

modules/：模块文件目录，一般为空目录，用于存放编译时产生的模块目录文件。

net/：内核与网络相关的代码，包含了各种不同网卡和网络规程的驱动程序。

scripts/：用于系统配置的命令文件，为脚本文件，用于对核心的配置。

10.3　Linux 2.4 内核的移植

10.3.1　Linux 2.4 内核配置、编译概述

1. Linux 内核的配置

Linux 内核的配置系统由 3 个部分组成：

(1) Makefile：分布在 Linux 内核源代码中的 Makefile，定义 Linux 内核的编译规则。

(2) 配置文件(config.in，Kconfig)：给用户提供配置选择的功能。

(3) 配置工具：包括配置命令解释器(对配置脚本中使用的配置命令进行解释)。

配置用户界面主要有 3 种：

(1) 基于字符的界面 make config；

(2) 基于 Ncurses 的文本模式图形用户界面 make menuconfig；

(3) 基于 X Windows 图形界面的用户配置界面 make xconfig。

2. Linux 内核的编译

Linux 内核的编译主要流程及命令：

```
# make menuconfig         配置编译选项；
# make dep                生成变量依赖关系信息；
# make clean              删除生成的模块和目标文件；
# make zImage             编译内核生成映像；
# make modules            编译模块；
# make modules_install    安装编译完成的模块。
```

3. Linux 内核映像

压缩内核映像所在路径：arch/arm/boot/zImage。

vmlinuz 是可引导、可压缩、可执行的内核。老的 zImage 解压缩内核到低端内存(第 1 个 640 KB)，bzImage 解压缩内核到高端内存(1 MB 以上)。如果内核比较小，可以采用 zImage 或 bzImage 之一，两种方式引导的系统运行时间是相同的。大的内核采用 bzImage，不能采用 zImage。

vmlinux 是未压缩的内核，vmlinuz 是 vmlinux 的压缩文件。

4. 内核映像的烧写

有两种烧写方式：

(1) 使用 ViVi 中提供的 xmodem 协议下载；

(2) 在开发板的 Linux 系统启动后，使用 imagewrite 工具：imagewrite /dev/mtd/0 zImage:192k。

5. 内核配置中添加一个编译模块

在内核配置中添加一个编译模块的方法：

(1) 在内核的驱动目录下编写驱动模块代码，如：kernel-2410s/drivers/char /demo.o。

(2) 在该级目录下的 Config.in 中添加对该模块的编译条件变量，如：CONFIG_ S3C2410_ DEMO，该变量可以设置为 3 种状态：

Y 将该功能模块编译进内核；

N 不将该功能模块编译进内核；

M 将该功能编译成模块的方式，可以在需要时动态插入到内核中的模块。

(3) 在 Makefile 中将编译选项与具体要编译的代码相关联，根据编译选项变量的状态决定编译。

```
# Object file lists.
obj-y := 
obj-m := 
obj-n := 
obj-$(CONFIG_S3C2410_DEMO) += demo.o
```

(4) 使用 make menuconfig 对该功能模块进行配置，设置完成后，会生成更新的.config 文件。复制 demo.o，运行测试程序 test_demo，以[*]和[M]方式编译 demo 驱动，并下载测试。

10.3.2 Linux 2.4 移植实例

1. 下载源码，建立工作目录

Linux 内核源码可以从以下网址下载：

http://www.kernel.org/pub/linux/kernel/v2.4/linux-2.4.18.tar.gz

解压：tar jxvf linux-2.4.18-rmk7-pxal-mz4.tar.bz2

交叉编译工具：armgcc2.95.3.tar.bz2

2. 移植步骤

(1) cd kernel

\# cd /usr/src/linux-2.4

进入内核源码目录后，才能够正确执行所有的内核配置、编译命令。

(2) make mrproper

这步操作的目的是清除原先此目录下残留的.config 和.o 文件(object 文件)，如果是第一次编译内核，则这一步就可以省略，但是如果已经编译过多次内核的话，这一步一定要，不然以后会出现很多小问题。

(3) 修改 Makefile，改为交叉编译。

(4) 修改分区表：drivers/mtd/nand/smc_s3c2410.c，如下所示：

```
static struct mtd_partition smc_partitions[] = {
    {
        name:       "bootloader",
        size:       0x80000,
        offset:     0x0,
        mask_flags: 0, /* force read-only */
```

```
    }, {
        name:         "param",
        size:         0x80000,
        offset:       0x80000,
        mask_flags:   0, /* force read-only */
    }, {
        name:         "kernel",
        size:         0x300000,
        offset:       0x100000,
        mask_flags:   0, /* force read-only */
        }, {
        name:         "root",
        size:         0x1400000,
        offset:       0x0400000,
        mask_flags:   0, /* force read-only */
    }, {
        name:         "user",
        size:         0x2800000,
        offset:       0x1400000,
        mask_flags:   0, /* force read-only */
        }
};
```

(5) 加入LED灯驱动。

① 将LED灯驱动程序放在drivers/char/目录下;

② 在drivers/char/目录下编辑Config.in文件,找到source drivers /serial/Config.in;在其下面加入对LED的配置:

dep_tristate 'Support MY2410 LEDS' CONFIG_MY2410_LEDS

③ 在drivers/char/目录下:vi Makefile

在196行加上:obj-$(CONFIG_MY2410_LEDS) += my2410_leds.o 保存退出。

(6) 加入YAFFS支持驱动。

① 从官网(http://www.aleph1.co.uk/cgi-bin/viewcvs.cgi/yaffs/)下载源码(yaffs.tar.gz)解压,在Linux内核kernel/fs/目录下新建yaffs目录,将yaffs源码中的文件(yaffs_fs.c、yaffs_guts.c、yaffs_mtdif.c、yaffs_ecc.c、devextras.h、yaffs_guts.h、yaffs_mtdif.h、yaffs_ecc.h、yaffsinterface.h和yportenv.h)复制到该目录下,然后创建yaffs_config.h文件,加入源码中使用到的宏定义,如下:

```
#ifdef __YAFFS_CONFIG_H__
```

```
#define __YAFFS_CONFIG_H__
#define CONFIG_YAFFS_MTD_ENABLED
#define CONFIG_YAFFS_USE_OLD_MTD
#endif
```

保存退出,并将其放入其他源文件中;在该目录下创建 Makefile 文件,内容如下:

```
O_TARGET := yaffs.o
obj-y := yaffs_fs.o yaffs_guts.o yaffs_mtdif.o yaffs_ecc.o
obj-m := $(O_TARGET)
include $(TOPDIR)/Rules.make
```

保存退出。

② 在 fs 目录的 Makefile 文件中加入 yaffs 子目录,如下:

70 行处: `subdir-$(CONFIG_YAFFS_FS) += yaffs`

在 fs 目录的 Config.in 文件中加入 YAFFS 选项,如下:

50 行处:
```
if [ "$CONFIG_MTD_SMC" = "y" ];then
tristate 'Yaffs filesystem on NAND' CONFIG_YAFFS_FS
fi
```

注意: if 的"[ ]"与字符间要用空格隔开。

③ 将 yaffs_mtdif.c 中用 nand_oobinfo 定义的两个结构体注释掉,否则编译时将出现如下错误:

```
yaffs_mtdif.c:33 variable 'yaffs_oobinfo' has initializer but incomplete type
yaffs_mtdif.c:34 unknow field 'useecc' specified in initializer
```

(7) make menuconfig

此步骤为配置内核参数的过程。该步是编译内核过程中最繁琐的一步,要选择诸多参数。

Y　将该功能编译进内核;

N　不将该功能编译进内核;

M　将该功能编译成可以在需要时动态插入到内核的模块。

选择的原则是将与内核其他部分关系较远且不经常使用的部分功能代码编译成为可加载模块,有利于缩减内核,减少内核消耗的内存。与内核关心紧密而且经常使用的部分功能代码直接编译到内核中。

这里的参数基本上都设置了,其好处可以从编译完后重启进入的过程中看出来,启动过程中基本上没有什么错误。因此,设置好内核参数很关键。设置的一些主要参数有:

① Loadable module support

② General setup

③ Networking options

④ USB Support

选择 Load an Alternate Configuration File 菜单后，写入 arch/arm/def- configs/smdk2410；

在内核配置选项 Character devices 中，选中 Support MY2410 LEDS 项；

在内核配置选项 File system 中，选中 Yaffs filesystem on NAND 项。

(8) make dep

对内核源代码的文件进行完整性和依赖性进行检验，确保关键文件在正确的位置。

(9) 进行 make clean 操作，清除一些不必要的文件。

(10) 进行 make bzImage 操作，该步骤即生成新内核的步骤，所费时间较长。

(11) 进行 make modules 操作，该步骤把在 make menuconfig 里边所选择的设置，全部编译成模块。

(12) 进行 make modules_install 操作，安装 module 的过程。

(13) cp /usr/src/linux/arch/arm/boot/zImage /tftpboot/ 。

(14) 在 ViVi 下通过串口或 TFTP 协议下载内核映像文件。下载内核到开发板中：tftp-boot 33000000 uImage；将 uImage 烧入 Nand Flash 中：nand write. jffs2 33000000 100000 $(filesize)。

注意：这里 make，生成 vmlinux 镜像。

由于本内核不能直接生成 uImage，可根据 U－Boot 根目录下的 Readme 的说明来制 uImage；make 生成 vmlinux 后，还要做如下工作：

① arm-linux-objcopy -O binary -R . note -R . comment -S vmlinux linux. bin 将 vm-linux 转换为二进制格式；

② gzip -9 linux. bin 压缩；

③ mkimage -A arm -O linux -T kernel -C gzip -a 0x30008000 -e 0x30008000 -n "Linux Kernel Image" -d linux. bin. gz uImage 构造头部信息(包含文件名称、大小、类型、CRC 校验码等)。

10.3.3 Linux 操作系统的启动

BootLoader 把操作系统的代码调入内存后，会把控制权交给操作系统，由操作系统的启动程序来完成剩下的工作。Linux 操作系统启动的步骤如下：

(1) 把控制权交给 Setup. S 这段程序；

(2) 进入保护模式，同时把控制权交给 Head. S；

(3) Head. S 调用/init/main. C 中的 start_kernel 函数，启动程序从 start_kernel()函数继续执行；

(4) 建立 init 进程。

主要过程：

首先，Setup.S 对已经调入内存的操作系统代码进行检查，如果没错，则它会通过 BIOS 中断获取内存容量，硬盘等信息(实模式)，准备让 CPU 进入保护模式。

① 先屏蔽中断信号；

② 调用指令 lidt 和 lgdt，对中断向量表寄存器 IDTR 进行初始化；

③ 对 8259 中断控制器进行编程；

④ 协处理器重新定位。

完成这几件事后，Setup.S 设置保护模式的标志，重取指令，再用一条跳转指令 jmpi 0x100000,KERNEL_CS。进入保护模式下的启动阶段，控制权交给 Head.S。

在 Head.S 文件中，也要先做屏蔽中断一类的工作，然后对中断向量表做一定的处理 BootLoader 读入内存的启动参数和命令行参数，Head.S 把它们保存在 empty_zero_page 页中。主要功能：

① 检查 CPU 类型；

② 对协处理器进行检查；

③ 页初始化，调用 setup_paging 这个子函数；

④ 因为已进入保护模式，段机制的多任务属性体现。

最后 Head.S 调用/init/main.c 中的 start_kernel 函数，把控制权交给它，这个函数是整个操作系统初始化的最重要的函数，一旦它执行完，整个操作系统的初始化也就完成了。

计算机在执行 start_kernel 前以进入了保护模式，使处理器完全进入了全面执行操作系统代码的状态。但直到目前为止，这都是针对处理器的。而一旦 start_kernel 开始执行，Linux 内核就一步步展现。start_kernel 执行后，就可以以一个用户的身份登录和使用 Linux 了。main.c 中其他较为重要的函数如下：

Setup_arch()　　最基本硬件的初始化；

Paging_init()　　线性地址空间映射；

Trap_init()　　中断向量表初始化；

Int_IRQ　　与中断有关的初始化；

Sched_init()　　进程调度初始化；

Console_init()　　对中断的初始化；

Inode_initI()　　i 节点管理机制初始化；

Name_cache_init()　目录缓存机制初始化；

Buffer_init()　　块缓存机制初始化；

对文件系统的初始化函数，不同的文件系统有不同的函数。

启动到了目前这种状态，只剩下运行/etc 下的启动配置文件。这时初始化程序并没有完成操作系统各个部分的初始化，更关键的文件系统的安装还没有涉及，这是在init进程建立后完成的。就是start_kernel()最后部分内容。

建立init进程：Linux要建立的第一个进程是init进程，启动所需的Shell脚本文件，Linux系统启动所必须的Shell脚本文件，用户登录后自己设定的Shell脚本文件。

系统启动所必须的脚本存放在系统默认的配置文件目录/etc下。首先调用的是/etc/inittab。

10.4 Linux 2.6内核移植

10.4.1 嵌入式Linux 2.6概述

为了进一步促进在嵌入式方面的应用，在Linux 2.6中，引入了很多非常有利于嵌入式应用的功能。这些新功能包括实时性能的增强、更方便的移植性、对大容量内存的支持、支持微控制器和I/O系统的改进等。Linux 2.6内核的新特征如下：

1）改进了响应时间

在2.6内核以前，要想让Linux获得更好的响应能力，就需要一些特殊的补丁。通常情况下，需要用户从厂商处购买补丁来改进中断性能和调度反应时间。如今，2.6内核把这些改进加入到了主流的内核当中，因此无须再对其进行特殊的配置。

2）抢占式内核

Linux 2.6内核在一定程度上使用了可抢占的模式。因此，在一些时效性比较强的事件中，Linux 2.6要比2.4具有更好的响应能力。当然了，它实际上并不是一个真正的RTOS，但是与以前的内核相比较，“停顿”的感觉要少得多。

3）高效的调度程序

在2.6版本中，进程调度经过重新编写，去掉了以前版本中效率不高的算法。调度程序每次不再扫描所有的任务，而是在一个任务变成就绪状态时将其放到一个名为“当前队列”的队列之中。当进程调度程序运行时，它只选择队列中最有利的任务来执行。这样，调度就可以在一个恒定的时间里完成。当任务执行时，它就会得到一个时间段，或在其转到另外一个线程之前得到一段时间的处理器使用权。当它的时间段用完之后，任务就会被移到另外一个名为“过期”的队列中。而在该队列中，任务会根据其优先级进行排序。

4）新的同步措施

多进程应用程序有时需要共享一些资源，比如共享内存或设备。为了避免竞争的出现，程序员会使用一个名为互斥的功能来确保同一时刻只有一个任务在使用资源。到目前为止，Linux还是通过一个包含在内核中的系统调用来完成互斥的实现，并由该系统调用来决定一个线程是等待还是继续执行。但当决定继续执行时，这个耗时的系统调用就不需要了。

5）共享内存的改进

嵌入式系统有时也是一个有很多处理器的设备，比如在电信网络或大型存储系统中就是如此。而不论是均衡或是松散连接的多处理器，一般都是共享内存的。均衡多进程的设计是所有的处理器对内存都有均等使用权，而限制使用内存的决定性因素是进程的效率。Linux 2.6为多程序提供了一种不同的途径，即所谓的NUMA（Non Uniform Memory Access）。这种方法中，内存和处理器是相互连接的，但是对于每一个处理器，一些内存是"关闭"的，而有的内存则是"更远"的。这就意味着当内存竞争出现时，"更近"的处理器对就近的内存有更高的使用权。

6）POSIX线程、信号和计时器

与POSIX线程一起，2.6把POSIX信号和POSIX高精度计时器作为了主流内核的一个组成部分。POSIX信号比以前Linux版本中使用的Unix模式的信号有了很大的改进。新的POSIX信号不能被丢失，并且可以携带信息作为参数。此外，POSIX信号也可以从一个POSIX线程传送至另外一个线程，而不是像Unix信号一样，只能从一个进程至另外一个进程。嵌入式系统通常要求硬件能够在固定的时间安排下来运行任务。POSIX计时器可以轻松地让任何一个任务都可以周期性地得到预定安排的时间。计时器的时钟可以达到很高的精度，从而可以让软件工程师更加精确地控制任务的调度。

7）支持通用设计

嵌入式世界里的硬件设计通常都要经过定制，以满足特定的应用程序。因此，设计人员经常需要使用原始的方式来解决设计上的问题。比如，为特定目的制造的主板可能使用不同的IRQ管理器而不是使用类似的设计。在2.6内核中，就引入了一个名为子框架的概念。在新的定义中，各组件被清晰地分开，并且可以独立进行更改或替换，而不会对其他的组件或软件包造成影响，或者影响非常小。

8）设备、总线和I/O

现在Linux正在变成行业用户的第一选择。2.6内核包含了ALSA（Advanced Linux Sound Architecture），该体系结构可以安全地使用USB和MIDI设备。通过使用ALSA，系统可以同时播放和记录音频。用于支持视频的Video4Linux系统，在2.6中也焕然一新。虽然其不能向后兼容，但却可用于最新的广播、电视、数码相机和其他的多媒体。Linux 2.6使用的是USB 2.0，它要比一般的USB快40倍。可以预见，在不久的将来，高速设备将非常普及，而在对USB 2.0支持方面，Linux可以说是一个先行者。

9）支持64位处理器和微控制器

使用2.6内核，对于那些需要大量内存的嵌入式Linux开发人员就可以选择64位的处理器，也提供了对微处理控制器的支持。

10.4.2 Linux内核源代码目录

由于Linux内核版本不断升级更新，所以最好下载新版本的内核源码。Linux官方发布的内核版本可以从网站 www.kernel.org 获取。获取 Linux 内核源码之后，就可以仔细分析内核源码了。Linux 内核源代码非常庞大，随着版本的发展不断增加新的内容。

初次接触 Linux 内核，可以仔细阅读顶层目录的 readme，它是 Linux 内核的概述和编译命令说明。内核源码的顶层目录下有许多子目录，分别存放内核子系统的各个源文件。目录说明如表 10-1 所列。

表 10-1 Linux 2.6 内核目录

目　录	内　容	目　录	内　容
Arch	体系结构相关的代码	Lib	各种库子程序
Drivers	各种设备驱动程序	Mm	内存管理代码
Fs	文件系统	Net	网络支持代码，主要是网络协议
Include	内核头文件	Sound	声音驱动的支持
Init	Linux 初始化代码	Scripts	使用的脚本
Ipc	进程间通讯的代码	Usr	用户的代码
Kernel	Linux 内核核心代码		

10.4.3 Linux 2.6 移植实例

嵌入式 Linux 系统在开发阶段，一般采用的是开发机和目标板的开发模式，在开发机上安装交叉工具链，配置 TFTP 和 NFS 等的服务，在目标板上通过 TFTP 下载文件，通过 NFS 挂载根文件系统。

1. 配置开发机(PC)的环境

启动 TFTP 服务：TFTP 是简单的文件传输协议，适合目标板的 BootLoader 使用。通过以下命令启动 TFTP 服务：

```
#/etc/init.d/xinetd restart
```

安装 GCC 交叉工具链：在开发嵌入式 Linux 过程中，会用到不同的交叉工具链，这里安装 4.3.3 版本的工具链，步骤如下：

```
#mkdir /usr/local/arm
```

如果目录存在，就不需要建立，将实验提供的 4.3.3 工具链复制到该目录解压它：

```
#tar  zxvf 4.3.3_my2410.tgz
```

然后，在需要使用交叉编译时，只要在终端输入如下命令：

```
#export PATH=/usr/local/arm/版本/bin:$PATH
```

在需要更改不同版本的工具链时，重新启动一个终端，然后再一次输入上面的命令即可。

2. 移植 Linux 2.6 到 my2410 开发板

Linux 2.6 内核已经支持 S3C24X0 处理器的多种硬件板，这里以开发板光碟提供的内核为例，实现内核的移植。主要步骤如下：

(1) 准备工作；

(2) 修改顶层 Makefile；

(3) 修改内核源码；

(4) 配置编译内核；

(5) 下载到开发板上运行。

详细说明如下：

1) 准备工作

建立工作目录，下载源码，安装交叉工具链，步骤如下。

```
#mkdir /root/build_kernel
#mkdir /root/build_kernel/linux
#cd /root/build_kernel/linux
```

将实验提供的内核 my2410-linuxκ-kernel-2.6.30.4.tar.bz2 解压：

```
#tar jxvf my2410-linux-2.6.30.4.tar.bz2
#export PATH=/usr/local/arm/4.3.3/bin:$PATH
```

2) 修改顶层 Makefile

修改内核目录树根下的的 Makefile，指明体系结构是 arm，交叉编译工具是 arm-linux-。

```
#cd /root/build_kernel/linux/my2410-linux-2.6.30.4
#vi Makefile
```

找到 ARCH 和 CROSS_COMPILE，修改：

```
ARCH := arm
CROSS_COMPILE := arm-linux-
```

保存退出。

3) 修改内核源码

如果要用 U-Boot 来引导 Linux 内核，则需要修改内核源码；如果用 gec2410_bois 程序来引导 Linux 内核，则不需要修改内核源码，可以跳过这一步。

(1) 修改 include/asm-arm/arch-s3c2410/uncompress.h 文件，指定输入为串口 0；

```
#vi   include/asm-arm/arch-s3c2410/uncompress.h
```

将第 30 行的“define uart_base (S3C2410_PA_UART + 0x4000)”改成“define uart_base (S3C2410_PA_UART)”。

(2) 禁止内核的 Flash ECC 校验,如果内核和根文件系统的烧写是通过 U-Boot 的 nand write 命令来写到 Nand Flash,则要在内核源码的 nand 驱动中禁止 Flash ECC 校验。这是因为 U-Boot 通过的软件 ECC 算法产生 ECC 校验码,这与内核校验 ECC 码不一样,内核中的 ECC 码是由 S3C2410 中 Nand Flash 控制器产生的,所以,要禁止内核 ECC 校验。如果内核和根文件系统的烧写是通过 gec2410_bois 程序来烧写的,则不用禁止内核的 Flash ECC 校验。修改如下:

```
#vi drivers/mtd/nand/s3c2410.c
```

找到 s3c2410_nand_init_chip()函数,在该函数体最后加上一条语句:

```
chip->eccmode = NAND_ECC_NONE;
```

保存退出。

4) 配置内核

```
#cp  my2410.cfg  .config
```

注意: my2410.cfg 文件是开发板提供的默认内核配置文件,这里首先把内核配置成默认配置。在此基础上用 make menuconfig 进一步配置:

```
#make menuconfig
```

出现如图 10-4 所示的配置菜单。

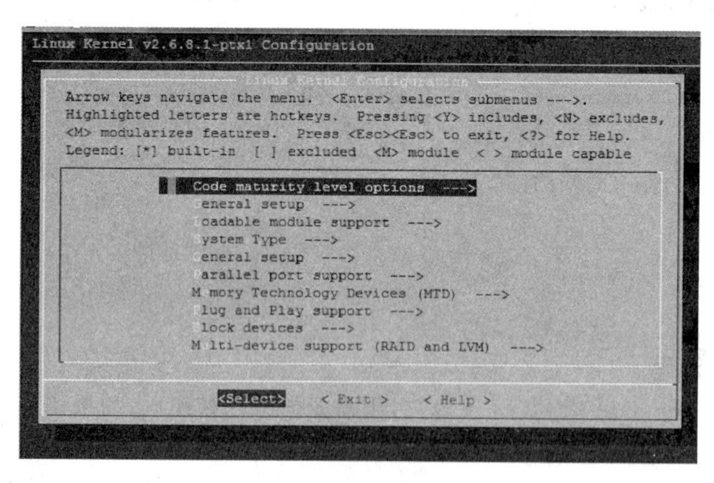

图 10-4 配置菜单

在 my2410.cfg 基础上,可选择自己的配置选项,定制内核,保存退出,产生.config 文件。

编译内核:

```
#make  zImage
```

编译结束后，生成 arch/arm/boot/zImage 映像文件，这就是内核的映像文件。

5）烧写过程

采用 TFTP 方式，用网线将目标板和 PC 机连接起来，配置好目标板的网络参数，主要是 serverip 和 ipaddr。首先将 rootfs 下载到内存中：

```
#tftp   0x30000000 zImage
```

按照之前内核的 nandflash 分区进行烧写，将内存中的文件系统烧写到 Flash 中：

```
# nand erase 0x0004C000 0x00200000
#nand write.jffs2 0x30000000   0x0004C000
```

移植成功以后，开发板启动主要信息如下：

```
Booting image at 30007fc0 ...
   Image Name:   Linux-2.6.30.4
   Created:      2010-06-16  12:44:34 UTC
   Image Type:   ARM Linux Kernel Image (uncompressed)
   Data Size:    1630684 Bytes = 1.6 MB
   Load Address: 30008000
   Entry Point:  30008000
   Verifying Checksum ... OK
   XIP Kernel Image ... OK
Starting kernel ...
Uncompressing Linux...........................................done, booting the kernel.
Linux version 2.6.30.4 (root@linux) (gcc version 4.3.3 (Sourcery G++ Lite 2009q1-176) ) #11
Wed Jun 16 20:44:30 CST 2010
CPU: ARM920T [41129200] revision 0 (ARMv4T), cr = c0007177
Machine: SMDK2410
Memory policy: ECC disabled, Data cache writeback
CPU S3C2410A (id 0x32410002)
S3C2410: core 200.000 MHz, memory 100.000 MHz, peripheral 50.000 MHz
S3C24XX Clocks, (c) 2004 Simtec Electronics
CLOCK: Slow mode (1.500 MHz), fast, MPLL on, UPLL on
CPU0: D VIVT write-back cache
CPU0: I cache: 16384 bytes, associativity 64, 32 byte lines, 8 sets
CPU0: D cache: 16384 bytes, associativity 64, 32 byte lines, 8 sets
Built 1 zonelists in Zone order, mobility grouping on.  Total pages: 16256
Kernel command line: noinitrd root = /dev/mtdblock2 init = /init console = ttySAC0
irq: clearing subpending status 00000002
```

```
PID hash table entries: 256 (order: 8, 1024 bytes)
timer tcon = 00500000, tcnt a2c1, tcfg 00000200,00000000, usec 00001eb8
Console: colour dummy device 80x30
console [ttySAC0] enabled
Dentry cache hash table entries: 8192 (order: 3, 32768 bytes)
Inode-cache hash table entries: 4096 (order: 2, 16384 bytes)
Memory: 64MB = 64MB total
Memory: 61312KB available (2968K code, 504K data, 132K init)
Mount-cache hash table entries: 512
CPU: Testing write buffer coherency: ok
net_namespace: 152 bytes
android_power_init
android_power_init done
NET: Registered protocol family 16
S3C2410 Power Management, (c) 2004 Simtec Electronics
S3C2410: Initialising architecture
S3C24XX DMA Driver, (c) 2003-2004,2006 Simtec Electronics
DMA channel 0 at c4800000, irq 33
DMA channel 1 at c4800040, irq 34
DMA channel 2 at c4800080, irq 35
DMA channel 3 at c48000c0, irq 36
usbcore: registered new interface driver usbfs
usbcore: registered new interface driver hub
usbcore: registered new device driver usb
NET: Registered protocol family 2
IP route cache hash table entries: 1024 (order: 0, 4096 bytes)
TCP established hash table entries: 2048 (order: 2, 16384 bytes)
TCP bind hash table entries: 2048 (order: 1, 8192 bytes)
TCP: Hash tables configured (established 2048 bind 2048)
TCP reno registered
NetWinder Floating Point Emulator V0.97 (double precision)
ashmem: initialized
JFFS2 version 2.2. 2001-2006 Red Hat, Inc.
yaffs Jun 16 2010 20:41:45 Installing.
io scheduler noop registered
io scheduler anticipatory registered (default)
io scheduler deadline registered
io scheduler cfq registered
Console: switching to colour frame buffer device 40x30
```

```
fb0: s3c2410fb frame buffer device
lp: driver loaded but no devices found
ppdev: user-space parallel port driver
Serial: 8250/16550 driver $Revision: 1.90 $ 4 ports, IRQ sharing enabled
s3c2410-uart.0: s3c2410_serial0 at MMIO 0x50000000 (irq = 70) is a S3C2410
s3c2410-uart.1: s3c2410_serial1 at MMIO 0x50004000 (irq = 73) is a S3C2410
s3c2410-uart.2: s3c2410_serial2 at MMIO 0x50008000 (irq = 76) is a S3C2410
brd: module loaded
loop: module loaded
dm9000 Ethernet Driver, V1.30
Uniform Multi-Platform E-IDE driver
ide: Assuming 50MHz system bus speed for PIO modes; override with idebus = xx
S3C24XX NAND Driver, (c) 2004 Simtec Electronics
s3c2410-nand s3c2410-nand: Tacls = 3, 30ns Twrph0 = 7 70ns, Twrph1 = 3 30ns
NAND device: Manufacturer ID: 0xec, Chip ID: 0x76 (Samsung NAND 64MiB 3,3V 8-bit)
```

出现上述信息后，表示移植内核成功。

练习与思考题

1. 简述 Linux 移植的概念。
2. 简要说明 Linux 内核的结构。
3. 简要说明嵌入式 Linux 的代码结构。
4. Linux 内核的配置系统由哪几部分组成？
5. 简述 Linux 内核的编译主要流程及命令。
6. 简述内核配置中添加一个编译模块的方法。
7. 简述 Linux 2.4 移植过程。
8. 简述 Linux 操作系统启动过程。
9. 简述 Linux 2.6 内核的新特征。
10. 简述 Linux 2.6 移植过程。

第 11 章

Linux 根文件系统制作

本章介绍根文件系统的概念、分类以及 Linux 根文件系统目录结构，最后介绍 Busybox 工具以及根文件系统制作的方法。

教学建议

本章教学学时建议：2 学时。

根文件系统概述：1 学时；

根文件系统制作：1 学时。

要求理解文件系统的概念，掌握根文件系统制作的制作方法。

11.1 根文件系统概述

11.1.1 根文件系统的概念

通常把与管理文件有关的软件和数据，统称为文件系统。它方便地组织管理计算机中的所有文件，为用户提供文件的操作手段和存取控制。同时，文件系统隐藏了系统中最为纷繁复杂的硬件设备特征，为用户以及操作系统的其他子系统提供一个统一、简洁的接口，通过文件系统，使得用户方便地使用计算机的存储、输入/输出等设备。

Linux 系统中把 CPU、内存之外所有其他设备都抽象为文件来处理。进程只和文件系统打交道，具体的细节，由设备管理部分具体实现并为文件系统提供尽可能简洁统一的接口。因此，文件系统还同时充当着设备管理接口的角色，用户进程使用和操作具体的设备，都必须通过文件系统进行。文件系统是操作系统中与管理文件有关的所有软件和数据的集合。

不同的操作系统可能采用不同的文件系统。支持多种不同类型的文件系统是 Linux 操作系统的主要特色之一。Linux 系统自身的文件系称为 ext2，它也是 Linux 默认的文件系统。把 ext2 以及 Linux 支持的文件系统称为逻辑文件系统，通常每一种逻辑文件系统服务于一种特定的操作系统，具有不同的组织结构和文件操作函数，相互之间差别很大。Linux 在传统的逻辑文件系统的基础上，增加了一个称为虚拟文件系统（VFS）的接口层，如图 11－1 所示。

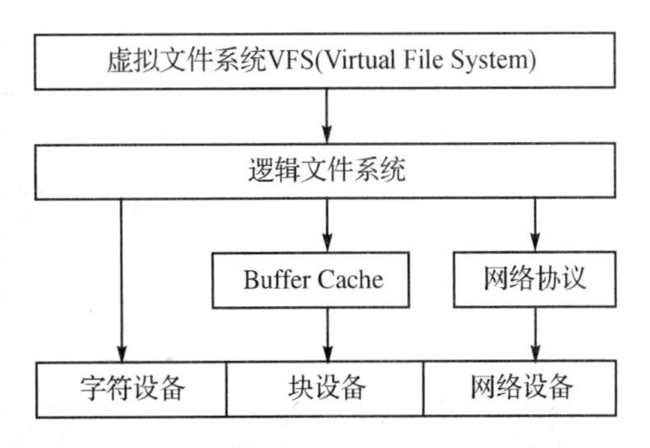

图 11－1　Linux 文件系统层次结构示意图

系统中所有的设备，包括字符设备、块设备和网络设备，都按照某种方式由逻辑文件系统统一管理，逻辑文件系统为它们提供访问接口。虚拟文件系统在最上层，管理各种逻辑文件系统，屏蔽了它们之间的差异，为用户命令、函数调用和内核其他部分提供访问文件和设备的统一接口，使得不同的逻辑文件系统按照同样的模式呈现在使用者面前，对于普通用户来讲，觉察不到逻辑文件系统之间的差异，可以使用同样的命令来操作不同逻辑文件系统所管理的文件，可以在它们之间自由地复制文件。

在 Unix、Linux 等操作系统中，把包括硬件设备在内的能够进行流式字符操作的内容都定义为文件。Linux 系统中文件的类型包括：普通文件，目录文件，连接文件，管道（FIFO）文件、设备文件（块设备、字符设备）和套接字。

根文件系统是一种特殊的文件系统。内核启动的最后步骤就是挂载根文件系统，由于根文件系统是内核启动时挂载的第一个文件系统，因此根文件系统必须包括 Linux 启动时所必需的目录和关键性的文件：

① Init 进程；

② Shell；

③ 文件系统、网络系统等等的工具集；

④ 系统配置文件；

⑤ 链接库。

例如 Linux 启动时都需要有 init 目录下的相关文件，在 Linux 挂载分区时 Linux 一定会找/etc/fstab 这个挂载文件等，根文件系统中还包括了许多的应用程序 bin 目录等，任何包括这些 Linux 系统启动所必须的文件都可以成为根文件系统。

11.1.2　文件系统的分类

Linux 支持多种文件系统，包括 ext2、ext3、vfat、ntfs、iso9660、jffs、romfs 和 nfs 等，为了对各类文件系统进行统一管理，Linux 引入了虚拟文件系统 VFS（Virtual File System），为各类文件系统提供一个统一的操作界面和应用编程接口。嵌入式系统的文件系统层次示意图如图 11－2 所示。

Linux 启动时，第一个必须挂载的是根文件系统；若系统不能从指定设备上挂载根文件系统，则系统会出错而退出启动。之后可以自动或手动挂载其他的文件系统。因此，一个系统中

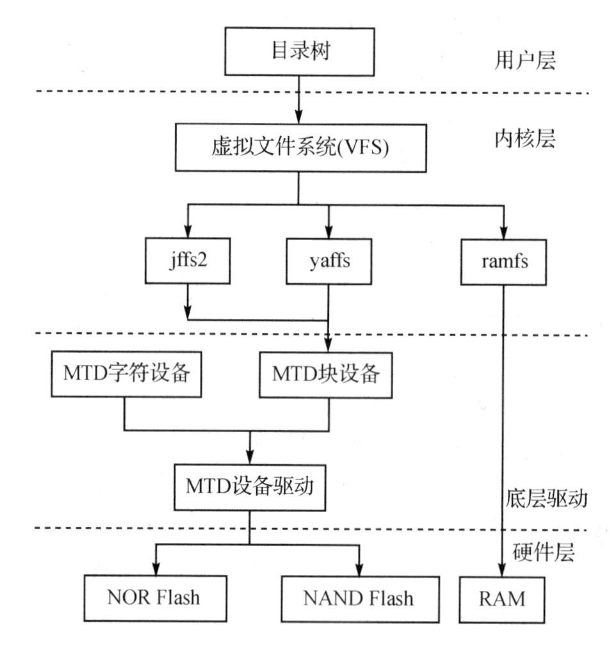

图 11-2　嵌入式系统的文件系统层次示意图

可以同时存在不同的文件系统。

不同的文件系统类型有不同的特点，因而根据存储设备的硬件特性、系统需求等有不同的应用场合。在嵌入式 Linux 应用中，主要的存储设备为 RAM(DRAM、SDRAM)和 ROM(常采用 Flash 存储器)，常用的基于存储设备的文件系统类型包括：jffs2、yaffs、cramfs、romfs、ramdisk 和 ramfs/tmpfs 等。

1. 基于 Flash 的文件系统

Flash(闪存)作为嵌入式系统的主要存储媒介，有其自身的特性。Flash 的写入操作只能把对应位置的 1 修改为 0，而不能把 0 修改为 1(擦除 Flash 就是把对应存储块的内容恢复为 1)，因此，一般情况下，向 Flash 写入内容时，需要先擦除对应的存储区间，这种擦除是以块(Block)为单位进行的。

闪存主要有 NOR 和 NAND 两种技术。Flash 存储器的擦/写次数是有限的，NAND 闪存还有特殊的硬件接口和读/写时序。因此，必须针对 Flash 的硬件特性设计符合应用要求的文件系统；传统的文件系统如 ext2 等，用作 Flash 的文件系统会有诸多弊端。

在嵌入式 Linux 下，MTD(Memory Technology Device，存储技术设备)为底层硬件(闪存)和上层(文件系统)之间提供一个统一的抽象接口，即 Flash 的文件系统都是基于 MTD 驱动层的，参见图 11-2 所示的嵌入式系统的文件系统层次示意图。使用 MTD 驱动程序的主要优点在于，它是专门针对各种非易失性存储器(以闪存为主)而设计的，因而它对 Flash 有更好的支持、管理和基于扇区的擦除、读/写操作接口。

一块 Flash 芯片可以被划分为多个分区，各分区可以采用不同的文件系统；两块 Flash 芯片也可以合并为一个分区使用，采用一个文件系统。即文件系统是针对于存储器分区而言的，而非存储芯片。

1）jffs2

jffs 文件系统最早是由瑞典 Axis Communications 公司基于 Linux 2.0 的内核为嵌入式系统开发的文件系统。jffs2（Journalling Flash FileSystem v2）是 RedHat 公司基于 jffs 开发的闪存文件系统，最初是针对 RedHat 公司的嵌入式产品 eCos 开发的嵌入式文件系统，所以 jffs2 也可以用在 Linux 和 μCLinux 中。

iffs2 主要用于 NOR 型闪存，基于 MTD 驱动层。特点是：可读写的、支持数据压缩的、基于哈希表的日志型文件系统，并提供了崩溃/掉电安全保护，提供“写平衡”支持等。缺点主要是当文件系统已满或接近满时，因为垃圾收集的关系而使 jffs2 的运行速度大大放慢。

2）yaffs

yaffs（Yet Another Flash File System）是专为嵌入式系统使用 NAND 型闪存而设计的一种日志型文件系统。与 yaffs2 相比，它减少了一些功能（例如不支持数据压缩），所以速度更快，挂载时间很短，对内存的占用较小。另外，它还是跨平台的文件系统，除了 Linux 和 eCos，还支持 WinCE、pSOS 和 ThreadX 等。

yaffs/yaffs2 自带 NAND 芯片的驱动，并且为嵌入式系统提供了直接访问文件系统的 API，用户可以不使用 Linux 中的 MTD 与 VFS，直接对文件系统操作。当然，yaffs 也可与 MTD 驱动程序配合使用。

yaffs 与 yaffs2 的主要区别在于，前者仅支持小页（512 字节）NAND 闪存，后者则可支持大页（2 KB）NAND 闪存。同时，yaffs2 在内存空间占用、垃圾回收速度、读/写速度等方面均有大幅提升。

3）cramfs

cramfs（Compressed RAM File System）是 Linux 的创始人 Linus Torvalds 参与开发的一种只读的压缩文件系统。它也基于 MTD 驱动程序。

在 cramfs 文件系统中，每一页（4 KB）被单独压缩，可以随机页访问，其压缩比高达 2:1，为嵌入式系统节省大量的 Flash 存储空间，使系统可通过更低容量的 Flash 存储相同的文件，从而降低系统成本。

cramfs 文件系统以压缩方式存储，在运行时解压缩，所以不支持应用程序以 XIP 片内运行方式运行，所有的应用程序要求被复制到 RAM 里去运行，但这并不代表比 ramfs 需求的 RAM 空间要大一点，因为 cramfs 是采用分页压缩的方式存放档案，在读取档案时，不会一下子就耗用过多的内存空间，只针对目前实际读取的部分分配内存，尚没有读取的部分不分配内存空间，当读取的档案不在内存时，cramfs 文件系统自动计算压缩后的资料所存的位置，再即时解压缩到RAM中。

另外，它的速度快，效率高，其只读的特点有利于保护文件系统免受破坏，提高了系统的可靠性。

由于以上特性，cramfs在嵌入式系统中应用广泛。但是它的只读属性同时又是它的一大缺陷，使得用户无法对其内容对进扩充。

cramfs映像通常是放在Flash中，但是也能放在别的文件系统里，使用loopback设备可以把它安装到别的文件系统里。

4）romfs

传统型的romfs文件系统是一种简单的、紧凑的、只读的文件系统，不支持动态擦写保存，按顺序存放数据，因而支持应用程序以XIP(eXecute In Place，片内运行)方式运行，在系统运行时，节省RAM空间。μClinux系统通常采用romfs文件系统。

其他文件系统：fat/fat32也可用于实际嵌入式系统的扩展存储器(例如PDA、Smartphone和数码相机等的SD卡)，这主要是为了更好的与最流行的Windows桌面操作系统相兼容。ext2也可以作为嵌入式Linux的文件系统，不过将它用于Flash闪存会有诸多弊端。

2. 基于RAM的文件系统

1）Ramdisk

Ramdisk是将一部分固定大小的内存当作分区来使用。它并非一个实际的文件系统，而是一种将实际的文件系统装入内存的机制，且可以作为根文件系统。将一些经常被访问而又不会更改的文件(如只读的根文件系统)通过Ramdisk放在内存中，可明显提高系统的性能。

在Linux的启动阶段，initrd提供了一套机制，可以将内核映像和根文件系统一起载入内存。

2）ramfs/tmpfs

ramfs是Linus Torvalds开发的一种基于内存的文件系统，工作于虚拟文件系统(VFS)层，不能格式化，可以创建多个，在创建时可以指定其最大能使用的内存大小(实际上，VFS本质上可看成一种内存文件系统，它统一了文件在内核中的表示方式，并对磁盘文件系统进行缓冲)。

ramfs/tmpfs文件系统把所有的文件都放在RAM中，所以读/写操作发生在RAM中，可以用ramfs/tmpfs来存储一些临时性或经常要修改的数据，例如/tmp和/var目录，这样既避免了对Flash存储器的读/写损耗，也提高了数据读/写速度。

ramfs/tmpfs相对于传统的Ramdisk的不同之处主要在于：不能格式化，文件系统大小可随所含文件内容大小变化。

tmpfs的一个缺点是当系统重新引导时会丢失所有数据。

3. 网络文件系统NFS（Network File System）

NFS(Network File System)是由Sun公司开发并发展起来的一项在不同机器、不同操作系统之间通过网络共享文件的技术。在嵌入式Linux系统的开发调试阶段，可利用该技术在主机上建立基于NFS的根文件系统，挂载到嵌入式设备，可以很方便地修改根文件系统的内容。

以上讨论的都是基于存储设备的文件系统(memory-based file system),它们都可用作Linux的根文件系统。实际上,Linux还支持逻辑的或伪文件系统(logical or pseudo file system),例如procfs(proc文件系统),用于获取系统信息,以及devfs(设备文件系统)和sysfs,用于维护设备文件。

11.1.3 Linux 根文件系统目录结构

根文件系统必须要包含以下目录:/dev、/bin、/usr、/sbin、/lib、/etc、/proc 和/sys。

/dev是devfs(设备文件系统)或者udev的挂载点所在。在使用devfs的内核里如果没有/dev,根本见不到Shell启动的信息,因为内核找不到/dev/console;在使用udev的系统里,也事先需要在/dev下建立console和null这两个节点。

/bin、/usr/bin、/usr/sbin和/sbin用于存放二进制可执行文件。

/lib用于存放动态链接库。该目录下的主要内容:

Glibc链接库,存放系统必要的动态链接库,支持系统的正常启动。完整说明参见Glibc使用手册,相应的链接库可以从编译器的lib目录下复制。

/etc是用来存放初始化脚本和其他配置文件的。包含以下主要内容:

(1) fstab　　挂载文件系统的配置文件;

(2) passwd　　Password 文件;

(3) inetd. conf　　Inetd守护进程的配置文件;

(4) group　　Group 文件;

(5) init. d/rcS　　缺省的sysinit脚本。

/proc　提供内核和进程信息的proc文件系统。

/sys　用于挂载sysfs文件系统。

下面的目录在嵌入式Linux上为可选的。

/boot　引导加载程序使用的静态文件;

/home　用户主目录;

/mnt　临时挂载的文件系统的挂载点;

/opt　附加软件的安装目录;

/root　root用户主目录;

/sbin　必要的系统管理员命令;

/tmp　临时文件目录;

/usr　大多数用户使用的应用程序和文件目录;

/var　监控程序和工具程序存放的可变数据。

Linux文件存放原则:

(1) /etc用来存放全局配置文件;

（2）/dev用来存放设备文件信息，设备名可以作为符号链接定位在/dev中或/dev的子目录中的其他存在设备；

（3）/或/boot存放操作系统核心；

（4）/lib存放库文件；

（5）/bin、/sbin、/usr存放系统编译后的可执行文件。

11.2 根文件系统的制作

1. Busybox概念

Busybox被形象地称为嵌入式Linux系统中的瑞士军刀，可以从这个称呼中看到Busybox是一个集多种功能于一身的东西，它将许多常用的Unix命令和工具结合到了一个单独的可执行程序中。虽然与相应的GNU工具比较起来，Busybox所提供的功能和参数略少，但在比较小的系统（例如启动盘）或者嵌入式系统中，已经足够了。

Busybox在设计上就充分考虑了硬件资源受限的特殊工作环境。它采用一种很巧妙的办法减小自己的体积：所有的命令都通过“插件”的方式集中到一个可执行文件中，在实际应用过程中通过不同的符号链接来确定到底要执行哪个操作。例如最终生成的可执行文件为Busybox，当为它建立一个符号链接ls的时候，就可以通过执行这个新命令实现列目录的功能。采用单一执行文件的方式最大限度地共享了程序代码，甚至连文件头、内存中的程序控制块等其他操作系统资源都共享了，对于资源比较紧张的系统来说，是最合适不过了。

在Busybox的编译过程中，可以非常方便地加减它的“插件”，最后的符号链接也可以由编译系统自动生成。

2. Busybox的编译

Busybox的编译过程与内核的编译过程很接近，都是先make menuconfig进行配置，然后在make进行编译。

（1）从http://www.busybox.net/downloads/下载busybox。选择busybox-1.13.0.tar.bz2。

（2）解压busybox-1.13.0tar.bz2，使用命令：tar jxvf busybox-1.13.0.tar.bz2。

（3）进入busybox目录，修改Makefile，在164行CROSS_COMPILE＝arm-linux-。

（4）Make menuconfig进行配置，可以直接调用2410板子配置好的菜单config_my2410，也可以参考配置好的config_my2410菜单，自己一步步配置，如图11－3～图11－4所示。

（5）配置好以后，执行make和make install进行安装。

```
#make
#make install
```

执行该命令后，在busybox目录下生成_install文件夹，如下：

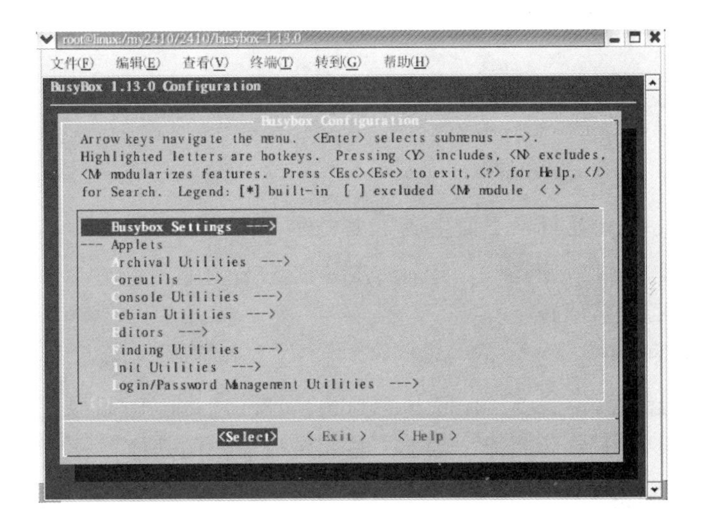

图 11-3　config_my2410 菜单(1)

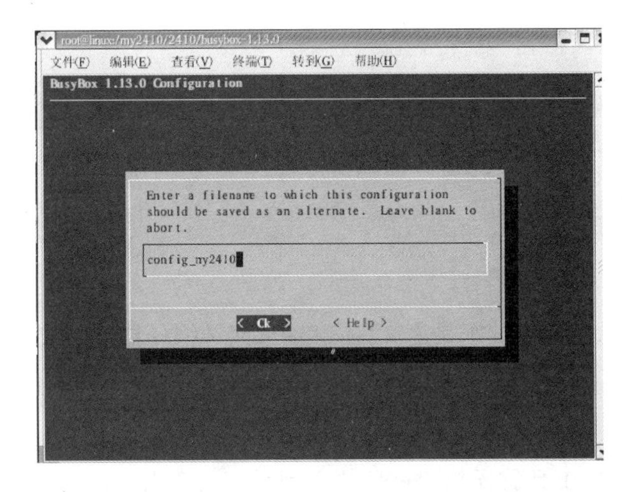

图 11-4　config_my2410 菜单(2)

```
[root@linux busybox-1.13.0]# ls
applets                    console-tools   libbb            printutils
arch                       coreutils       libpwdgrp        procps
archival                   debianutils     LICENSE          README
AUTHORS                    docs            loginutils       runit
busybox                    e2fsprogs       mailutils        scripts
busybox.links              editors         Makefile         selinux
busybox_unstripped         examples        Makefile.custom  shell
busybox_unstripped.map     findutils       Makefile.flags   sysklogd
```

```
busybox_unstripped.out      include       Makefile.help     testsuite
Config.in                   init          miscutils         TODO
config_my2410(zxl)          _install      modutils          TODO_config_nonnu
config_my2410(zxl).old      INSTALL       networking        util-linux
You have new mail in /var/spool/mail/root
```

值得注意的是：_install 目录下面生成 4 个文件，如下：

```
[root@linux busybox-1.13.0]# cd _install/
[root@linux _install]# ls
bin   linuxrc sbin usr
```

(6) 新建一个目录 root-my2410，把 busybox-1.13.0/_install/目录下生成：bin、linuxrc、sbin 和 usr 复制过来，并且在该目录下创建文件系统所需要的其他目录。

```
#mkdir   root-my2410
#cp -rf   busybox-1.13.0/_install/ *     /root-my2410
#cd   root-2.6.30.4/
#mkdir dev etc home lib mnt opt proc tmp var www
```

向各目录中添加文件系统所需要的目录或文件，没有提到的就不用添加。这里要注意各种文件的权限，建议都改为 777，命令：#chmod 777 文件名。

dev 目录，创建两个设备文件：

```
#mknod console c 5 1
#mknod null c 1 3
```

lib 目录，这个目录里面放的都是库文件，直接从交叉编译器的库文件目录中复制过来：

```
#cp -f /usr/local/arm/4.3.2/arm-none-linux-gnueabi/libc/armv4t/lib/ * so * /   /my2410_root/
lib/ -a
```

(7) 使用 yaffs 制作工具编译构建好的文件系统。先解压 mkyaffs2image.tgz（这个工具自己做好，源码包的来源在试验教材详细介绍），将解压的工具 mkyaffs2image 复制到开发主机的/usr/sbin/目录下。编译后生成的文件系统镜像 root-2.6.30.4.bin 也在这个目录下：

```
#tar -zxvf mkyaffs2image.tgz
#cp   -r   mkyaffs2image    /usr/local
#mkyaffs2image root-2.6.30.4/ root-2.6.30.4.img
```

(8) 根据需要添加应用程序。编写一个简单的应用程序打印一句问候语，程序代码如下：

```
#include <stdio.h>
 void main()
```

```
{
    printf("Hello World\n");
}
```

注意编译时要使用 arm-linux-gcc，由于之前把编译器的库文件全部进行拷贝，可以直接动态编译。生成的可执行文件 hello 放入 tmp 文件夹。使用的命令：

```
arm-linux-gcc hello.c  -o hello
cp  -arf  …/_install/tmp/
```

(9) 打　包

```
mkyaffs2image root-2.6.30.4/ root-2.6.30.4.img
```

(10) 烧写过程。采用的烧写方法和烧写内核的方法一样，采用 tftp 方式，用网线将目标板和 PC 机连接起来，配置好目标板的网络参数，主要是 serverip 和 ipaddr。

首先将 rootfs 下载到内存中：

```
#tftp 30000000 root-2.6.30.4.img
```

按照之前内核的 nandflash 分区进行烧写，将内存中的文件系统烧写到 Flash 中：

```
# nand erase 0x0024C000 0x03DB0000
#nand write.yaffs    0x30000000 0x250000
```

重启 uboot 使其加载文件系统。

可以看到内核启动，不再出现 panic，这时会提示回车，回车后进入命令行，可以使用一些 Linux 的常用命令，如：ls、cd、vi 等，如图 11-5 所示。

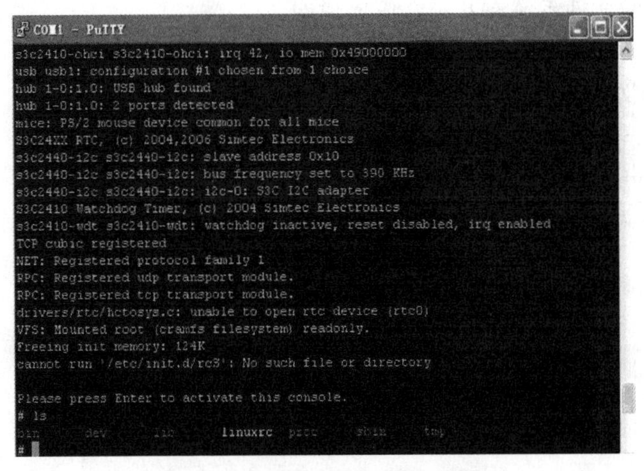

图 11-5　PuTTY 串口显示信息

可以运行一下自己的应用程序 hello：./hello。

可以看到打印信息 Hello World 如图 11－6 所示的信息，制作成功。

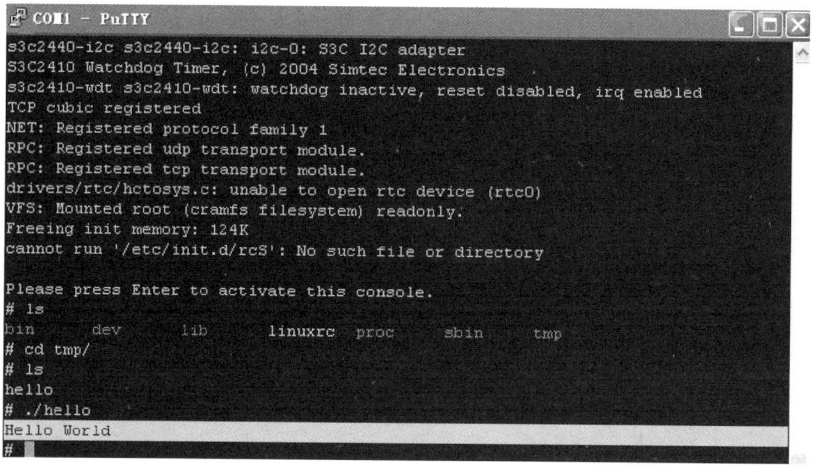

```
COM1 - PuTTY
s3c2440-i2c s3c2440-i2c: i2c-0: S3C I2C adapter
S3C2410 Watchdog Timer, (c) 2004 Simtec Electronics
s3c2410-wdt s3c2410-wdt: watchdog inactive, reset disabled, irq enabled
TCP cubic registered
NET: Registered protocol family 1
RPC: Registered udp transport module.
RPC: Registered tcp transport module.
drivers/rtc/hctosys.c: unable to open rtc device (rtc0)
VFS: Mounted root (cramfs filesystem) readonly.
Freeing init memory: 124K
cannot run '/etc/init.d/rcS': No such file or directory

Please press Enter to activate this console.
# ls
bin       dev       lib       linuxrc  proc      sbin      tmp
# cd tmp/
# ls
hello
# ./hello
Hello World
#
```

图 11－6　打印信息

练习与思考题

1. 简述根文件系统的概念。
2. Linux 系统中文件的类型包括哪几类？
3. 简述嵌入式系统的文件系统层次示意图。
4. 基于 Flash 的文件系统有几种？简要说明。
5. 基于 RAM 的文件系统有几种？简要说明。
6. 什么是网络文件系统？
7. 简要说明 Linux 根文件系统目录结构与作用。
8. 什么是 Busybox？它的作用是什么？
9. 简要说明根文件系统制作过程。

第12章

嵌入式 Linux 驱动开发

本章概要地介绍设备驱动程序的概念、分类、处理器与设备间数据交换方法以及驱动程序结构，最后介绍驱动开发实例。

教学建议

本章教学学时建议：4学时。

设备驱动程序基础：2学时；

驱动程序实例分析：2学时。

要求深刻理解设备驱动程序的概念、分类、处理器与设备间数据交换方法，熟悉驱动程序结构，熟悉驱动程序开发方法。

12.1 设备驱动程序基础

12.1.1 设备驱动程序概述

1. 驱动程序定义及功能

设备驱动程序实际是处理和操作硬件控制器的软件，从本质上讲，是内核中具有最高特权级的、驻留内存的、可共享的底层硬件处理例程。驱动程序是内核的一部分，是操作系统内核与硬件设备的直接接口，驱动程序屏蔽了硬件的细节，完成以下功能：

(1) 对设备初始化和释放；

(2) 对设备进行管理，包括实时参数设置，以及提供对设备的操作接口；

(3) 读取应用程序传送给设备文件的数据或者回送应用程序请求的数据；

(4) 检测和处理设备出现的错误。

简单来说可以概括为：管理 I/O 设备、上层软件的抽象操作与设备操作的转换。

2. 设备驱动程序的概念

Linux 操作系统将所有设备全部看成文件，并通过文件的操作界面进行操作。对用户程序而言，设备驱动程序隐藏了设备的具体细节，对各种不同设备提供了一致的接口，一般来说，是把设备映射为一个特殊的设备文件，用户程序可像对其他文件一样对此设备文件进行操作。

由于每一个设备至少由文件系统的一个文件代表，因而都有一个“文件名”。应用程序通常可以通过系统调用 open()打开设备文件，建立起与目标设备的连接。打开了代表着目标设备的文件，即建立起与设备的连接后，可以通过 read()、write()和 ioctl()等常规的文件操作对目标设备进行操作。

设备文件的属性由 3 部分信息组成：第 1 部分是文件的类型，第 2 部分是一个主设备号，第 3 部分是一个次设备号。其中类型和主设备号结合在一起唯一地确定了设备文件驱动程序及其界面，而次设备号则说明目标设备是同类设备中的第几个。

由于 Linux 中将设备当做文件处理，所以对设备进行操作的调用格式与对文件的操作类似，主要包括 open()、read()、write()、ioctl()和 close()等。应用程序发出系统调用命令后，会从用户态转到核心态，通过内核将 open()这样的系统调用转换成对物理设备的操作。

3. 驱动层次结构

Linux 下的设备驱动程序是内核的一部分，运行在内核模式，也就是说设备驱动程序为内核提供了一个 I/O 接口，用户使用这个接口实现对设备的操作。

如图 12-1 所示，显示了典型的 Linux 输入/输出系统中各层次结构和功能。

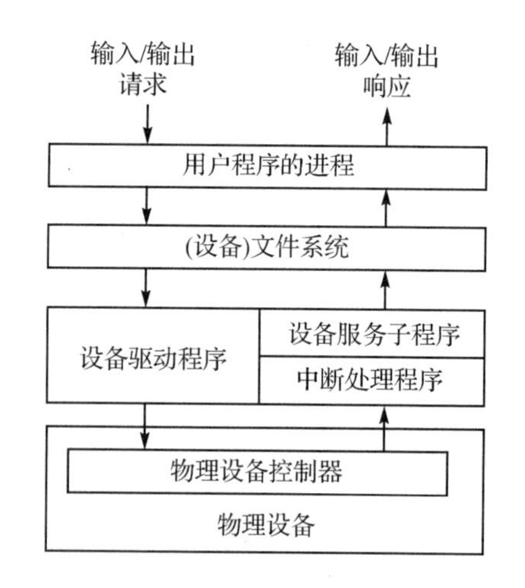

图 12-1 Linux 输入/输出系统层次结构和功能

Linux 设备驱动程序包含中断处理程序和设备服务子程序两部分。

设备服务子程序包含了所有与设备操作相关的处理代码。它从面向用户进程的设备文件系统中接受用户命令，并对设备控制器执行操作。这样，设备驱动程序屏蔽了设备的特殊性，使用户可以像对待文件一样操作设备。

设备控制器需要获得系统服务时有两种方式：查询和中断。因为 Linux 下的设备驱动程序是内核的一部分，在设备查询期间系统不能运行其他代码，查询方式的工作效率比较低，所以只有少数设备如软盘驱动程序采取这种方式，大多设备以中断方式向设备驱动程序发出输入/输出请求。

4. 设备驱动程序与外界的接口

每种类型的驱动程序，不管是字符设备还是块设备，都为内核提供相同的调用接口，因此内核能以相同的方式处理不同的设备。Linux 为每种不同类型的设备驱动程序维护相应的数据结构，以便定义统一的接口并实现驱动程序的可装载性和动态性。Linux 设备驱动程序与外界的接口可以分为如下 3 个部分。

(1) 驱动程序与操作系统内核的接口：这是通过数据结构 file_operations 来完成的。

(2) 驱动程序与系统引导的接口：这部分利用驱动程序对设备进行初始化。

(3) 驱动程序与设备的接口：这部分描述了驱动程序如何与设备进行交互，这与具体设备密切相关。

它们之间的相互关系如图 12－2 所示。

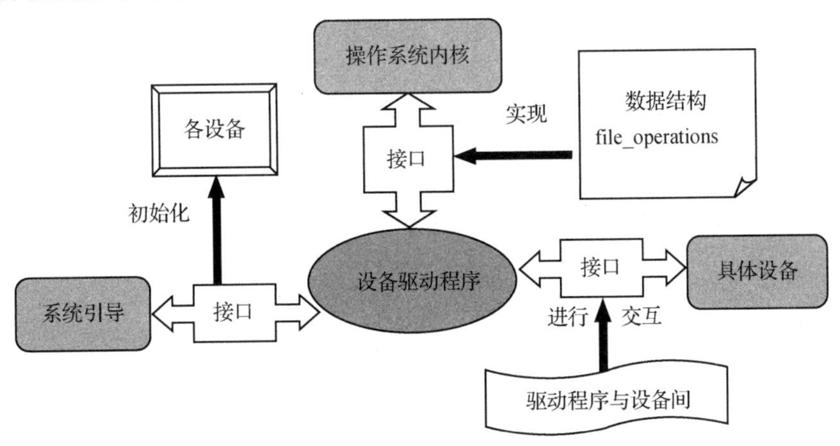

图 12－2　Linux 设备驱动程序与外界的接口

5. 设备驱动程序的特点

综上所述，Linux 中的设备驱动程序有如下特点。

(1) 内核代码：设备驱动程序是内核的一部分，若驱动程序出错，则可能导致系统崩溃。

(2) 内核接口：设备驱动程序必须为内核或者其子系统提供一个标准接口。比如，一个终端驱动程序必须为内核提供一个文件 I/O 接口；一个 SCSI 设备驱动程序应该为 SCSI 子系统提供一个 SCSI 设备接口，同时 SCSI 子系统也必须为内核提供文件的 I/O 接口及缓冲区。

(3) 内核机制和服务：设备驱动程序使用一些标准的内核服务，如内存分配等。

(4) 可装载：大多数的 Linux 操作系统设备驱动程序都可以在需要时装载进内核，在不需要时从内核中卸载。

(5) 可设置：Linux 操作系统设备驱动程序可以集成为内核的一部分，并可以根据需要把其中的某一部分集成到内核中，这只需要在系统编译时进行相应的设置即可。

(6) 动态性：在系统启动且各个设备驱动程序初始化后，驱动程序将维护其控制的设备。如果该设备驱动程序控制的设备不存在，也不影响系统的运行，只是多占用一点系统内存。

每个可以增加到内核中的代码称为一个模块。Linux 内核支持相当多的模块的类型(或“类”)，但不仅仅只局限于设备驱动程序。每个模块由目标代码组成(没有连接成完整的可执行文件)，通过 insmod 程序它们可以动态连接到运行着的内核中，而通过 rmmod 程序就可以去除这些模块。

12.1.2 设备驱动程序的分类

1. 分 类

Linux将设备分成两大类：一类是块设备，类似磁盘以记录块或扇区为单位，成块进行输入/输出的设备；另一类是字符设备，类似键盘以字符为单位，逐个进行输入/输出的设备。网络设备是介于块设备和字符设备之间的一种特殊设备。

1）字符设备

字符设备以字节为单位逐个进行I/O操作，字符设备中的缓存是可有可无，它不支持随机访问，如：串口设备/dev/cua0和/dev/cua1。

```
ls -l /dev/ttyS0
crw-rw-rw-    1 root     uucp        4,  64   4月   1 19:56 /dev/ttyS0
```

2）块设备

块设备的存取是通过Buffer、Cache来进行，可以进行随机访问，例如：IDE硬盘设备/dev/hda，可以支持可安装文件系统。

```
ls -l /dev/mtdblock3
brw-r--r--    1 505      505         31,    3 Feb 19   2005 /dev/mtdblock3
```

3）网络设备

网络设备是一类比较特别的设备，它不像字符或块设备那样通过对应的设备文件节点访问，内核也不再通过read或write等调用去访问网络设备，通过BSD套接口访问。

2. 设备文件与设备号

用户通过设备文件访问设备，每个设备用一个主设备号和次设备号标。块设备接口仅支持面向块的I/O操作，所有I/O操作都通过在内核地址空间中的I/O缓冲区进行，它可以支持随机存取的功能。文件系统通常都建立在块设备上。

主设备号表示设备对应的驱动程序；次设备号由内核使用，用于正确确定设备文件所指设备。

内核用dev_t类型(<linux/types.h>)来保存设备编号，dev_t是一个32位的数，12位表示主设备号，20位表示次设备号。

在实际使用中，是通过<linux/kdev_t.h>中定义的宏来转换格式。

12.1.3 处理器与设备间数据交换

处理器与外设之间传输数据的控制方式通常有3种：查询方式、中断方式和直接访问内存(DMA)方式。

1. 查询方式

设备驱动程序通过设备的 I/O 端口空间，以及存储器空间完成数据的交换。例如，网卡一般将自己的内部寄存器映射为设备的 I/O 端口，而显示卡则利用大量的存储器空间作为视频信息的存储空间。利用这些地址空间，驱动程序可以向外设发送指定的操作指令。通常来讲，由于外设的操作耗时较长，因此，当处理器实际执行了操作指令之后，驱动程序可采用查询方式等待外设完成操作。

驱动程序在提交命令之后，开始查询设备的状态寄存器，当状态寄存器表明操作完成时，驱动程序可继续后续处理。查询方式的优点是硬件开销小，使用起来比较简单。但在此方式下，CPU 要不断地查询外设的状态，当外设未准备好时，就只能循环等待，不能执行其他程序，这样就浪费了 CPU 的大量时间，降低了处理器的利用率。

2. 中断方式

查询方式白白浪费了大量的处理器时间，而中断方式才是多任务操作系统中最有效利用处理器的方式。当 CPU 进行主程序操作时，外设的数据已存入端口的数据输入寄存器，或端口的数据输出寄存器已空，此时由外设通过接口电路向 CPU 发出中断请求信号。CPU 在满足一定条件下，暂停执行当前正在执行的主程序，转入执行相应能够进行输入/输出操作的子程序，待输入/输出操作执行完毕之后，CPU 再返回并继续执行原来被中断的主程序。这样，CPU 就避免了把大量时间耗费在等待、查询外设状态的操作上，使其工作效率得以大大提高。

系统引入中断机制后，CPU 与外设处于“并行”工作状态，便于实现信息的实时处理和系统的故障处理。

3. 直接访问内存(DMA)方式

利用中断，系统和设备之间可以通过设备驱动程序传送数据，但是，当传送的数据量很大时，因为中断处理上的延迟，利用中断方式的效率会大大降低。而直接访问内存(DMA)可以解决这一问题。DMA 可允许设备和系统内存间在没有处理器参与的情况下传输大量数据。设备驱动程序在利用 DMA 之前，需要选择 DMA 通道并定义相关寄存器，以及数据的传输方向，即读取或写入，然后将设备设定为利用该 DMA 通道传输数据。设备完成设置之后，可以立即利用该 DMA 通道在设备和系统的内存之间传输数据，传输完毕后产生中断以便通知驱动程序进行后续处理。在利用 DMA 进行数据传输的同时，处理器仍然可以继续执行指令。

12.1.4 驱动程序结构

Linux 设备驱动程序的代码结构大致可以分为如下几个部分：

(1) 驱动程序的注册与注销；

(2) 设备的打开与释放；

(3) 设备的读/写操作；

(4) 设备的控制操作；

(5) 设备的中断和轮询处理。

代码结构图如图12-3所示。

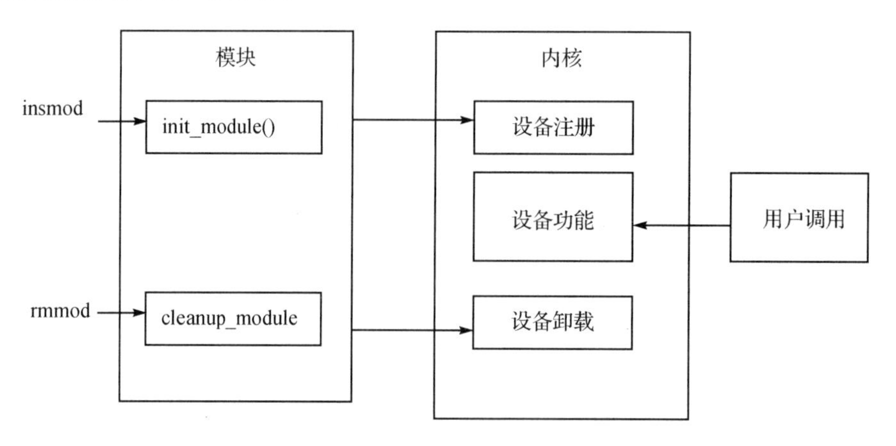

图12-3 Linux设备驱动程序的代码结构

1) 驱动程序的注册与注销

注册：register_chrdev( )；　　　　//在～fs/devices.c

注销：unregister_chrdev( )

2) 打开、释放、读、写和控制等

Linux内核将通过file_operations结构访问驱动程序提供的函数，字符设备的读写直接使用函数read( )和write( )；块设备需要调用函数block_read( )、block_write( )。

ioctl( )的用法与具体设备密切关联，因此需要根据设备的实际情况进行具体分析。

```
struct file_operations {
    struct module * owner;
    loff_t ( * llseek) (struct file * , loff_t, int);
    ssize_t ( * read) (struct file * , char * , size_t, loff_t * );
    ssize_t ( * write) (struct file * , const char * , size_t, loff_t * );
    int ( * readdir) (struct file * , void * , filldir_t);
    unsigned int ( * poll) (struct file * , struct poll_table_struct * );
    int ( * ioctl) (struct inode * , struct file * , unsigned int, unsigned long);
    int ( * mmap) (struct file * , struct vm_area_struct * );
    int ( * open) (struct inode * , struct file * );
    int ( * flush) (struct file * );
    int ( * release) (struct inode * , struct file * );
    int ( * fsync) (struct file * , struct dentry * , int datasync);
    int ( * fasync) (int, struct file * , int);
```

```
    int ( * lock) (struct file * , int, struct file_lock * );
    ssize_t ( * readv) (struct file * , const struct iovec * , unsigned long, loff_t * );
    ssize_t ( * writev) (struct file * , const struct iovec * , unsigned long, loff_t * );
    ssize_t ( * sendpage) (struct file * , struct page * , int, size_t, loff_t * , int);
    unsigned long ( * get_unmapped_area)(struct file * , unsigned long, unsigned long, unsigned
                long, unsigned long);
};
```

打开设备的接口函数是 open，根据设备的不同，open 函数完成的功能也有所不同，但通常情况下在 open 函数中要完成如下工作：

(1) 递增计数器；

(2) 检查特定设备的特殊情况；

(3) 初始化设备；

(4) 识别次设备号。

其中递增计数器是用于设备计数的。由于设备在使用时通常会打开较多次数，也可以由不同的进程所使用，所以若有一进程想要关闭该设备，则必须保证其他设备没有使用该设备。因此使用计数器就可以很好地完成这项功能。

这里，实现计数器操作的是用在＜linux/module.h＞中定义的 3 个宏如下。

MOD_INC_USE_COUNT：计数器加一；

MOD_DEC_USE_COUNT：计数器减一；

MOD_IN_USE：　　　　计数器非零时返回真。

另外，当有多个物理设备时，就需要识别次设备号来对各个不同的设备进行不同的操作，在有些驱动程序中并不需要用到。

释放设备的接口函数是 release。要注意释放设备和关闭设备是完全不同的。当一个进程释放设备时，其他进程还能继续使用该设备，只是该进程暂时停止对该设备的使用；而当一个进程关闭设备时，其他进程必须重新打开此设备才能使用。释放设备时要完成的工作如下：

(1) 递减计数器 MOD_DEC_USE_COUNT；

(2) 在最后一次释放设备操作时关闭设备；

(3) 读/写设备 read()和 write()。

读/写设备的主要任务就是把内核空间的数据复制到用户空间，或者从用户空间复制到内核空间，也就是将内核空间缓冲区里的数据复制到用户空间的缓冲区中或者相反。

虽然这个过程看起来很简单，但是内核空间地址和应用空间地址是有很大区别的，其中之一就是用户空间的内存是可以被换出的，因此可能会出现页面失效等情况。所以就不能使用诸如 memcpy 之类的函数来完成这样的操作。在这里就要使用 copy_to_user 或 copy_from_user 函数，它们就是用来实现用户空间和内核空间的数据交换的。

要注意，这两个函数不仅实现了用户空间和内核空间的数据转换，而且还会检查用户空间指针的有效性。如果指针无效，则不进行复制。

在应用程序中获取内存通常使用函数 malloc，但在设备驱动程序中动态开辟内存可以有基于内存地址和基于页面为单位两类。其中，基于内存地址的函数有 kmalloc，注意的是，kmalloc 函数返回的是物理地址，而 malloc 等返回的是线性地址，因此在驱动程序中不能使用 malloc 函数。与 malloc()不同，kmalloc()申请空间有大小限制。长度是 2 的整次方，并且不会对所获取的内存空间清 0。基于页为单位的内存函数族如下：

(1) get_zeroed_page：获得一个已清 0 页面；

(2) get_free_page：　获得一个或几个连续页面；

(3) get_dma_pages：　获得用于 DMA 传输的页面。

与之相对应的释放内存用也有 kfree 或 free_pages 族。

设备提供 dev 文件系统节点和 proc 文件系统节点，应用程序通过 dev 文件节点访问驱动程序，字符型驱动一般通过标准的文件 I/O 访问，块设备在上层加载文件系统，比如以 FAT32 的形式访问，网络设备通过 socket 来访问。应用程序通过 proc 文件节点可查询设备驱动的信息。

驱动程序位于内核源代码的 drivers 目录，按照层次结构分门别类放置，驱动程序占 Kernel 源代码超过 50%。开发完毕的驱动程序放置在/lib/modules/kernel-version 里。

嵌入式 Linux 驱动开发流程：

(1) 熟悉设备的特性；

(2) 确定设备驱动程序是哪一类；

(3) 编写测试用例子；

(4) 搜集可重用的代码；

(5) 编写自己的驱动程序代码；

(6) 调试、编码、测试；

(7) 驱动程序加载方式；

(8) 驱动程序直接编译入内核。

驱动程序在内核启动时就已经在内存中，可以保留专用存储器空间；驱动程序也可以模块形式存储在文件系统里，需要时动态载入内核。

12.2 驱动程序开发实例

12.2.1 编写驱动程序的基本要点

1. 主设备号和次设备号

建立一个字符设备之前，驱动程序首先要做的事情就是获得设备编号。这主要在函数

<linux/fs.h>中声明：

```
int register_chrdev_region(dev_t first, unsigned int count,char * name); //指定设备编号
int alloc_chrdev_region(dev_t * dev, unsigned int firstminor,unsigned int count, char * name);
                                                                    //动态生成设备编号
void unregister_chrdev_region(dev_t first, unsigned int count);       //释放设备编号
```

分配的设备号的最佳方式是：默认采用动态分配，同时保留在加载甚至是编译时指定主设备号的余地。

以下是在 scull.c 中用来获取主设备号的代码：

```
if (scull_major)
 {
      dev = MKDEV(scull_major, scull_minor);
      result = register_chrdev_region(dev, scull_nr_devs, "scull");
 }
else
 {
      result = alloc_chrdev_region(&dev, scull_minor, scull_nr_devs,"scull");
      scull_major = MAJOR(dev);
 }
if (result < 0)
 {
    printk(KERN_WARNING "scull: can't get major %d\n", scull_major);
    return result;
 }
```

在这部分中，比较重要的是在用函数获取设备编号后，其中的参数 name 是和该编号范围关联的设备名称，它将出现在/proc/devices 和 sysfs 中。mdev 和 udev 可以动态、自动地生成当前系统需要的设备文件。udev 就是通过读取 sysfs 下的信息来识别硬件设备的。

2. 一些重要的数据结构

大部分基本的驱动程序操作涉及 3 个重要的内核数据结构，分别是 file_operations、file 和 inode，它们的定义都在<linux/fs.h>。

3. 字符设备的注册

内核内部使用 struct cdev 结构来表示字符设备。在内核调用设备的操作之前，必须分配并注册一个或多个 struct cdev。代码应包含<linux/cdev.h>，它定义了 struct cdev 以及与其相关的一些辅助函数。注册一个独立的 cdev 设备的基本过程如下：

(1) 为 struct cdev 分配空间

```
struct cdev *my_cdev = cdev_alloc();
```

(2) 初始化 struct cdev

```
void cdev_init(struct cdev *cdev, const struct file_operations *fops);
```

(3) 初始化 cdev.owner

```
cdev.owner = THIS_MODULE;
```

(4) cdev 设置完成,通知内核 struct cdev 的信息

int cdev_add(struct cdev *p, dev_t dev, unsigned count)。

从系统中移除一个字符设备:void cdev_del(struct cdev *p)

以下是 scull 中的初始化代码:

```
/* Set up the char_dev structure for this device. */
static void scull_setup_cdev(struct scull_dev *dev, int index)
    {
        int err, devno = MKDEV(scull_major, scull_minor + index);
        cdev_init(&dev->cdev, &scull_fops);
        dev->cdev.owner = THIS_MODULE;
        dev->cdev.ops = &scull_fops;  //这句可以省略,在 cdev_init 中已经做过
        err = cdev_add (&dev->cdev, devno, 1);
        /* Fail gracefully if need be 这步值得注意 */
        if (err)
          printk(KERN_NOTICE "Error %d adding scull%d", err, index);
    }
```

4. scull 模型的内存使用

以下是 scull 模型的结构体:

```
/* Representation of scull quantum sets. */
struct scull_qset {
    void **data;
    struct scull_qset *next;
};

struct scull_dev {
    struct scull_qset *data;          /* Pointer to first quantum set */
    int quantum;                      /* the current quantum size */
    int qset;                         /* the current array size */
    unsigned long size;               /* amount of data stored here */
```

```
    unsigned int access_key;                /* used by sculluid and scullpriv */
    struct semaphore sem;                   /* mutual exclusion semaphore */
    struct cdev cdev;                       /* Char device structure */
};
```

scull 驱动程序引入了两个 Linux 内核中用于内存管理的核心函数，它们的定义都在 <linux/slab.h>：

```
void *kmalloc(size_t size, int flags);
void kfree(void *ptr);
```

以下是 scull 模块中的一个释放整个数据区的函数(类似清 0)，将在 scull 以写方式打开和 scull_cleanup_module 中被调用：

```
int scull_trim(struct scull_dev *dev)
{
    struct scull_qset *next, *dptr;
    int qset = dev->qset;                   /* 量子集中量子的个数 */
    int i;
    for (dptr = dev->data; dptr; dptr = next) { /* 循环 scull_set 个数次,直到 dptr 为 NULL 为止 */
        if (dptr->data) {
            for (i = 0; i < qset; i++)  /* 循环一个量子集中量子的个数次 */
                kfree(dptr->data[i]);   /* 释放其中一个量子的空间 */
                kfree(dptr->data);      /* 释放当前的 scull_set 的量子集的空间 */
                dptr->data = NULL;      /* 释放一个 scull_set 中的 void ** data 指针 */
        }
        next = dptr->next;                  /* 准备下个 scull_set 的指针 */
        kfree(dptr);                        /* 释放当前的 scull_set */
    }
    dev->size = 0;                          /* 当前的 scull_device 所存的数据为 0 字节 */
    dev->quantum = scull_quantum;           /* 初始化一个量子的大小 */
    dev->qset = scull_qset;                 /* 初始化一个量子集中量子的个数 */
    dev->data = NULL;                       /* 释放当前的 scull_device 的 struct scull_qset *
                                               data 指针 */

    return 0;
}
```

以下是 scull 模块中的一个沿链表前行得到正确 scull_set 指针的函数，将在 read 和 write 方法中被调用：

```
/* Follow the list */
```

```
struct scull_qset * scull_follow(struct scull_dev * dev, int n)
  {
    struct scull_qset * qs = dev ->data;
    /* Allocate first qset explicitly if need be */
    if (! qs)
       {
         qs = dev ->data = kmalloc(sizeof(struct scull_qset), GFP_KERNEL);
         if (qs == NULL)
           return NULL; /* Never mind */
           memset(qs, 0, sizeof(struct scull_qset));
       }
    /* Then follow the list */
    while (n--) {
        if (!qs ->next) {
        qs ->next = kmalloc(sizeof(struct scull_qset), GFP_KERNEL);
        if (qs ->next == NULL)
            return NULL; /* Never mind */
        memset(qs ->next, 0, sizeof(struct scull_qset));
    }
    qs = qs ->next;
    continue;
  }
  return qs;
}
```

其实这个函数的实质是：如果已经存在这个 scull_set，则返回这个 scull_set 的指针。如果不存在这个 scull_set，一边沿链表为 scull_set 分配空间一边沿链表前行，直到所需要的 scull_set 被分配到空间并初始化为止，之后返回这个 scull_set 的指针。

5. open 和 release

open 提供给驱动程序以初始化的能力，为以后的操作作准备。应完成的工作如下：

(1) 检查设备特定的错误(如设备未就绪或硬件问题)；

(2) 如果设备是首次打开，则对其进行初始化；

(3) 如有必要，更新 f_op 指针；

(4) 分配并填写置于 filp>private_data 里的数据结构。

而根据 scull 的实际情况，它的 open 函数只要完成第 4 步(将初始化过的 struct scull_dev dev 的指针传递到 filp>private_data 里，以备后用)就好了，所以 open 函数很简单。但是其中用到了定义在<linux/kernel.h>中的 container_of 宏，源码如下：

```
#define container_of(ptr, type, member) ({                        \
    const typeof( ((type *)0)->member ) *__mptr = (ptr);          \
    (type *)( (char *)__mptr - offsetof(type,member) );})
```

其实从源码可以看出，其作用就是：通过指针 ptr，获得包含 ptr 所指向数据（是 member 结构体）的 type 结构体的指针。即用指针得到另外一个指针。

release 方法提供释放内存，关闭设备的功能。应完成的工作如下：

(1) 释放由 open 分配的、保存在 file->private_data 中的所有内容；

(2) 在最后一次关闭操作时关闭设备。

由于前面定义了 scull 是一个全局且持久的内存区，所以它的 release 什么都不做。

6. read 和 write

read 和 write 方法的主要作用就是实现内核与用户空间之间的数据拷贝。因为 Linux 的内核空间和用户空间是隔离的，所以要实现数据拷贝就必须使用在＜asm/uaccess.h＞中定义的：

```
unsigned long copy_to_user(void __user *to, const void *from, unsigned long count);
unsigned long copy_from_user(void *to, const void __user *from, unsigned long count);
```

而值得一提的是以上两个函数和下面定义

```
#define __copy_from_user(to,from,n)    (memcpy(to, (void __force *)from, n), 0)
#define __copy_to_user(to,from,n)    (memcpy((void __force *)to, from, n), 0)
```

之间的关系：通过源码可知，前者调用后者，但前者在调用前对用户空间指针进行检查。

12.2.2　驱动程序实例开发

下面以 my2410 开发板的 LED 驱动开发为例，介绍设备驱动程序的设计方法，在 my2410 上的实例开发。

1. 开发环境

虚拟机与操作系统：VMWare--Fedora 9

开发板：My2410--64MB Nand

编译器：arm-linux-gcc-4.3.3

内核：官网最新内核 2.6.30

2. 原理图分析

由图 6-15 所示的 LED 的硬件原理图得知，LED 电路是共阳极的，并分别由 2410 的 GPB7、GPB8、GPB9 和 GPB10 口控制。

3. LED 驱动设置

```
#gedit arch/arm/plat-s3c24xx/common-smdk.c      //注释掉以下内容
    /* LED devices */
    /*
    static struct s3c24xx_led_platdata smdk_pdata_led4 = {
        .gpio        = S3C2410_GPF4,
        .flags       = S3C24XX_LEDF_ACTLOW | S3C24XX_LEDF_TRISTATE,
        .name        = "led4",
        .def_trigger = "timer",
    };
    static struct s3c24xx_led_platdata smdk_pdata_led5 = {
        .gpio        = S3C2410_GPF5,
        .flags       = S3C24XX_LEDF_ACTLOW | S3C24XX_LEDF_TRISTATE,
        .name        = "led5",
        .def_trigger = "nand-disk",
    };
    static struct s3c24xx_led_platdata smdk_pdata_led6 = {
        .gpio = S3C2410_GPF6,
        .flags = S3C24XX_LEDF_ACTLOW | S3C24XX_LEDF_TRISTATE,
        .name = "led6",
    };
    static struct s3c24xx_led_platdata smdk_pdata_led7 = {
        .gpio = S3C2410_GPF7,
        .flags = S3C24XX_LEDF_ACTLOW | S3C24XX_LEDF_TRISTATE,
        .name = "led7",
    };
    static struct platform_device smdk_led4 = {
        .name = "s3c24xx_led",
        .id = 0,
        .dev = {
            .platform_data = &smdk_pdata_led4,
        },
    };
    static struct platform_device smdk_led5 = {
        .name = "s3c24xx_led",
        .id = 1,
        .dev = {
```

```
        .platform_data = &smdk_pdata_led5,
    },
};

static struct platform_device smdk_led6 = {
    .name = "s3c24xx_led",
    .id = 2,
    .dev = {
        .platform_data = &smdk_pdata_led6,
    },
};

static struct platform_device smdk_led7 = {
    .name = "s3c24xx_led",
    .id = 3,
    .dev = {
        .platform_data = &smdk_pdata_led7,
    },
}; */
static struct platform_device __initdata *smdk_devs[] = {
    &s3c_device_nand,
        /* &smdk_led4,
    &smdk_led5,
    &smdk_led6,
    &smdk_led7, */
};
void __init smdk_machine_init(void)
{
    /* Configure the LEDs (even if we have no LED support) */
    /*
    s3c2410_gpio_cfgpin(S3C2410_GPF4, S3C2410_GPF4_OUTP);
    s3c2410_gpio_cfgpin(S3C2410_GPF5, S3C2410_GPF5_OUTP);
    s3c2410_gpio_cfgpin(S3C2410_GPF6, S3C2410_GPF6_OUTP);
    s3c2410_gpio_cfgpin(S3C2410_GPF7, S3C2410_GPF7_OUTP);

    s3c2410_gpio_setpin(S3C2410_GPF4, 1);
    s3c2410_gpio_setpin(S3C2410_GPF5, 1);
    s3c2410_gpio_setpin(S3C2410_GPF6, 1);
    s3c2410_gpio_setpin(S3C2410_GPF7, 1); */

    if (machine_is_smdk2443())
        smdk_nand_info.twrph0 = 50;
```

```
        s3c_device_nand.dev.platform_data = &smdk_nand_info;
        platform_add_devices(smdk_devs, ARRAY_SIZE(smdk_devs));
        s3c_pm_init();
}
```

4. 编写 LED 驱动

文件名称：my2410_leds.c

```
/*****************************************
NAME:my2410_led.c
COPYRIGHT:zxl
*****************************************/
#include <linux/miscdevice.h>
#include <linux/delay.h>
#include <asm/irq.h>
#include <mach/regs-gpio.h>
#include <mach/hardware.h>
#include <linux/kernel.h>
#include <linux/module.h>
#include <linux/init.h>
#include <linux/mm.h>
#include <linux/fs.h>
#include <linux/types.h>
#include <linux/delay.h>
#include <linux/moduleparam.h>
#include <linux/slab.h>
#include <linux/errno.h>
#include <linux/ioctl.h>
#include <linux/cdev.h>
#include <linux/string.h>
#include <linux/list.h>
#include <linux/pci.h>
#include <asm/uaccess.h>
#include <asm/atomic.h>
#include <asm/unistd.h>
#define DEVICE_NAME "my2410_leds" /* 加载模式后,执行 cat /proc/devices 命令看到的设备名称 */
#define LED_MAJOR 231 /* 主设备号 */
/* 应用程序执行 ioctl(fd, cmd, arg)时的第 2 个参数 */
#define IOCTL_GPIO_ON      1
#define IOCTL_GPIO_OFF     0
```

```
/* 用来指定 LED 所用的 GPIO 引脚 */
static unsigned long gpio_table [] =
{
    S3C2410_GPB7,
    S3C2410_GPB8,
    S3C2410_GPB9,
    S3C2410_GPB10,
};
/* 用来指定 GPIO 引脚的功能：输出 */
static unsigned int gpio_cfg_table [] =
{
    S3C2410_GPB7_OUTP,
    S3C2410_GPB8_OUTP,
    S3C2410_GPB9_OUTP,
    S3C2410_GPB10_OUTP,
};
/* 应用程序对设备文件/dev/my2410-leds 执行 open(...)时，就会调用 my2410_leds_open 函数 */
static int my2410_leds_ioctl(
    struct inode *inode,
    struct file *file,
    unsigned int cmd,
    unsigned long arg)
{
    if (argc>3)
    {
        return -EINVAL;
    }
    switch(cmd)
    {
        case IOCTL_GPIO_ON:
            //设置指定引脚的输出电平为 0
            s3c2410_gpio_setpin(gpio_table[arg], 0);
            return 0;
        case IOCTL_GPIO_OFF:
            //设置指定引脚的输出电平为 1
            s3c2410_gpio_setpin(gpio_table[arg], 1);
            return 0;
        default:
```

```
            return -EINVAL;
        }
}
/* 这个结构是字符设备驱动程序的核心,应用程序操作设备文件时所调用的 open、read、write 等函数,
   最终会调用这个结构中指定的对应函数 */
static struct file_operations dev_fops = {
    .owner = THIS_MODULE,
    .ioctl = my2410_leds_ioctl,
};

static struct miscdevice misc = {
    .minor = MISC_DYNAMIC_MINOR,
    .name = DEVICE_NAME,
    .fops = &dev_fops,
};

static int __init dev_init(void)
{
    int ret;
    int i;
    for (i = 0; i < 4; i++ )
      {
        s3c2410_gpio_cfgpin(gpio_table[i], gpio_cfg_table[i]);
        s3c2410_gpio_setpin(gpio_table[i], 0);
      }
    ret = misc_register(&misc);
    printk (DEVICE_NAME" initialized\n");
    return ret;
}
static void __exit dev_exit(void)
{
      misc_deregister(&misc);
}
/* 这两行指定驱动程序的初始化函数和卸载函数 */
module_init(dev_init);
module_exit(dev_exit);
/* 描述驱动程序的一些信息,不是必须的 */
MODULE_LICENSE("GPL");
MODULE_AUTHOR("zhongxiaolei");
MODULE_DESCRIPTION("GPIO control for zhongxiaolei MY2410 Board");
```

5. 把 LED 驱动代码部署到内核中

```
#cp -f my2410_leds.c /linux-2.6.30.4/drivers/char      //把驱动源码复制到内核驱动的字符
                                                       //设备下
#gedit /linux-2.6.30.4/drivers/char/Kconfig            //添加 LED 设备配置
      config  MY2410_LEDS
      tristate "My2410 Leds Device"
      depends on  ARCH_S3C2410
      default y
      ---help---
      My2410 User Leds
#gedit /linux-2.6.30.4/drivers/char/Makefile           //添加 LED 设备配置
obj-$(CONFIG_MY2410_LEDS) += my2410_leds.o
```

6. 配置内核,选择 LED 设备选项

```
#make menuconfig
          Device Drivers --->
           Character devices --->
     <*> My2410 Leds Device (NEW)
```

7. 编译内核并下载

编译内核并下载到开发板上,查看已加载的设备 #cat /proc/devices,可以看到 my2410_leds 的主设备号为 231。

8. 编写应用程序测试 LED 驱动

文件名:leds_test.c

```
/*=============================================
Name        : leds_test.c
Author      : zxl
Description : my2410 leds driver test
=============================================*/
#include <stdio.h>
#include <stdlib.h>
#include <fcntl.h>
#include <sys/ioctl.h>

int main(int argc, char **argv)
{
    int turn, index, fd;
```

```
    //检测输入参数的合法性
    if(argc != 3 || sscanf(argv[2], "%d", &index) != 1 || index < 1 || index > 4)
    {
        printf("Usage: leds on|off 1|2|3|4\n");
        exit(1);
    }
    if(strcmp(argv[1], "on") == 0)
    {
        turn = 1;
    }
    else if(strcmp(argv[1], "off") == 0)
    {
        turn = 0;
    }
    else
    {
        printf("Usage: leds on|off 1|2|3|4\n");
        exit(1);
    }
    //打开 LED 设备
    fd = open("/dev/my2410_leds", 0);
    if(fd < 0)
    {
        printf("Open Led Device Faild! \n");
        exit(1);
    }
    //IO 控制
    ioctl(fd, turn, index - 1);
    //关闭 LED 设备
    close(fd);
    return 0;
}
```

9. 测试应用程序

在开发主机上交叉编译测试应用程序，并复制到文件系统的/usr/sbin 目录下，然后重新编译文件系统下载到开发板上。

```
#arm-linux-gcc -o  leds_test   leds_test.c
```

在开发板上的文件系统中创建一个 LED 设备的节点，然后运行测试程序，观测开发板上的 LED 灯，可以看到每一步的操作对应的 LED 会点亮或者熄灭。

```
# insmod   my2410_leds.o(使用动态加载 LED 灯驱动，my2410_leds.o 这个文件在 linux-2.6.30.4/drives/char 目录下由 my2410_leds.c 生成)
# leds  on  1(使开发板第一盏灯亮)
# leds  on  2(使开发板第二盏灯亮)
# leds  on  3(使开发板第三盏灯亮)
# leds  on  4(使开发板第四盏灯亮)
# leds  off 1(使开发板第一盏灯灭)
# leds  off 2(使开发板第二盏灯灭)
# leds  off 3(使开发板第三盏灯灭)
# leds  off 4(使开发板第四盏灯灭)
```

练习与思考题

1. 简要说明驱动程序定义及功能。
2. 画出驱动层次结构图。
3. 简要说明设备驱动程序与外界接口的关系。
4. 简要说明设备驱动程序的特点。
5. 简述设备驱动程序的分类。
6. 简要说明嵌入式 Linux 驱动开发流程。
7. 简述编写驱动程序的基本要点。
8. 举例说明驱动程序的开发方法。

第13章 嵌入式 Linux 应用开发

本章介绍网络通信协议、Linux 网络编程基础知识、嵌入式 Web 服务器建立方法，最后介绍基于 Qt/E 的嵌入式 GUI 设计方法，并给出了一个完整的开发实例。

教学建议

本章教学学时建议：6 学时。

网络通信协议：0.5 学时；

Linux 网络编程基础：1.5 学时；

嵌入式 Web 服务器：1 学时；

基于 Qt/E 的嵌入式 GUI 设计：3 学时。

要求理解网络通信协议、熟悉 Socket 编程的基本函数与用法，掌握基于 Qt/E 的嵌入式 GUI 设计的方法，并能做简单的应用设计。

13.1 网络通信协议

13.1.1 TCP/IP

OSI 协议参考模型是基于国际标准化组织（ISO）的建议发展起来的，从上到下共分为 7 层：应用层（Application）、表示层（Presentation）、会话层（Session）、传输层（Transport）、网络层（Network）、数据链路层（Data Link）及物理层（Physical）。这个 7 层的协议模型规定得非常细致和完善，它是此后很多协议模型的基础，这种分层架构的思想在很多领域都得到广泛应用。

与此相区别的 TCP/IP 协议模型从一开始就遵循简单明确的设计思路，它将 TCP/IP 的 7 层协议模型简化为 4 层，从而更有利于实现和使用。

TCP/IP 协议（Transmission Control Protocol/Internet Protocol，传输控制协议/互联网络协议）是网络中的最基本的协议，它是由 TCP 协议和 IP 协议组成。表 13－1 列出了 TCP/IP 协议的层次。

表 13-1　TCP 协议和 IP 协议组成

层　次	协　议	功　能
应用层	FTP、HTTP、Socket、TFTP、Telnet	网络的应用程序
传输层	TCP、UDP	建立传输链接
网络层	IPv4、IPv6、ICMP、IGMP 等	把数据帧打包为 IP 数据包
网络接口层	ARP、MPLS、网络芯片驱动	把二进制数据转为数据帧

网络接口层(物理层、数据链路层)：物理层主要涉及网络芯片驱动；数据链路层主要将二进制数据转为数据帧。数据帧是独立的网络信息传输单元。

网络层：负责将数据帧封装成 IP 数据报，并运行必要的路由算法。

传输层：负责端对端之间的通信会话连接与建立。传输协议的选择根据数据传输方式而定。

应用层(会话层、表示层、应用层)：负责应用程序的网络访问，这里通过端口号来识别各个不同的进程。

虽然 TCP/IP 协议由 TCP 协议和 IP 协议组成，但实际上，TCP/IP 协议是一个协议族，包括了各个层次上的众多协议，如表 13-1 所列。所有的这些协议在相应的 RFC(Request For Comments，请求注解)文档中均设置为标准化。对于重要的协议，在 RFC 上均标有状态，比如：必须、推荐和可选，有的协议可能还有：试验和历史等标记。

下面介绍几个在嵌入式系统中常用的协议：

1) ARP(Address Resolution Protocol，地址解析协议)

ARP 实现从 IP 地址到物理地址的转换。用于获得同一物理网络中硬件主机的地址等。

网络层用 IP 地址来区别主机；而网络接口层用 MAC 值来区别网卡。源主机向网络中的每个主机发送一份包含了目的主机的 IP 地址的 ARP 请求后，目的主机接收到该 ARP 请求后，识别出目的 ARP 请求是源主机在查询它的 IP 地址等信息，然后就发送一个包含了自己的 IP 和对应 MAC 值的 ARP 应答给源主机，完成地址解析。

2) MPLS(Multi-Protocol Label Switching，多协议标签协议)

MPLS 是一种用于快速数据包交换和路由的体系，它为网络数据流量提供了目标、路由、转发和交换等能力。是很有发展前景的下一代网络协议。

3) IP(Internet Protocol，互联网协议)

IP 是 TCP/IP 协议中最核心的协议。所有的 TCP、UDP、ICMP、IGMP 等都是以 IP 数据报格式传输的。IP 协议分为 IPv4(目前使用得最广泛的 IP 协议)和 IPv6(下一代的互联网协议)两种。下面用 IPv4 为例进行说明，IP 数据报最大 65 525 字节，其中数据头 20 字节，包含 32 位的源 IP 地址和 32 位的目标 IP 地址。IPv6 的 IP 地址是 128 位，提高了寻址能力、简化了报头格式。

4）ICMP(Internet Control Messages Protocol,网络控制报文协议）

ICMP 它被封装到 IP 层的数据报中，是 IP 层的附属协议。用它来与其他主机或路由器交换错误报文或其他重要控制信息，比如 Ping 和 Traceroute 两个命令都是利用它来实现的。

5）IGMP(Internet Group Management Protocol,网络组管理协议）

IP 主机用来向本地多路广播路由器报告主机组成员的协议，用于 IP 主机向任一个直接相邻的路由器报告它们的组成员情况。它被封装到 IP 层数据包中，其 IP 的协议号是 2。

6）TCP(Transfer Control Protocol,传输控制协议）

TCP 协议为两台主机提供了基于连接的高可靠性的点到点数据通信。主要包括：发送方把应用程序交给它的数据分成合适的小块，并附上 TCP 头数据（包括顺序号、源、目的端口、控制、纠错信息等），并将该数据报交给网络层处理。

接收方确认收到的 TCP 数据报，重组后将数据送到应用层处理。

7）UDP(User Datagram Protocol,用户数据包协议）

UDP 协议是一种无连接、不可靠的传输层协议，仅把应用程序传来的数据加上 UDP 头（包含端口号、段长度等信息）后作为 UDP 数据报发送出去，对于能否到达接收方不做理会。数据传输的可靠性有应用层来负责。

8）TCP 协议

为了更加深入的了解网络编程，必须掌握传输层的 TCP 和 UDP 协议。

TCP 协议位于 IP 协议之上，应用层之下。TCP 协议将应用层的数据流分割成适当长度的报文段，然后将 TCP 数据报传给 IP 协议，再由 IP 协议处理。

同其他任何协议栈一样，TCP 向相邻的高层提供服务。因为 TCP 的上一层就是应用层，因此，TCP 数据传输实现了从一个应用程序到另一个应用程序的数据传递。应用程序通过编程调用 TCP 并使用 TCP 服务，提供需要准备发送的数据，用来区分接收数据应用的目的地址和端口号。

通常应用程序通过打开一个 Socket 来使用 TCP 服务，TCP 管理到其他 Socket 的数据传递。可以说，通过 IP 的源/目的可以唯一地区分网络中两个设备的关联，通过 Socket 的源/目的可以唯一地区分网络中两个应用程序的关联。

TCP 头的结构如图 13-1 所示。

含义如下：

(1) 源端口：占据 0、1 两字节的 16 位，标识出本地的端口号；

(2) 目的端口：占据 2、3 字节的 16 位，标识出远端的端口号；

(3) 顺序号：占据 4～7 字节的 32 位，标识发送的数据报的顺序；

(4) 确认号：占据 8～15 字节的 32 位，存放将要收到的数据报的序列号；

(5) TCP 头长：占据 16、17 字节的位 0～3，TCP 头中包含多少个 32 位字；

(6) 位保留数据：占据 16、17 字节的位 4 到 9，保留数据位；

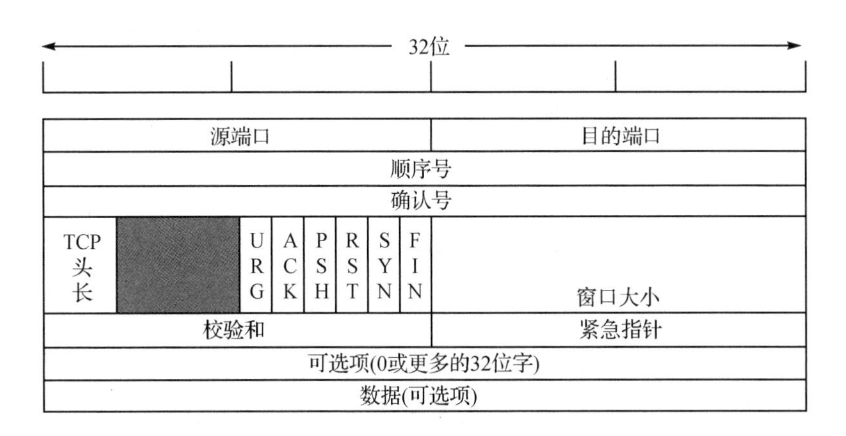

图 13-1　TCP 数据报头的格式

(7) URG：占据 16、17 字节的为 10，紧急标志位；

(8) ACK：占据 16、17 字节的位 11，置 1 表示确认号合法。为 0 表示不包含确认信息，确认信息字段被省略；

(9) PSH：占据 16、17 字节的位 12，表示是带有 PUSH 标志的数据，接收方因此请求数据报一到便可送往应用程序，而不必等到缓冲区装满时才传送；

(10) RST：占据 16、17 字节的位 13，用于复位由于主机崩溃或其他原因而出现的错误连接，还可以用于拒绝非法数据或拒绝连接请求；

(11) SYN：占据 16、17 字节的位 14，用于建立连接；

(12) FIN：占据 16、17 字节的位 15，释放连接；

(13) 窗口大小：占据 18、19 字节，窗口大小字段表示在确认字节之后还可以发送多少字节；

(14) 校验和：占据 20、21 字节，是为了确保高可靠性而设置的，它校验头部、数据和伪 TCP 头之和；

(15) 可选项：0 或多个 32 位字，包括最大的 TCP 载荷，窗口比例、选择重发数据报等选项。

TCP 协议通过 3 个报文段完成连接的建立，这个过程称为 3 次握手，下面描述了这 3 次握手的简单过程：

① 初始化主机通过发送一个设置有同步标志置位的数据段发起会话请求；

② 接收端发回一个确认，包含同步标志置位、即将发送的数据段的起始字节的顺序号、应答并带有将要接收的下一个数据段的字节顺序号；

③ 主机接到数据后发回一个确认，包含确认的顺序号和确认信息。

9) UDP

UDP 协议不需要像 TCP 那样通过 3 次握手来建立一个连接；同时，一个 UDP 应用可同时作为应用的客户或服务器方。由于 UDP 不需要建立一个明确的连接，因此建立 UDP 应用要比建立 TCP 简单。

由于UDP协议比TCP协议更为高效,所以在实时性方面比TCP更占优势,因而在目前音视频传输方面使用UDP尤为广泛。

下面介绍UDP报头的结构,如图13-2所示。

UDP报头有4个域组成,每个域占据2字节。

(1) 源端口:占据0、1字节,标识本地的端口号;

(2) 目的端口:占据2、3字节,标识远端的端口号;

(3) 数据报长度:占据4、5字节,包含了报头和数据部分在内的总字节数。由于报头的长度是固定的,所以用来计算可变长度的数据部分,最大为65 535字节;

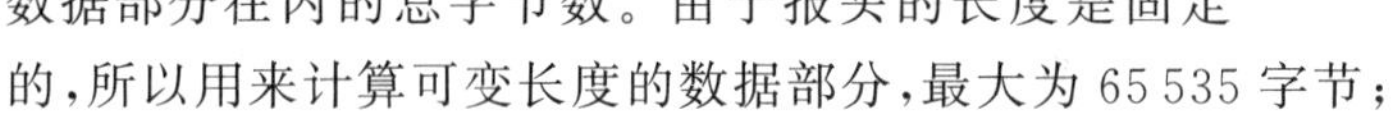

(4) 校验值:占据6、7字节,用来保证数据安全。

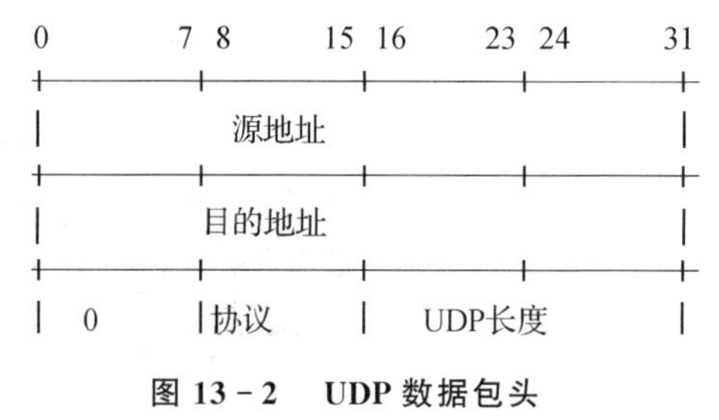

图13-2　UDP数据包头

13.1.2　协议的选择

数据可靠性要求:对于要求高可靠性的应用需要选择TCP协议;对于可靠性要求不高的应用可以选择UDP传输,比如嵌入式设备的BootLoader中使用TFTP传输方式就是采用UDP协议。

应用的实时性:由于TCP协议需要经过3次握手和重传确认等方式来保障数据的可靠性,会导致较长时间的延时,不适合较高实时性的应用。而UDP协议在实时性方面就比TCP协议要强。

网络可靠性:TCP协议针对网络的可靠性采用了多种机制来减少错误的发生;因此,在网络状况不是很好时建议使用TCP协议(如广域网);在网络状况比较好的情况下就可以选择UDP来减轻网络负荷(如局域网)。

13.2　Linux网络编程基础

13.2.1　网络程序结构

网络程序和普通的程序最大的区别在于,网络程序由两部分组成:客户端和服务器端。

网络程序是先由服务器端启动,等待客户端运行并建立连接。一般说来:服务端的程序在一个端口上监听,直到客户端的程序发来请求。

(1) 客户端。在网络程序中,如果一个程序主动和外面的程序通信,则把这个程序称为客户端程序。比如使用FTP程序从另外一个地方获取文件的时候,是FTP程序主动同外面进行通信(获取文件),所以此时FTP程序就是客户端程序。

(2) 服务端。和客户端相对应的程序即为服务端程序。被动的等待外面的程序来和自己通讯的程序称为服务端程序。例如上面的文件获取中，另外一个地方的程序就是服务端，从服务端获取文件过来。

(3) 互为客户和服务端。实际生活中有些程序是互为服务和客户端。在这种情况项目，一个程序既为客户端也是服务端。

它们的建立步骤一般是：

服务器端：

```
socket-->bind-->listen-->accept
```

客户端：

```
socket-->connect
```

13.2.2　Socket 概念

在 Linux 中的网络编程是通过 Socket 接口来进行的。网络程序通过 Socket 和其他几个函数的调用，会返回一个通信的文件描述符，可以将这个描述符看成普通文件的描述符来操作，这就是 Linux 的设备无关性的好处。可以通过向描述符读/写操作实现网络之间的数据交流。

Socket 接口是一种特殊的 I/O，它也是一种文件描述符。每一个 Socket 都用一个半相关描述{协议，本地地址，本地端口}来表示；一个完整的套接字则用一个相关描述{协议，本地地址、本地端口、远程地址、远程端口}。Socket 也有一个类似于打开文件的函数调用，该函数返回一个整型的 Socket 描述符，随后的连接建立、数据传输等操作都是通过 Socket 来实现的。

常见的 Socket 有 3 种类型。

(1) 流式 Socket(SOCK_STREAM)。流式套接字提供可靠的、面向连接的通信流；它使用 TCP 协议，从而保证了数据传输的正确性和顺序性。

(2) 数据报 Socket(SOCK_DGRAM)。数据报套接字定义了一种无连接的服务，数据通过相互独立的报文进行传输，是无序的，并且不保证是可靠、无差错的。它使用数据报协议 UDP。

(3) 原始 Socket。原始套接字允许对底层协议如 IP 或 ICMP 进行直接访问，它功能强大但使用较为不便，主要用于一些协议的开发。

13.2.3　Socket 编程的基本函数

进行 Socket 编程的基本函数有 socket、bind、listen、accept、send、sendto、recv 和 recvfrom 等，其中对于客户端和服务器端以及 TCP 和 UDP 的操作流程都有所区别，如图 13-3 所示，给出了 TCP 协议的 Socket 流程图。如图 13-4 所示给出了 UDP 协议的 Socket 流程图。

以下讲到的函数如非特殊说明均需要头文件 sys/socket.h。

1）socket函数

函数原型：int socket(int domain, int type, int protocol)

应用程序调用socket函数来创建一个能够进行网络通信的套接字。该函数如果调用成功就返回新创建的套接字的描述符，如果失败就返回INVALID_SOCKET。套接字描述符是一个整数类型的值。每个进程的进程空间里都有一个套接字描述符表，该表中存放着套接字描述符和套接字数据结构的对应关系。该表中有一个字段存放新创建的套接字的描述符，另一个字段存放套接字数据结构的地址，因此根据套接字描述符就可以找到其对应的套接字数据结构。每个进程在自己的进程空间里都有一个套接字描述符表，但是套接字数据结构都是在操作系统的内核缓冲里。该函数的参数如下：

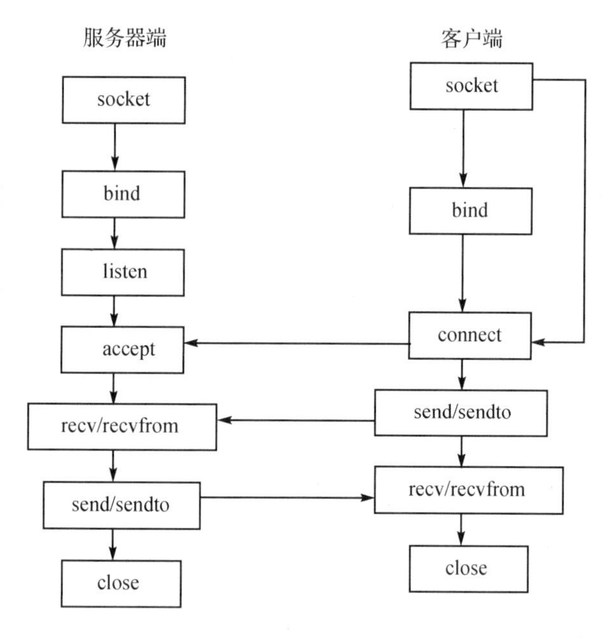

图13-3　TCP协议的Socket流程图

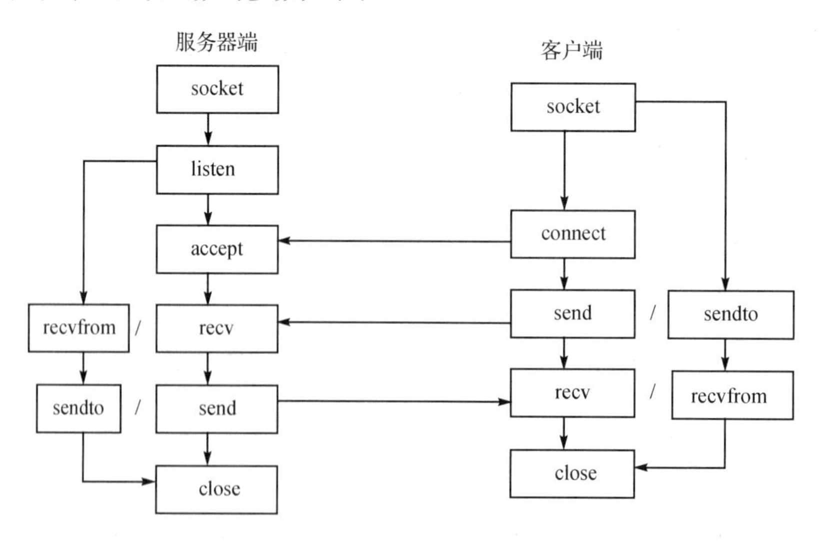

图13-4　UDP协议的Socket流程图

domain：说明网络程序所在主机采用的通信协族(AF_UNIX和AF_INET等)。AF_UNIX只能够用于单一的Unix系统进程间通信，而AF_INET是针对Internet的，因而可以允许在远程主机之间通信。

type：网络程序所采用的通讯协议（SOCK_STREAM 和 SOCK_DGRAM 等）SOCK_STREAM 表明用的是 TCP 协议，这样会提供有序、可靠、双向、面向连接的数据流。SOCK_DGRAM 表明用的是 UDP 协议，这样只会提供定长的、不可靠和无连接的通信。

protocol：由于指定了 type，所以这个地方一般只要用 0 来代替就可以了。

2）bind 函数

函数原型：int bind(int sockfd, struct sockaddr * my_addr, int addrlen)

当创建了一个 socket 以后，套接字数据结构中有一个默认的 IP 地址和默认的端口号。一个服务程序必须调用 bind 函数来给其绑定一个 IP 地址和一个特定的端口号。用户程序一般不必调用 bind 函数来为其 socket 绑定 IP 地址和端口号。该函数的参数如下：

sockfd：由调用 socket 函数返回的文件描述符。

addrlen：sockaddr 结构的长度。

my_addr：一个指向 sockaddr 的指针。

sockaddr 的定义如下：

```
struct sockaddr{
        unisgned short  as_family;  /* 地址族 */
        char    sa_data[14];        /* 14 字节的协议地址，包含该 Socket 的 IP 地址和端口号 */
};
```

不过由于系统的兼容性，一般不用此结构体，而使用另外一个结构体（struct sockaddr_in）来代替。sockaddr_in 的定义如下：

```
struct sockaddr_in{
    unsigned short       sin_family;      /* 地址族 */
    unsigned short int   sin_port;        /* 端口号 */
    struct in_addr       sin_addr;        /* IP 地址 */
    unsigned char        sin_zero[8];     /* 填充 0 以保持与 struct sockaddr 同样大小 */
};
```

下面列出 sin_family 参数可能的值：

AF_INET：　IPv4 协议；

AF_INET6：　IPv6 协议；

AF_LOCAL：Unix 域协议；

AF_LINK：　链路地址协议；

AF_KEY：　密钥套接字（Socket）。

主要使用 Internet，所以 sin_family 一般为 AF_INET；sin_addr 设置为 INADDR_ANY 表示可以和任何的主机通信；sin_port 是要监听的端口号；sin_zero[8]是用来填充的。bind 函

数将本地的端口同 socket 函数返回的文件描述符捆绑在一起。成功是返回 0,失败的情况和 socket 函数的错误返回值一样。

3) listen 函数

函数原型：int listen(int sockfd,int backlog)

侦听函数,在调用 listen()前,要调用 bind()或者让内核选择一个端口。该函数的参数如下：

sockfd：bind 函数中使用的文件描述符。

backlog：设置请求排队的最大长度。当有多个客户端程序和服务端相连时,使用这个值表示可以侦听到的排队长度。listen 函数将 bind 的文件描述符变为侦听套接字。返回的情况和 bind 函数的返回值一样。

4) accept 函数

函数原型：int accept(int sockfd, struct sockaddr * addr,int * addrlen)

调用 accept()告诉对方有空闲的连接。它将返回一个新的套接字文件描述符。这样就有两个套接字了,原来的一个还在侦听那个端口,新的一个在准备发送 (send())和接收 (recv())数据。该函数的参数如下：

sockfd：listen 函数后的文件描述符。

addr,addrlen：用来给客户端的程序填写的,服务器端只要传递指针就可以了。bind 函数、listen 函数和 accept 函数是服务器端用的函数,accept 调用时,服务器端的程序会一直阻塞到有一个客户程序发出了连接。accept 成功时返回最后的服务器端的文件描述符,这时服务器端可以向该描述符写信息。失败时返回－1。

5) connect 函数

函数原型：int connect(int sockfd, struct sockaddr * serv_addr,int addrlen)

该函数在 TCP 中是用于 bind 的之后的 client 端,用于与服务器端建立连接,而在 UDP 中由于没有了 bind 函数,因此用 connect 有点类似 bind 函数的作用。该函数的参数如下：

sockfd：socket 返回的文件描述符。

serv_addr：储存了服务器端的连接信息。其中 sin_add 是服务端的地址。

addrlen：serv_addr 的长度

connect 函数是客户端用来同服务端连接的。成功时返回 0,sockfd 是同服务端通信的文件描述符,失败时返回－1。

6) write 函数

函数原型：ssize_t write(int fd,const void * buf,size_t nbytes)

write 函数将 buf 中的 nbytes 字节内容写入文件描述符 fd。成功时返回写的字节数,失败时返回－1,并设置 errno 变量。在网络程序中,当向套接字文件描述符进行写操作时有两种可能。

(1) write 的返回值大于 0,表示写了部分或者是全部的数据。

(2) 返回的值小于 0，此时出现了错误。需要根据错误类型来处理。

如果错误为 EINTR，表示在写的时候出现了中断错误，此时继续写即可。

如果为 EPIPE，表示网络连接出现了问题（对方已经关闭了连接），此时程序返回即可。

为了处理以上的情况，参考以下示例程序进行处理：

```
int my_write(int fd,void * buffer,int length)
{
    int bytes_left;
    int written_bytes;
    char * ptr;
    ptr = buffer;
    bytes_left = length;
    while(bytes_left>0)
    {
        /* 开始写 */
        written_bytes = write(fd,ptr,bytes_left);
        if(written_bytes< = 0)              /* 出错了 */
        {
            if(errno == EINTR)              /* 中断错误,继续写操作 */
                written_bytes = 0;
            else                            /* 其他错误,退出写操作 */
                return( - 1);
        }
        bytes_left- = written_bytes;
        ptr + = written_bytes;              /* 从剩下的地方继续写操作 */
    }
    return(0);
}
```

7）read 函数

函数原型：ssize_t read(int fd,void * buf,size_t nbyte)

read 函数是负责从 fd 中读取内容。当读成功时，read 返回实际所读的字节数，如果返回的值是 0，表示已经读到文件的结束了，小于 0 表示出现了错误。如果错误为 EINTR，说明读操作错误是由中断引起的；如果是 ECONNREST，表示网络连接出了问题。

为了处理以上的情况，参考以下示例程序进行处理：

```
int my_read(int fd,void * buffer,int length)
{
    int bytes_left;
    int bytes_read;
```

```
    char *ptr;

    bytes_left = length;
    while(bytes_left>0)
    {
        bytes_read = read(fd,ptr,bytes_read);
        if(bytes_read<0)              /* 出错了 */
        {
            if(errno == EINTR)        /* 中断错误,继续读操作 */
                bytes_read = 0;
            else                      /* 其他错误,退出读操作 */
                return(-1);
        }
        else if(bytes_read == 0)
            break;
        bytes_left- = bytes_read;
        ptr+ = bytes_read;            /* 从剩下的地方继续读操作 */
    }
    return(length-bytes_left);
}
```

利用 read 和 write 函数可以向客户端或者服务器端传递数据，这里需要说明的是：一般传递数据时将其转化为 char 类型进行传递，对于传递指针等类型的数据是完全没有实际用途的操作，需要传递的是指针指向的内容而不是指针。

8）send 函数与 recv 函数

函数原型：int recv(int sockfd,void *buf,int len,int flags)

函数原型：int send(int sockfd,void *msg,int len,int flags)

这两个函数用于流式套接字或者数据报套接字的通信。

不论是客户还是服务器应用程序都用 recv 函数从 TCP 连接的另一端接收数据。该函数的参数说明如下：

socktd：套接字描述符；

buf：　存放接收数据的缓冲区；

len：　数据长度；

flags：　一般为 0。

flags 变量可以是 0 也可以是以下参数的组合：

MSG_DONTROUTE：不查找路由表。

MSG_OOB：接受或者发送带外数据。

MSG_PEEK：查看数据，并不从系统缓冲区移走数据。

MSG_WAITALL：等待所有数据。

MSG_DONTROUTE：send函数使用的标志。这个标志告诉IP协议，目的主机在本地网络上面，没有必要查找路由表。这个标志一般用在网络诊断和路由程序里面。

MSG_OOB：表示可以接收和发送带外的数据。

MSG_PEEK：recv函数的使用标志，表示只是从系统缓冲区中读取内容，而不清楚系统缓冲区的内容。这样下次读的时候，仍然是一样的内容。一般在有多个进程读/写数据时可以使用这个标志。

MSG_WAITALL：recv函数的使用标志，表示等到所有的信息到达时才返回。使用这个标志时recv会一直阻塞，直到指定的条件满足，或者是发生了错误。

(1) 当读到了指定的字节时，函数正常返回。返回值等于len。

(2) 当读到了文件的结尾时，函数正常返回。返回值小于len。

(3) 当操作发生错误时，返回－1，且设置错误为相应的错误号(errno)。

recv函数可用于TCP，也可用于UDP。当用于UDP时，在connect函数建立连接后使用。

msg：指向要发送数据的指针。

9）sendto函数与recvfrom函数

函数原型：int recvfrom(int sockfd，void * buf，int len，unsigned int flags，struct sockaddr * from，int fromlen)

函数原型：int sendto(int sockfd，const void * msg，int len，unsigned int flags，struct sockaddr * to，int tolen)

该函数的参数说明如下：

socktd：　套接字描述符；

buf：　存放接收数据的缓冲区；

len：　数据长度；

flags：　一般为0；

from：　源机的(或目地机的)IP地址和端口号信息；

fromlen：地址长度；

tolen：　地址长度。

10）其他函数

(1) 数据存储优先顺序函数

实现网络字节序和主机字节序的转化，第一个字母的h代表host，n代表network，最后一个字母s代表short，l代表long。通常16位的IP端口号用s代表，而IP地址用l来代表。

uint16_t htons(unit16_t host16bit)

uint32_t htonl(unit32_t host32bit)

uint16_t ntohs(unit16_t net16bit)

uint32_t ntohs(unit32_t net32bit)

对上述函数的参数说明如下：

host16bit：主机字节序的 16 位数据；

host32bit：主机字节序的 32 位数据；

net16bit：网络字节序的 16 位数据；

net32bit：网络字节序的 32 位数据。

函数运行成功后返回字节序，失败返回－1。

(2) 主机名地址转换函数

为了实际使用方便，使用主机名代替冗长的 IP 地址是不可避免的，特别是 IPv6 中高达 128 字节的 IP 地址。调用下面几个函数可方便地转换主机名到 IP 地址，转换 IP 地址到主机名。

gethostbyname 函数是将主机名转化为 IP 地址；

gethostbyaddr 函数是将 IP 地址转化为主机名；

getaddrinfo 函数能实现自动识别 IPv4 地址和 IPv6 地址。

gethostbyname 和 gethostbyaddr 都涉及 hostent 的结构体，如下所示：

```
struct hostent
  {
      char * h_name;              /* 正式主机名 */
      char * * h_aliases;         /* 主机别名 */
      int h_addrtype;             /* 地址类型 */
      int h_length;               /* 地址长度 */
      char * * h_addr_list;       /* 指向 IPv4 或 IPv6 的地址指针数组 */
  }
```

调用这两个函数后就能返回 hostent 结构体的相关信息。

getaddrinfo 函数涉及 addrinfo 的结构体，如下所示：

```
struct addrinfo
  {
      int ai_flags;                  /* AI_PASSIVE,AI_CANONNAME */
      int ai_family;                 /* 地址族 */
      int ai_socktype;               /* socket 类型 */
      int ai_protocol;               /* 协议类型 */
      size_t ai_addrlen;             /* 地址长度 */
      char * ai_canoname;            /* 主机名 */
      struct sockaddr * ai_addr;     /* socket 结构体 */
      struct addrinfo * ai_next;     /* 下一个指针链表 */
  }
```

下面列出各个参数的值：

ai_flags

AI_PASSIVE：　该套接口是用作被动地打开；

AI_CANONNAME：通知 getaddrinfo 函数返回主机的名字。

ai_family

AF_INET：　IPv4 协议；

AF_INET6：　IPv6 协议；

AF_UNSPE：　IPv4 或 IPv6 均可。

ai_socktype

SOCK_STREAM：　字节流套接字 socket(TCP)；

SOCK_DGRAM：　数据报套接字 socket(UDP)。

ai_protocol

IPPROTO_IP：　IP 协议；

IPPROTO_IPV4：　IPv4 协议；

IPPROTO_IPV6：　IPv6 协议；

IPPROTO_UDP：　UDP；

IPPROTO_TCP：　TCP。

以下两个函数均需要调用头文件：

netdb.h struct hostent * gethostbyname(const char * hostname)

hostname：主机名。将主机名转换为 IP 地址。函数运行成功了，返回 hostent 类型指针；失败了返回－1。

int getaddrinfo(const char * hostname, const char * service, const struct addrinfo * hints, struct addrinfo * * result)

hostname：主机名；

serveice：　服务名或十进制的串口号字符串；

hints：　服务线索；

result：　返回结果。

在运行该函数之前需要对 hints 进行设置。函数运行成功了，返回 0；失败了返回－1。

例如：下面是一个基于以上原理编写的一个 UDP 的示例源码：

```
/***************************************
NAME:UDP.c
COPYRIGHT:zhongxiaolei
***************************************/
#include <sys/types.h>
```

```
#include <sys/socket.h>
#include <arpa/inet.h>
#include <stdio.h>
#define BUFLEN 255
int main(int argc, char **argv)
{
    struct sockaddr_in peeraddr, localaddr;
    //peeraddr 用于存放对方 IP 和端口的 socket 地址;localaddr 用于存放本地 socket 地址
    int sockfd;
    char recmsg[BUFLEN+1];
    int socklen, n;

    if(argc!=5){
        printf("%s <receive IP address> <receive port> <send IP address> <send port>
            \n", argv[0]);
        exit(0);
    }

    sockfd = socket(AF_INET, SOCK_DGRAM, 0);
    if(sockfd<0){
        printf("socket creating err in udptest\n");
        exit(1);
    }
    socklen = sizeof(struct sockaddr_in);
    memset(&peeraddr, 0, socklen);
    peeraddr.sin_family=AF_INET;
    peeraddr.sin_port=htons(atoi(argv[2]));
    if(inet_pton(AF_INET, argv[1], &peeraddr.sin_addr)<=0){
        printf("Wrong receive IP address! \n");
        exit(0);
    }
    memset(&localaddr, 0, socklen);
    localaddr.sin_family=AF_INET;
    if(inet_pton(AF_INET, argv[3], &localaddr.sin_addr)<=0){
        printf("Wrong send IP address! \n");
        exit(0);
    }
    localaddr.sin_port=htons(atoi(argv[4]));
    if(bind(sockfd, &localaddr, socklen)<0){
        printf("bind local address err in udptest! \n");
```

```
        exit(2);
    }

    if(fgets(recmsg, BUFLEN, stdin) == NULL) exit(0);
    if(sendto(sockfd, recmsg, strlen(recmsg), 0, &peeraddr, socklen)<0){
        printf("sendto err in udptest! \n");
        exit(3);
    }

    for(;;){
        /* recv&send message loop */
        n = recvfrom(sockfd, recmsg, BUFLEN, 0, &peeraddr, &socklen);
        if(n<0){
            printf("recvfrom err in udptest! \n");
            exit(4);
        }else{
            //成功接收到数据包
            recmsg[n] = 0;
            printf("receive: %s", recmsg);
        }
        if(fgets(recmsg, BUFLEN, stdin) == NULL) exit(0);
        if(sendto(sockfd, recmsg, strlen(recmsg), 0, &peeraddr, socklen)<0){
            printf("send to err in udptest! \n");
            exit(3);
        }
    }
}
```

使用 arm-linux-gcc -o arm-udptest UDP.c 和 gcc -o x86-udptest UDP.c 或者直接使用 make 指令就可以编译出开发板和 PC 上使用的测试程序。

13.3　嵌入式 Web 服务器

13.3.1　嵌入式 Web 服务器概述

随着嵌入式技术的发展和高速宽带网络的普及，利用网络实现远程监控已为人们广泛接受，嵌入式网络监控技术正是在此条件下逐步发展成熟起来的。

用户使用 Web 浏览器，通过以太网远程访问内置 Web 服务器的监控摄像机，不但可以实现对现场的远程视频监控，而且可以向监控现场发送指令。在整个系统的实现过程中，嵌入式

Web 服务器起着十分重要的作用。因此，在嵌入式网络视频监控系统中，Web 服务器的设计对监控系统的整体性能具有直接的影响，只有有了高效率的 Web 服务器，监控系统的性能才能得到充分的发挥。

直接采用 Internet 网络连接嵌入式设备进行远程监控，必须在嵌入式设备上安装 Web 服务器，使其支持远程 PC 或移动终端通过浏览器来访问该设备。目前，在嵌入式系统上常见的嵌入式 Web 服务器有 Boa、Httpd 和 Thttpd。Httpd 是最简单的一种 Web 服务器，功能也最弱，不支持认证和 CGI。Thttpd Web 服务器和 Boa Web 服务器都支持认证和 CGI 等，功能都比较全。

S3C2410 开发板选用适合于嵌入式应用的 Boa Web 服务器。嵌入式 Web 服务器系统结构如图 13-5 所示。

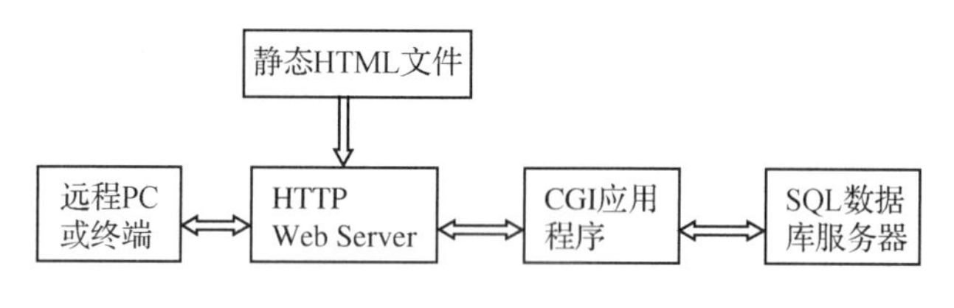

图 13-5　嵌入式 Web 服务器系统结构

13.3.2　Boa 的移植实例

1. Boa 简介

Boa 是一款单任务的 HTTP 服务器，与其他传统的 Web 服务器不同的是当有连接请求到来时，它并不为每个连接单独创建进程，也不通过复制自身进程来处理多链接，而是通过建立 HTTP 请求列表来处理多路 HTTP 连接请求，同时它只为 CGI 程序创建新的进程，这样就在最大程度上节省了系统资源，这点对嵌入式系统来讲是至关重要的。同时它还具有自动生成目录、自动解压文件等功能，因此，Boa 具有很高的 HTTP 请求处理速度和效率，在嵌入式系统中具有很高的应用价值。嵌入式 Web 服务器 Boa 和普通 Web 服务器一样，能够完成接收客户端请求、分析请求、响应请求、向客户端返回请求结果等任务。它的工作过程主要包括：

(1) 完成 Web 服务器的初始化工作，如创建环境变量、创建 TCP 套接字、绑定端口、开始侦听、进入循环结构，以及等待接收客户浏览器的连接请求。

(2) 当有客户端连接请求时，Web 服务器负责接收客户端请求，并保存相关请求信息。

(3) 在接收到客户端的连接请求之后，分析客户端请求，解析出请求的方法、URL 目标、可选的查询信息及表单信息，同时根据请求做出相应的处理。

(4) Web 服务器完成相应处理后，向客户端浏览器发送响应信息，关闭与客户机的 TCP 连接。嵌入式 Web 服务器 Boa 根据请求方法的不同，做出不同的响应。如果请求方法为 HEAD，则直接向浏览器返回响应首部；如果请求方法为 GET，则在返回响应首部的同时，将客户端请求的 URL 目标文件从服务器上读出，并且发送给客户端浏览器；如果请求方法为 POST，则将客户发送过来的表单信息传送给相应的 CGI 程序，作为 CGI 的参数来执行 CGI 程序，并将执行结果发送给客户端浏览器。Boa 的功能实现也是通过建立连接、绑定端口、进行侦听、请求处理等来实现的。

2. Boa 移植

1) 设置编译环境

Boa 的官方网站是：www. boa. org，下载地址：https://sourceforge. net/project/ show-files. php? group_id=78，目前最新的版本为：boa-0. 94. 13 版。

下载完毕后，解压到/opt/my2410/目录下，会生成目录 boa-0. 94. 13：

```
#tar  xzvf boa-0.94.13.tar.gz -C /opt/ my2410
```

2) 配置编译条件

配置 Boa：进入 src 目录，编译源代码。解压后 src 目录下有 Makefile. in 文件，但没有 Makefile 文件，为了编译源代码，须先生成 Makefile 文件，在 src 目录下运行 configure 命令即可。

```
#cd /opt/ my2410/boa-0.94.13/src
#chmod 755 configure
#./configure
```

生成的 Makefile 文件是针对 X86 平台的，为了生成能够在 ARM 上运行的 Boa，需要修改 Makefile 文件。

将 Makefile 的 31 和 32 行内容：CC = gcc 和 CPP = gcc -E，改成：CC=arm-linux-gcc 和 CPP=arm-linux-gcc -E，然后输入 make 命令进行编译，在 src 目录下就会生成 Boa 文件。

$ make 之后将该文件添加到文件系统中，重新下载文件系统。如果不幸出现“icky Linux kernel bug!”的错误，请将 src 下 boa. c 的第 226 行注释掉，重新编译下载即可。

```
#vi boa.c      //修改 boa.c 文件，在行 225～227 有如下内容，注释掉
225   if(setuid(0) != -1) {
226   //  DIE("icky Linux kernel bug!");
227   }
```

保存退出。

3) 安装 Boa 服务器

主要是配置 Boa 服务器。Boa 启动时需要一个配置文件 boa. conf，该文件的缺省目录由 src/defines. h 文件的 SERVER_ROOT 定义，或者在启动 Boa 的时候通过参数“-c”指定。其中指定的默认目录是：

```
/etc/boa/
```

4）编译并优化

编译后，将在 boa-0.94.13 目录下生成 Boa 的可执行文件（大小为 232 KB）：

```
#make
#arm-linux-strip boa
```

这里的优化就是去除 Boa 中的调试信息。经过此操作，Boa 会由 232 KB 变成 62 KB 左右，这个优化是比较常用的做法。到此，移植 Boa 就完成了。

3. CGI 的介绍和移植

1）CGI 概念

CGI（Common Gateway Interface）是通用网关接口的简称，它是一种通用的接口标准。其主要功能是在 WWW 环境下，从客户端传递一些信息给 Web 服务器，再由 Web 服务器去启动所指定的程序来完成特定的工作。

CGI 可以提供许多 HTML（Hyper Text Markup Language，超文本标记语言）无法做到的功能。用 HTML 是没有办法记住客户的任何信息的。要把顾客的信息记录在服务器的硬盘上，就要用到 CGI。

CGI 的工作原理如下：

CGI 程序就是符合这种通用的接口标准、运行在 Web 服务器上的程序。它的工作就是控制信息要求，产生并传回所需的文件。CGI 由浏览器的输入触发这个程序。

CGI 程序可以用来在 Web 内加入动态的内容。通过接口，浏览器能够发送一个可执行应用程序的 HTTP 请求，而不仅仅只是静态的 HTML 文件。服务器运行指定的应用程序，这个应用程序读取与请求相关的信息，获得请求传过来的数值。例如使用者填写 HTML 表单提交了数据，浏览器将这些数据发送到 Web 服务器上。Web 服务器接收这些数据并根据客户机指定的 CGI 程序把这些数据递交给指定的 CGI 程序，并使 CGI 在服务器上运行。CGI 程序运行结束，生成 HTML 页面，Web 服务器把 CGI 程序运行的结果送回用户浏览器。HTML 文件将会被用户的浏览器解释并将结果显示在用户浏览器上。CGI 的基本工作流程如图 13－6 所示。

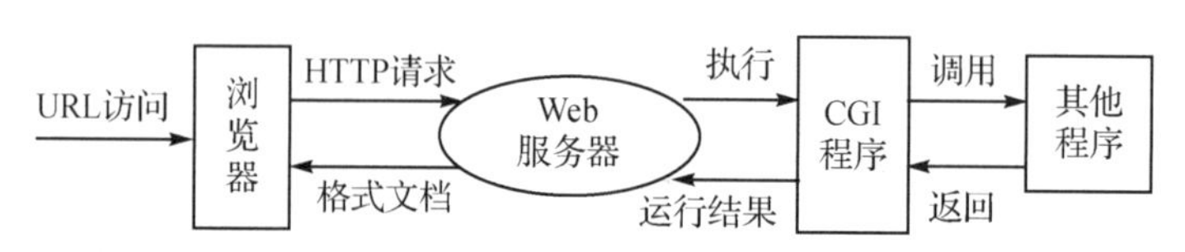

图 13－6　CGI 工作流程示意图

Web 服务器与 CGI 程序之间通过 4 种途径进行通信：环境变量、命令行、标准输入和标准输出。其中负责输入的有环境变量、命令行和标准输入。命令行只用于 ISINDEX 查询，较少使用。环境变量存放服务器向 CGI 程序传递的一些运行参数，比如 REQUEST_ METH-

OD 表示用户提出请求或提交数据的方法是 GET 还是 POST。

GET 方法是通过环境变量 QUERY-STRING 传递用户提交的数据。经过编码的数据以问号打头追加在标识 CGI 脚本地址的 URL 后一起传给 Web 服务器。服务器将其存于 QUERY-STRING 中，CGI 程序可以通过 getenv()函数来读取。编码数据除了表单数据，还可以是直接调用 CGI 脚本时追加在 URL 地址后面的参数。

POST 方法则是通过标准输入(stdin)传递提交数据。编码过的表单数据独立地传送给 Web 服务器，CGI 程序从标准输入中获得，可以用 getchar()、sscanf()和 fread()等函数。要注意的是数据的长度是通过读取环境变量 CONTENT_LENGTH 获得的，而不是通过文件尾标识符来判断。

目前最受欢迎的 CGI 程序语言有 4 种：ShellScript、C、VisualBasic、Perl。在这里选用 C 语言作为 CGI 的开发方式。

2) CGI 库的移植

(1) 设置编译环境

cgic 库的具体下载站点是：http://www.boutell.com/cgic/cgic205.tar.gz，目前最新版本为 cgic205 版。下载后，解压到/opt/my2410 目录下，会生成目录 cgic205。

```
#tar  xzvf cgic205.tar.gz -C /opt/ my2410
```

(2) 配置编译条件

进入 cgic205 目录，修改 Makefile 文件：

```
#cd /opt/my2410/cgic205
#vi Makefile
```

下面是修改后的文件内容：

```
    CFLAGS = -g -Wall
    CC = arm-linux-gcc              //原来是 CC = gcc
    AR = arm-linux-ar               //原来是 AR = ar
    RANLIB = arm-linux-ranlib       //原来是 RANLIB = ranlib
    LIBS = -L./ -lcgic
all: libcgic.a cgictest.cgi capture
install: libcgic.a
    cp libcgic.a /usr/local/lib
    cp cgic.h /usr/local/include
    @echo libcgic.a is in /usr/local/lib. cgic.h is in /usr/local/include.
libcgic.a: cgic.o cgic.h
    rm -f libcgic.a
    $(AR) rc libcgic.a cgic.o
```

```
    $(RANLIB) libcgic.a
    #mingw32 and cygwin users: replace .cgi with .exe
cgictest.cgi: cgictest.o libcgic.a
    $(CC) $(CFLAGS) cgictest.o -o cgictest.cgi ${LIBS} //由 gcc 改成了: $(CC) $(CFLAGS)
capture: capture.o libcgic.a
    $(CC) $(CFLAGS) capture.o -o capture ${LIBS} //由 gcc 改成了: $(CC) $(CFLAGS)
clean:
    rm -f *.o *.a cgictest.cgi capture
```

修改后保存退出。

(3) 编译并优化

编译,会在目录下生成 capture 的可执行文件和测试用的 cgictest. cgi 文件。

```
#make
```

优化:

```
#arm-linux-strip capture
```

上述命令会把 capture 由原来的 100 KB 左右变成现在的 29 KB 左右。

4. 配置 Web 服务器

做完前面的移植工作后,需配置 Web 服务器。这里以 NFS 文件系统为例介绍。

1) 配置 Boa

在文件系统里新建一个名为 web/的目录,在文件系统的 etc/目录下新建一个 boa/目录:

```
#cd /opt/root_nfs
#mkdir web etc/boa
```

然后拷贝刚才移植的 Boa 到文件系统的 sbin/目录下:

```
#cp   /opt/boa-0.94.13/src/boa      /opt/root_nfs/sbin
```

拷贝 boa-0.94.13 目录下面的 Boa 的配置文件 boa. conf 到文件系统的 etc/boa/目录下:

```
#cp /opt/boa-0.94.13/boa.conf    /opt/root_my2410/etc/boa
```

修改 boa. conf 文件,这里只给出修改的内容以及大概的行数:

```
#cd /opt/root_nfs/etc/boa
#vi boa.conf
```

下面是修改内容:

```
Port 80                     //行 25,监听的端口号,缺省都是 80,一般无须修改
#Listen 211.69.201.157      //行 43,bind 调用的 IP 地址,一般注释掉,表明绑定到 INADDR_ANY,
```

```
                                  //通配于服务器的所有 IP 地址
User root                         //行 48
Group root                        //行 49,作为哪个用户组运行,即它拥有该用户组的权限,一般都是
                                  //root,需要在/etc/group 文件中有 root 组
#ServerAdmin root@localhost       //行 55,当服务器发生问题时发送报警的 email 地址,现在没有使用,
                                  //注释掉
ErrorLog /dev/console             //行 62,错误日志文件。如果没有以/xxx 开始,则表示从服务器的根
                                  //路径开始。如果不需要错误日志,则用/dev/null。系统启动后
                                  //看到的 Boa 的打印信息就是由/dev/console 得到的
AccessLog /dev/null               //行 75,访问日志文件。如果没有以/xxx 开始,则表示从服务器的根
                                  //路径开始。如果不需要错误日志,则用 /dev/null 或直接注释掉
#UseLocaltime                     //行 84,是否使用本地时间。如果没有注释掉,则使用本地时间。如
                                  //果注释掉,则使用 UTC 时间
#VerboseCGILogs                   //行 90,是否记录 CGI 运行信息,如果没有注释掉,则记录。如果注释
                                  //掉,则不记录
ServerName yellow                 //行 95,服务器名字
#VirtualHost                      //行 107,是否启动虚拟主机功能,即设备可以有多个网络接口,每个接
                                  //口都可以拥有一个虚拟的 Web 服务器。一般注释掉,即不需要启动
DocumentRoot /web                 //行 112,非常重要,这个就是存放 HTML 文档的主目录。如果没有以
                                  ///xxx 开始,则表示从服务器的根路径开始
#UserDir public_html              //行 117,如果收到一个用户请求的话,在用户主目录后再增加的目
                                  //录名
DirectoryIndex index.html         //行 124,HTML 目录索引的文件名,也是没有用户只指明访问目录时
                                  //返回的文件名
#DirectoryMaker /usr/lib/boa/boa_indexer    //行 131,当 HTML 目录没有索引文件时,用户只指明访
                                            //问目录时,Boa 会调用该程序生成索引文件然后返回
                                            //给用户,因为该过程比较慢最好不执行,可以注释掉
                                            //或者给每个 HTML 目录加 DirectoryIndex 指明的文件
# DirectoryCache /var/spool/boa/dircache    //行 140,如果 DirectoryIndex 不存在,并且 Directory-
                                            //Maker 被注释,那么就用 Boa 自带的索引生成程序来
                                            //生成目录的索引文件并输出到下面目录,该目录必须
                                            //是 Boa 能读/写
KeepAliveMax 1000                 //行 145,一个连接所允许的 HTTP 持续作用请求最大数目,注释或设
                                  //为 0 都将关闭 HTTP 持续作用
KeepAliveTimeout 10               //行 149,HTTP 持续作用中服务器在两次请求之间等待的时间数,以
                                  //秒为单位,超时将关闭连接
MimeTypes /etc/mime.types         //行 156,指明 mime.types 文件位置。如果没有以/开始,则表示从服
                                  //务器的根路径开始。可以注释掉避免使用 mime.types 文件,此时需
```

```
                                         //要用 AddType 在本文件里指明
DefaultType text/plain                   //行 161,文件扩展名没有或未知的话,使用的缺省 MIME 类型
CGIPath /bin:/usr/bin:/usr/sbin:/sbin    //行 165,提供 CGI 程序的 PATH 环境变量值
#AddType application/x-httpd-cgi cgi     //行 174,将文件扩展名和 MIME 类型关联起来,和 mime.
                                         //types 文件作用一样。如果用 mime.types 文件,则注释
                                         //掉,如果不使用 mime.types 文件,则必须使用
#Alias /doc /usr/doc                     //行 189,指明文档重定向路径
ScriptAlias /cgi-bin/ /web/cgi-bin/      //行 194,非常重要,指明 CGI 脚本的虚拟路径对应的实际路
                                         //径。一般所有的 CGI 脚本都要放在实际路径里,用户访问
                                         //执行时输入站点 + 虚拟路径 + CGI 脚本名。前面的/cgi-
                                         //bin/就是虚拟路径,/web/cgi-bin/就是实际的路径
```

保存退出该文件。

复制 mime.types 文件到文件系统的 etc/目录,一般在 PC 的/etc 目录下面就能找到该文件:

```
#cp /etc/mime.types    /opt/root_nfs/etc
```

2) 配置 cgic 库

在文件系统的 web/目录下面建立子目录 cgi-bin/目录:

```
#cd /opt/root_my2410/web
#mkdir cgi-bin
```

拷贝刚才移植的 cgic 库和 cgic 测试文件到文件系统的 web/cgi-bin/目录下:

```
#cp /opt/cgic205/capture    /opt/root_my2410/www/cgi-bin/
#cp /opt//cgictest.cgi      /opt/root_my2410/www/cgi-bin/
```

5. 测　试

当做完前面的操作后,就可以引导开发板使用 NFS 启动,这里假定开发板的 IP 地址为 211.69.201.157。开发板启动成功后,运行 Boa,然后开始 Web 服务器的测试。

1) 静态网页测试

提供的文件系统里面有做好的测试网页。测试时,在 PC 的网页浏览器中输入:http://211.69.201.157。如图 13-7 所示是编者自己编写的测试网页,它已经移植到根文件系统中。网卡驱动也要移植好。

2) CGI 脚本测试

使用 helloweb.c 进行测试或者使用刚才复制进去的 cgictest.cgi 进行测试。如果使用 cgictest.cgi 测试,则在 PC 的网页浏览器中输入如下命令,即可打开测试页面。

```
http://211.69.201.157/cgi-bin/cgictest.cgi
```

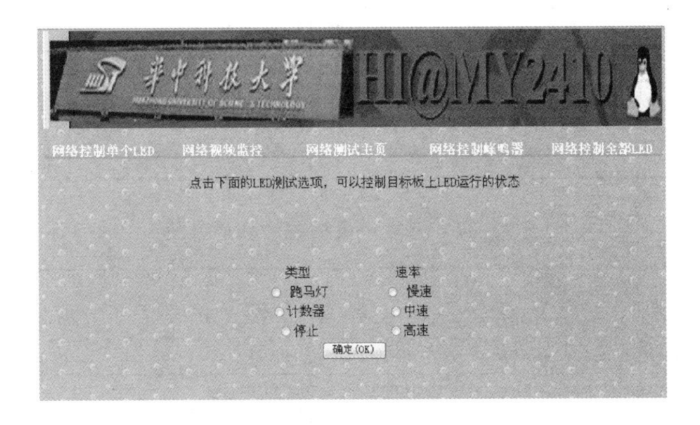

图 13-7　测试网页

如果使用自己编写的 helloweb.c 测试，则要编译如下源码：

```
#include <stdio.h>
main()
  {
    printf("Content-type: text/html\n\n");
    printf("<html>\n");
        printf("<head><title>CGI Output</title></head>\n");
        printf("<body>\n");
        printf("<hl>Hello, Web Server.</hl>\n");
        printf("<body>\n");
        printf("</html>\n");
        exit(0);
  }
```

编译：

```
#arm-linux-gcc -o  helloweb.cgi  helloweb.c
#cp helloweb.cgi    /opt/root_my2410/www/cgi-bin
```

然后在 PC 的网页浏览器中输入：

```
http://211.69.201.157/cgi-bin/helloweb.cgi
```

即可打开测试页面。

6. 环境变量

与服务器相关的环境变量如表 13-2 所列。

服务器能了解用户的 CGI 程序，但它不知道用户的客户机环境。如此，需要通过客户机有关的变量来知道用户的客户机环境。与客户机相关的环境变量如表 13-3 所列。

表 13-2 与服务器相关的环境变量

变 量	说 明	变 量	说 明
GATEWAY_INTERFACE	服务器遵守的 CGI 版本	SERVER_PORT	主机的端口号
SERVER_NAME	服务器的 IP 或名字	SERVER_SOFTWARE	服务器软件的名字

表 13-3 与客户机相关的环境变量

变 量	说 明
ACCEPT	列出能被次请求接受的应答方式
ACCEPT_ENCODING	列出客户机支持的编码方式
ACCEPT_LANGUAGE	表明客户机可接受语言的 ISO 代码
AUTORIZATION	表明被证实了的用户
FORM	列出客户机的 EMAIL 地址
IF_MODIFIED_SINGCE	当用 get 方式请求并且只有当文档比指定日期更早时才返回数据
PRAGMA	设定将来要用到的服务器代理
REFFERER	指出连接到当前文档的 URL
USER_AGENT	标明客户使用的软件

每次服务器收到的请求都不可能是一样的。这意味着有许多 CGI 程序必须注意的信息。这些与请求相关的信息包含有用户调用的信息，用户如何发送请求，以及作为请求的一部分传送了多少(什么)信息。这些对编写程序来说是非常重要的，因此要掌握这些变量的用法。尤其是下面的 3 个变量：REQUEST_METHOD、QUERY_STRING、CONTENT_LENGTH。

它们用来表示数据是如何送到 CGI 程序的；然后设计者所要要做的事情就是在这 3 个变量里取出数据，进行下一步的编程。

与请求相关的环境变量如表 13-4 所列。

表 13-4 与请求相关的环境变量

变 量	说 明
AUTH_TYPE	服务器用的确认模式
CONTENT_FILE	含有 CGI 程序的数据文件
CONTENT_LENGTH POST	请求中向标准输入(STDIN)发送的字节数
CONTENT_TYPE	被发送数据的类型
PATH_INFO CGI	程序的附加路径
PATH_TRANSLATED PATH_INFO	对应的绝对路径
QUERY_STRING	传送给 CGI 程序的 URL 的问号(?)之后的那一部分
REMOTE_ADDR	最终用户的 IP 或主机名
REMOTE_USER	如果用户合法，则是用户的组名
REQUEST_LINE	发送给服务器的完整 URL 请求
REQUEST_METHOD	作为 HTTP 的一部分请求而传送数据的方法，比如 get
SCRPT_NAME	运行的脚本名字

13.4 嵌入式图形系统简介

目前桌面机操作系统大多具有美观、操作方便、功能齐全的GUI(图形用户界面),例如:KDE或GNOME。GUI(图形用户界面)是指计算机与其使用者之间的对话接口,可以说,GUI是当今计算机技术的重大成就。其存在为使用者提供了友好便利的界面,并大大方便了非专业用户的使用,使人们从繁琐的命令中解脱出来,可通过窗口、菜单方便地进行操作。

在嵌入式系统中,GUI的地位也越来越重要,但是不同于桌面机系统,嵌入式GUI要求简单、直观、可靠、占用资源少且反应快速,以适应系统硬件资源有限的条件。另外,由于嵌入式系统硬件本身的特殊性,嵌入式GUI应具备高度可移植性与可裁剪性,以适应不同的硬件条件和使用需求。总体来讲,嵌入式GUI具备以下特点:

(1) 体积小;

(2) 运行时耗用系统资源少;

(3) 上层接口与硬件无关,高度可移植;

(4) 高可靠性;

(5) 在某些应用场合应具备实时性。

13.4.1 Qt/Embedded

Qt是一个支持多操作系统平台的应用程序开发框架,开发语言是C++;它不但为跨平台的软件开发者提供了统一的、精美的图形用户编程接口,而且也提供统一的网络和数据库操作的编程接口。

Qt是以工具开发包的形式提供给开发者的,这些工具开发包包括了图形设计器、Makefile制作工具、字体国际化工具和跨平台的C++类库等。Qt是完全面向对象的,很容易扩展,并且允许真正地组件编程。

自从1996年,Qt进入商业领域,它已经成为全世界范围内数千种成功的应用程序的基础。Qt也是流行的Linux桌面环境KDE的基础,KDE是所有主要的Linux发行版的一个标准组件。

Qt支持下述平台:

- MS/Windows:95、98、NT 4.0、ME、和2000;
- Unix/X11:Linux、Sun Solaris、HP-UX、Compaq、Tru64 Unix、IBM AIX、SGI IRIX和其他很多X11平台;
- Macintosh:Mac OS X;
- Embedded:有帧缓冲(framebuffer)支持的Linux平台;
- 有Qt企业版和Qt专业版两个版本提供给商业软件开发。

Qt/Embedded(简称 Qt/E)是一个专门为嵌入式系统设计图形用户界面的工具包。Qt 是挪威 Trolltech 软件公司的产品,它为各种系统提供图形用户界面的工具包,Qt/E 就是 Qt 的嵌入式版本。使用 Qt/E,开发者可以:

(1) 用 Qt/E 开发的应用程序要移植到不同平台时,只需要重新编译代码,而不需要对代码进行修改;

(2) 可以随意设置程序界面的外观;

(3) 可以方便地为程序连接数据库;

(4) 可以使程序本地化;

(5) 可以将程序与 Java 集成。

嵌入式系统的要求是小而快速,而 Qt/E 就能帮助开发者为满足这些要求开发出强壮的应用程序。

Qt/E 是模块化和可裁剪的。开发者可以选取所需要的一些特性,而裁剪掉所不需要的。这样,通过选择所需要的特性,Qt/E 的映像变得很小,最小只有 600 KB。

同 Qt 一样,Qt/E 也是用 C++写的,虽然这样会增加系统资源消耗,但是却为开发者提供了清晰的程序框架,使开发者能够迅速上手,并且能够方便地编写自定义的用户界面程序。

由于 Qt/E 是作为一种产品推出,所以它有很好的开发团体和技术支持,这对于使用 Qt/E的开发者来说,方便开发过程,并提高了产品可靠性。总的来说,Qt/E 拥有如下特征:

(1) 拥有同 Qt 一样的 API;

(2) 它的结构很好地优化了内存和资源的利用;

(3) 拥有自己的窗口系统;

(4) 开发者可以根据需要自己定制所需要的模块;

(5) 代码公开以及拥有十分详细的技术文档帮助开发者;

(6) 强大的开发工具;

(7) 与硬件平台无关;

(8) 提供压缩字体格式;

(9) 支持多种的硬件和软件的输入;

(10) 支持 Unicode,可以轻松地使程序支持多种语言;

(11) 支持反锯齿文本和 Alpha 混合的图片。

Trolltech 公司在 Qt/E 的基础上开发了一个应用的环境——Qtopia,这个应用环境为移动和手持设备开发的。其特点是拥有完全的、美观的 GUI,同时它也提供上百个应用程序用于管理用户信息、办公、娱乐、Internet 交流等。

已经有很多公司采用了 Qtopia 来开发他们主流的 PDA。

Qt/E 由于与平台无关性和提供了很好的 GUI 编程接口,在许多嵌入式系统中得到了广泛的应用,是一个成功的嵌入式 GUI 产品。

13.4.2 Microwindows

Mirowindows 是嵌入式系统中广为使用的一种图形用户接口，其官方网站是：http://www.microwindows.org。这个项目的早期目标是在嵌入式 Linux 平台上提供和普通个人计算机上类似的图形用户界面。

作为 PC 上 X - Windows 的替代品，Microwindows 提供了和 X - Windows 类似的功能，但是占用的内存要少得多，根据用户得配置，它占用的内存资源在 60～100 KB。

Microwindows 支持多种外部设备的输入，包括液晶显示器、鼠标和键盘等。在嵌入式 Linux 平台上，从 Linux2.2.x 的内核开始，为了方便图形的显示，使用了 Framebuffer 的技术。

Microwindows 完全支持 Linux 最新 Framebuffer 技术，支持每个象素 1 位、2 位、4 位、8 位、16 位、24 位和 32 位的色彩空间/灰度，并且通过调色板技术将 RGB 格式的颜色空间转换成目标机器上最相近的颜色，然后显示出来。

Microwindows 的核心基于显示设备接口，因此可移植性很好，它有自己的 Framebuffer，因此它并不局限于 Linux 开发平台，在 eCos、FreeBSD 和 RTEMS 等操作系统上都能很好地运行。

此外，Microwindows 能在宿主机上仿真目标机。这意味着基于 Linux 的 Microwindows 应用程序的开发和调试可以在普通的个人计算机上进行，而不需要使用普通嵌入式软件的“宿主机－目标机”调试模式，从而大大加快了开发速度。

Mincrowindows 是完全免费的一个用户图形系统。

13.4.3 MiniGUI

MiniGUI 是由北京飞漫软件技术有限公司主持的一个自由软件项目(遵循 GPL 条款)，其目标是为基于 Linux 的实时嵌入式系统提供一个轻量级的图形用户界面支持系统。

MiniGUI 为应用程序定义了一组轻量级的窗口和图形设备接口。利用这些接口，每个应用程序可以建立多个窗口，而且可以在这些窗口中绘制图形。用户也可以利用 MiniGUI 建立菜单、按钮、列表框等常见的 GUI 元素。用户可以将 MiniGUI 配置成 MiniGUI - Threads 或者 MiniGUI - Lite。

运行在 MiniGUI - Threads 上的程序可以在不同的线程中建立多个窗口，但所有的窗口在一个进程中运行。相反，运行在 MiniGUI - Lite 上的每个程序是单独的进程，每个进程也可以建立多个窗口。

MiniGUI - Threads 适合于具有单一功能的实时系统，而 MiniGUI - Lite 则适合于类似于 PDA 和瘦客户机等嵌入式系统。

13.5 基于 Qt/E 的嵌入式 GUI 设计

13.5.1 Qt/E 和 Qtopia 开发模型

1. Qt/E 与 Qt/X11 比较

Qt 是一个完整的 C++应用程序开发框架，因为它的 API 在所有的平台上是相同的，所以，Qt 工具在所有平台上的使用方式一致，因此，Qt 的应用程序开发和平台无关。

Qt 是泛指 Qt 的所有版本的图像界面库，比如 Qt/X11，Qt Windows，Qt Mac 等。由于 Qt 最早是在 Linux 中随着 KDE 流行开来的，所以，通常所说的 Qt 都是指用于 Linux/Unix 的 Qt/X11。Qt2、Qt3 和 Qt4，其中的 2、3 和 4 指的是 Qt 的版本号。

Qt/E 它是用于嵌入式 Linux 系统的 Qt 版本，Qt/E 去掉了 X Lib 的依赖而直接工作在 Framebuffer 上，虽然它是 Qt 的嵌入式版本，但是它不是 Qt/X11 的子集，它有部分机制（比如 QCOP 等）就不能用于 Qt/X11 中。Qtopia 是一个基于 Qt/E 的类似桌面系统的应用环境，包含有 PDA 版本和 Phone 版本。

基于 Qt/E 的应用环境，这个环境换个说法就是基础类库，Qtopia 就是用 Qt/E 这个库开发出来的应用程序。

Qt/E 通过 Qt API 与 Linux I/O 设施直接交互，成为嵌入式 Linux 端口。同 Qt/X11 相比，Qt/E 节省内存，其不需要一个 X 服务器或是 Xlib 库，它在底层摈弃了 Xlib，采用 Framebuffer（帧缓存）作为底层图形接口。

同时，将外部输入设备抽象为 Keyboard 和 Mouse 输入事件。Qt/E 的应用程序可以直接写内核缓冲帧，这可避免开发者使用繁琐的 Xlib/Server 系统。它们的关系如表 13-5 所列。

表 13-5 Qt/E 与 Qt/X11 比较

<table>
<tr><td colspan="2">应用程序源代码</td></tr>
<tr><td colspan="2">Qt API</td></tr>
<tr><td rowspan="3">Qt/Embedded</td><td>Qt/X11</td></tr>
<tr><td>Xlib</td></tr>
<tr><td>X Window Server</td></tr>
<tr><td colspan="2">Framebuffer</td></tr>
<tr><td colspan="2">Linux Kernel</td></tr>
</table>

2. Qtopia 介绍

Qtopia 是一种全方位的应用开发平台，它可用于基于嵌入式 Linux 的 PDA，移动电话，Web pads，以及其他移动计算设备。

Qtopia 构建于 Qt/E 之上，是专为基于 Linux 的消费电子产品提供和创建图形用户界面而设计的。常见的有两种版本：

（1）Qtopia Phone 版：专为基于 Linux 的智能电话和多功能电话设计。

（2）Qtopia PDA 版：专为基于 Linux 的 PDA 设计。

Qtopia 特色：视窗操作系统、同步窗口、开发环境、本地化支持、游戏和多媒体、PIM 应用程序、输入法、个性化选项、Internet应用程序、java集成和无线支持。

3. Qt/E开发模型

嵌入式软件开发通常都采用交叉编译的方式进行，基于Qt/E和Qtopia的GUI应用开发也采用此模式。先在宿主机上调试应用程序，调试通过后，经过交叉编译移植到目标板上。

Qt/E直接写入帧缓存，在宿主机上则是通过qvfb(virtual framebuffer)来模拟帧缓存。qvfb是X窗口用来运行和测试Qtopia应用程序的系统程序。qvfb使用了共享内存存储区域(虚拟的帧缓存)来模拟帧缓存，并且在一个窗口中模拟一个应用程序来显示帧缓存，显示的区域被周期性的改变和更新。

13.5.2　Qt/E开发环境的建立

一般来说，基于Qt/E开发的应用程序最终会发布到安装有嵌入式Linux操作系统的小型设备上，所以使用装有Linux操作系统的PC机或者工作站来完成Qt/E开发当然是最理想的环境，尽管Qt/E也可以安装在Unix和Windows系统上。

1. Qt-1.7.0的安装

1) PC安装

下面介绍在一台装有Linux操作系统的机器上建立Qt/E开发环境的方法。

所需软件可以免费从Trolltech的WEB或FTP服务器上下载。

- Trolltech的主页：http://www.trolltech.com
- 支持匿名访问的FTP：ftp://ftp.trolltech.com
- 新闻组服务器：nntp.trolltech.com
- 非官方的Qt文档中文翻译小组：http://www.qiliang.net/qt/index.html

为了建立Qt/E开发环境，需如下资源：

- tmake工具包：tmake-1.11.tar.gz，用于生成应用工程的Makefile文件；
- Qt/E安装包：qt-embeded-2.3.7.tar.gz，用于Qt/Embeded的安装；
- Qt的X11版安装包：qt-x11-2.3.2.tar.gz，用于产生一些必要的工具；
- Qtopia安装包：qtopia-free-1.7.0.tar.gz，提供手持设备的图形界面平台；
- build和setenv两个脚本，分别是编译脚本和设置路径的脚本。

选择这些工具包的一个基本原则：当选择了一个Qt/E的安装包之后，选择的Qt for X11的安装包的版本必须比Qt/E的版本旧，这是因为Qt for X11的安装包提供的工具UIC和designer产生的源文件会和Qt/E的库一起被编译链接，本着“向前兼容”的原则，Qt for X11的版本应比Qt/E的版本旧。

由于上述软件安装包有许多不同的版本，要注意由于版本的不同导致这些软件在使用时可能造成的冲突。宿主机移植所需工具及环境变量声明如表13-6所列。

表 13-6 宿主机移植所需工具及环境变量声明

工具软件	描 述	变量声明
Tmake-1.11	生成 Makefile 文件	TMAKEDIR/TMAKEPATH/PATH
Qt-X11-2.3.2	Qvfb——虚拟帧缓存工具 Uic——用户界面编辑器 Designer Qt——图形设计器	LD_LIBRARY_PATH_/PATH
Qt-embedded-2.3.7	Qt 库支持 libqte.so	QTEDIR/LD_LIBRARY_PATH/PATH
Qtopia-free-1.7.0	应用程序开发包桌面环境	QPEDIR/LD_LIBRARY_PATH/PATH

在 PC 上面模拟 Qt/Embeded，需要做下面的工作。

(1) 设置运行环境。为了在 PC 上模拟运行 Qt/E，需要用到对应的 Qt/E 版本的库文件，要对/etc/ld.so.conf 文件进行修改，以适应将要安装的 Qt/E 开发平台，虽然 Redhat 安装时带有 Qt 库，但是有时会不适合需要安装的版本。

```
#vi /etc/ld.so.conf            //修改内容如下：
    /opt/my2410/Qte/x86-qtopia/qt/lib
    /opt/my2410/Qte/x86-qtopia/qtopia/lib
    /usr/kerberos/lib
    /usr/X11R6/lib
    /usr/lib/sane
    /usr/lib/qt-3.1/lib
    /usr/lib/mysql
    /usr/lib/qt2/lib
```

(2) 使生成的库有效。

```
#ldconfig    //使刚才修改的/etc/ld.so.conf 文件生效，效果和重启计算机是相同的
```

(3) 安装和编译。编写好脚本，使用它可以很方便的完成一系列工具的安装和编译，只要输入：

```
#cd /opt/my2410/Qte/x86-qtopia/
#./build              //build 为 qtopica-1.7.0 做好安装与编译的脚本
```

这个安装编译的过程时间比较长，PC 的配置不同在编译时间上也有一定差异。

在 PC 的 Linux 的终端执行命令：

```
#./build              //运行之后，就可以开始编译 Qt 了
```

需要注意：

① 这里使用的是 RedHat9.0，而且是完全安装的，RedHat9 完全安装大概需要 4.8 GB 的空间，如果不完全安装，则会导致编译出错，原因是缺少某些必要的库导致的。

② 对于 Qt 的编译只要成功了，仅仅编译一次即可，之后就可以不用再编译了。编译完毕

之后，在终端执行：#ldconfig 即可使刚刚编译出来的库生效。

③ 对于 Qt 编译过程中出现的错误，多数情况是因为 RedHat9 没有完全安装导致的。也有部分错误是因为所打开的终端执行了别的设置导致编译器某些库没有及时生效而产生的，此时就需要重新打开一个终端即可。

④ 仿真 Qt(这里用 Qtopia 来实现)

(4)安装完毕后，进入 x86-qtopia 安装目录

```
[root@localhost x86-qtopia]# ls
build        qt -embedded-2.3.7.tar.gz    qt -x11-2.3.2.tar.gz
hello        qtest                        set-env
matrix.mpg   qtopia                       tmake
qt           qtopia-free-1.7.0.tar.gz     tmake-1.11.tar.gz
```

(5) 设置环境变量 source set-env。运行之前要建立一些环境变量，因为 qvfb 包含的库和头文件开始找不到的，而设置环境变量帮助找到。

(6) 运行 qvfb_虚拟帧缓存，出现如图 13－8 所示。

```
[root@localhost x86-qtopia]# qvfb -width 640 -height 480 &
```

“&”表示在后台运行。

图 13－8　运行 qvfb_虚拟帧缓存

(7) 运行 Qtopia，输入命令 qpe，出现如图 13－9 运行界面。

实例：Qt 第一个应用程序 Hello。

虚拟机 Rethat-linux 在 x86-qtopia 目录中，已经将 Makefile 文件创建好了，直接编译，在 Hello 目录中直接进行 Make，生成文件。查询生成的目标文件放在哪个位置具体方法是：

输入命令 vi Makefile，出现如下的信息：

```
####### Target
DESTDIR = $ QPEDIR)/bin/
VER_MAJ = 1
VER MIN = 0
VER_PATCH = 0
TARGET = hello
TARGET1 = lib$(TARGET).so.$(VER_MAJ)
```

图 13-9 Qtopia 运行界面

从上面的信息知道，说明生成的目标在 $QPEDIR 下，然后输入命令 echo（显示路径）$QPEDIR。

在帧缓存的基础上直接运行，可以输入命令：

```
qvfb -width 640 -height 480 &
```

输入./hello-qws，执行 Hello 程序，出现如图 13-10 所示运行界面。

单击按钮 Hello 时，出现信号和插槽的连接，单击下去产生一个信号，这个信号就与另外一个处理函数进行连接，实现信号和插槽的连接，出现如图 13-11 所示的运行界面。

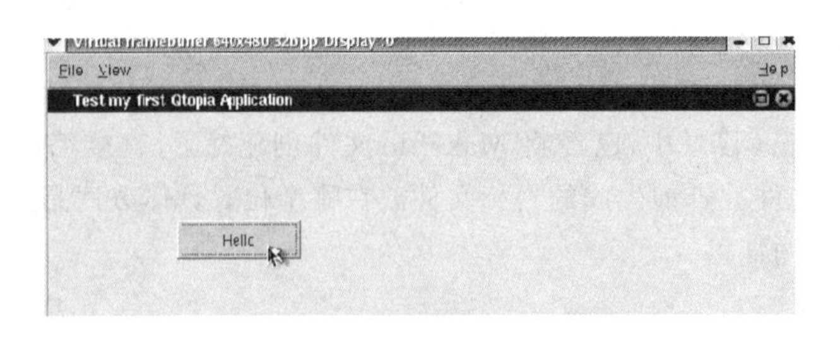

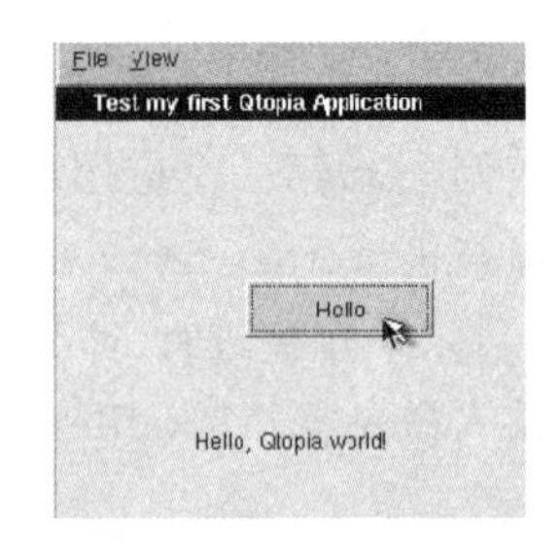

图 13-10 Hello 程序运行界面(1)

图 13-11 Hello 程序运行界面(2)

Hello 程序简单分析：Hello 源程序使用了 2 个类，它通过一个类派生出一个基类，然后由这个基类派生出子类：hello_base.cpp 为基类 C++的源文件，hello_base.h 为 Hello C++的头文件，hello_base.ui 为 designer Qt 设计的图形界面，hello.cpp 为 Hello 子类 C++的程序实现，Hello.h 为 Hello 子类 C++的程序实现的头文件，Hello.pro 为工程文件，main.cpp 为整个程序处理入口的流程，Hello.desktop 为 Hello 程序执行的桌面应用文件。把这个文件拷贝到 qtopia 目录下的 apps 子目录下，apps 子目录就是 Qt 图形界面的应用程序。运行 qpe 就出现如图 13-12 所示的运行界面。上面有 hello2410 的图标。单击它可以执行。

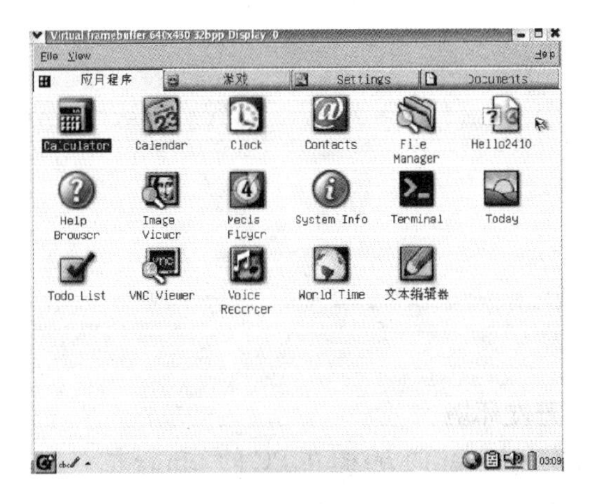

图 13-12　Qt 设计的图形界面

分析 Hello.cpp 文件：

```
#include <qapplication.h>
#include <qlabel.h>
```

包含两个头文件：一个是 qtopia 应用程序的头文件，另一个是 label 标签的头文件。

```
int main(int argc,char ** argv)
```

函数的入口是 argc 和 argv。

```
Qapplication app(argc, argv);
```

定义一个应用程序 app，argc 和 argv 直接传到这里来进行定义。

```
QLabel * label = new Qlabel("Hello,Qt!",0);
```

创立一个新的 label 标签，定义一个指针付给 label，label 标签里面包含的内容是"Hello，Qt!"。

```
Label ->setAlignment(Qt:: AlignVCenter| Qt:: AlignHCenter);
```

Label 是一个类，包含属性和方法，调用类的方法：设置 Label 对齐方式：Qt 表示直接调用 Qt 的 API 函数，Align 表示对齐，V 表示竖向，Center 表示中心，即竖向从中心对齐；H 表示水平，AlignHCenter 为水平从中心对齐。

```
Label ->setGeometry(10,10,200,80);
```

设置label标签的大小。

```
app.setMainWidget(label);
```

调用APP,把label标签加载到应用程序当中。

```
Label ->show();
```

让标签进行显示。

```
Int result = app.exec();
```

进行APP的循环执行。

```
return  result;
```

程序完成时返回result。

2）建立基于ARM的开发环境

编译针对s3c2410开发板的Qt的方法,在PC的Linux的终端执行命令:

```
#./touch-build_qtopia 或./mouse-build-qtopia
```

即可分别编译出针对触摸屏和鼠标版本的qte和qtopia。

注意1:使用3.4.1或者2.95.3版本的arm-linux-gcc的交叉编译器。

注意2:交叉编译出来的Qt只能在ARM平台运行,也就是说在PC使用qvfb没法仿真。

```
#cd  /opt/my2410/Qte/touch-qtopia/
#./build
```

为了让qtopia能够在开发板上运行起来,需要制作运行脚本。主要实现设置几个变量的功能。qtopia运行脚本内容如下:

```
#!/bin/sh
export set HOME=/root
export set QTDIR=/opt/qt
export set QPEDIR=/opt/qtopia
export set QWS_KEYBOARD="USB:/dev/input/event1"
#export set QWS_MOUSE_PROTO="USB:/dev/input/mouse0"
export set QWS_MOUSE_PROTO="TPanel:/dev/touchscreen/raw0"
export set PATH=$QPEDIR/bin:$PATH
export set LD_LIBRARY_PATH=$QTDIR/lib:$QPEDIR/lib
$QPEDIR/bin/qpe > /dev/null 2>/dev/null
```

需要注意,上面#export set QWS_MOUSE_PROTO="USB:/dev/input/mouse0"这行和#export setQWS_MOUSE_PROTO="TPanel:/dev/touchscreen/0"这行是决定使用

USB 鼠标还是触摸屏的配置语句;"> /dev/null 2>/dev/null"这半句话决定着是否在串口上面打印 qtopia 的启动信息,有它则不打印 qtopia 的启动信息;无则打印。

建立好脚本文件后将其复制到文件系统的 sbin/目录下,之后设置其权限为可执行文件,同时修改文件系统的 etc/init.d/rcS 文件,在其中添加 qtopia & 的语句。

下面是添加 qtopia 到文件系统中。

首先在文件系统的 opt/目录下面添加上两个目录:qt 和 qtopia。方式如下:

```
[root@linux my_qtopia]# cd opt/
[root@linux opt]# ls
qt   qtopia
```

之后,添加 qtopia 的主程序:把/Qte/arm_qtopia/qtopia/目录下面的这几个目录复制到文件系统的 opt/qtopia/目录下,需要复制的目录如下:

```
[root@linux qtopia]# ls
   apps   bin   etc   help   i18n   lib   pics   plugins   services   sounds
```

添加 qtopia 所需要的库:在 qt 目录下面建立 lib 目录,然后复制/arm_ qtopia/qt/lib 目录下库文件到文件系统的 opt/qt/目录下。

```
[root@linux lib]# ls
     libqte.so   libqte.so.2   libqte.so.2.3   libqte.so.2.3.7
```

同时对 fonts 目录下面的字体进行删减,以满足自己的需要,此外还要修改 fonts 下的 fontdir 文件,要和剩下的字体对应起来,再复制 arm_qtopia/qt/lib/目录下的所有的文件和目录到文件系统的 opt/qt/lib/目录下。

在 my_qtipia 目录下面的 root 目录中,建立名为 Documents 的目录,之后将需要的文档比如 MP3 歌曲什么的放到该目录下,就可以在开发板启动后的 Qt 界面的 Documents 菜单栏下直接看到对应的文件了。

```
[root@linux root]# ls
    Applications   Documents   Settings
```

最后,用制作 yaffs 的工具将其制作成镜像 mkyaffsimage　my_qtopia　myroots.img,用 U-Boot 将 Qt 的文件系统下载到开发板。

2. Qt4 环境的搭建

S3C2410 开发板的开发环境:操作系统为 Fedroa 9.0,交叉编译器为 arm-linux-gcc-4.3.3,用户以 root 身份登录。

1) PC上安装

(1) 下载源码包

从 http://ftp3.ie.freebsd.org/pub/trolltech/pub/qt/source/或者ftp://ftp.qtsoftware.com/qt/source/下载：

```
qt-x11-opensource-src-4.5.0.tar.gz
qt-everywhere-opensource-src-4.6.2.tar.gz
```

注意： qt-x11-4.5是PC机运行的软件，qt-everywhere-opensource-src-4.6.2.tar.gz是交叉编译的，也是qte。

(2) 编译及安装 qt-x11-opensource-src-4.5.0

qt-x11版本可以产生Qt开发工具，如designer等，最重要的是可以得到qvfb，嵌入式的开发有了qvfb，就可以不需要实际的开发板，也可以开发Qt应程序。qt-embedded版本就是专门用于嵌入式方面的版本。

```
[root@linux qt-x11-opensource-src-4.5.0]# tar xjvf  qt-x11-opensource-src-4.5.0.tar.bz2
[root@linux qt-x11-opensource-src-4.5.0]# cd qt-x11-opensource-src-4.5.0
[root@linux qt-x11-opensource-src-4.5.0]#  ./configure
This is the Qt/X11 Open Source Edition.
You are licensed to use this software under the terms of
the GNU Lesser General Public License (LGPL) version 2.1 or
the GNU General Public License (GPL) version 3.
Type '3' to view the GNU General Public License version 3.
Type 'L' to view the GNU Lesser General Public License version 2.1.
Type 'yes' to accept this license offer.
Type 'no' to decline this license offer.
Do you accept the terms of either license?
```

注意： 在这里选择yes。

```
[root@linux qt-x11-opensource-src-4.5.0]# gmake              //在 Fedroa 环境下用 gmake
[root@linux qt-x11-opensource-src-4.5.0]# gmake install
```

历经漫长的编译过程，约一个半小时，默认安装在/usr/local/Trolltech/Qt-4.5.0。

(3) 编译及安装 tslib-1.4.tar.bz

解压tslib-1.4.tar.bz，编译tslib-1.4为编译arm架构的qt-embedded提供触摸屏库。

```
tar zvxf tslib-1.4.tar.bz
cd tslib-1.4
echo "ac_cv_func_malloc_0_nonnull = yes" > $ ARCH_tslib.cache
./configure --host = $ ARCH-linux --prefix = /opt/tslib-1.4 --cache-file = $ ARCH-linux.cache
```

```
make
make install
```

最后生成的编译文件存放位置取决于 prefix 参数设置，这里 prefix=/opt/tslib-1.4，编译好的文件会自动存放在/opt/tslib-1.4 路径下。

2）开发板上安装

编译及安装 qt-embedded-linux-opensource-src-4.6.2，在用户目录下建立一个 src 目录，用于存放编译源文件。将 qt-embedded-linux-opensource-src-4.6.2.tar.bz2 解压得到 qt-em-bedded-linux-opensource-src-4.6.2，重命名为 qt-embedded-linux- opensource-src-4.6.2-arm。现在开始编译 qt-embedded 版本成 arm 架构。

```
(1) cd qt-embedded-linux-opensource-src-4.6.2-arm
(2) ./configure -prefix /opt/qte-4.6   -release -shared -fast -pch -no-qt3support -qt-sql-sqlite
-no-libtiff -no-libmng -qt-libjpeg -qt-zlib -qt-libpng -qt-freetype -no-openssl -nomake examples -nomake
demos -nomake tools -optimized-qmake -no-phonon -no-nis -no-opengl -no-cups -xplatform qws/linux-arm-g ++
-embedded arm -depths 16 -no-qvfb -qt-gfx-linuxfb -qt-gfx-transformed -no-gfx-multiscreen -no-gfx-vnc -no-
gfx-qvfb -qt-kbd-tty -no-glib -qt-mouse-tslib -I/opt/tslib-1.4/include -L/opt/tslib-1.4/lib
(3) gmake
(4) gmake install
```

编译安装完成后，生成文件将存放在/opt/qte-4.6 下，这里存放生成文件的取决参数跟 tslib 一样，参数解析如表 13-7 所列。

表 13-7　参数解析

参　数	说　明
-prefix /opt/qte-4.6	强制安装在此路径
-release	编译 Qt 以发布版的模式进行
-no-qt3support	不支持 Qt3
-qt-sql-sqlite	支持 Qt 自带数据库
-no-libtiff	不使用 libtiff
-no-libmng	不使用 libmng
-qt-libjpeg	使用 Qt 的捆绑的 libjpeg
-qt-zlib	使用 Qt 的捆绑的 zlib
-qt-libpng	使用 Qt 的捆绑的 libpng
-no-openssl	不使用 openssl
-nomake examples	排除 examples
-nomake demos	排除 demos
-nomake docs	排除 docs
-nomake tools	排除 tools

续表 13-7

参　数	说　明
-optimized-qmake	优化 qmake 编译器
-no-phonon	不支持 phonon,phonon 是 Qt 中处理多媒体的模块
-no-nis	不支持 NIS,NIS 是一个提供目录服务的 RPC
-no-opengl	不加入 opengl 支持,opengl 是个专业的 3D 程序接口,是一个功能强大,调用方便的底层 3D 图形库,不过对于一般开发来说很少用到
-no-cups	不支持 CPU
-xplatform	qws/linux-arm-g++ 选择编译工具
-embedded arm	编译 ARM 平台
-depths 16	支持 16 位像素
-no-qvfb	不需要 qvfb 模拟
-qt-gfx-linuxfb	-qt-gfx-<driver>是个相当重要参数,选择 QtG-qt-gfx-transformed　ui 的图形显示驱动
-no-gfx-multiscreen	qvfb 模拟时,就应该加入对 qvfb 的支持
-no-gfx-vnc	可以选择 linuxfb,transformed,qvfb,vnc
-no-gfx-qvfb	multis creen 这几个选择。在平常的开发板上,选择 linuxfb 即可
-qt-kbd-tty	支持串口键盘
-no-glib	不加入 glib 库的支持,glib 库对应 gtk 库,就是加入后可以使用 gtk
-qt-mouse-tslib -I/opt/tslib-1.4/include -L/opt/tslib-1.4/lib	加入触摸屏库文件支持

13.5.3　Qt Creator 的安装

Qt Creator 是开发 Qt4 的利器。Qt 自从被诺基亚收购以后,便推出了 4.5 版本和集成开发环境,这样便改变了 Qt 只能依赖其他开发环境的窘境,4.5 版也成为其主打版本。

Qt Creator 是 Qt 被 Nokia 收购后推出的一款新的轻量级集成开发环境(IDE)。此 IDE 能够跨平台运行,支持的系统包括 Linux(32 位及 64 位)、Mac OS X 以及 Windows。根据官方描述,Qt Creator 的设计目标是使开发人员能够利用 Qt 这个应用程序框架更加快速及轻易的完成开发任务。

在功能方面,Qt Creator 包括项目生成向导、高级的 C++ 代码编辑器、浏览文件及类的工具、集成了 Qt Designer、图形化的 GDB 调试前端,集成 qmake 构建工具等。

Qt Creator 软件的下载地址:

ftp://ftp.trolltech.com/qtcreator/qt-creator-linux-x86-opensource-1.3.0.bin

下载后,把它放在/opt 目录下,然后直接运行./qt-creator-linux-x86-opensource-1.3.0.

bin,此后就会出现安装该程序的界面,如图 13－13 所示,之后一直按 next 键即可完成安装。

最后安装后的 qt-creator 在/opt 目录下。

```
[root@localhost opt]# ls
arm qt-creator-linux-x86-opensource-1.3.1.bin  tslib-1.4
qtcreator-1.3.1 qte-4.6
```

1) 设置该软件

因为现在是在虚拟机上编写并仿真程序,所以,这里设置全部是针对 PC 仿真的 X86 的设置。对于开发板上运行的交叉编译环境设置类似。

打开 Options 选项,设置编译环境。选择 Qt4-Qt Versions 选项,单击"+"添加编译环境,单击"-"去除编译环境。

添加编译环境后,选择 Brower,选择/usr/local/Trolltech/Qt-4.5.0/bin 路径下的 qmake,并选择 open 后,Manual 下会列出刚刚添加的环境,单击 Rebuild 按钮后,Debugging Help 旁出现"√"后,基本配置完成。

将刚才设置的环境配置为默认配置后,单击 OK 按钮保存刚才的配置。

如图 13－14 所示为配置 X86 和 ARM 编译环境的截图。

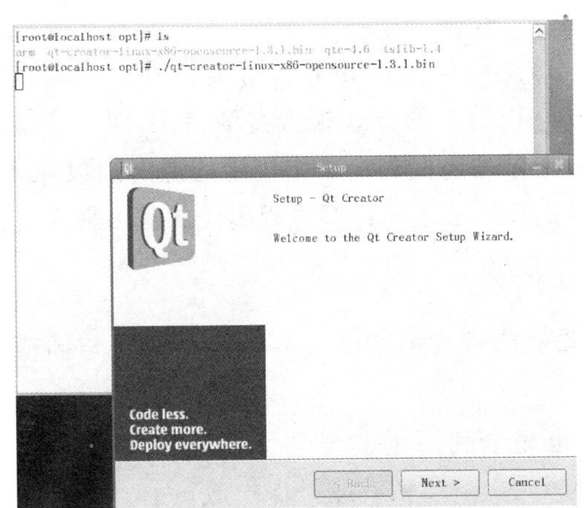

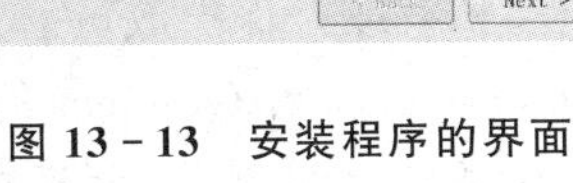

图 13－13　安装程序的界面

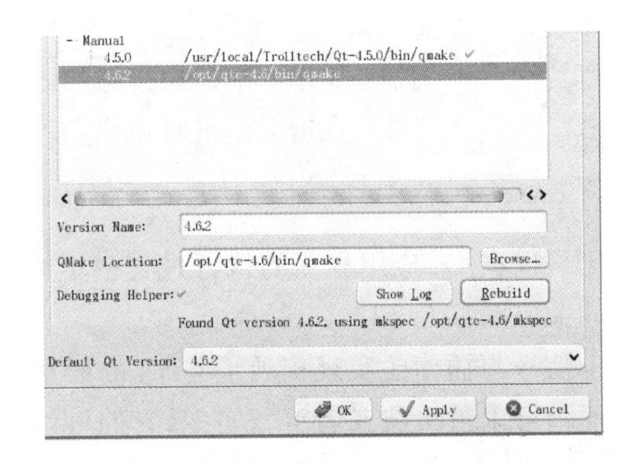

图 13－14　配置 X86 和 ARM 编译环境

当编译不同平台的 Qt 时,通过切换 Default Qt Version 的选项即可。

2) 移植 qte-4.6

前面已经编译好 ARM 平台 qt-embedded4.6,下面进行移植:

(1) 在/opt 下建立一个名为 arm-qt 目录。

(2) 复制/opt/qte-4.6 目录下的 lib/目录到 arm-qt 目录下,删掉除 fonts 目录和 *.so 文件以外的其他文件,然后在 fonts 目录下删掉用不到的字库文件,具体删掉哪些字库根据实际情况决定。

(3) 打包arm-qt,并把压缩包移至虚拟机的nfs共享目录,通过nfs挂载虚拟机共享目录,把压缩包解压至开发板的yaffs文件系统的目录下即可。

13.6 Qt开发基础

1. 信号与插槽

信号与插槽是Qt自定义的一种通信机制,它独立于标准的从C/C++语言。它的实现必须借助于moc(Meta Object Compiler)的Qt工具,它是一个C++预处理程序,为高层次的事件处理自动生成所需要的附件代码。

所谓图形用户接口的应用就是对用户的动作作出响应。程序员则必须把事件和相关代码联系起来,这样才能对事件作出正确的响应。

所有从QObject或其子类(例如Qwidget)派生的类都能够包含信号和插槽。当对象改变状态时,信号就由该对象发射(emit)出来。插槽用于接收信号,但它们是普通的对象成员函数。一个插槽并不知道是否有任何消息与自己相连。用户可以将很多信号与一个插槽相连,也可将单个消息与多个插槽进行链接。

信号与插槽机制并不要求类之间互相知道细节,这样就可以相对容易地开发出代码可靠性高可重用的类。信号与插槽机制是类型安全的,它以警告的方式报告类型错误,而不会使系统产生崩溃。例如:如果一个退出按钮的clicked()信号被连接到了一个应用的退出函数quit()插槽。那么一个用户点击退出键将使应用程序终止运行。上述的连接过程用代码写出来就是:

```
connect( button, SIGNAL(clicked()), qApp, SLOT(quit()) );
```

可以在Qt应用程序的执行过程中增加或是减少信号与插槽的连接。一些信号与插槽连接的抽象图如图13-15所示。

信号与插槽的实现扩展了C++的语法,同时也完全利用了C++面向对象的特征。信号与插槽可以被重载或者重新实现,它们可以定义为类的公有、私有或是保护成员。

如果一个类要使用信号与插槽机制,则它就必须是从QObject或者QObject的子类继承,而且在类的定义中必须加上Q_OBJECT宏。信号被定义在类的信号部分,而插槽则定义在public slots、protected slots或者private slots部分。

下面定义一个使用到信号与插槽机制的类。

```
class BankAccount : public QObject
{
Q_OBJECT
public:
```

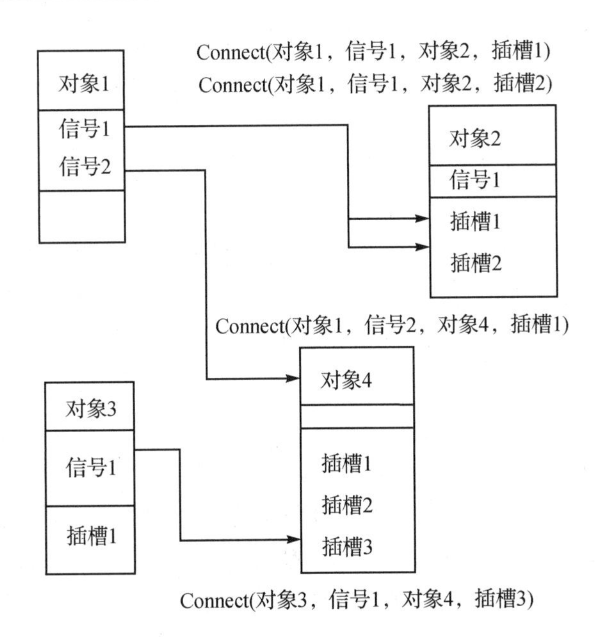

图 13－15　一些信号与插槽连接的抽象图

```
        BankAccount() { curBalance = 0; }
        int balance() const { return curBalance; }
public slots:
        void setBalance( int newBalance );
signals:
        void balanceChanged( int newBalance );
private:
        int curBalance;
};
```

下面就是该插槽函数 setBalance(int newBalance)的实现代码：

```
void BankAccount::setBalance( int newBalance )
{
      If (newBalance != curBalance)
        {
            curBalance = newBalance;
            emit balanceChanged(curBalance);
        }
}
```

一个对象的信号可以被多个不同的插槽连接，而多个信号也可以被连接到相同的插槽。

当信号和插槽被连接起来时，应当确保它们的参数类型是相同的，如果插槽的参数个数少于和它连接在一起的信号的参数个数，则从信号传递插槽的多余的参数将被忽略。

2. 元对象编译器

信号与插槽机制是以纯C++代码来实现的，实现的过程使用到了Qt开发工具包提供的预处理器和元对象编译器(moc)。

moc读取应用程序的头文件，并产生支持信号与插槽的必要的代码。开发者没必要编辑或是浏览这些自动产生的代码，当有需要时，qmake生成的Makefile文件里会显式地包含了运行moc的规则。除了可以处理信号与插槽机制之外，moc还支持翻译机制，属性系统和运行时的信息。

3. 窗　体

Qt提供了一整套的窗口部件。它们组合起来可用于创建用户界面的可视元素。按钮、菜单、滚动条、消息框和应用程序窗口都是窗口部件的实例。因为所有的窗口部件既是控件又是容器，因此Qt的窗口部件不能任意地分为控件和容器。通过子类化已存在的Qt部件或少数情况必要的全新创建，自定义的窗口部件能很容易地创建出来。

窗口部件是QWidget或其子类的实例，用户自定义的窗口通过子类化得到。Qt的窗体使用起来很灵活，为了满足特别的要求，它很容易就可以被子类化。

窗体是Qwidget类或它子类的实例，客户自己的窗体类需要从Qwidget它的子类继承。如图13-16所示。

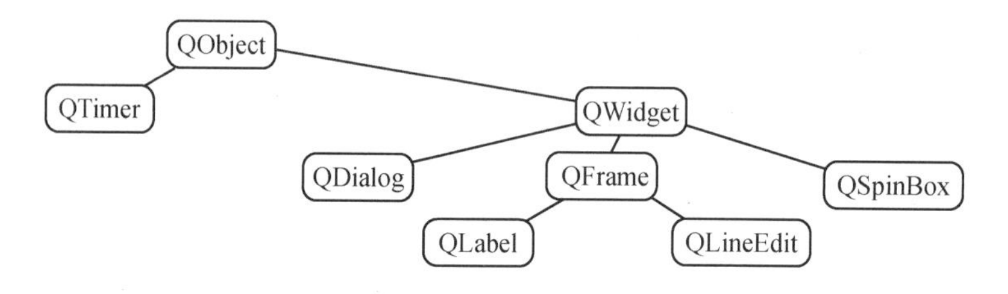

图13-16　Qwidget类的继承图

一个窗体可以包含任意数量的子窗体，子窗体可以显示在父窗体的客户区，一个没父窗体的窗体称之为顶级窗体(一个“窗口”)，一个窗体通常有一个边框和标题栏作为装饰。

Qt并未对一个窗体有什么限制，任何类型的窗体可以是顶级窗体，任何类型的窗体可以是别的窗体的子窗体。在父窗体显示区域的子窗体的位置可以通过布局管理自动地进行设置，也可以人为地指定。当父窗体无效，隐藏或被删除后，它的子窗体都会进行同样的动作。

标签、消息框、工具栏等，并未被限制使用什么颜色、字体和语言。Qt的文本呈现窗体可以使用HTML子集显示一个多语言的宽文本。

1) 通用窗体

下面是一些主要的Qt窗体的截屏图。如图13-17所示是使用QHBox进行排列一个标签和一个按钮;图 13－18 所示是使用 QbuttonGroup 的两个单选框和两个复选框。

图 13－17　一个标签和一个按钮

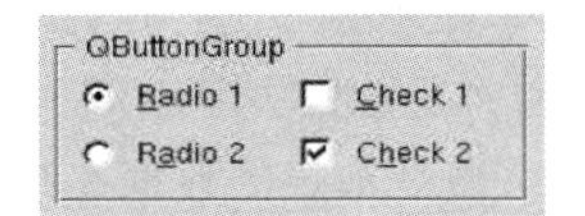

图 13－18　两个单选框和两个复选框

如图 13－19 所示是使用 QgroupBox 进行排列的日期类 QdateTimeEdit、一个行编辑框类 QlineEdit、一个文本编辑类 QTextEdit 和一个组合框类 QcomboBox。

如图 13－20 所示是以 QGrid 排列的一个 QDial、一个 QProgressBar、一个 QSpinBox、一个 QScrollBar、一个 QLCDNumber 和一个 QSlider。

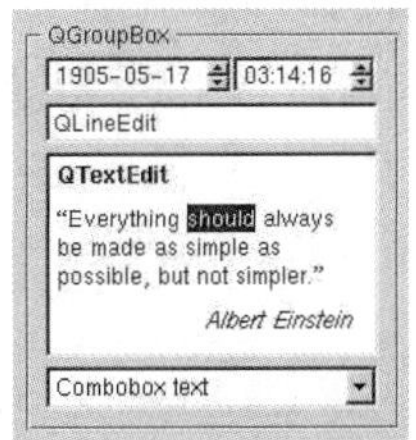

图 13－19　QgroupBox 组合图

图 13－20　Qgrid 组合图

以 QGrid 排列的一个 QIconView、一个 QListView、一个 QListBox 和一个 QTable 有些时候在进行字符输入时,希望输入的字符满足某种规则才能使输入被确认。

Qt 提供了解决的办法,例如 QComboBox、QLineEdit 和 QspinBox 的字符输入可以通过 Qvalidator 的子类来进行约束和有效性检查。

通过继承 QScrollView、QTable、QListView、QTextEdit 和其他窗体就能够显示大量的数据,并且自动地拥有了一个滚动条。

许多 Qt 创建的窗体能够显示图像,例如按钮、标签、菜单项等。Qimage 类支持几种图形格式的输入、输出和操作,它目前支持的图形格式有 BMP、GIF * 、JPEG、MNG、PNG、PNM、XBM 和 XPM。

2) 画　布

QCanvas 类提供了一个高级平面图形编程接口,它可以处理大量的像线条、矩形、椭圆、文本、位图和动画等画布项,画布项可以较容易地做成交互式的,例如做成支持用户移动的。

画布项是 QcanvasItem 子类的实例,它们比窗体类 Qwidget 更显得轻量级,它们能够被快速的移动、隐藏和显示。

Qcanvas 可以更有效地支持冲突检测,能够列出一个指定区域里面的所有的画布项。

QcanvasItem 可以被子类化,从而可以提供更多的客户画布项类型,或者扩展已有的画布项的功能。

Qcanvas对象是由QcanvasView进行绘制的，QcanvasView对象可以以不同的译文、比例、旋转角度和剪切方式去显示同一个画布。

Qcanvas对象是理想的数据表现方式，它已经被消费者用于绘制地图和显示网络拓扑结构。它也可用于制作快节奏的且有大量角色的平面游戏。

3）客户窗体

通过对Qwidget或者它的子类进行子类化，可以建立自己的客户窗体或者对话框。下面是一个源代码例子，它示例了如何通过子类化窗体，绘制一个模拟的时钟如图13-21所示。

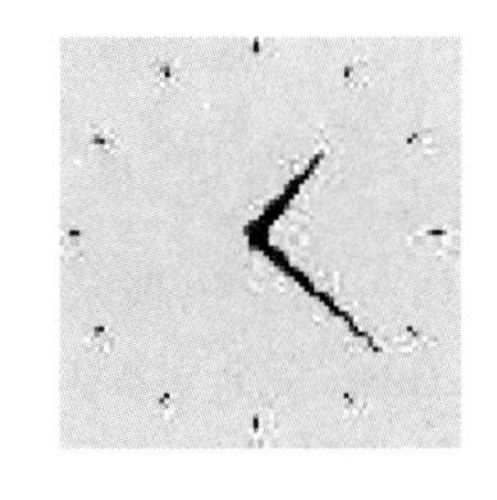

图13-21 模拟钟窗体

AnalogClock窗体类是Qwidget的子类，显示当前时间，并且可以自动地更新时间。在analogclock.h头文件中，AnalogClock以这样的形式定义：

```
#include <qwidget.h>
class AnalogClock : public QWidget
{
public:
      AnalogClock( QWidget * parent = 0, const char * name = 0 );
protected:
    virtual void timerEvent( QTimerEvent * event );
    virtual void paintEvent( QPaintEvent * event );
};
```

AnalogClock类继承了Qwidget，它有一个典型的窗体类构造函数，这个函数有父窗口对象指针和名字指针两个参数。

timerEvent()函数是从QObject(Qwidget的父类)对象继承而来的，这个函数会被系统定期调用。

paintEvent()函数是从QWidget继承而来的，并且当窗体需要重画时这个函数就会被调用。

timerEvent()和paintEvent()函数是“事件句柄”的两个例子。

应用对象以重载父类对象的虚拟函数events (QEvent objects)的形式接收系统的事件。

大约有超过50个系统事件是较常用的，例如：MouseButtonPress、KeyPress、MouseButtonRelease、KeyRelease、Paint、Resize和Close。对象可以对发给它们的事件做出响应或者筛选一些事件后再发送给别的对象。

4）主窗口

QMainWindow类是为应用的主窗口提供一个摆放相关窗体的框架。

一个主窗口包含了一组标准窗体的集合。主窗口的顶部包含一个菜单栏，它的下方放置着一个工具栏，工具栏可以移动到其他的停靠区域。

主窗口允许停靠的位置有顶部、左边、右边和底部。工具栏可以被拖放到一个停靠的位置，从而形成一个浮动的工具面板。主窗口下方，即在底部的停靠位置之下有一个状态栏。

主窗口的中间区域可以包含其他的窗体。提示工具和“这是什么”帮助按钮以旁述的方式阐述了用户接口的使用方法。

对于小屏幕设备，使用 Qt 图形设计器定义的标准 Qwidget 模板比使用主窗口类更好。

典型的模板包含有菜单栏、工具栏，可能没有状态栏，在必要的情况下，可以用任务栏、标题栏来显示状态。

4. 菜　单

弹出式菜单 QpopupMenu 类以垂直列表的方式显示菜单项，它可以是单个的(例如上下文相关菜单)，可以以菜单栏的方式出现，或者是别的弹出式菜单的子菜单出现。每个菜单项可以有一个图标、一个复选框和一个加速器(快捷键)，菜单项通常对应一个动作(例如存盘)，分隔器通常显示成一条竖线，它用于把一组相关联的动作菜单分立成组。下面是一个建立包含有 New、Open 和 Exit 菜单项的文件菜单的例子。

```
QPopupMenu *fileMenu = new QPopupMenu( this );
fileMenu->insertItem( "&New", this, SLOT(newFile()), CTRL + Key_N );
fileMenu->insertItem( "&Open...", this, SLOT(open()), CTRL + Key_O );
fileMenu->insertSeparator();
fileMenu->insertItem( "E&xit", qApp, SLOT(quit()), CTRL + Key_Q );
```

当一个菜单项被选中时，与它相关的插槽将被执行。加速器(快捷键)很少在一个没有键盘输入的设备上使用，Qt/Embedded 的典型配置并未包含对加速器的支持。

QmenuBar 类实现了一个菜单栏，它会自动设置几何尺寸并在其父窗体顶部显示出来，如果父窗体宽度不够宽以致不能显示一个完整的菜单栏，则菜单栏将会分为多行显示出来。

Qt 内置的布局管理能够自动的调整菜单栏。Qt 的菜单系统是非常灵活的，菜单项可以被动态的使能、失效、添加或者删除。通过子类化 QcustomMenuItem，可以建立客户化外观和功能的菜单项。

5. 工具栏

QtoolButton 类实现了一个带有图标、3 维边框和可选标签的工具栏按钮。

切换工具栏按钮具有开、关的特征，其他的按钮则执行一个命令。不同的图标用来表示按钮的活动、无效、使能模式、或者是开或关的状态。

如果你为按钮指定了一个图标，那么 Qt 会使用可视提示来表现按钮不同的状态，例如，按钮失效时显示灰色。

工具栏按钮通常以一排的形式显示在工具栏上,对于一个有几组工具栏的应用,用户可以随便的到处移动这些工具栏,工具栏差不多可以包含所有的窗体。例如:QComboBoxes 和 QspinBoxes。

6. 旁 述

现代的应用主要使用旁述的方式去解释用户接口的用法。Qt 提供了两种旁述的方式:“提示栏”和“这是什么”帮助按钮。

“提示栏”是小的,通常是黄色的矩形,当鼠标在窗体的一些位置游动时它就会自动出现。它主要用于解释工具栏按钮,特别是那些缺少文字标签说明的工具栏按钮的用途。下面就是如何设置一个“存盘”按钮的提示代码。

```
QToolTip::add( saveButton, "Save" );
```

当提示字符出现之后,还可以在状态栏显示更详细的文字说明。

“这是什么”帮助按钮和提示栏有些相似,只不过前者是要用户点击它才会显示旁述。在小屏幕设备上,要想点击“这是什么”帮助按钮,具体的方法是,在靠近应用的 X 窗口的关闭按钮“x”附近会看到一个“?”符号的小按钮,这个按钮就是“这是什么”帮助按钮。

一般来说,“这是什么”帮助按钮按下后要显示的提示信息应该比提示栏要多一些。下面是设置一个存盘按钮的“这是什么”文本提示信息的方法:

```
QWhatsThis::add( saveButton, "Saves the current file." );
```

QToolTip 和 QWhatsThis 类提供了虚拟函数以供开发者重新实现更多的特定的用途。

Qtopia 并未使用上述提及的两种帮助(旁述)机制。它在应用窗口的标题栏上放置一个“?”符号的按钮来代替上述的旁述机制,这个“?”按钮可以启动一个浏览器来显示和当前应用相关的 HTML 页面。Qtopia 使用按下和握住的姿态来调用上下文菜单(右击)和属性对话框。

7. 对话框

使用 Qt 图形设计器这个可视化设计工具用户可以建立自己的对话框。Qt 使用布局管理自动的设置窗体与别的窗体之间相对的尺寸和位置,这样可以确保对话框能够最好的利用屏幕上的可用空间。使用布局管理意味着按钮和标签可以根据要显示的文字自动的改变自身大小,而用户完全不用考虑文字是哪一种语言。

布 局

Qt 的布局管理用于组织管理一个父窗体区域内的子窗体。它的特点是可以自动地设置子窗体的位置和大小,并可判断出一个顶级窗体的最小和缺省的尺寸,当窗体的字体或内容变化后,它可以重置一个窗体的布局。

使用布局管理,开发者可以编写独立于屏幕大小和方向之外的程序,从而不需要浪费代码空间和重复编写代码。对于一些国际化的应用程序,使用布局管理,可以确保按钮和标签在不同的语言环境下有足够的空间显示文本，不会造成部分文字被剪掉。

布局管理使得提供部分用户接口组件，例如，输入法和任务栏变得更容易。可以通过一个例子说明这一点，当 Qtopia 的用户正在输入文字时，输入法会占用一定的文字空间，应用程序这时也会根据可用的屏幕尺寸的变化调整自己，如图 13－22 所示。

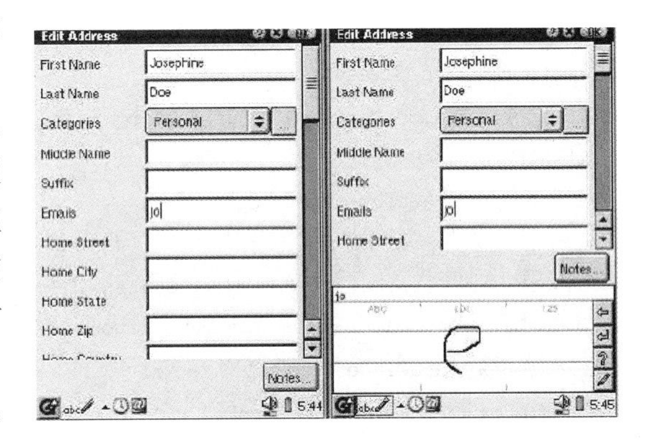

图 13－22　布局管理

Qt 提供了三种用于布局管理的类：QHBoxLayout、QVBoxLayout 和 QgridLayout。

- QHBoxLayout　布局管理把窗体按照水平方向从左至右排成一行。
- QVBoxLayout　布局管理把窗体按照垂直方向从上至下排成一列。
- QGridLayout　布局管理以网格的方式来排列窗体，一个窗体可以占据多个网格。

在多数情况下，布局管理在管理窗体时执行最优化的尺寸，这样窗口看起来就更好看而且可以尺寸变化会更平滑。使用以下的机制可以简化窗口布局的过程：

(1) 为一些子窗口设置一个最小的尺寸，一个最大的或者固定的尺寸。

(2) 增加拉伸项(Stretch Items)或者间隔项 (Spacer Item)。拉伸项和间隔项可以填充一个排列的空间。

(3) 改变子窗口的尺寸策略，程序员可以调整窗体尺寸改变时的一些策略。子窗体可以被设置为扩展，紧缩和保持相同尺寸等策略。

(4) 改变子窗口的尺寸提示。QWidget::sizeHint()和 QWidget::minimumSize-Hint()函数返回一个窗体根据自身内容计算出的首选尺寸和首选最小尺寸，在建立窗体时可考虑重新实现这两个函数。

(5) 设置拉伸比例系数。设置拉伸比例系数是指允许开发者设置窗体之间占据空间大小的比例系数。

布局管理也可按照从右至左，从下到上的方式来进行。当一些国际化的应用需要支持从右至左阅读习惯的语言文字时，使用从右至左的布局排列是更方便的。

QVBoxLayout 管理一组按钮，QHBoxLayout 管理一个显示国家名称的列表框和右边那组按钮，QVBoxLayout 管理窗体上剩下的组件“Now please select a country”标签。在“< Prev”和“Help”按钮之间放置了一个拉伸项，使得两者之间保持了一定比例的间隔。

建立这个对话框窗体和布局管理的实现代码如下：

```
QVBoxLayout * buttonBox = new QVBoxLayout( 6 );
buttonBox ->addWidget( new QPushButton("Next >", this) );
```

```
buttonBox ->addWidget( new QPushButton("< Prev", this) );
buttonBox ->addStretch( 1 );
buttonBox ->addWidget( new QPushButton("Help", this) );
QListBox * countryList = new QListBox( this );
countryList ->insertItem( "Canada" );
/*    */
countryList ->insertItem( "United States of America" );
QHBoxLayout * middleBox = new QHBoxLayout( 11 );
middleBox ->addWidget( countryList );
middleBox ->addLayout( buttonBox );
QVBoxLayout * topLevelBox = new QVBoxLayout( this, 6, 11 );
topLevelBox ->addWidget( new QLabel("Now please select a country", this) );
topLevelBox ->addLayout( middleBox );
```

使用 Qt 图形设计器设计的这个对话框，显示如图 13-23 所示。

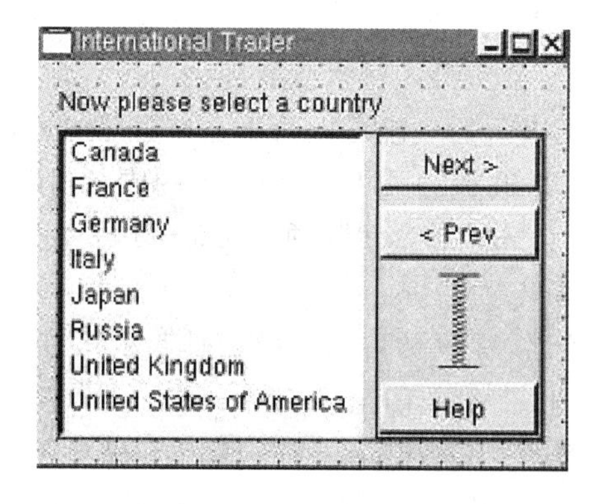

图 13-23 Qt 图形设计器中使用布局对话框

13.7 Qt4 开发实例

在 Qt 中并没有特定的串口控制类，现在大部分人使用的是第三方写的 qextserialport 类，这里也是使用该类。从 http://sourceforge.net/projects/qextserialport/files/下载到的文件为：qextserialport-1.2win-alpha.zip，在 Linux 下只需要使用其中的 6 个文件：qextserialbase.cpp 和 qextserialbase.h，qextserialport.cpp 和 qextserialport.h，posix_qextserialport.cpp 和 posix_qextserialport.h。

(1) 打开 Qt Creator，新建 Qt4 Gui Application，工程名设置为 mySerial，其他使用默认选项。

注意：建立的工程路径不能有中文。

(2) 将上面所说的 6 个文件复制到工程文件夹下。

(3) 在工程中添加这 6 个文件。

在 Qt Creator 中左侧的文件列表上，右击工程文件夹，在弹出的菜单中选择 Add Existing Files，添加已存在的文件，如图 13－24 所示。

选择工程文件夹里的那 6 个文件，进行添加。添加好后文件列表如图 13－25 所示。

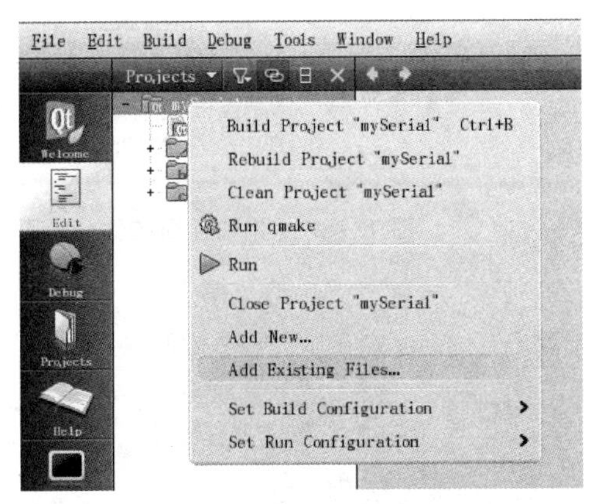

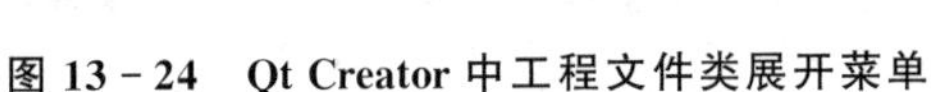

图 13－24　Qt Creator 中工程文件类展开菜单

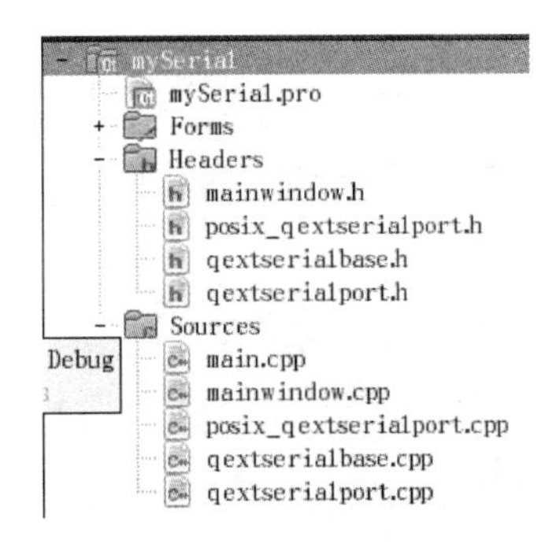

图 13－25　添加文件后列表

(4) 单击 Froms 里的 mainwindow.ui，由于开发板 LCD 大小为 320x240，这里先设定主窗口大小。选中对象 mainwindow，并在属性栏 maximumsize 中的 width 和 height 设置大小为 320x240，如图 13－26 所示。

(5) 去除菜单栏以及状态栏；在窗口的顶部以及底部右击，选择去除菜单栏和状态栏。

(6) 放入需要控件。

串口一般需要以下几个控件，Text Browser：用于显示接收信息；5 个 combobox：用于串口设备、波特率、数据位、奇偶校验和停止位的选择；5 个 PushButton：用于实现清屏、打开串口、关闭串口、发送数据以及关闭程序功能；1 个 LineEdit：用于发送数据；另外，需要多个 Label 用于控件描述；串口界面控件分布图如图 13－27 所示。

(7) 命名控件。通过在相应控件上双击鼠标左键，可以填充控件显示内容。选中控件时，可以在右边的侧边栏给控件类命名；同样，双击相应名称栏即可进行命名。

(8) 给 Label、PushButton、TextBrowser 以及 LineEdit 进行显示内容填充以及命名控件类，如图 13－28 所示。

其中，各控件对应类名为：

打开串口：OpernSerial；关闭串口：CloseSerial；发送：SendData；清屏：ClearData；退出：Lave；接收数据：label；发送数据：label_2；端口：label_3；波特率：label_4；数据位：label_5；

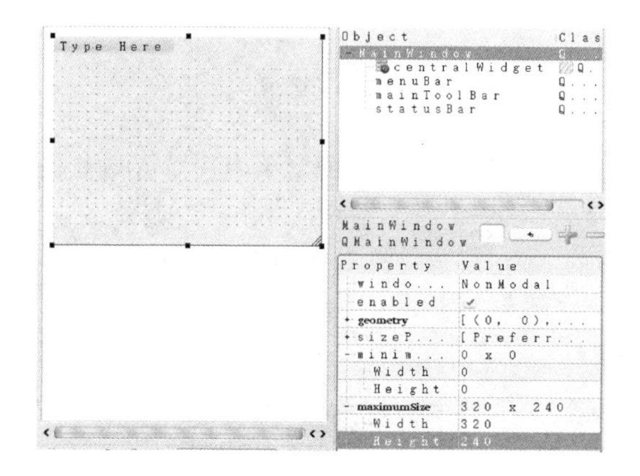

图 13-26 设置窗口大小

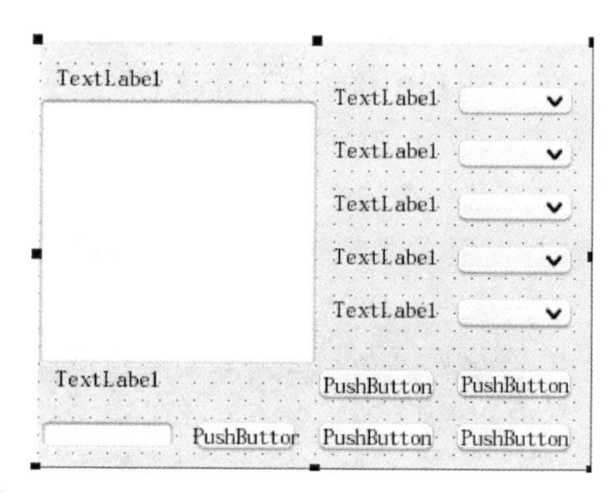

图 13-27 串口界面控件分布图

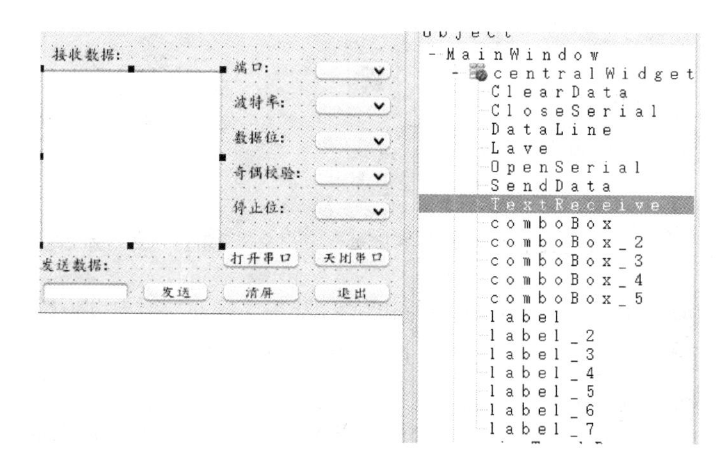

图 13-28 控件对应类名(1)

奇偶校验：label_6；停止位：label_7；数据显示窗口：TextReceive；数据发送条：DataLine。

(9) 给 ComboBox 添加选项以及命名，双击 ComboBox，在弹出的窗口中，单击左下方的"+"和"-"可以添加于删除选项。现在以添加端口选项为例，单击"+"添加栏目，命名为 ttyS0，继续添加 s3c2410_serial0、s3c2410_serial1 和 s3c2410_serial2 栏目。具体栏目名称取决于开发板以及虚拟机上的串口设备文件名，S3C2410 的串口设备文件一般为上面名称，因此这里以此为名，虚拟机下的串口设备文件为 ttyS0。最后按 OK 键即可。

同样，可以设置波特率、数据位、奇偶校验以及停止位的 ComboBox 的栏目。波特率为 115 200。数据位为 8 位。奇偶校验为无。停止位为 2。

各 ComboBox 控件对应类名如下，如图 13-29 所示。

- 端口：PortName；

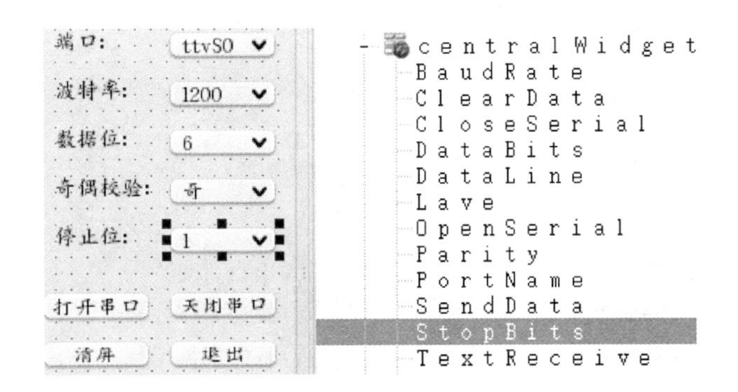

图 13-29　控件对应类名(2)

- 波特率：BaudRate；
- 数据位：DataBits；
- 奇偶校验：Parity；
- 停止位：StopBits。

(10) 为实现接收数据与发送数据的实时操作，需要建立两个线程实现数据发送与数据接收。在 mainwindow.h 的相应位置添加头文件#include "posix_qextserialport.h"、<QMutex>与<QThread>；添加类线程声明 ThreadSend 与 ThreadReceive；添声明对象 extSerial；添加槽函数 Received(QByteArray receive_data)；添加信号函数：Send(QByteArray send_data)；添加完后，然后在下方定义类线程内容：

```
#ifndef MAINWINDOW_H
#define MAINWINDOW_H

#include <QMainWindow>
#include "posix_qextserialport.h"
#include <QMutex>
#include <QThread>
#include <QByteArray>

    namespace Ui
        {
            class MainWindow;
        }
    class ThreadSend;
    class ThreadReceive;
    class MainWindow : public QMainWindow {
    Q_OBJECT
public:
```

```
    MainWindow(QWidget * parent = 0);
    ~MainWindow();
protected:
    void changeEvent(QEvent * e);
private:
    Ui::MainWindow * ui;
    Posix_QextSerialPort * extSerial;                //串口对象
    ThreadSend * threadsend;                         //发送数据线程
    ThreadReceive * threadreceive;                   //接受数据线程
private slots:
    void on_SendData_clicked();                      //发送数据单击信号函数
    void on_Lave_clicked();                          //退出单击信号函数
    void on_ClearData_clicked();                     //清屏单击信号函数
    void on_CloseSerial_clicked();                   //关闭串口单击信号函数
    void on_OpenSerial_clicked();                    //打开串口单击信号函数
    void Received(QByteArray receive_data);          //接收数据槽函数
signals:
    void Send(QByteArray send_data);                 //发送数据信号函数
};
///////////////////threadsend////////////////////
class ThreadSend: public QThread{
    Q_OBJECT
public:
    ThreadSend(Posix_QextSerialPort * addrSerial);
    ~ThreadSend();
    void stop();                                     //线程停止函数
protected:
    void run();                                      //线程运行函数
    Posix_QextSerialPort * extSerial;                //定义指向串口指针
    QByteArray ToSend;                               //发送数据组
private:
    bool stopped;                                    //线程状态标志
private slots:
    void Send(QByteArray send_data);                 //发送数据槽函数
};
///////////////////threadreceive///////////////////
class ThreadReceive: public QThread
{
    Q_OBJECT
```

```
public:
    ThreadReceive(Posix_QextSerialPort * addrSerial);
    ~ThreadReceive();
    void stop();                                    //线程停止函数
protected:
    void run();                                     //线程运行函数
    Posix_QextSerialPort * extSerial;               //定义指向串口指针
private:
    bool stopped;                                   //线程状态标志
signals:
    void Received(QByteArray receive_data);         //接收数据信号函数
};
#endif // MAINWINDOW_H
```

(11) 在 mainwindow.cpp 的类的构造函数中添加如下语句：

```
MainWindow::MainWindow(QWidget * parent) :
    QMainWindow(parent),
    ui(new Ui::MainWindow)
{
    ui->setupUi(this);
    extSerial = new Posix_QextSerialPort;               //开辟串口空间
    threadsend = new ThreadSend(extSerial);             //开辟发送数据线程空间
    threadreceive = new ThreadReceive(extSerial);       //开辟接收数据线程空间
    ui->SendData->setEnabled(false);                    //定义"发送数据"按钮为不可用
    ui->CloseSerial->setEnabled(false);                 //定义"关闭串口"按钮为不可用
ui->DataLine->setEnabled(false);                        //定义"发送"栏为不可用
//建立主界面发送数据信号与发送数据线程的槽函数连接
connect(this,SIGNAL(Send(QByteArray)),threadsend,SLOT(Send(QByteArray)));
//建立主界面接收数据槽函数与接收数据线程的信号连接
connect(threadreceive,SIGNAL(Received(QByteArray)),this,SLOT(Received(QByteArray)));
}
```

(12) 定义打开串口按钮单击功能函数。在图形设计界面选中打开串口控件并右击，选中 Go to slot 选项，在弹出的对话框中选择 clicked()，然后选择 OK。在出现的函数中加入以下功能代码：

```
void MainWindow::on_OpenSerial_clicked()
{
    QString PartName = "/dev/";                          //设备文件所在目录路径
```

```
PartName + = ui ->PortName ->currentText();          //字符串加法,加上设备文件名即为操作对象
                                                     //路径绝对路径
extSerial ->setPortName(PartName);                   //设定串口操作设备文件
QString temp;
temp = ui ->BaudRate ->currentText();                //读取当前波特率复选项的选项名
if(temp == "1200")                                   //对读取信息进行判断,并做相应波特率设置
    extSerial ->setBaudRate(BAUD1200);               //波特率 1 200
else if(temp == "4800")
    extSerial ->setBaudRate(BAUD4800);               //波特率 4 800
else if(temp == "9600")
    extSerial ->setBaudRate(BAUD9600);               //波特率 9 600
else if(temp == "19200")
    extSerial ->setBaudRate(BAUD19200);              //波特率 19 200
else if(temp == "57600")
    extSerial ->setBaudRate(BAUD57600);              //波特率 57 600
else
    extSerial ->setBaudRate(BAUD115200);             //波特率 115 200
temp = ui ->DataBits ->currentText();                //读取当前数据位复选项的选项名
if(temp == "6")
    extSerial ->setDataBits(DATA_6);                 //6 位数据位
else if(temp == "7")
    extSerial ->setDataBits(DATA_7);                 //7 位数据位
else
    extSerial ->setDataBits(DATA_8);                 //8 位数据位
temp = ui ->Parity ->currentText();                  //读取当前奇偶校验复选项的选项名
if(temp == QString::fromUtf8("无"))                  //无校验
    extSerial ->setParity(PAR_NONE);
else if(temp == QString::fromUtf8("奇"))             //奇校验
    extSerial ->setParity(PAR_ODD);
else
    extSerial ->setParity(PAR_EVEN);                 //偶校验
temp = ui ->StopBits ->currentText();                //读取当前停止位复选项的选项名
if(temp == "1")
    extSerial ->setStopBits(STOP_1);                 //1 位停止位
else
    extSerial ->setStopBits(STOP_2);                 //2 位停止位
extSerial ->setFlowControl(FLOW_OFF);                //无数据流控制
extSerial ->setTimeout(0,10);                        //设置延时 10 ms,第一个参数为 s,第二个参数
```

```
                                                //为 ms
    extSerial ->open(QIODevice::ReadWrite);     //可读可写方式打开串口
    ui ->BaudRate ->setEnabled(false);          //设定波特率复选框不可用
    ui ->CloseSerial ->setEnabled(true);        //设定关闭串口按钮不可用
    ui ->DataBits ->setEnabled(false);          //设定数据位复选框不可用
    ui ->DataLine ->setEnabled(true);           //设定发送数据信息栏可用
    ui ->OpenSerial ->setEnabled(false);        //设定打开串口按钮不可用
    ui ->Parity ->setEnabled(false);            //设定奇偶校验复选框不可用
    ui ->PortName ->setEnabled(false);          //设定端口复选框不可用
    ui ->SendData ->setEnabled(true);           //设定发送数据按钮可用
    ui ->StopBits ->setEnabled(false);          //设定停止位复选框不可用
    threadsend ->start();                       //启动发送数据线程
    threadreceive ->start();                    //启动接收数据线程
}
```

同样，以相同方法定义“关闭串口”、“清屏”、“退出”、“发送数据”按钮，单击响应函数。

关闭串口：

```
void MainWindow::on_CloseSerial_clicked()
{
    threadsend ->stop();                        //停止发送数据线程
    threadsend ->wait();                        //等待线程停止
    threadreceive ->stop();                     //停止接收数据线程
    threadreceive ->wait();                     //等待线程停止
    ui ->BaudRate ->setEnabled(true);
    ui ->CloseSerial ->setEnabled(false);
    ui ->DataBits ->setEnabled(true);
    ui ->DataLine ->setEnabled(false);
    ui ->OpenSerial ->setEnabled(true);
    ui ->Parity ->setEnabled(true);
    ui ->PortName ->setEnabled(true);
    ui ->SendData ->setEnabled(false);
    ui ->StopBits ->setEnabled(true);
    extSerial ->close();                        //关闭串口
}
```

清屏：

```
void MainWindow::on_ClearData_clicked()
```

```
{
    ui ->TextReceive ->clear();                    //清除显示窗口信息
}
```

退出：

```
void MainWindow::on_Lave_clicked()
{
    threadsend ->stop();                           //停止发送数据线程
    threadsend ->wait();                           //等待线程结束
    threadreceive ->stop();                        //停止接收数据线程
    threadreceive ->wait();                        //等待线程结束
    extSerial ->close();                           ///关闭串口
    close();                                       //关闭程序
}
```

发送数据：

```
void MainWindow::on_SendData_clicked()
{
    QString temp;                                  //定义变量读取发送信息栏数据
    temp = ui ->DataLine ->text();                 //读取数据
    QByteArray SendData;                           //定义数据组
    SendData = temp.toAscii();                     //QString 转换 QByteArray
    ui ->DataLine ->clear();                       //清除发送信息栏数据
    emit Send(SendData);                           //发射发送数据信号
}
```

(13) 定义槽函数、响应串口接收数据信号，并在窗口显示。

```
void MainWindow::Received(QByteArray receive_data)
{
    QByteArray data = receive_data;                //读取接收数据槽函数发送过来的数据
    ui ->TextReceive ->insertPlainText(data);      //插入至显示窗口
}
```

(14) 定义接收数据线程和发送数据线程。首先在 mainwindow.c 文件开头定义一个全局锁，用于读数据线程与发送数据线程，对串口进行加锁与解锁，防止读/写冲突。

```
QMutex mutex;
```

(15) 定义发送数据线程各功能函数。在 mainwindow.c 文件中，定义发送数据线程的各个函数内容。

```
////////////////////threadsend/////////////
ThreadSend::ThreadSend(Posix_QextSerialPort * addrSerial)
{
    extSerial = addrSerial;                    //指向已开辟的串口空间
    stopped = false;                           //初始化线程运行状态标志
}
ThreadSend::~ThreadSend()
{
    stop();                                    //停止线程
    wait();                                    //等待线程结束
}
void ThreadSend::stop()
{
    stopped = true;                            //置位运行标志
}
void ThreadSend::run()
{
    forever{                                   //无限循环运行线程
        if(stopped == true)
        {
            stopped = false;                   //当检测到运行标志位被置位后,清除置位状态标志
            break;                             //跳出循环
        }
        if(ToSend! = "")                       //当发送数据不为空时,进入发送
        {
            mutex.lock();                      //对串口加锁,防止与读取数据线程同时操作串口发生冲突
            extSerial ->write(ToSend);         //发送数据
            mutex.unlock();                    //操作结束后解锁
            ToSend = "";                       //清除发送数据变量
        }
    }
}
void ThreadSend::Send(QByteArray send_data)
{
    ToSend + = send_data;                      //接收主界面发送过来的发送数据的数据,
                                               //并以字符串叠加形式相加,如果直接用等号则有可能
                                               //覆盖尚未发送的数据
}
```

(16) 定义接收数据线程各功能函数。在 mainwindow.c 文件中,定义接收数据线程的各个函数内容。

```
////////////////////threadreceive//////////////////
ThreadReceive::ThreadReceive(Posix_QextSerialPort * addrSerial)
{
    extSerial = addrSerial;                //指向已开辟的串口空间
    stopped = false;                       //初始化线程运行状态标志
}
ThreadReceive::~ThreadReceive()
{
    stop();                                //停止线程
    wait();                                //等待线程结束
}
void ThreadReceive::stop()
{
    stopped = true;                        //置位运行标志
}
void ThreadReceive::run()
{
        int numBytes = 0;                  //定义数据长度变量
        QByteArray dataReceived;           //定义读取数据变量
        forever{                           //无限循环运行线程
            if(stopped == true)
            {
                stopped = false;           //当检测到运行标志位被置位后,清除置位状态标志
                break;                     //跳出循环
            }
        numBytes = extSerial ->bytesAvailable();     //读取有效数据长度
        if (numBytes > 0)                            //当有有效数据达到即>0
        {
                mutex.lock();                        //线程加锁
                dataReceived = extSerial ->readAll(); //读取所有数据
                mutex.unlock();                      //操作结束后解锁
                emit Received(dataReceived);         ///向主窗口发送接收数据信号
        }
        }
}
```

(17) 运行编译代码,测试程序。设定端口设备为 ttyS0,波特率为 115 200,8 位数据位,无

奇偶校验，1 位停止位。以开发板为测试对象，从显示窗口可以看见从开发板发送的数据，如图 13－30 所示。

向开发板发送 Hello 字符串。从测试结果可以看出，程序发送和接收功能正确，程序编写成功。

（18）交叉编译串口程序。首先，清除工程文件。选择 Build 下的 Clean project “mySerial”，如图 13－31 所示。

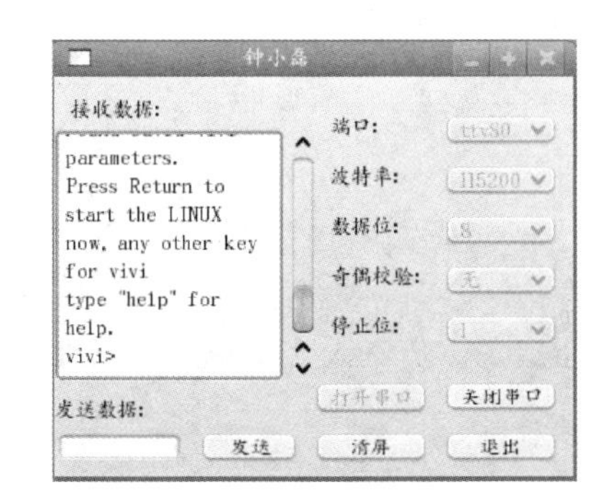

图 13－30　测试窗口

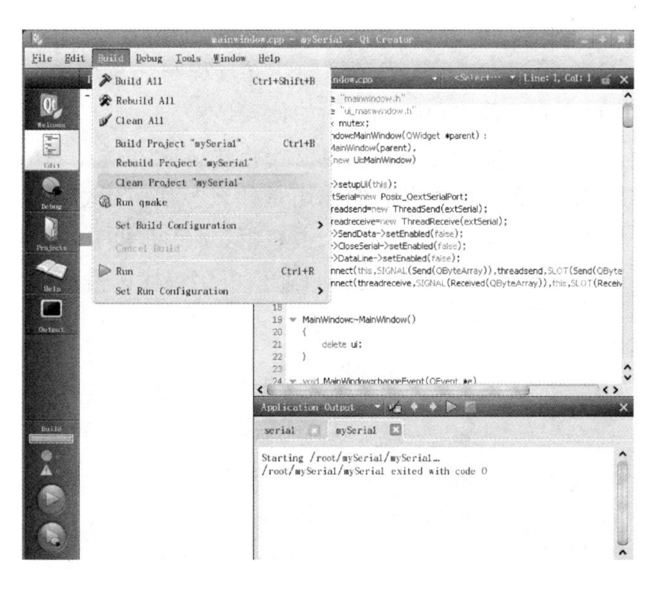

图 13－31　清除工程文件窗口

之后，设置编译环境。选择 Tools 下的 Options，选择编译 Qt 版本。然后选择 Apply，单击 OK 按钮。最后，选择左下方的编译按钮，开始交叉编译。交叉编译成功后，把 mySerial 放工程目录里，以下图标的执行文件烧进开发板上运行即可。图标如图 13－32 所示。

mySerial

图 13－32　mySerial 图标

一般运行命令格式：

```
./mySerial -qws
```

最后，开发板上可以看见与仿真界面相似的功能界面。

练习与思考题

1. 简要说明 TCP 协议和 IP 协议的层次结构与作用。
2. 网络程序由哪几部分组成？说明其作用。

3. 什么是 Socket? 常见的 Socket 有哪几种类型?
4. 说出几个 Socket 编程基本函数的作用与使用方法。
5. 画出嵌入式 Web 服务器系统结构,并简要说明每部分的作用。
6. 什么是 Boa? 说明其作用。
7. 简述 Boa 移植过程。以及需要注意的问题。
8. 简述 CGI 的工作原理。
9. 简要说明嵌入式 GUI 的特点。你知道有哪几种嵌入式图形开发系统?
10. 简述 Qt/E 开发环境的建立过程与注意事项。
11. 什么是 Qt Creator? 如何安装?
12. 简述信号与插槽的概念与作用。
13. 什么是窗体? 它的作用是什么? 如何建立?
14. 简要说明菜单、标签、消息框、对话框和工具栏的作用。如何建立?
15. 简述在 Qt 中开发串口通信应用程序的过程。

参 考 文 献

[1] 杜春雷. ARM体系结构与编程. 北京:清华大学出版社,2003.

[2] 三恒星科技. ARM9原理与应用设计. 北京:电子工业出版社,2008.

[3] 赵星寒. ARM开发工具ADS原理与应用. 北京:北京航空航天大学出版社,2006.

[4] 徐爱钧. IAR EWARM嵌入式系统编程与实践. 北京:北京航空航天大学出版社, 2006.

[5] 锐极电子科技有限公司. ARM & Linux嵌入式系统开发详解. 北京:北京航空航天大学出版社,2007.

[6] 徐英慧. ARM9嵌入式系统设计. 北京:北京航空航天大学出版社,2007.

[7] 于明. ARM9嵌入式系统设计与开发教程. 北京:电子工业出版社,2006.

[8] 陈云洽. CPLD应用技术与数字系统设计. 北京:电子工业出版社,2003.

[9] 陈赜. ARM嵌入式技术实践教程. 北京:北京航空航天大学出版社,2005.

[10] 陈赜. ARM9嵌入式技术及Linux高级实践教程. 北京:北京航空航天大学出版社,2005.

[11] 王宇行. ARM程序分析与设计. 北京:北京航空航天大学出版社,2008.

[12] 魏洪兴. 嵌入式系统设计与实例开发实验教材II. 北京:清华大学出版社,2005.

[13] 侯殿有. ARM嵌入式C编程标准教程. 北京:人民邮电出版社,2010.

[14] 程昌南. ARM Linux入门与实践. 北京:北京航空航天大学出版社,2008.

[15] (美)Mark G. Sobell. Linux命令、编辑器与Shell编程. 杨明军译. 北京:清华大学出版社, 2007.

[16] (美)Karim Yaghmour. 构建嵌入式Linux系统. O'Reilly Taiwan公司译. 北京:中国电力出版社,2004.

[17] 韦东山. 嵌入式Linux应用开发完全手册. 北京:人民邮电出版社,2008.

[18] 李俊. 嵌入式Linux设备驱动开发详解. 北京:人民邮电出版社,2008.

[19] 宋宝华. Linux驱动程序开发详解. 北京:人民邮电出版社,2008.

[20] (美)Jonathan Corbet, Alessandro Rubini, Greg Kroah-Hartman. Linux设备驱动程序(第三版). 魏永明译. 北京:中国电力出版社,2006.

[21] 刘淼. 嵌入式系统接口设计与Linux驱动程序开发. 北京:北京航空航天大学出版社,2006.

[22] (加拿大)Jasmin Blanchette. C++ GUI Qt3编程. 齐亮译. 北京:北京航空航天大学出版社,2006.

[23] (美)Prata S. C++Primer Plus(第五版). 孙建春,韦强,译. 北京:人民邮电出版社,2005.